A1-1　陕西三原

A1-2　四川彭山（1）

A1-3　湖南澧县

A1-4　河北昌黎

A1-5　辽宁锦州

A1-6　新疆库尔勒

A1-7　内蒙古乌海

A1-8　广西资源（1）

A1-9　山西临汾

A1-10　河北秦皇岛

A1-11　辽宁营口

A1-12　四川彭山（2）

A1-13　河南长垣

A1-14　云南元谋

A1-15　广西资源（2）

A2-1 沈阳农业大学种子公司葡萄苗木基地

A2-2 全国葡萄苗木公司苗圃

A2-3 沈阳市浑南葡萄种苗繁殖场

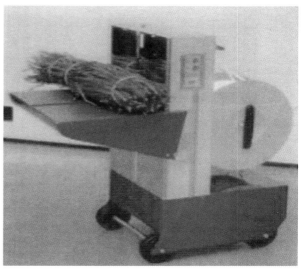

A2-4 葡萄种条打捆机

A2-5 葡萄种条催根

A2-6 等待贮运的贝达葡萄砧木种条

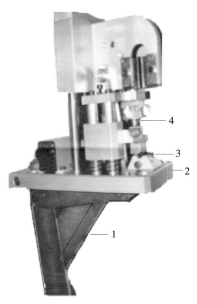

A2-7 葡萄硬枝嫁接机（脚踏式）
1.机架 2.机座 3.切削刀具 4.冲击杆

A2-8　葡萄硬枝嫁接接条催根与愈合处理

A2-9　葡萄苗木田间绿枝嫁接

A2-10　葡萄苗木分级包扎

A3-1　葡萄单臂篱架

A3-2　葡萄双臂篱架

A3-3　辽宁红地球葡萄水平连棚架

A3-4　新疆红地球葡萄水平连棚架

A3-5 哈尔滨东金园艺场塑料大棚

A3-6 连棚架避雨棚

A3-7 浙江金华葡萄简易避雨棚

A3-8 辽宁省农业现代化示范区葡萄长廊

A3-9 观光园葡萄长廊

A3-10 水平连棚架的双边柱结构

A4-1 葡萄Y形整枝

A4-2 葡萄Y形架面

A4-3 葡萄"高、宽、垂"整枝

A4-4 利用葡萄绑蔓机绑梢

A5-1 棚架面葡萄果穗套袋

A5-2 篱架面葡萄果穗套袋

A5-3 日本平棚架葡萄纸罩保护果穗

A7-1 葡萄灰霉病（花序受害状）

A7-2 葡萄黑痘病（新梢受害状）

A7-3 葡萄黑痘病（果实受害状）

A7-4 葡萄霜霉病（叶背白色绒毛状病斑）

A7-5 葡萄白腐病（果实受害状）

A7-6 葡萄白腐病（果穗受害状）

A7-7 葡萄白腐病（叶部病斑）

A7-8 葡萄白腐病（新梢受害状）

A7-9 葡萄炭疽病（果实严重腐烂）

A7-10 葡萄炭疽病（果穗受害状）

A7-11 葡萄炭疽病（叶片上病斑）

A7-12 葡萄穗轴褐枯病（花穗上多数小穗受害）

A7-13 葡萄蔓割病（老蔓病部纵裂）

A7-14 葡萄蔓割病（新蔓病部纵裂）

A7-15　葡萄缺钾症状

A7-16　葡萄缺硼症状

A7-17　葡萄缺锌症状

A7-18　葡萄缺铁症状

A7-19　葡萄缺镁症状

A7-20　葡萄日烧病

A7-21　葡萄气灼病

A7-22 绿盲蝽（叶片受害状）

A7-23 绿盲蝽（幼果受害状）

A7-24 东方盔蚧

A7-25 葡萄粉蚧

A7-26 葡萄虎天牛

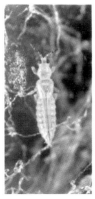

A7-27 葡萄蓟马

A8-1　葡萄防雹网

A8-2　2,4-D丁酯除草剂受害状

A9-1-1　红地球葡萄采收

A9-2　红地球葡萄简易选果、包装车间

B1　北京大孙各庄红地球葡萄园

B2　辽宁瓦房店红地球葡萄露地栽培结果状

B3　辽宁瓦房店红地球葡萄冷棚栽培结果状

B4　河南长垣红地球葡萄采收前

B5　陕西红地球葡萄单杆单臂Y形架型（冬态）

B6 陕西红地球葡萄单杆单臂Y形架型（夏态）

B7 陕西红地球葡萄采收前

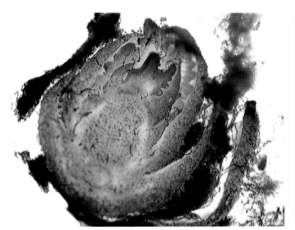

B8 红地球葡萄冬芽分化图（切片）

B9 宁夏红地球葡萄的倒L树形

B10 四川西昌红地球葡萄结果状况

B11 四川西昌红地球葡萄Y形整枝

B12　四川彭山县万亩设施葡萄园

B13　一字形架面与结果状况

B14　湖南农业大学葡萄试验园

B15　湖南澧县葡萄避雨棚

B16　当年新栽红地球葡萄越冬状况

B17　广西资源县红地球葡萄
　　避雨棚

B18　广西资源县红地球葡萄冬剪后状况

B19　避雨红地球葡萄利用单氰胺催芽

B20　云南元谋塑料小窄拱棚红地球葡萄催芽

B21　云南元谋红地球葡萄园覆盖防鸟网

B22　利用根域限制的观光葡萄园

B23　观光园中的根域限制模式

B24　利用根域限制的无土栽培观光葡萄园
（根域表层为白色珍珠岩，黑层为泥炭）

B25　H形大棚架树形

B26　新疆农六师红地球葡萄分选包装线

B27　红地球葡萄单穗包装

B28　河北晋州红地球葡萄贮藏包装

B29　新疆农六师红地球葡萄差压预冷

B30　新疆农五师红地球葡萄隧道预冷

■ 严大义　主编

HONGDIQIU PUTAO

红地球
葡萄

中国农业出版社

图书在版编目（CIP）数据

红地球葡萄/严大义主编 . —北京：中国农业出
版社，2011.9
ISBN 978-7-109-16027-9

Ⅰ . ①红… Ⅱ . ①严… Ⅲ . ①葡萄栽培 Ⅳ .
①S663.1

中国版本图书馆 CIP 数据核字（2011）第 174706 号

中国农业出版社出版
（北京市朝阳区农展馆北路 2 号）
（邮政编码 100125）
策划编辑 舒薇
加工编辑 廖宇
────────────
北京通州皇家印刷厂印刷 新华书店北京发行所发行
2011 年 9 月第 1 版 2011 年 9 月北京第 1 次印刷
────────────
开本：787mm×1092mm 1/16 印张：23.25 插页：8
字数：522 千字 印数：1～5 000 册
定价：100.00 元
（凡本版图书出现印刷、装订错误，请向出版社发行部调换）

《红地球葡萄》编写人员

主　　　编　　严大义

各论第一作者　（按题序排列）

徐海英	张国军	徐振祥	张立成	项殿芳
程玉玲	王咏梅	唐美玲	刘三军	李　灿
唐晓萍	王西平	常德昌	常永义	田　勇
李玉鼎	刘　晓	张咸成	石雪晖	白先进
张　武	蒋爱丽	吴　江	王世平	修德仁
张　平				

各论参编人员　（按题序排列）

刘凤琴	高瑞边	董成祥	燕　钢	丁双六
程慕芝	张金红	金桂华	张宝坤	谢兆森
耿学刚	齐艳峰	罗树祥	杨永平	沈传进
王　芳	徐志芳	陈凤友	王学明	刘　军
孔庆山	蒯传化	段罗顺	丁米田	于绍成
李晓梅	贾中雄	杨　颖	郭春会	王录俊
陈渭萍	王　健	樊晓峰	王亚俊	强建才
顾　军	张守江	秦安泰	曾庆伟	田志宏
梁文玉	罗全勋	张　飒	杨志明	余斌文
杨国顺	刘昆玉	钟晓红	王先荣	陈爱军
邓光臻	程建徽	魏灵珠	任朝晖	

序　一

中国葡萄栽培有 2 000 年以上的历史，但在过去的很长一段时期发展缓慢。新中国成立后，特别是 20 世纪 80 年代以来，通过持续 30 年的迅速发展，葡萄面积、产量大幅增加，例如在 1978—2007 年的 30 年中平均每年增加约 20 余万亩*面积和近 23 万吨葡萄产量。进入 21 世纪，中国已位居世界葡萄生产十强且排名不断上升。据联合国粮农组织统计，2009 年世界葡萄栽培面积约 744 万公顷，产量约 6 694 万吨，中国按葡萄栽培面积居世界第五位，按年产量仅次于意大利，居第二位。葡萄产业的迅猛发展，有力地促进了农业产业结构调整、农民增收和农村经济进步。中国葡萄产业发展取得了历史性的辉煌成就。实践表明，葡萄生产突飞猛进发展的决定因素，主要是国家实行改革开放政策和各级政府的大力支持和鼓励，调动和发挥了广大果农的积极性。广大果农开展多种经营，辛勤劳动，发展生产。当然，还与广大科技人员坚持不懈、努力奉献和热情服务密切相关。

鲜食葡萄在我国葡萄生产中占有突出的地位，按年产量已持续多年居世界首位。我国栽培了许多优良鲜食葡萄品种，其中以巨峰和红地球分布最广。红地球（red globe），属欧亚种葡萄（*Vitis vinifera* L.），是已故美国著名葡萄育种家加利福尼亚大学奥尔莫（H. P. Olmo）教授通过多亲本多代杂交育成，1982 年在美国正式发表。红地球葡萄作为优良晚熟鲜食葡萄品种，自 20 世纪 80 年代中期开始引入我国后，迅速向全国各地传播并很快成为我国重要的主栽葡萄品种之一。各地在广泛栽培过程中逐渐积累了丰富的经验，展现了中国葡萄生产者和科技工作者的聪明智慧和创造性。当然，栽培中也反映出一些问题，如怎样确定红地球葡萄的最适生态栽培区、不同栽培区怎样扬长避短、怎样实现葡萄产量和品质的统一、怎样进一步提高商品性等，至今仍是葡农在生产上关心的问题。

---

　　* 亩为非法定计量单位，1 亩＝1/15 公顷。——编者注

　　沈阳农业大学严大义教授是一位在教学、科研和生产服务方面辛勤耕耘数十年的葡萄栽培老专家，曾是中国农学会葡萄分会的领导者之一，多年孜孜不倦，努力奉献过许多高质量的葡萄专著。严教授作为红地球葡萄的最早引种者和研究者，一直密切联系生产实际，积极热情介绍和普及推广科学栽培技术。在他新近主持编著的《红地球葡萄》中，集中总结了近 20 多年来中国栽培红地球葡萄的经验，除了在"总论"中进一步扩展深入系统化的知识外，还首次以"各论"的形式汇集了中国东西南北 20 多个不同生态区域成功栽培此品种的先进经验，作者包括了多位为我国葡萄事业勤奋贡献的老专家和一大批年富力强、勇于开拓创新的技术专家和科技精英。我深信，这本内容丰富、主题突出、特色鲜明和异彩纷呈的高质量著作一定会受到广大读者的欢迎，必将积极推动我国葡萄栽培水平进一步提高。今年适逢中国共产党建党 90 周年，本书可看成是代表中国葡萄工作者向党的一份献礼，我衷心祝贺本书正式出版！让我们共同努力学习、实践，开创和迎接中国葡萄产业更加辉煌的未来。

中国农业大学教授　罗国光

2011 年 6 月于北京

序　二

在我国鲜食葡萄发展中，有两个品种或类群的引进与开发具有里程碑意义，一是 20 世纪七八十年代日本巨峰及巨峰群品种的大发展，它使葡萄种植区域几乎遍及我国东部从南到北的各个省、自治区；二是 20 世纪 80 年代末美国红地球品种及美国其他脆肉型有核、无核品种的引进与大发展，特别是设施葡萄的兴起，更使红地球等欧洲种葡萄的大发展如虎添翼。从黑龙江的寒地到西部陕、甘、宁、青、藏的高寒山区设施红地球葡萄栽培，使得一大批"老、少、边"贫困山区农民脱贫致富；一大批因高寒、干旱、沙化的被动"生态移民区"，实现了变害为利的"冷资源"和"阳光沙产"的就地致富。从阳光充沛、干旱少雨的新疆到西南干热河谷区，规模化的红地球葡萄商品基地蓬勃发展；从环渤海湾地区与黄土高原红地球葡萄露地与设施栽培，到南方红地球葡萄设施避雨栽培与一年两收栽培，使得红地球葡萄品种在短短的 20 多年时间就成了我国第二鲜食葡萄主栽品种。

党中央已经吹响西部大开发的号角，作为世界鲜食葡萄流通市场的第一大品种——红地球葡萄，正在向我国第一主栽鲜食品种的目标冲刺。

中国早已是世界鲜食葡萄第一生产大国，但距第一生产强国还有相当长的路要走，我国红地球葡萄栽培仍未全面走出"重产轻质"的阴影。值此，我国葡萄产业迈向"质量安全"的新时代，以红地球等世界型、名特优鲜食品种为引领的我国鲜食葡萄产业正在迈向现代农业，迈向鲜食葡萄世界强国的历史机遇期，红地球葡萄最先引种单位与引种者——沈阳农业大学严大义教授"老骥伏枥"，主编厚重的《红地球葡萄》，令我钦佩！本书内容之多，吸纳我国从事红地球品种研究、开发精英之多，令人震撼！"有容乃大"是本书突出特点，"有容"使本书更具有科学性、权威性、实用性。

本书真实地记载了 20 多年来我国各地发展红地球葡萄的历史、经验与成果。我们应当结合本地实际，吸收消化本书之精华，以产出"高质量、高安全性"的红地球葡萄奉献给消费者；以现代农业、高效农业、绿色农业的高标准，推动我国鲜食葡萄产业再上新台阶。

天津市林业果树研究所研究员　修德仁

2011 年 7 月于天津

前　言

　　红地球葡萄是美国 1980 年育成的超一流的鲜食葡萄品种，具有穗大、粒大、丰产、优质、特耐贮运的商品特点。1987 年由沈阳农业大学葡萄教研组从美国首次引入我国，经过 20 多年的适应性试验研究和全国大面积生产实践，目前已基本搞清了红地球葡萄的生物学特性和主要栽培技术，而且已经开辟了诸如新疆天山南北和陕（西）、甘（肃）、宁（夏）西北干旱地带，京、津、辽沿渤海湾和山东半岛等主栽区以及遍布大江南北各地避雨栽培区。全国红地球葡萄栽培面积现已超过 150 万亩，已成为我国鲜食葡萄继巨峰葡萄之后的第二大主栽品种，而且随着我国农业现代化和产业化的发展，红地球葡萄还有很大发展空间，广大果农迫切需要学习红地球葡萄的先进栽培技术，力争收到省工、低耗、优质、安全、丰产、高效的葡萄生产经营效果。

　　果农的需求，就是专业科技人员的责任。我第一次编写出版《晚红（红地球）葡萄栽培》一书，那还是 1999 年 10 月，至今已经过去整整 11 年了。11 年的历程，农业科技进步神速；11 年的实践，成果丰硕，教训至深。11 年时间对改革开放中的中国果农来说，那是翻天覆地的变化历程，出现了很多人间奇迹，诸如云南元谋河谷地区红地球葡萄每亩最高产量达 5 000 千克，而且浆果仍可达到三等果的质量；甘肃永登高海拔山区将红地球葡萄延迟到春节前采收上市，亩产值超出 8 万元人民币，相当于当地 200 亩青稞的收入，等等。全国红地球葡萄不同生态栽培区域已涌现出一大批优质高效先进典范。为了总结、宣传、传授这些典型经验和成果，促进我国葡萄产业现代化，中国农业出版社的编辑同志 2005 年就约我重写《红地球葡萄》一书。老实说，一个葡萄品种要写一本书，难度确实不小，尽管我每年都抽出一些时间搞调查研究，但我毕竟是年过七旬的老人了，工作效率已不尽如人意。2010 年 8 月，在"第 16 届全国葡萄学术研讨会（上海）"上，我国葡萄科技界若干德高望重的老专家和正在挑重任的中青年学术带头人，得知我的困难后，纷纷表示坚决支持，给予我极大的鼓励,我才鼓足勇气,与中国农业出版社的编辑们再次商定,由我主编。全书分上、下两篇,上篇为总论,由我执笔按栽培学结构要求编写;下篇为各论,在全国选择20多个不同红地球葡萄生态区域的成功典范,邀请该地域的知名专家和技术精英撰写专题,每个专题各自独立。

本书编写有四大特点:第一,描述的是葡萄属8 000多个品种中的1个品种,而且读者对象又是全国范围内的葡萄生产者、爱好者和科技工作者,要面向处于寒、温、亚热、热4个气候带上葡萄生产者的不同需求,可想而知有多大的难度,这就是我接受编写任务6年而没能动笔的原因。在"穷则思变"的启发下,知难必变就在成理之中,中国农学会葡萄分会的理事、会长、出版社编辑们和我一起终于提出了一个好办法——"分而治之",从而引出了总论、各论之分,既有红地球葡萄栽培学完整结构的总论,又有全国不同生态区红地球葡萄栽培成功典型的各论,而且撰写这些文章的都是我国葡萄界的知名专家和技术精英。第二,总论第一、二、六、七章,引进若干与本章内容极其相关的规范性资料作附录,以丰富正文内容和提高科学技术含量。第三,各论共有33篇主题独立的文章,都是介绍各自的典型,每个典型就是一个榜样,就像一座座灯塔照亮着果农前进的方向,使果农看得懂、看得见、摸得着,果农跟着学就能立竿见影,必然会促进全国红地球葡萄产业蓬勃发展。第四,本书具有百余幅插图和彩照,是从全国各地选送的众多照片中精选出来的,既丰富了感观,又丰富了思维,对广大果农和科技人员能起到"抛砖引玉"的作用,将极大地推动全国葡萄产业化蓬勃发展。

在这里,我特别要感谢原宁夏农学院院长、70多岁高龄的李玉鼎教授,是他第一个给我发来宁夏红地球葡萄栽培的2篇专题文章;感谢广大编委们在工作任务十分繁重的情况下,热情为本书写稿;感谢原葡萄分会两位老会长罗国光教授和修德仁研究员为本书写序;感谢赵常青研究员和沈阳农业大学小乔工作室为本书稿打印电子版、排版、校对;感谢为本书提供资料、照片的葡萄界各位朋友、同仁们!

本书承蒙我国葡萄产业界明星代表罗树祥、耿学刚、刘绍成、张中雷、张立成、袁维祥、吴小平、杨显发、杨志明、余斌文等同仁的大力支持,在此表示衷心的感谢。

　　由于编写时间仓促，水平有限，书中差错难免，谨请广大读者本着对我国葡萄事业高度负责的精神，坦诚提出宝贵意见和建议，以利今后进一步修改，期望达到完满。

严大义

2011 年 6 月于沈阳农业大学

　　主编电话：024－88418723　13604007775
　　邮箱：syyandy@sina.com

目　　录

总　　论

各　论

总　　论

ZONGLUN

红　地　球　葡　萄

第一章 红地球葡萄品种特性及发展前景

一、品种来源

红地球（red globe）葡萄是美国加利福尼亚州立大学 H. P. Olme 教授采用 L_{12-80}（皇帝×Hunisa 实生）×S_{45-48}（L_{12-80}×Nocers）为多亲本杂交，于 1980 年育成并命名发表。欧亚种，二倍体品种。

沈阳农业大学于 1987 年从美国将红地球葡萄首次引入我国，试种后，该品种果实成熟期在沈阳地区为 10 月上旬，已处于晚秋早霜来临时期，是沈阳最晚熟的葡萄品种之一，故取名为晚红葡萄，以后国内的报刊、杂志、广播、电视等诸多媒体上都相继启用晚红葡萄这个中国名。然而，在中国，红地球葡萄还有一个非常好听的商品名——红提，这是因为 20 世纪 80 年代末红地球葡萄浆果就从美国进口到深圳、广州等地，广东人把肉质硬脆的葡萄浆果称提子，而把肉质柔软多汁的葡萄浆果才叫葡萄。

红地球葡萄引入我国后，沈阳农业大学经育苗、扩繁后，选择生态气候条件较适宜的锦州和朝阳地区试栽，与锦州市太和畜牧农场和辽宁省水土保持研究所合作分别建立引种试验园。按引种要求进行植物形态、生长和结果习性、生态反应、物候表达、繁殖特性、栽培技术特点、果品产量和质量以及抗逆性能等项目的定位观察和研究，并陆续在我国东、南、西、北、中等五大地理区域 9 个省（直辖市）的 50 多个点开展区试。几年后，无论是引种试验园或多处试点，红地球葡萄都表现出穗大、粒大、丰产、优质、耐贮运、售价高等特点，不愧为当今世界鲜食葡萄的王牌品种，深受果农的喜爱和贮藏保鲜业商户以及水果商的青睐，尤其吸引了大批投资者的关注。基于 7 年的定位观察和区域试验，已经取得了大量试验资料，积累了较为可靠的栽培经验之后，于 1994 年 9 月 26 日经辽宁省作物园艺专业评审小组全体委员鉴定通过，正式命名为晚红葡萄，最后经辽宁省作物审定委员会审查批准，并呈报农业部和国家科学技术委员会备案，晚红葡萄正式成为受有关法规保护的我国葡萄新品种。为了防止学术混乱，有利于与国际接轨，根据品种英文原名，作者认为还是统一称"红地球葡萄"为好。

二、品种形态和生物学特性

1. 植物学形态 葡萄植株由根、茎（包括枝、芽）、叶等营养器官和花（包括花序、花蕾、卷须）、果（包括果穗、浆果、种子）等生殖器官组成（图 1-1）。

（1）根 生产中的葡萄根系有两种情况：一是自生根（自根苗），由一年生本品种插条产生的不定根形成，没有明显的垂直主根，从插入土壤中那部分插条（根干）上分生出各级侧根，再从侧根上分生小细根（幼根）。幼根由根冠（包裹在生长点外部起保护作用）、生长区（生长点，2～5 毫米长）、吸收区（其上密被根毛，1～2 厘米长）和输导组织所组成（图1-2）。

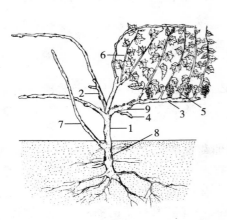

图1-1 葡萄植株的组成

1. 主干 2. 主蔓 3. 结果母枝 4. 预备蔓

5. 结果枝 6. 营养枝 7. 萌蘖

8. 根干 9. 结果枝组

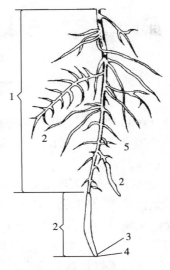

图1-2 葡萄幼根

1. 输导组织 2. 吸收区 3. 生长点

4. 根冠 5. 细根

二是砧木根（嫁接苗），由所选用抗性砧木品种的一年生枝条，扦插后产生的不定根所形成，根系的组成与自根苗的自生根相同。我国红地球葡萄嫁接植株的根系，绝大多数是贝达砧木根系。

（2）茎 葡萄的茎通称枝蔓。从地面往上至分枝部位叫主干，葡萄冬季需下架埋土防寒地区无明显主干。从地面或主干上分生出的骨干枝叫主蔓。主蔓上着生结果枝组，每年在其上选留若干结果母枝，结果母枝是当年成熟的新梢在冬剪后留下的一年生枝，第二年春萌发新梢，新梢上带花序或果穗的叫结果枝，不带花序或果穗的叫营养枝（生长枝、发育枝）。新梢由节、节间、叶片（包括叶片对生的花序或卷须）和叶腋内的芽（夏芽、冬芽）组成（图1-3）。节处常有横膈膜以加强新梢坚固性；节间内部中心是髓，是营养贮藏库；夏芽为裸芽，随新梢生长逐渐成熟，通常当年萌发抽生夏芽副梢；冬芽外被鳞片，一般需通过越冬休眠至次年春才能萌发。红地球葡萄嫩枝先端稍带紫红色纹，中下部为绿色或有紫色纹，成熟的一年生枝为浅黄白色。夏芽萌发力很强，产生的夏芽副梢强健，有时还带有花序；冬芽发育较好，遇到重摘心或重抹副梢等刺激后极易引起冬芽未经休眠就大量暴发。

（3）叶 红地球葡萄的叶片为心脏形，大多为5裂，上裂刻深，下裂刻浅或不明显，叶正、背两面光滑无毛，叶面稍有皱缩，叶缘稍反卷、不平整；叶缘锯齿一侧凸、一侧凹、粗大而钝，叶基窄、拱形；成叶中大，一般直径12~15厘米；叶柄中长，朝阳面紫红色，一般为淡紫红色；幼叶先期为淡紫红色，极易与别的品种区别，随着叶片长大，逐渐变浅黄、浅绿色；老叶绿色或铜绿色，外缘向内侧反卷，与叶脉中轴扭曲度较大，叶面极不平整（图1-4）。

图1-3　葡萄新梢　　　　　　　　　　　　　　　　图1-4　葡萄叶片

　　（4）花　红地球葡萄为圆锥形总状花序（图1-5［1］），个别也有出现分枝形花序，花序很大，通常具有几百粒花蕾。花蕾由花萼、花冠、雄蕊、雌蕊和花梗组成（图1-5［4］），为两性花。在花序中轴上着生2～4级分轴，没有明显副穗或歧肩，但是花序基部第一、二条分轴普遍较长。花序由花序梗、花序轴和花蕾组成。花蕾基部是5个连成波浪状锯齿形萼片，而外部是绿色花帽（花冠）（实际就是葡萄花瓣），紧罩在萼上，包着雄蕊和雌蕊，开花时花冠基部与萼片之间产生离层，花瓣前端5裂并向外卷缩。罩在花冠内的雄蕊伸张，将花帽顶出脱落。

图1-5　葡萄花序和花朵
1. 花序　2. 花蕾　3. 脱落的花帽　4. 开放的花朵

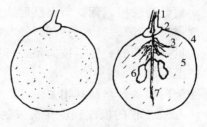

图1-6　红地球葡萄的浆果
1. 果梗　2. 果蒂　3. 果刷（维管束）
4. 外果皮　5. 果肉　6. 种子　7. 中央维管束

　　（5）果　葡萄的果粒也称浆果。由以下各部分组成，如图1-6：果梗（果柄）；果蒂（果梗与果粒相连接处的膨大部分）；外果皮；果肉；果刷（即中央维管束与果粒分离后的残留部分），果刷长的品种一般较耐贮运，果粒不易脱落。红地球葡萄的果穗为长圆锥形，平均纵径26厘米、横径17厘米，平均穗重1 200克，大的达3 000克以上。果粒圆球形或卵圆形（在设施内多数纵径延伸呈短椭圆形），在控制产量的前提下，平均纵径 28 厘米、横径 27 厘米，平均粒重 12 克，大的达 16 克以上。果粒大小较均匀，无明显大小粒现象，着生紧密，每粒浆果含 1～3 个种子。果皮稍薄或中等厚，在昼夜温差大、光照充足的地区表现鲜红或紫红色；相反，可能出现深紫红色或暗紫色。果皮与果肉紧连，果实充分成熟后果皮才能剥离。果肉硬脆、能削成薄片而不滴水，味甜，含可溶性固形物 16％以上，西北生长期长的地区可达 20％以上。果柄短粗，果刷粗而长，果粒耐拉力可达 1 500 克以上，着生极牢固，不落粒，极耐贮运，在冷库恒温无菌条件下可贮藏保鲜到次年 5 月。

（6）卷须 红地球葡萄卷须和花序是同一起源器官，是花序退化的产物，我们可以从典型花序到典型卷须各种过度形态中得到证实。卷须在新梢上着生的部位，与花序同一位置，一般从 3～5 节位起，每两节着生卷须后要空一节，呈间隔排列。植株在野生无人管理状况下，卷须是缠绕它物往上攀登的工具，而在栽培条件下应当随时疏除，以防扰乱树形和减少营养消耗。

2. 农业生物学特性

（1）根系生长特性

①葡萄根系是营养库。葡萄春天萌芽生长直至开花坐果，其营养来源大部分依靠前一年树体内的贮藏营养。葡萄骨干根是主要贮藏营养的场所，树体越冬贮藏的营养 70％～85％来自根系。葡萄生长期，又通过根系吸收区细胞渗透压力差所产生的势能，将周边土壤中水分及溶解于其中的无机盐类（矿质元素），源源不断地吸收到根内，并借助叶片的蒸腾拉力将它们输送到地上部参与叶片光合作用，制造碳水化合物。所以葡萄一生中生长结果等全部生命活动，都需要从根系取得营养来源。发展根系、保护根系对地上部的生长、结果之所以特别重要，可以用我国的一句成语"根深叶茂"来概括。

②葡萄根系没有休眠期。葡萄根系没有休眠特性，只要温度、水分、氧气和营养合适，它可以不停顿地生长。所以，冬季葡萄根系抗寒性很差，红地球葡萄自根植株的根系在－5℃时就要发生冻害，而采用贝达抗寒砧木嫁接植株的根系却能抗－12.5℃低温。

③葡萄易发根。葡萄节上髓射线发达，营养丰富，极易产生根原体发根，尤其在合适的温度（28～30℃）、水分（80％）、氧气浓度（＞15％）配合下，根系生长加速。红地球葡萄和贝达葡萄的一年生枝插条，扦插后 12 天左右即发生新根，而且每天可生长 1～2 厘米，甚至更多。

④葡萄根系分布及其相关性

a. 极性　根的极性表现在长根的分枝上，主要在末端发生侧根最多和最强，在被截断的断口处（也是根的末端）发生大量侧根。可以利用通过挖沟施肥作业切断一些根系，加速侧根的发生，使根系吸收水分和养分的能力得到加强。

b. 向地性　根的向地性是由根生长方向与重力方向呈不同的倾斜度（称向地角）大小来表示，向地角小，根系垂直分布多而深，利于抗寒抗旱。红地球葡萄向地角大，根系水平分布多于垂直分布，不抗旱，不抗寒；贝达葡萄根系向地角只有 30°左右，垂直根多，根系分布深，利用它做红地球葡萄嫁接的砧木，既抗旱又抗寒。

c. 分枝性　生产中葡萄根系通常都是侧根，分枝性很强。一级侧根分生二级侧根，二级侧根再分生三级侧根等。为了促进根系发生大量分枝，应在土壤中创造分根的条件，通常结合秋施基肥在施肥沟内填充砾石、炉渣和粗糙的有机质（如秸秆）等通透性物质，发生"边缘效应"或"界面效应"，增加土壤中氧气量和提高地温，促进发根，使根系向深广发展，不断增加营养吸收面，促进地上部生长健壮。

d. 耐修剪　剪断根系伤口处很快产生愈伤组织，保护伤口。愈伤组织营养充足，容易发生新根，生产中通过开沟施肥和深翻改土达到断根修剪的作用。

e. 趋优避劣性　根系总是朝条件较好的土层方向发展，栽植沟的深度和宽度，对引导根系深广发展影响很大；深层施肥把根系引向深处，浅施肥或地面覆盖使根系反上；根生长点遇坚硬土层就停止向前等。

f. 地上地下生长相关性　地上部生长越强，根系发育也越强，在地上部主蔓延伸生长较强的方向，其根系在同一方向的生长也强，非常明显地表现出地上地下相关性。所以棚架葡萄施肥都在架下多施，架外少施。

（2）枝芽生长特点　红地球葡萄幼树顶端优势明显，生长势较强，直立生长新梢先端在夏季一昼夜可延长 10 多厘米，易贪青，成熟稍晚，木质化程度差。进入盛果期大量结果后，生长势又很快转弱，管理不善稍有疏忽，不易越冬，翌年枯枝死树时有发生。

强势新梢上的夏芽易萌发形成强旺副梢，这样的副梢不能从基部疏除，必须留 1～3 叶摘心保留，否则极易引起冬芽提前暴发。各类枝芽的功能参看第四章。

（3）叶片生长特性　叶片的主要功能是光合作用、蒸腾作用、呼吸作用和吸收作用。

光合作用是以叶片中的叶绿体为载体，利用太阳光能，摄取空气中的二氧化碳，通过蒸腾拉力把土壤中的水分和矿物元素运送到叶片，在生物酶的协同下进行生理生化作用，制造了碳水化合物（即树体有机营养）。一部分碳水化合物与从根部吸收并运送到叶的氮和磷酸结合，生成蛋白质和氨基酸，作为细胞原生质的基础物质；另一部分碳水化合物主要用于叶片呼吸作用而不断地被分解消耗。

葡萄叶片从展叶长到全大，一般需 40 天左右，展叶后即能发挥叶的全部功能。红地球葡萄具有很强的长势，展叶 10 天左右光合速率开始显著上升，展叶 30 天左右光合速率达到高峰期，一直到 50～70 天阶段处于相对稳定（这段时间的长短取决于树体营养好坏和外界光、温、湿度高低），以后叶龄加大，叶片老化，光合速率显著下降，甚至当天制造的有机营养还不够呼吸消耗所需，此时老叶制造养分的功能迅速衰退，已经入不敷出，成了"寄生叶"。据笔者多年观察，红地球葡萄在正常管理下，幼叶叶龄超过 10 天后，就意味着叶片已超过原叶大小 1/3 以上了，本身营养已能自力更生，并有多余营养可以调出供给其他组织器官利用。

葡萄叶片的呼吸作用是同化产物的代谢过程，呼吸强度与温度关系密切。温度由低到高，呼吸作用逐渐加强，碳水化合物消耗增多；夜间温度降低，呼吸作用减弱，有利于有机物质的积累。所以，接近浆果成熟期，秋高气爽时节昼夜温差加大，有利于浆果着色和糖分增加。

（4）开花坐果　葡萄从萌芽到开花一般需要经历 6～7 周，通常在昼夜平均温度达到 17～20℃时开始开花，每个花序的花期为 5～7 天。红地球葡萄在花粉成熟和雌蕊发育完善后，可以闭花授粉，也可以开花后授粉，授粉过程基本是自花授粉，但也不排除异花授粉。授粉受精过程 24～72 小时完成，随后子房开始膨大，果实开始生长。

（5）物候期 在辽宁省沈阳地区，红地球葡萄 5 月初萌芽，6 月上旬开花，8 月中下旬果实开始着色，10 月初果实成熟。从萌芽到果实成熟的生长期 150～155 天，有效积温 3 000～3 200℃。在陕西省西安地区，4 月中旬萌芽，5 月下旬开花，7 月下旬果实开始着色，9 月中旬果实成熟。云南省大理白族自治州宾川地区，3 月初萌芽，4 月中旬开花，7 月下旬果实即可成熟。四川省西昌地区，3 月初萌芽，4 月中旬开花，8 月中下旬成熟。

（6）抗逆性 红地球葡萄抗逆性较差，既不抗病，又不抗虫；既不抗冻，又不抗热；既不抗旱，又不抗涝。相对于其他大多数葡萄品种比较而言，它的抗逆性确实较差。这就要求采取合理的科学栽培技术，创造良好的生育环境，培养健壮的树体，控制好生长与结果的平衡关系，上述不利于红地球葡萄生产的抗逆性能就有可能得到有效的调控。我国南北各地大面积栽培红地球葡萄取得优质丰产的生产实践就证明了这点。

3. 对环境条件的要求及其适栽范围 葡萄从定植到开花结果，最终衰老，一直固定在某一地点生活几十年，时刻都与周围环境条件发生密切的关系。红地球葡萄具有欧亚种晚熟葡萄的共性，即露地栽培要求无霜期 160 天以上，大于 10℃的年活动积温 3 200℃以上，年降水量 600 毫米以下，年日照时数 2 000 小时以上，有灌溉条件的沙壤土、壤土、轻黏壤土等是红地球葡萄较为适宜、适宜、最适宜的生态条件。

在我国，红地球葡萄较为适宜的生态条件范围较广，黄河以北的中原、华北、山东半岛、辽东半岛及渤海湾、京津唐等地区，凡符合欧亚种晚熟葡萄生态条件要求最下限的地区均可栽培红地球葡萄。但是，有一定的生产风险，如某一年无霜期缩短导致浆果和新梢不能充分成熟，年降水量过多或集中降雨或日照时数不足引起病害大发生及树体营养不足使浆果减产和品质严重下降等。

我国红地球葡萄适宜栽培区，大致以无霜期 180 天左右、年活动积温 3 300℃以上、年降水量 500 毫米以下、年日照时数 2 300 小时以上等生态条件为准，能生产出含糖量 17% 以上、病害很轻、着色良好的葡萄浆果，在国内市场具有较强的竞争力。

我国红地球葡萄最适宜栽培区，大致在河北中部、陕西关中和渭北、山西南部、甘肃河西走廊和兰州地区沿黄河岸边、新疆南部、宁夏南部等地区。上述地区的无霜期多数在 180～220 天，年平均气温在 10℃以上，年活动积温大于 3 600℃，年降水量小于 300 毫米，而且具有日照充分、昼夜温差大等特点，红地球葡萄年生长量大，容易形成花芽，浆果着色好，含糖量可达 18%～23%，风味正，品质极佳，可与进口的美国红地球葡萄媲美。

三、国内外发展概况

1. 世界红地球葡萄主产国发展概况 国外鲜食葡萄一般倾向无核品种，这与他们的饮食文化渊源有关，"吃葡萄不吐葡萄皮"，否则就是最大的浪费（因为果皮中含有最丰富的营养物质）。但是，有籽的红地球葡萄却受到特别重视，因其穗大、粒大、肉脆、含糖高、耐贮运，而且颜色美观，货架期长，不仅在本国各超市展销，而且在国际市场很受欢迎。目前，已成为美国、智利、南非、澳大利亚、意大利等国家的主栽鲜食葡萄之一。

（1）美国

①鲜食葡萄生产概况。美国鲜食葡萄主要分布在加利福尼亚州的 Kern、Tulare、Fresno 等产地，2010 年加利福尼亚州鲜食葡萄栽培面积为 85 884 公顷，其中红地球葡萄为 1.18 万公顷，占全州鲜食葡萄总面积的 13.7%，位居鲜食葡萄的第三位。除红地球品种外，其他以无核品种为主，实现鲜食葡萄品种多样化，不同成熟期、不同颜色的系列化（表 1-1）。并且非常重视新品种的培育和应用。

表 1-1　2004 年和 2010 年美国加利福尼亚州鲜食葡萄品种构成和栽培面积（公顷）

年份	粉红无核	克瑞森无核	红地球	红宝石无核	皇家秋天	超级无核	波尔莱特	莫莉莎	其他	合计
2004	9 444	5 859	5 530	1 976	1 493	1 276	1 228	804	—	—
2010	19 021	14 926	11 750	3 351	4 456	4 859	1 559	3 368	22 594	85 884

美国鲜食葡萄的出口量约占当年产量的 30%，主要出口到墨西哥、加拿大、中国、东南亚地区等；同时美国也是鲜食葡萄的进口大国，他们不习惯自产鲜贮，2007 年进口量达到 51.4 万吨以上，每年 2～7 月鲜食葡萄生产淡季，从智利、南非、澳大利亚等国进口。

②红地球葡萄栽培特点

a. 采用无病毒、抗性砧、机械硬枝嫁接一年生优质壮苗定植建园。定植后，使用苗木保护罩（高 50 厘米，直径 10 厘米的方形蜡质硬纸板做成），罩于苗木外围，以保护幼苗免遭鼠、兔危害，并为幼苗起到挡风、遮阴的作用，为幼苗成活、生长创造较为适宜的温、湿、光等条件。这一点很值得我国西北干旱、风沙地区借鉴。

b. 采用高度 1.8～2.2 米的水平棚架，以便架下喷药、施肥、采收和其他农事作业机械化。

c. 采取膜下滴灌系统给葡萄配方施肥和灌水。

d. 红地球葡萄每公顷产量控制在 20～25 吨；在疏穗定产后 20 天左右，采用赤霉酸 20～40 毫克/千克水的浓度处理果穗，促使果粒增大，光亮美观。

（2）智利

①鲜食葡萄栽培概况。智利是世界上葡萄主产国之一，2008 年葡萄总产量 235 万吨，居世界第九位，占世界葡萄总产量的 3.5%。智利 2010 年鲜食葡萄产量达到 117.1 万吨，当年出口量为 81.0 万吨，是当前世界鲜食葡萄出口量最大的国家，主要出口到美国、欧洲和中国。鲜食葡萄主产区位于北部地中海式气候区，表现干旱、半干旱和半湿润，葡萄生长期无雨或少雨，炎热，阳光充足，热量充沛，有利于葡萄糖分积累和着色以及花芽分化和连年丰产。

智利鲜食葡萄的生产品种多达 36 个以上，其中无核白、红地球、火焰无核、瑞比尔等占栽培面积的 75% 以上，近年来红地球、克瑞森无核、皇家秋天等品种栽培面积增加很快，这与他的扩大出口战略有关系。

②红地球葡萄栽培特点。

a. 建园栽的苗木，当年着重培养根系，不进行整形，冬剪时留 2～3 芽平茬。

b. 采取连棚架，冬剪前对冬芽进行解剖检查花芽分化情况，以准确确定芽数量；冬剪时结果母枝主要是短梢修剪，有空间才剪留 6～8 芽。

c. 夏剪简化，只对下垂枝进行引缚，结果枝及副梢一般不摘心。

d. 对花果管理较为严格，疏花序是必做的作业，通常按计划产量在展叶后到开花前进行，比预计产量多留 20%；待坐果稳定后（即生理落果终止后），通过疏除多余果穗最后调节负载量，同时疏掉畸形果和穗尖小果。

e. 智利葡萄生长期很少降雨，叶部病害很少，主要发生葡萄灰霉病和白粉病等果实病害，通常从花前 7～15 天喷 1 次杀菌剂，在果粒变软、抗病性降弱后，要增加喷药频率，并且各种药剂交替使用或混合使用，以增强防治效果。智利因园地土壤中含有较高的铜，故禁用波尔多液。

f. 由于气候干旱，必须重视灌水。通常采用滴灌，初春每天滴灌 4 小时，以后第二、第三天每天滴灌 2～4 小时，采收前停止或减少灌水。滴灌同时，把一些高溶性肥料通过滴灌系统进行追肥，但是花前不能给红地球葡萄施氮肥，否则影响坐果。

g. 智利红地球葡萄采收从一月下旬开始至三月底四月初结束，正是亚洲和太平洋沿岸各国冬季，为国际葡萄市场淡季，采收后立即装箱外运，销往世界各国，并能卖上好价，所以，刺激了当地葡农发展红地球等鲜食葡萄的积极性，近些年栽培面积翻番。

（3）南非 南非鲜食葡萄栽培面积 1.4 万公顷（2008 年），葡萄产量 26.5 万吨（2010 年），年出口量 2.6 万吨（2010 年）。其中红地球葡萄栽培面积 1 397.3 公顷，占全国鲜食葡萄总面积的 10%，仅次于克瑞森无核（1 447.6 公顷，占 10.35%），位居第二。除此以外，还有无核白、普利姆无核、优无核、火焰无核、多芬（Dauphine）、帝王（Regal Seedless）、红太阳无核（Sunred Seedless）和波林卡（Barlinka）等 30 多个鲜食葡萄品种。

南非鲜食葡萄成熟期从 10 月至 5 月，可满足内外市场对不同成熟期、不同颜色和不同类型鲜食葡萄品种的需求。南非具有很先进的鲜食葡萄栽培设施和鲜果贮运冷链，葡萄采收、分拣、包装、预冷等一条龙过程，迅速、精细、卫生、安全，通过陆、海、空多种冷链方式运输，直通国际葡萄贸易市场和世界各葡萄进口国。

（4）澳大利亚 澳大利亚 2010 年鲜食葡萄产量为 9.3 万吨，出口量为 4.5 万吨，主要品种为无核白、红地球、火焰无核、优无核等。鲜食葡萄主产区为维多利亚州、新南威尔士州和昆士兰等州。葡萄成熟期为 2～4 月，正是我国鲜食葡萄市场的缺货断档期，所以向我国大量出口。为了抢达中国市场，澳大利亚早在 2005 年前就制定了红地球葡萄果实质量标准：浆果直径超大粒＞28 毫米（＞14.5 克）、大粒＞26 毫米（＞12 克），可溶性固形物含量＞16°，果皮红色或紫红色占果面 90% 以上，果面光洁无污染、无伤痕、果粉完整，果穗重＞250 克、＜1 500 克为一等果等。

（5）意大利 意大利是世界上葡萄产量第一大国，2008 年全国葡萄产量 779.3 万吨，占世界葡萄总产量（6 771 万吨）的 11.5%。尽管意大利的鲜食葡萄年产量仅 128.2 万吨，占本国葡萄总产量的 16.5%，但其鲜食葡萄还是占据世界鲜食葡萄总量 21% 的份额。意大利鲜食葡萄主要集中在南部，主要品种有意大利（Italia，占 70%）、葡萄园皇后

（Queen of Vineyard，占 10％）、红地球（占 5％），近年红地球葡萄加速发展，并开始部分出口。

（6）西班牙　西班牙是世界上葡萄种植面积最大国家，2008 年全国葡萄面积 120 万公顷，占世界葡萄总面积（727.3 万公顷）的 16.2％，而 2008 年全国葡萄产量仅 605.36 万吨，占世界葡萄总产量（6 771 万吨）的 8.9％，单产水平较低，主要原因是管理粗放，酒用葡萄居多、鲜食葡萄占的份额较少。从 2004 年开始，世界葡萄酒产量趋于下降，西班牙也开始种植以红地球葡萄为主的鲜食葡萄，以争取稳定他在国际葡萄贸易的地位。

2. 中国红地球葡萄发展概况　红地球葡萄自 1987 年由沈阳农业大学引入我国以来，由于穗大、粒大、丰产、优质、耐贮、耐运、货架期长、商品性状优异等特点突出，深受栽培者和果商的喜爱，很快在我国传播开来。自 1994 年该品种经审定后，随即开始在生长期 160 天以上、年降水量 700 毫米以下地区推广。至 1998 年，据不完全统计，全国约有 11 个省市区开始红地球葡萄露地栽培，栽植面积约 2 000 公顷，年产鲜果 45 000 吨。

1999 年 11 月，在中国杨凌农业高新科技成果博览会上，沈阳农业大学种子公司专门开辟了"红地球葡萄推介与展销"版块直面农民，广大果农第一次看到和尝到红地球葡萄鲜果，就被它给镇住了，一致叫好。带到会上的几万株红地球葡萄苗木和 3 000 册《晚红（红地球）葡萄栽培》新书，很快被抢购一空，一时间你传我、我传他，十里百村的乡亲们都争先恐后地要栽种红地球葡萄，加之全国各地的有关报刊、电台、电视台等新闻媒体又大肆宣传，很快在全国掀起"红地球葡萄热"。如陕西省农业资源区划委员会做出"陕西美国红地球葡萄（20 万亩）商品基地的开发研究与区域布局"规划，新疆伊犁地区霍城县确立万亩"果蔬绿色食品"红地球葡萄开发工程基地项目，新疆博乐市农垦 5 万亩红地球葡萄生产基地建设项目，云南蒙自、弥勒万亩红地球葡萄开发，山东威海市泊于万亩红地球葡萄开发试验区，河南长垣县宏力集团万亩红地球葡萄开发基地，北京延庆万亩红地球葡萄开发规划等，相继出台，至 2005 年的不完全统计，纳入我国"西部大开发"计划的红地球葡萄面积已达 3 万公顷，年产鲜果超过 50 万吨。

已经过去的我国第十一个五年（2006—2010）规划，农业科学技术得到突飞猛进的发展。以前由于高温多雨葡萄病害相当严重的长江以南广大省市区，都无法栽植欧亚种葡萄；如今实行避雨栽培方式，红地球葡萄遮雨棚像雨后春笋般到处崛起，如上海嘉定，浙江嘉兴、金华，江苏无锡、泰兴，江西上饶，福建建阳，湖南澧县，湖北荆州，四川成都、西昌，广西桂林等都有自己的避雨棚葡萄生产基地（彩图 A1-1～彩图 A1-15）。过去由于严寒或生长期较短，无法栽种晚熟葡萄的北方和高寒山区；如今把红地球葡萄栽进日光温室和塑料大棚进行控温栽培，不仅可以实行促早栽培，让葡萄提早 1～3 个月成熟，而且还可以调温实行延后栽培，把红地球葡萄延迟到元旦或春节上市，这一"提早"和一"延后"，使鲜食葡萄商品供应期从"五一"延长到春节，约 250 多天，仅余下 2、3、4 三个月近百天的"空市期"，可以从南非、智利和澳大利亚进口，做到鲜食葡萄常年供应不空市。

我国红地球葡萄快速发展，与苗木生产经营技术革新成就密不可分。我国有一批非常精明的葡萄育苗单位，如河北昌黎金田苗木有限公司、秦皇岛市揭石葡萄产业协会、辽宁绥中中雷葡萄种植专业合作社、兴城绍成葡萄良种繁殖场，葫芦岛暖池葡萄专业合作社等，过去每人每天只能绿枝嫁接葡萄苗木 600 株左右，嫁接成活率达 90% 左右，到秋末每亩出圃合格嫁接苗 5 000 株左右；如今，他们实行就地大棚生产品种绿枝接芽、苗圃建立部分拱棚、苗畦地膜覆盖、膜下滴灌和"一条龙"绿枝嫁接技术等配套育苗改革后，每天每人绿枝嫁接红地球葡萄苗木提高到 800～1 200 株，嫁接成活率几乎接近 100%，符合等级要求的商品嫁接苗每亩增加到 7 000～8 000 株。这样，不仅提高苗圃土地利用率40%～50%，而且还能降低劳动生产率 20%～30%，为我国红地球葡萄快速发展提供苗木建园发挥非常重要的作用。

据不完全统计，截至 2010 年，我国东至山东半岛，西至青藏高原，南起福建沿海，北到黑龙江畔，全国葡萄五大主产区已有近 150 万亩红地球葡萄种植面积。

伴随着我国经济发展，人民生活水平的提高，对鲜食葡萄消费需求的增强，加之政府关注农业、农村和农民，"三农"问题被全社会所关注的时代，像红地球葡萄这样外形美观、内在品质优异的"朝阳产品"，一定会倍加推捧，将进一步得到健康发展。

四、中国红地球葡萄产业发展前景

1. 是朝阳产业　目前，中国还是个农业大国，仍然是发展中国家，农业经济还相当落后，距离我国制定的国民进入"小康"生活水平还有相当长的一段要走的路。

发展农村经济，建设社会主义新农村，已成为当前"三农"问题的核心，选择什么产业作为突破口，实际情况很复杂，哪个地方都有自己优势和劣势。在自然条件合适的地区，选择发展葡萄产业，是一个不错的主意。

葡萄生长快、结果早、易丰产、产值高、利润好，通常一年栽植、二年结果、三年丰产；亩产量 1 500～2 000 千克，为一般粮食作物的 4 倍；当前，优质红地球葡萄国内市场价格 10～30 元/千克，为普通农作物价格的 5～10 倍、亩产值的 20～30 倍。种植 1 亩地的葡萄，年纯收益达万元以上，甚至 3～5 万元，进入"小康"绰绰有余。而且，随着葡萄产品的商品化、市场化，一业兴起，百业扶持，建材（架材）、肥料、农药、包装器材、贮藏保鲜、汽车运输、餐饮住宿等行业相应兴起，为建设社会主义新农村，发展城镇建设积累资金、扩大就业创造了条件。所以，葡萄产业被称是某些农村地区的朝阳产业，它在新农村建设、为实现农业现代化有着举足轻重的作用。

2. 科技是动力　近年来，国内经济的高速发展，大大促进了农业科技的猛飞猛进，也为葡萄产业的发展提供了动力。

（1）扩大红地球葡萄栽植区域　农业科技人员利用日光温室和塑料大棚栽培葡萄进行攻关试研，为葡萄生育提供人工调控温、湿、气的数据和方法；为南方多雨地区葡萄避雨栽培和冬季严寒或无霜期较短地区葡萄提早或延后上市以及一年多收创造了条件，扩大了红地球葡萄栽植区域、增加产值、提高效益，促进红地球葡萄产业发展的道路越走越宽。

（2）提高劳动生产率　近年，农业科技人员配合农机装备研究单位研发的葡萄起苗犁、埋土防寒机、绑蔓机等，不仅抢时间、省人工、提高劳动生产率，而且质量好、成本低、管理特别方便，解决了长期困扰葡萄产业繁重体力劳动问题，为葡萄产业发展开启了管理方便之门。

（3）栽培技术得到深化　近十多年农业科技人员研制的多功能植物生长调节剂、葡萄果实袋、多效复合肥、生物肥、生物农药等农业生产资料，对葡萄增产、提质、增效起到显著作用，为葡萄产业发展奠定了物质基础。

其次精准的土、肥、水技术和产量调控及配套技术在葡萄上运用已显现其威力，葡萄产业将逐步迈向精准农业和标准化栽培的农业现代化行列之中。

3. 与国际接轨　红地球葡萄无论果形外观或内在品质，可称鲜食葡萄一流，被誉为当今世界晚熟耐贮的王牌葡萄品种，是当今鲜食葡萄国家贸易的硬头货，智利、美国、南非、澳大利亚等生产红地球葡萄较多的国家，也是红地球葡萄的出口大国，每年都有几万吨到几十万吨不等的出口贸易。20 世纪 90 年代中末期，我国果品市场的红地球葡萄几乎被这几个国家所垄断，据海关统计，1996 年我国从美国、智利等国家进口鲜食葡萄约 18 万吨，绝大部分为红地球葡萄；据专家对市场调查估算，1997 年我国又进口红地球葡萄总量约 30 万吨，进口价约为每千克 30 元人民币；至今，我国每年仍大批量进口红地球葡萄。但是，随着国内红地球葡萄栽培面积的不断扩大，市场上国产葡萄比重逐渐加大，在国产葡萄的冲击中进口葡萄数量年年减少，价格也大大下降，这是参与国际竞争的必然趋势；而且 2004 年国产红地球葡萄已经销往俄罗斯、哈萨克斯坦和东南亚诸国，开始在国外市场参与国际竞争，至 2009 年尽管出口量只有 5 万吨左右，但是这毕竟是正式与国际接轨了，我国可以打出"价格低"、"市场近"、"邻里亲"三张大牌与欧美澳等红地球葡萄生产大国相抗衡，将"洋葡萄"顶于国门之外，已为期不远。

4. 需求促发展　据联合国粮农组织（FAO）统计，2008 年中国葡萄园面积 43.82 万公顷，葡萄产量 728.47 万吨。减去酒用葡萄约 195 万吨和晒干葡萄约 40 万吨外，剩余的 493.47 万吨大部分应该是鲜食葡萄的年产量。那么，我国人均年消耗国产鲜食葡萄为 3.757 千克，而世界葡萄生产先进国（如西班牙、美国、法国）和经济发达国家（如日本、英国）等，鲜葡萄的人均年消费量都在几十千克以至百余千克，比我国高出几倍到几十倍。

随着国内经济的大发展，人民生活水平的逐步提升，对鲜葡萄的消费量也会日渐增多，尤其红地球葡萄由于穗大、粒大、色艳、外形美、质脆、糖分高、酸少、口感爽，加之易包装、耐贮运、货架期长久、商品性能好，已成为我国城乡居民爱不释手的佐餐水果和高级礼品。尽管价格不低，仍然出现购销两旺势态，市场需求就是产业发展的终极目标。以全国人均年消费量增加 1 千克计算，则需年增加葡萄 130 万吨，需要新建 5.8 万公顷葡萄园才能满足国内市场对红地球葡萄的需求，这一数字相当于目前全国已有 10 万公顷红地球葡萄栽植面积的 58%。可见，中国红地球葡萄还有很大的发展空间。

五、附　录

1. 全国主要果区天气情况（表 1 - 2）

表 1-2 全国主要果区城市气象一览表

地名	气温（℃）			年降水量（毫米）	年日照时数（小时）	平均相对湿度（%）	无霜期（天）
	绝对最高	绝对最低	年平均				
北京	40.6	−27.4	11.8	623.1	2 704.6	56	204
天津	39.7	−22.9	12.3	526.7	2 723.2	62	239
石家庄	42.7	−26.5	13.2	433.6	2 756.0	63	237
烟台	—	—	12.6	623.2	2 624.5	78	234
济南	42.5	−19.7	14.8	631.3	2 668.4	64	233
青岛	35.4	−15.5	12.1	647.3	2 462.0	73	238
开封	42.9	−16.0	14.9	620.2	1 965.4	72	235
信阳	—	—	15.0	822.6	2 116.5	78	242
蚌埠	41.3	−19.4	15.3	731.7	2 218.8	75	235
合肥	41.0	−20.6	15.5	830.1	2 261.6	77	261
安庆	40.6	−12.5	17.2	1 037.7	1 902.5	74	245
徐州	40.1	−23.3	14.5	705.3	2 339.6	71	202
南京	40.7	−14.0	15.7	918.3	2 057.6	75	242
上海	38.9	−10.1	15.3	1 143.0	1 871.7	80	254
杭州	39.9	−9.6	16.3	1 489.7	1 782.7	80	258
温州	39.3	−4.5	18.5	1 724.6	1 761.5	83	292
福州	39.8	−1.2	19.8	1 450.4	1 857.6	81	311
厦门	38.5	2.0	21.8	1 185.6	1 988.6	77	—
武夷山	—	—	17.8	2 124.4	1 487.0	77	289
台北	38.0	−2.0	21.7	2 118.1	1 644.2	82	345
九江	40.2	−9.7	17.1	1 406.7	1 821.3	79	272
南昌	40.6	−9.3	17.4	1 769.9	1 939.2	83	275
宜昌	41.4	−9.8	17.5	1 132.1	1 641.3	80	269
武汉	39.4	−18.1	16.8	1 202.0	1 967.0	76	—
恩施	41.2	−12.3	16.5	1 379.0	1 241.1	82	295
长沙	40.6	−9.5	17.2	1 422.4	1 559.4	82	280
衡阳	40.8	−7.0	17.9	1 346.2	1 611.7	80	274
桂林	39.4	−4.9	19.4	1 966.1	1 568.3	78	331
南宁	40.4	−2.1	22.2	1 321.8	1 832.5	78	348
汕头	37.9	0.4	21.6	1 515.2	2 085.2	83	355
广州	38.7	0.0	21.9	1 720.1	1 867.3	78	341
湛江	38.1	2.8	23.3	1 435.3	2 097.8	82	365

（续）

地名	气温（℃）			年降水量（毫米）	年日照时数（小时）	平均相对湿度（%）	无霜期（天）
	绝对最高	绝对最低	年平均				
海口	38.9	2.8	24.1	1 517.6	2 415.9	83	365
榆林港	—	—	25.5	1 329.9	2 752.0	80	365
成都	37.3	−5.9	17.0	1 146.1	1 152.2	81	288
雅安	37.7	−3.9	17.1	1 779.6	960.1	83	330
重庆	40.2	−1.8	18.6	1 088.7	1 280.8	83	344
遵义	38.7	−7.1	15.6	1 060.0	1 152.1	81	284
贵阳	37.5	−7.8	15.6	1 214.0	1 323.8	79	296
大理	34.0	−3.0	15.6	1 384.8	2 001.0	67	259
昆明	31.5	−5.4	15.7	1 094.6	2 169.5	70	266
昌都	33.4	−19.4	7.8	553.3	2 289.7	55	170
拉萨	29.4	−16.5	8.8	1 461.5	2 937.1	32	212
哈尔滨	36.4	−38.1	3.3	577.4	2 715.1	71	148
齐齐哈尔	40.1	−39.5	2.7	466.1	2 781.8	65	142
佳木斯	—	—	3.5	628.7	2 561.7	70	131
海拉尔	36.7	−48.5	2.4	327.0	2 775.4	73	118
长春	38.0	−36.5	4.7	631.9	2 745.0	67	—
沈阳	38.3	−30.6	7.3	710.7	2 660.4	66	157
呼和浩特	37.3	−32.8	5.6	426.1	2 968.6	63	127.2
包头			6.4	304.2	2 995.8	58	147
石河子			5.6	179.0	2 820.7	67	154
乌鲁木齐	40.5	−41.5	5.3	276.3	2 606.9	65	165
西宁	33.5	−26.5	6.9	371.7	2 742.4	54	129
玉门	36.7	−28.2	7.3	63.0	3 222.2	43	
银川	39.3	−30.6	8.5	205.4	3 023.7	62	179
兰州	39.1	−21.7	9.3	328.5	2 430.2	58	184
宝鸡	41.6	−16.7	12.8	701.0	1 986.5	70	211
西安	41.7	−20.6	13.7	584.4	1 966.4	68	209
汉中	38.0	−10.1	14.4	892.4	1 776.5	75	233
太原	38.4	−25.5	10.0	395.0	2 382.3	61	170
运城	42.7	−18.9	15.7	553.3	2 251.6	66	212
张家口	40.9	−25.7	8.3	367.4	2 851.3	54	
承德	41.5	−22.9	9.3	539.4	2 908.8	58	184

2. 红地球葡萄物候期标准与观察方法

（1）伤流期 即用刀将一年生枝削去一薄皮，造成新的伤口，观察伤流开始和终止日期。

（2）萌芽期 芽的鳞片裂开，露出绒球，并稍呈现绿色的或色彩鲜艳的嫩叶。被观察植株上的芽眼有5%左右出现上述情况时，称为开始萌发期。萌发芽的数量超过50%时，称为大量萌发期。萌发的新梢，其上有2片以上小叶平展展开，称展叶期。

（3）开花期 花冠（呈灯罩桩）与花托分离叫开花。被观察植株上约5%花序开花称为开花始期，当50%左右的花序开花称为盛花期，80%左右花序开花称末花期，95%以上花序开花称为终花期（亦即浆果开始生长期）。

（4）浆果开始成熟期 白色品种果皮开始退绿，变成稍透明、无光泽的白色，并略显弹性。绿色底色上呈明显的深蓝色斑点，酸度显著的降低，这个时期称为开始成熟期。

（5）浆果完全成熟期 浆果已经充分表现出品种固有的色泽、硬度、糖酸含量、风味和香味等品质，种子褐色或红褐色时，即为完全成熟期。

（6）新梢开始成熟期 当新梢基部1~4节开始变色时，为新梢开始成熟期。

（7）落叶期 当叶子具有黄色，叶柄和枝条间产生离层而脱落，少量叶子掉落时称为落叶始期，全部叶子脱落称为落叶期结束（我国北方葡萄没有正常落叶期，绿叶往往因霜打而脱落）。

葡萄品种物候期记载表见表1-3。

表1-3　葡萄品种物候期记载表　　　　　____年，地点_____

品种名称	伤流期	萌芽期			开花期			浆果成熟期		新梢开始成熟期	落叶开始期	或霜打落叶期	从大量萌芽至各期天数			
		开始期	大量萌发期	展叶期	始花期	盛花期	终花期	开始成熟期	完全成熟期				终花	完熟	新梢开始成熟	落叶

3. 红地球葡萄对环境的选择——"10怕"

（1）"怕凉" 该品种最大弱点之一是枝条"贪青"。秋季，通常枝条上有一大段表皮仍然是绿色或深黄色，即便已经变成褐黄色，其韧皮部也迟迟不能进入自然休眠状态，只有在生长期较长，积温量较高的地区枝条才能真正充分成熟，这种现象在幼龄期和初结果期尤为明显。因此，在>10℃年活动积温3 400~3 800℃、无霜期150~180天的地区，红地球葡萄的果实可以实现生理成熟，但枝条通常不能充分成熟，主要表现部分枝条韧皮部受冻变褐变黑，春季萌发迟和萌芽率低甚至枯死。

（2）"怕冻"　幼树"怕冻蔓冻根"，苗圃"怕冻苗"。除与前述枝条容易"贪青"外，还在于靠近地表的枝蔓部位进入自然休眠期晚，根系抗冻能力差，早霜冻来临时强迫葡萄落叶，至葡萄越冬埋土前未休眠的枝蔓部位已出现纵向条状冻害，翌春部分枝蔓干枯或植株整株枯死，应加强预防，措施有：①加强园地土肥水科学管理和夏剪控制，尽量使土壤透性加强，引根深入，防止冻根，防止枝条徒长、贪青。②幼龄树实施带叶修剪，带叶埋土防寒。③实行抗寒砧木嫁接栽培和"深沟浅埋"栽植。

（3）"怕折伤"　该品种枝蔓组织疏松，在田间葡萄绑蔓和枝蔓埋土撤土上下架等作业时，不小心碰、折、拧伤枝蔓时有发生，表现出极其敏感，受伤部位以上的枝蔓就会枯死，应注意：①禁止用自根苗建园，采取长砧嫁接苗定植（尤其埋土防寒栽培区），尽可能避免伤害葡萄主蔓。②葡萄枝蔓上下架或架面移动枝蔓时加倍小心，不得生拉硬拽，拧劲绑缚。

（4）"怕冬芽爆破"　正常情况下，葡萄新梢上的冬芽是处于"条件休眠状态"，一般品种到翌年春天才能萌发抽梢，而红地球葡萄冬芽稍受刺激易从上而下连续萌发，甚至达到"爆破"的程度，达到翌年春天很少有新梢或无结果新梢的地步。所以，红地球葡萄夏剪作业时要特别小心：a. 尽量延迟新梢摘心时间，待副梢发生后在副梢前摘心。b. 除果穗以下节位的副梢贴根抹除外，其他节位副梢均应留下 1～3 叶摘心，以防冬芽"爆破"。

（5）"怕日烧"　我国红地球葡萄产区几乎都有发生"日烧"的记录，原因与直射光照射葡萄果面引发高温烧伤相关。幼果期受伤果面温度通常＞32℃，果实成熟前后受伤果面温度通常＞35℃。但有时果园久旱遇雨，雨后又立即引发高温（＞35℃）蒸汽伤害葡萄果面，称为"气灼"。

"气灼"与"日烧"的主要区别在于，前者伤口可以在整个果面不同方位出现而无固定位置，而后者伤口位置是固定在光照的直射方位。可采取如下对策：a. 选用棚架，让果穗置于架面之下，自然受到叶幕层的保护；果穗四周多留副梢叶遮阴。b. 选择优质果袋套袋，要求果实袋透气性好，套袋时袋底口敞开，袋上口紧闭并附着"打伞"遮阴降温。应尽可能推迟套袋时间，以躲避高温期。

（6）"怕不上色或色深"　果实的颜色是检验葡萄浆果外观品质的重要指标之一，红地球葡萄果皮的标准颜色应该是鲜红色。当然果面色泽除了与光照度、光照时间、土壤类型、土壤矿质元素、肥料种类、肥料成分等因素有关外，最直接的因子莫过于葡萄成熟期的光照、温度以及葡萄负担量。浆果成熟期阴雨寡照，低温天气，或结果过多、超负荷情况下，葡萄着色不好，不上色；相反，光照时间长，光照过强，结果少负载量轻时，葡萄着色深暗，甚至紫黑；只有温度适宜（白天＜35℃、夜间＜25℃、日较差＞10℃），晴天，控产的情况下，才有利于红地球葡萄呈现鲜红色。

（7）"怕病"　红地球葡萄抗病性较差，极易感染黑痘病，灰霉病、霜霉病、炭疽病等，与病害发生轻重有关的气候指标主要是降水量，设法减少葡萄园土壤含水量和降低空气湿度，是防病的重点。主要对策有：①选择通风透光和排水良好的坡地、山地建园，实行避雨栽培。②提高架面，加大行距，控制架面枝叶量，改善架面微气候环境的湿度条件。③增强树势，控制果实负载；果实套袋。④加强病虫害农业综合防治。

（8）"怕秋雨" 红地球葡萄成熟期遇秋雨，一是光照不好，影响果实上色；二是浆果汁液含水量增大，降低含糖量；三是园地湿度大，果实容易感染病害，特别是诱发贮藏病害大量发生。技术对策：①采收前有 7～10 个晴天，可以延迟采收。②浆果已经成熟，遇秋雨来临前及时采收，即时销售，不能长期冬贮。③增加贮前预冷时间，达不到预冷温度，不扎袋，宁可出现干梗，也不要袋内湿度过大。④增加保鲜剂投放量，缩短贮藏期，加强检查观察，抓紧销售。

（9）"怕果味寡淡" 红地球葡萄属晚熟品种中低糖低酸的类型，且无香味，给消费者一种"果味寡淡"的直感。这种"果味寡淡"会弱化果汁的缓冲系统，降低贮藏期间红地球葡萄对保鲜剂释放出 SO_2 的抵抗力，增加果实在贮藏期间的漂白率。技术对策有：①控制产量，加大叶果比。②增施有机肥，增施 P、K 肥和微肥，少施或不施 N 肥。③果实成熟期严禁灌水，适当延迟采收期。

（10）"怕花芽分化不良" 影响葡萄花芽分化形成因素很多，但光照和果实负载量是最重要的因素。夏初阴雨天多时，葡萄花芽开始分化就遇到光照不足，或秋雨偏多时，也会导致花芽分化停顿或已分化的花芽出现消融现象而消失。树体果实超载会直接导致树体碳素营养严重不足，而无法使芽体向花芽分化方向发生质变。技术对策有：①实行早摘心和旺枝"拧、拿、弓、绑"，以均衡树势和梢势。②改善架面通风透光条件，多施 P、K 肥等以加强树体碳素营养积累，为花芽分化提供充足养分。③采取"双枝更新"冬剪，对结果母枝适当长留，以适应红地球葡萄花芽分化高节位的趋向，增加结果新梢数量。

注：选自修德仁，红地球葡萄栽培技术（内部资料），2005。

4. 红地球葡萄生物学特性与相关栽培技术 本文从红地球葡萄比较明显的一些农业生物学特性出发，提出与之相关的一些栽培技术，以求达到我国红地球葡萄逐步走向丰产、优质、高效的规范化生产目的。

（1）生长势 红地球葡萄幼树生长势强旺，开始结果渐趋中庸，盛果期由强转弱。红地球葡萄宜采取棚架龙干形整形，有利于均衡树势和通风透光。不同地区因生长期和热量的差别，整形要求应因势利导：

①生长期大于 180 天的地区。定植当年，当主蔓长度达到 50、100、150 厘米时实行多次摘心，促进主蔓加粗，出现锥形枝，有利于形成花芽。冬剪时，主蔓长度留 150～180 厘米，剪口下直径达到 1.5 厘米以上。二年以后，主蔓仍可实行多次摘心，冬剪长度和剪口粗度的要求同前。而结果母枝因生长势强旺，表现为萌芽力强，可行短梢与中长梢相结合修剪。

②生长期 170～180 天的地区。定植当年，先期多施氮、钾肥促进新梢生长，当主蔓长度达到 120～150 厘米时摘心，控制延长生长，促进加粗生长；后期多施磷、钙肥促使枝蔓木质化和成熟，冬剪时保证主蔓剪口下直径在 1.2 厘米状态下，尽量保留主蔓的长度。二年以后夏冬修剪与生长期大于 180 天地区基本相同，进入规范化栽培。

③生长期较短的地区。定植当年，即使加强地下管理，主蔓生长也很难达到树体整形目标，应于 8 月上旬提前摘心，冬剪时应在直径 1 厘米处剪截；当主蔓生长细弱矮小，冬剪时一律剪留 2～4 芽平茬，来年重新培养主蔓。二年后，因根系扩展，植株营养体积扩大，枝蔓生长势强旺，但是受生长期较短、年积温量较低的限制，新梢易贪青徒长，每年

冬剪时在保证枝条已木质化达到充分成熟的节位处剪截，而且主蔓剪口下直径达到1厘米以上情况下，尽量保留主蔓的长度。

进入结果期后，结果母枝萌芽力高达70%，基芽结实率也高，可以采取短梢修剪或短梢与中梢相结合修剪，就是所谓的"1长1短"修剪法，即上位枝长留（4～6芽），来年发出的新梢尽量让其结果；下位枝短截（2芽），其上发出的新梢作预备蔓培养，有花序也得疏除。第二年冬剪时，前者结果后从母枝基部疏除，后者仍然采取"1长1短"修剪，继续上一年方法，长梢母枝上新梢结果，短梢母枝上新梢作预备蔓培养（不让结果），年复一年对结果母枝实行1长1短更新，使结果母枝始终保持年轻力壮，可延长盛果期。

（2）生产力　红地球葡萄定植当年形成花芽不多，第二年开花株率不高，通常第三年或第四年进入盛果期，很易成花，花序又大，每序花蕾300～1 000个，或更多，花朵坐果率32%，果穗较大。加之果枝率可达70%左右，每果枝平均可挂果1.3穗，属于极易丰产、高生产力的鲜食葡萄品种。其农业技术措施如下：

①果穗过大，果粒着生过紧，并不是葡萄优良品种性状，容易产生大小果粒现象，容易造成果穗内部果粒通风透光不良，从而影响果穗内部果粒的着色和糖分积累。可通过化学调控来拉长花序（详见本文"化学调控"）促使果穗松散。

②花朵坐果率很高，开花前结果枝不宜摘心。

③果枝率较高有利于丰产，但是也易引起树体超负荷结果，降低果实品质，造成生长势衰弱。其对策有：抹芽定枝时对衰弱结果枝进行疏除。在开花前对过多的花序进行疏除，保留结果枝与营养枝1∶1～2的比例，而且每个结果枝只允许保留1穗。红地球葡萄二次结果能力也很强，不能任其自然，要及时抹除副梢上的二次花和果，以防影响一次果的品质。

（3）抗寒性　红地球葡萄抗寒力较弱，主要表现在根系只能抗-5.5℃低温，带叶新梢遇-4℃即开始受冻，充分成熟的枝芽在休眠期只能耐-18～-17℃低温，而且冬季寒冷、干旱、风大的地区往往容易抽条。所以，提高植株抗寒能力就成为红地球葡萄栽培经营中至关重要的战略措施方法如下：

①冬季寒冷地区不能采用自根苗或非抗寒砧木嫁接苗，一定要采用贝达、山河系等抗寒砧木嫁接苗定植建园。冬季特别寒冷和干旱地区应采取深沟栽苗建园。

②绝对最低气温-17℃以下地区，冬季葡萄枝蔓要下架防寒。

③尽量不施或少施化学肥料，尤其不能在秋季追施氮肥，并注意控水和排水，防止枝蔓贪青徒长，确保树体安全越冬。提倡使用农家厩肥和生物有机肥或生物有机复合肥。

④坚决杜绝在葡萄栽植畦面平铺施肥，应提倡葡萄园秋季深施基肥，引导根系往土壤深层伸展，以提高根系安全越冬能力。

⑤细弱新梢要及早疏除，以免秋末不能木质化而遭遇越冬后枯死。当细弱新梢的位置很特殊，又不得不利用它占领架面空间时，应及早疏除其上的花序并摘心，促使分生副梢，增加叶面积，增加树体营养积累，加速枝条木质化，以提高其抗寒越冬能力。

⑥严格控制结果量，每个结果枝只能保留1穗果，促进枝条木质化。

⑦严冬季节要多次灌封冻水，以防冻根和抽条。

（4）品质优　红地球葡萄在外观上因穗大、粒大、色艳而居诸多鲜食葡萄品种之上，在内在品质方面因皮薄、肉脆、味甜、耐贮运、货架期长而深受果品经营者和消费者的青睐。然而，在生产经营中如何才能发挥红地球葡萄品质优秀的特点，确实需要下一番工夫。

①环境整治

a. 提倡园地种草，提高土壤有机质和土壤微生物含量，改善土壤结构和理化性状，恢复到天然状态，促使土壤自身制造养分、释放养分，达到永续利用的目的。

b. 改良水资源，提高葡萄园的水质。

c. 营造防护林，防止风沙、有毒农药、有毒气体对葡萄园污染。

通过上述治理，营造出有机土壤、清水绿地、空气清新的无公害的绿色葡萄生产基地。

②限产整形。通过疏花、疏果，把葡萄产量限定在每亩 1 500 千克之内。通过花序整形、疏分枝、除小粒，促使果穗短圆锥形或圆柱形，保持每穗葡萄 60～80 个粒，达到单粒重 12～13 克、单穗重 800～1 000 克，表现出果穗松散、果粒整齐，适于标准化果箱包装。

③化学调控。这里指的是利用美国"奇宝"植物生长调节剂，促进葡萄生长发育，伸长穗轴，增大果粒，改进品质，提高糖度，增大果粒硬度，提早成熟等等调控作用。美国"奇宝"的有效成分是赤霉酸（GA_3），由于制造工艺先进，GA_3 成分的纯度极高，杂质少，用于红地球葡萄可取得奇效。

奇宝是水溶性粉剂，直接加水连续振动 3 分钟即可溶解，立即浸蘸（或喷洒）花果，使用十分方便，表 1 - 4 中的应用方法仅供参考，不同地区生态条件和管理水平不同，使用前最好先做试验。

表 1 - 4　美国奇宝在红地球葡萄上的应用方法（供参考）

施药时期和方法	每克药加水量	效果
开花前 8～10 天喷花序	40～45 千克	拉长花穗
落花后 5～10 天喷果穗	20～25 千克	增大果粒
果粒黄豆粒大小时喷果穗	10～15 千克	增大果粒

④果穗套袋　葡萄果穗套袋好处很多：可以减少果实生长期病虫危害，减少农药、有毒气体和粉尘污染；可以减少冰雹、鸟兽、酸雨对果实的伤害；可以改善果实表面的微气候，提高果面光洁度，使果皮细腻，着色均匀，色彩鲜艳；可以保持果粒周围环境湿度的相对稳定，防止和减轻葡萄裂果；优质果实袋还可以减轻果实日烧病和气灼病；套袋的葡萄果穗，由于无病菌、无虫口、无污染、无机械伤害，从而耐贮运，可以延长保鲜期，延长货架销售期。

葡萄果穗套袋技术如下：

a. 正确选购红地球葡萄果实袋，以透明、抗风、抗水、结实牢固的白色纸袋为佳。

b. 套袋时间：在疏果、果穗整形和果实化学调控等工作结束后立即进行。

c. 套袋技术要求：选择晴朗无风的天气，先对全树喷布消毒杀菌剂，待药液风干后将果穗下端装入果实袋口，顺势往上轻提，使整穗果都装进果实袋后封紧袋口。

d. 检查：套袋期间应经常拆袋检查葡萄果穗生长发育状况，发现异常情况要及时研究处理，把问题消灭在萌芽之中，尽量减少损失。

e. 去袋时间：高透明的葡萄果实袋，套袋后可以一直延到葡萄采收，随果穗剪下装箱。透光通气不理想的葡萄果实袋，在葡萄果实开始着色，果实成熟采收前 8～12 天去袋。

（5）抗病性　红地球葡萄系多亲本杂交的欧亚种后代，叶片和新梢光滑无毛，果面光亮，极易遭受真菌病原侵害，在生长期易发生灰霉病、黑痘病、穗轴褐枯病、霜霉病、白腐病、白粉病和炭疽病等。也易感染扇叶病、卷叶病和茎痘病等病毒病害。尤其在盐碱地葡萄园早春易发生黄化病，在夏季高温地区易发生日烧病或气灼病等生理性病害。在保鲜贮藏期间易发生炭疽病、青霉病、灰霉病等危害果实。

各种病虫害防治技术详见第七章。

（6）贮运性　红地球葡萄是当今世界鲜食葡萄中耐贮运性最优良的品种之一，是由它自身的生物学特性所决定的。原因有：①极晚熟。浆果自然成熟时在辽宁已过寒露（10月上旬）节气，夜温已趋向 0℃，有利于入窖低温冷藏。②果刷粗大，耐拉力极强。红地球葡萄成熟果实的耐拉力可达 1 000～1 400 克，为巨峰葡萄（耐拉力 350 克）和玫瑰香葡萄（耐拉力 400 克）的 3～4 倍。③果肉硬脆，发生轻微碰撞不易产生机械损伤，且果蒂不易脱落。所以，红地球葡萄采取低温冷藏可贮 5～6 个月，在常温（8～10℃）条件下运输 20 多天不变质。

第二章　红地球葡萄苗木繁殖

苗木是发展葡萄生产的物质基础。苗木数量的多少，直接制约着红地球葡萄发展的速度和规模。苗木质量的好坏，不但影响栽植成活率的高低，而且对于红地球葡萄的植株生长发育、结果早晚、产量高低、适应性能和树体寿命都有极大关系。

一、苗圃地的选择、规划和利用

1. 苗圃地的选择　葡萄育苗的圃地选择好坏，直接关系到出苗率、苗木质量和苗木生产成本。选择苗圃地应注意以下几个方面：

（1）地理、地势　红地球葡萄由于品种起源于温暖地区，新梢容易贪青，秋后苗木木质化程度取决于早霜来得早与晚，早霜来得早，苗木木质化很严重，甚至枝芽不成熟而成为废苗。所以苗圃应设在无霜期 160 天以上地区，选择交通方便、地势平坦、背风向阳、排水良好的平地或缓坡地（坡度小于 5°），地下水位宜在 1 米以下。坡度较大、涝洼地、风口等处，不宜选做苗圃。

（2）土壤　以土层深厚、肥沃、土质疏松、有机质丰富的沙壤土为宜，通透性良好，利于苗木发根，保肥保水能力较强，能满足苗木对肥水的需求，利于苗木生长。黏土、沙土、盐碱土，若未经改良，不宜选做苗圃。土壤的 pH 5.5～7.5 为宜。

（3）水源　苗圃必须有水源条件，河水、库水、井水均可，最好装置喷、滴灌设施。因为葡萄苗根系较浅，生长旺，需水量大，尤其扦插和嫁接的初期，几乎每天或隔天就需浇水。缺水情况下，苗木成活率、生长量和成苗率等都会受到影响。

2. 苗圃规划　应根据育苗计划确定苗圃总面积，进行实地测量绘制地形图，然后按照育苗技术要求对圃地做出总体规划（图 2-1、彩图 A2-1～彩图 A2-3）。

（1）划分小区　小区是组织育苗生产的田间作业单位，又称作业小区。为了便于农业机械化作业，平地小区应是长方形，长边一般不小于 100 米，以南北方向有利于苗木通风透光；坡地小区的长边应按等高线划分，以利于水土保持，方便作业。小区的面积，平地可大

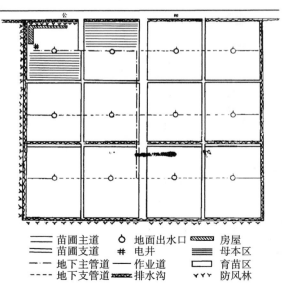

图例		
▬ 苗圃主道	⟆ 地面出水口	▨ 房屋
▬ 苗圃支道	╫ 电井	▤ 母本区
╶╴ 地下主管道	▬ 作业道	▢ 育苗区
┄┄ 地下支管道	▨ 排水沟	⩗⩗⩗ 防风林

图 2-1　苗圃规划平面图

些，坡地应小些。小区的划分必须与道路和排灌系统相结合、相沟通，同时区划出来。

（2）**道路系统**　大型苗圃，一般主道贯穿圃地中心，并与主要建筑物相连，外通公路，应能往返行驶载重车辆，道宽5～6米，为大区或小区的边界。支道能单向行驶载重车辆，道宽3～4米，作为小区的边界。

（3）**排灌系统**　苗圃排灌系统的设计应与道路相结合、相统一，在主道、支道的一侧设置排水系统，在另一侧设置灌水系统。

排水可以选择地面明沟，也可以地下暗管。明沟排水视野清楚，沟内淤积清除方便，但占地多，且不便于田间机械化作业；暗管排水埋于地下，不占地，无障碍，提高土地利用率，但工程造价高，且维修不方便。明沟的宽度和深度，应根据该地区历史上一次最大降水量而定，以保证雨后24小时内排出圃地地面积水。排水系统沟或管的规格，由小到大逐级递增；沟或管的位置，由高到低逐级降低，一般坡降比为0.3%～0.5%，以加大水流速度，达到快速排水目的。

灌溉系统应以圃内水源为中心，结合小区划分来设计。沿主道、支道和小道设置灌溉用的干渠（管）、支渠（管）和毛渠（管）等形成灌溉网络，直达苗畦或苗垄。葡萄苗木因根系较浅，通常采用滴灌，既省水，又可避免因地形不平出现积水或漏灌现象。也可采用喷灌，尤其是移动式喷灌（图2-2）。

（4）**苗圃建筑**　主要包括办公室、作业室、工具房、贮藏库等服务设施建筑，此外还应包括温室、大棚、配药池、贮苗窖等生产设施建筑。服务设施建筑应尽量避免占用耕地，位置最好在入圃主道旁或圃内中心；生产设施建筑应便于作业，可位于作业小区之内。

（5）**防风林**　营建防风林可降低风速，改善小气候条件，有利于葡萄苗木成活和生长，提高苗木产量和质量。

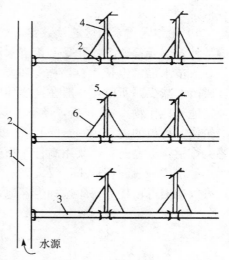

图2-2　移动式喷灌装置
1. 主管道　2. 接管活节　3. 支管道
4. 立管　5. 自旋转喷头　6. 支架

苗圃四周应营造境界林，垂直于主风方向建立主林带，一般由3～5行树木组成：灌木—乔木—乔木—灌木。在平行方向每间隔350～400米再建立主林带。主林带之间每隔500～600米建立垂直于主体带的副林带，即成林网。一般副林带1～3行树木即成，分为：乔木、乔木—乔木、灌木—乔木—乔木（图2-3）。

3. 苗圃的区划　大型的独立经营葡萄苗木的苗圃，应有母本园、繁殖区和轮作区。

（1）**母本园**　专供红地球葡萄苗圃繁殖材料，提供接穗、插穗、砧木种条的母本树生产区。母本区的面积大小，因繁殖区育苗任务所需繁殖材料用量而异。母本区应选用无病毒、无检疫病虫害和抗逆性强的苗木栽植作为母本树。

（2）**繁殖区**　是苗圃的主体，应占苗圃生产面积的60%～70%，要根据育苗任务量划分砧木繁殖区、扦插繁殖区、嫁接繁殖区等。

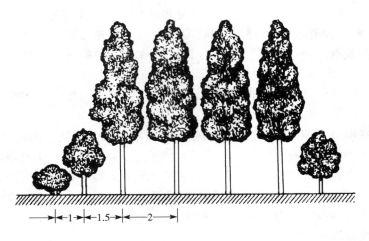

图 2-3　防风林带（单位：米）

（3）轮作区　繁殖区连续数年培育同一种类苗木以后，因为葡萄苗木重茬，会引起土壤某种营养元素缺乏，并受上茬苗木根系分泌物积聚的影响，对苗木生产相克的化感作用，导致苗木根系生长不良，枝芽不易成熟，病虫害加剧，造成苗木质量下降、等级降低、成苗率减少。所以，一般在连续种植同一种类苗木 3～4 年的繁殖区，应划为轮作区，改种其他养地作物 1～2 年后，使土壤营养元素得以恢复，再种植葡萄苗木。

轮作区种植的内容，一是绿肥，二是深根蔬菜（萝卜、马铃薯），三是豆科作物，四是薯类作物，五是药材，禁用高秆作物或与葡萄有相同种类病虫害的作物。

小型苗圃一般面积较小，仅设繁殖区，而且育苗种类和品种较为单一，都是临时性苗圃，可以根据育苗任务每年选择生茬地育苗。

二、自根苗的培育

1. 自根苗的概念和种类

（1）自根苗的概念　自根苗是由葡萄茎生产不定根和茎上的芽抽生新梢而形成的葡萄苗木。一般葡萄极易生根，自根苗是葡萄的重要繁殖方法之一。因苗木地上部由葡萄茎上的芽抽生出的新梢，实际等于延续了母体的生长，延续了品种的遗传性状，由此苗木长大的植株，与母本保持着相同的品种遗传特性，故自根苗可以直接定植建园。

（2）自根苗的种类　根据自根苗的定义，分为：采取一年生枝扦插繁殖的有硬枝扦插苗和营养钵快苗；采用当年新梢繁殖的有绿枝扦插苗；采用一年生枝压条繁殖的有新梢压条苗；采用当年新梢压条繁殖的有副梢压条苗；采用当年新梢茎段或茎尖细胞组织培养的有茎段组培苗或茎尖组培苗（图 2-4）。

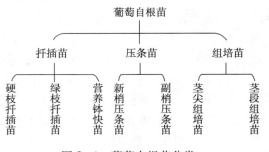

图 2-4　葡萄自根苗分类

2. 扦插育苗

（1）硬枝扦插育苗　这里指的是利用红地球葡萄一年生枝条剪成的双芽或多芽插穗，按正常季节进行大田扦插培育成的硬枝扦插苗。

①插穗的准备。插穗采用红地球品种母树上或苗木上充分成熟的一年生枝条，一般结合母树冬剪或秋季起苗进行采集，长条沙藏，在插穗催根前剪成15～20厘米长、有2～4节的插穗，上端在顶芽以上2厘米左右平剪，下端紧贴节下斜剪（图2-5、彩图A2-4），然后用清水浸泡8～24小时，使插穗充分吸水，利于发根。

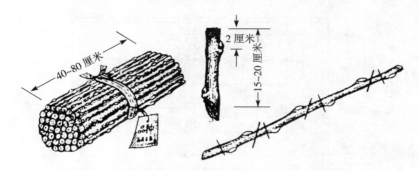

图2-5　葡萄插条的剪截

②催芽处理。葡萄插穗顶芽萌发和下端发根所要求的条件是不一致的，通常芽眼在10℃以上开始萌发，而形成不定根却需要较高的温度（10～15℃条件下需经40天，25～28℃只需10多天）。早春，未经催根处理的葡萄插穗直接进行露地扦插，由于土壤化冻时的气温通常已超过10℃，会出现插穗顶芽很快萌发生长，而土温一时还提不上来，插穗下端很难发根，使已生长的新梢成为"无根之木"，水分和养分无从补充，当插穗本身贮藏营养消耗尽后就会枯死。所以，催根处理的目的就是促使插穗发芽和生根同步进行，以提高扦插成活率。

葡萄插穗催根的方法，有物理加温和化学促根两大类，生产上常用的有如下几种：

a. 火炕催根（图2-6）一般采用回龙炕，在炕上铺5厘米厚湿沙，将插穗成捆（20～50条一捆）或单条直立摆放，使基部平齐，条间和捆间空隙用湿沙或湿锯末充满，使上部芽眼露出。然后点火加温，使温度逐渐上升到25℃，经常检查不同方位的温度，

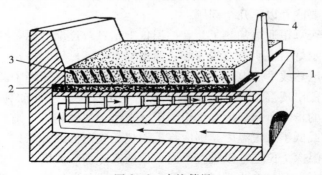

图2-6　火炕催根
1. 火炕　2. 河沙　3. 插条　4. 烟囱

若火炕各部位受热不匀，插穗应互换位置。催根过程还要经常观察沙或锯末的湿度，湿度不够应及时浇温水补充，维持 25～28℃ 的温度下约 15 天左右，大部分插穗基部即形成愈伤组织，当有 30％ 以上插穗基部发出幼根时，应停止烧火加热，锻炼 3～5 天后即可扦插。

b. 电加温床催根（图 2-7）以电热线、自动控温仪、感温探头及电源配套，与插床组成电加热温床催根，由于能严格控制温度，又是恒温，其催根效果好于火炕催根（彩图 A2-5）。

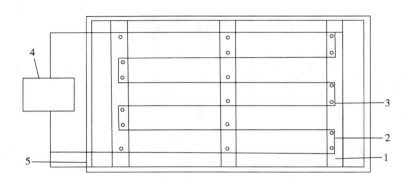

图 2-7　电热线布置方法
1. 木板条　2. 电热线　3. 铁钉　4. 控温仪　5. 沙床

电加温床及使用方法：一般用地下式床，保温效果较好。在地面挖深 0.5 米×1.5 米×3.0 米的沟槽，底铺 10 厘米厚的谷壳或木屑，防止散热，上铺 5 厘米厚的湿沙，整平。在槽的两头及中央各横向固定长 1.5 米、宽 5 厘米的木条，木条上每间隔 5 厘米钉一个小铁钉，电热线往返挂在铁钉上，拉紧，电热线既不能打结也不许靠拢，以免通电后烧毁断电。电热线的两头分别接到自动控温仪上或无自动控温仪情况下直接接到电源上（图 2-7）。

布置好电热线后，在上再铺 5 厘米厚湿沙，然后直接摆放插穗，小捆或单放均可，基部平齐朝下，芽眼朝上，中间空隙填充湿沙。可用水管冲沙，让插穗之间充满湿沙，以防受热不均。插穗摆好后，将感温探头的电线接到控温仪上，感温探头插到温床的沙里，深达底部，并将控温仪上旋扭调到 25℃ 的位置，然后通电加温。

使用控温仪时要注意以下几个问题：

检查电热线是否真正通电加热了？看控温仪上指针，逐渐增温，到达控制温度最高点后出现红色信号指示灯，说明电热线完好，通电加温正常；反之，指针不摆动，指示灯总是绿色信号，说明电热线不通电，不是电热线断线，就是控温仪坏了。

为了防止控温仪出现温度误差，通电 1 天后，用水银温度计插到感温探头同一位置上，如果控温仪上的指针所示温度和水银温度计上所示温度相等，则控温仪无误差；如果控温仪上的温度高或低于水银温度，则应将控温仪相应调低或升高。

要经常移动感温探头位置，以检查不同部位的实际加热温度。

c. 热水温床催根。以小锅炉附属小型压力泵送温水为热源，在催根床下部铺水管，水管型号为 6 分塑料管，管长与床长相当，管之间距离 20～30 厘米。管道之间和上部铺湿沙，沙层厚度约 5 厘米，耙平，在上直立摆放已浸过水或经催根剂处理好的葡萄插穗。一边摆插穗，一边往上扬河沙。待全床摆满插穗，覆好河沙后，用水管往床上冲水，借助水压将河沙冲进插穗之间空隙，再往上撒河沙，再冲水，直至插穗之间充满湿沙，插穗最顶端露出顶芽为止。然后开始锅炉点火加热，使锅炉内水温维持 60℃ 左右，泵到床内加热管系统，沙温维持 25～28℃，随时调整锅炉水温。催根床上不同部位要插上水银温度计，温度计插的深度应与插穗基本处于同一水平线上，而且经常移动温度计位置，以检查不同部位的实际加热温度。热水温床催根的方法与电加温线催根相同，塑料管内温水与锅炉循环使用，水温基本稳定。

d. 太阳能催根。利用塑料温室、大棚、小拱棚等设施内筑床摆葡萄插穗的方法，借着白天太阳能加热和夜间保温，也是插穗加热催根的一种好方法，已被辽宁省广大葡萄育苗专业户广泛采用。

e. 化学药剂催根。葡萄催根常用的化学药剂有吲哚乙酸、吲哚丁酸、奈乙酸及其钠盐、ABT 生根粉 2 号等。药剂是结晶体或粉剂，先用少量酒精或 60°白酒将药剂溶解。其处理方法：将药剂加水稀释到所需浓度后，倒入处理容器内（水泥槽；或砖砌四周，平铺农膜做成的临时处理槽），液面深度 2～3 厘米，把经过浸水后的插穗绑扎成小捆，使插穗基部 3～5 厘米直立浸在水槽中 4～8 小时后，拿出待用。不同的药剂，浸泡使用浓度各异，吲哚乙酸和吲哚丁酸为 25 毫克/千克，萘乙酸或萘乙酸钠为 100 毫克/千克，ABT 生根粉 2 号为 100～200 毫克/千克。

③扦插

a. 整地。一般宜采用垄插，单行扦插的垄距 50 厘米，双行扦插的垄距 60 厘米，垄高 20 厘米左右，起垄后碎土、搂平、喷水、喷除草剂和覆地膜或不喷除草剂（可直接覆黑膜抑草）。

b. 扦插时间。当春季 15 厘米土深的温度达 10℃ 以上时即可扦插，南方在 3 月中下旬，北方在 4 月上旬至下旬。

c. 扦插方法。插穗株距视品种和用途而异，砧木品种（如贝达葡萄，彩图 A2-6）为 10 厘米，红地球品种为 15～20 厘米，双行扦插的小行距为 25 厘米。扦插时需使用破膜引插器（图 2-8），在垄背上打好扦插孔，随后将经过催根的插穗插入，插穗顶芽露出地膜之上，压紧，使插穗与土壤密接不存有空隙，然后在垄沟灌足水，或在膜下安装滴管，利于滴灌，待水渗透后，取其潮土将地膜上的芽眼覆盖 1 厘米厚，以防芽眼风干。

d. 田间管理。扦插苗成活的关键是及时长根和萌芽，土壤保持适宜的水分和足够的土温都是至关重要的。扦插后，要经常灌水而水量要少，以免影响氧的供给和降低地温，这就需要在灌水后及时松土。当苗

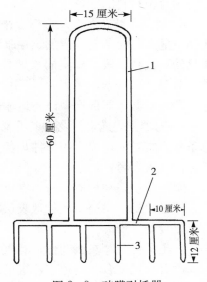

图 2-8　破膜引插器
1. 操作杆　2. 横杆　3. 打孔杆

高达 20～30 厘米时追施速效氮肥，一般每亩追施硫酸铵 40 千克左右。随后开浅沟追施钾肥，如草木灰或硫酸钾；或叶面喷施 0.3% 浓度的硫酸钾、5% 草木灰浸出液。还应注意病虫害的防治。

为了促进苗木加粗生长，当新梢高达 60 厘米以上时进行摘心和副梢处理，促进木质化。

（2）绿枝扦插育苗

①插穗从当年新梢上采集粗度 0.4 厘米以上的半木质化嫩梢，长 20～30 厘米、约 3～4 个节，保留最上部几个叶片。

②搭阴棚。以拱棚为宜，覆农膜密闭，棚上设遮阳网或活动草帘，以遮挡中午赤热太阳直照，而上午 10 时以前和下午 3 时以后可以接受光照。棚内设弥雾装置，以保持棚内高湿度。

③整地。棚内土壤要求通透性良好，需掺 1/3 河沙，进行深耕、耙平，然后做床。床宽 1 米、高 20 厘米，长度视大棚长度而定。

④扦插。按行距 25 厘米在床面挖小沟，将嫩梢插穗按株距 10～15 厘米直立摆放沟内，然后培土、压紧、并灌水。

⑤管理。以保持棚内 90% 以上空气湿度和 20～25℃ 气温为重点，适时喷雾、遮阳、通风。每间隔 3～5 天进行 0.3% 浓度尿素溶液叶面喷肥，间隔 20 天左右增喷 0.3% 钾和磷肥。当插穗生根 3～5 根、长 5 厘米以上时，停止遮阳，进行全光照。当新梢高达 30 厘米左右时绑梢，50 厘米以上时摘心控高。

（3）营养钵快速育苗　这里指的快速育苗就是从冬季开始，利用设施和营养钵培育绿枝苗供当年夏季定植。在我国最早用于酒用葡萄育苗建园，近年由于红地球葡萄热的兴起，秋苗供不应求，营养钵快苗又成了红地球葡萄育苗建园的重要繁殖方式之一。

①育苗材料的准备

a. 插条。结合冬剪从母树上采集插条或秋季起苗从苗木上剪下插条，要求品种纯正、无病虫危害、枝条充分成熟、芽眼饱满的一年生枝。采集时剪掉副梢、卷须和尚未完全木质化的不成熟枝段，按不同长度分别捆绑，一般 50～100 条为一捆，拴上标签，写明品种，数量（多少条，多少芽），用湿沙埋藏保管待用。如果从外地采购插条，应采用农膜包装，内敷湿木屑保湿，以防运输过程插条风干。

b. 营养土。营养土必须符合葡萄快苗生长条件，一是创造土、肥、水、气、热的生态条件，二是能构成土团条件。各生产单位可根据就地取材的原则选料配制，现选取几例配方供读者参考：

园土 8 份、细炉渣 1 份、有机复合肥 1 份。

园土 7 份，腐殖土（林地表层树叶、木草腐烂的腐殖土或有机腐烂的腐殖土）2 份、有机复合肥 1 份。

园土 7 份、草炭土 2 份、有机复合肥 1 份。

没有有机复合肥的地方，也可采用腐熟的厩肥、堆肥、禽肥等适当加入氮、磷、钾肥混制。

c. 营养袋。通常以聚氯乙烯薄膜（PVC）做原料吹塑成直径 6.0～7.5 厘米的塑料圆筒，再加工成高度 14～16 厘米封底，且两个基角漏空（剪角）的薄膜塑料袋，作为盛装营养土和扦插葡萄插穗的营养钵。

②催根处理。将插条放清水中浸泡 12～24 小时，让其充分吸收水分，捞出后剪成单芽（也可双芽）插穗，芽上剪留 1 厘米，芽下尽可能长些。然后将插穗经生根剂处理（详见"化学药剂催根"）或直接摆放在电热或热水温床上加热催根（详见"电加温床催根"和"热水温床催根"）。

③装袋。在催根过程中发现插穗基部产生愈伤组织、出现圆形小凸起或细小幼根时，应立即装袋。先在塑料营养袋底部装进 2/5 的营养土，然后放进插穗，继续装进营养土，一直装到离口袋 2 厘米为止，将营养钵竖放在温室苗床上，最后浇足水（以从营养袋底部渗出水为止）。

④温室管理。快苗由装袋到长成 5 叶 1 心就可出圃定植，这期间大约 110 天左右，其管理内容主要有：

a. 温度。苗床上温度应保持在 10～20℃，气温由低到高，萌芽为 10～12℃，抽梢为 20℃左右，午间不要超出 30℃，夜间不要低于 7℃。所以，温室内要注意夜间防寒保温，北墙设聚苯板绝热防寒，棚膜上设纸被或棉被和草帘保温；白天出现高温前就做好通风降温。

b. 湿度。苗床和营养钵土壤水分要保持含水量 65%～75%，含水量少于 65% 时要及时灌水。灌水的方法：第一次一定要灌透，以后每间隔 1 天用喷雾器全面喷水 1 次，增加地面湿度，减少蒸发，防止插芽抽干。一定要防止上层土壤湿度很大，而下层根群处仍然干燥而导致苗木缺水干枯；或下层土壤水分过饱和而造成苗木根系泡在水中因缺氧窒息死亡。根据笔者经验，为了保证土壤含水量能维持在 65%～75%，需要做好两个前提条件：一是苗床上要铺 5～10 厘米厚的渗水层（河沙或炉渣），其上积水能及时排出，不得积水；二是营养钵内土壤渗透性要好，黏土比例要严格控制，袋内浇水 2 分钟必须渗透。

c. 除草。苗床和营养钵内不允许杂草生长，应及时拔出。

d. 叶面喷肥。如果发现幼苗叶片黄化，可以叶面喷洒 1～2 次 0.3% 浓度的尿素或磷酸二铵溶液。

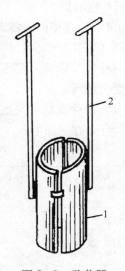

e. 移栽。快苗带土团移栽，由于保持营养土与根系密切结合状况，移栽后苗木可继续生长，不会发生缓苗过程。移栽前 5 天营养钵苗停止供水，并预先整地，覆黑地膜，用移苗器打眼（图 2-9）。然后将营养钵内的幼苗连同土团从塑料袋内整体脱出（先用刀片将塑料袋底部割开，整个营养钵埋于打孔的苗眼内，然后从上部抽离出塑料筒即成），埋于苗眼内，用手压紧土壤，使苗团与园土紧密结合，最后浇水，使移栽的苗木在新的环境中苗壮成长。

图 2-9　移苗器
1. 圆筒（将钢管中央破开，错开缝，并用钢筋作启动支点）
2. 手柄（用圆钢与圆筒焊接相连）

3. 组织培养育苗　采用葡萄茎尖或茎段进行组织培养的方法（简称组培）繁殖葡萄苗木，使葡萄育苗工作进入工厂化生产，在一年中繁殖系数大增，一个葡萄茎尖的生长点，可以培育出成千上万株苗木，为良种葡萄快速繁殖开创了新的途径。

（1）建立组培生产设施　葡萄组培成功的先决条件之一，就是无菌操作和无菌培养条件。因此进行组培育苗首先要有无菌操作室；其次，被培养的葡萄器官、组织等外植体，必须在适宜的温度、湿度、光照、营养等条件的培育室内才能正常生长发育；此外，还应有准备室和温室与之配套的设施。

（2）组培的仪器设备　组培无菌操作室的门、窗要密闭，室内空气要净化和消毒，要求安装空调、紫外线灭菌灯，配置超净工作台。培养室内，要求保持适宜的温度、湿度和光照，这就需要安装冷热空调、电光源等，还需要透明的培养架。

组培的准备室主要进行外植体消毒、培养基配制、器皿洗涤等，要求有自来水装置、药品橱、试验操作台、冰箱、恒温箱、烘箱、高压灭菌器、各种称量精度（0.1 克、0.01克）的天平、200～1 000 倍的解剖镜以及其化学试剂、玻璃器皿、辅助用具等。

（3）培养基配方　培养基好比土壤，是植物组培中离体材料赖以生存和发展的基地。根据葡萄外植体不同的生长发育阶段所需的营养元素、植物激素和其他有机物质，按一定比例配制成溶液作为液体培养基，再加入煮沸的琼脂（洋菜），冷却凝固后即成固体培养基。

葡萄分化培养基：沈阳农业大学葡萄组针对葡萄的生育特性，在 MS 和 LS 通用培养基的基础上加入少量细胞分裂素进行改良，葡萄茎尖和茎段分化良好，其配方为 MS 培养基＋2 毫升/升 BA＋20 克/升蔗糖＋4.5 克/升琼脂（pH 为 5.8）。

葡萄生根培养基：葡萄新梢易生根，再通过培养基中加适量促进生根的植物激素物质即可。其配方为 1/2LS（或 B5）培养基＋0.15 毫克/升 IBA＋20 克/升蔗糖＋4.5 克/升琼脂（pH 为 5.8）。

（4）外植体的选择与消毒　从生长健壮、无病虫感染的植株上选取生活力旺盛的幼嫩器官（副芽和梢尖）作为接种材料，随选随用。一般春季和秋季气温较低，杂菌较少，选材接种容易成功。而雨季、夏季高温多湿，利于病菌繁殖滋生，外植体带菌也多，接种后易受病菌污染。

为使接种成功，采集来的外植体必须在接种前进行消毒。消毒药剂、浓度、时间见表2-1。消毒方法如下：

表 2-1　常用消毒剂效果比较

消毒剂	使用浓度（%）	消毒时间（分钟）	残留物去除的难易	消毒效果	消毒方法
次氯酸钙	9～10	5～30	易	很好	1. 外植体表面先用清水冲洗干净或用小软刷刷去尘土
次氯酸钠	2	5～30	易	很好	2. 用吸水纸吸干表面水
过氧化氢	10～12	5～15	极易	好	3. 用90%酒精漂洗数秒钟
溴水	1～2	2～10	易	很好	4. 材料放入大号注射器吸入消毒液
硝酸银	1	5～30	较难	好	5. 无菌水冲洗并吸干
氯化汞	0.1～1	2～10	较难	最好	

①将消毒器皿放入高压灭菌器灭菌。

②量好所需消毒剂原液，加无菌水稀释到使用浓度，加几滴吐温（Tween）-20 充分振动混匀。

③材料用清水冲洗干净，如果材料表面尘土较多，用软毛刷刷净尘土后冲洗，剪成适当大小，用吸水纸吸干。

④对于表面绒毛较多的材料，要用 70％酒精漂洗数秒钟后再消毒。

⑤消毒材料放入大号注射器外筒底部，再放入堵头，抽取消毒液，到规定消毒时间后抽出堵头，将消毒液彻底排出。

⑥消毒后的材料用无菌水冲洗数次，最后用吸水纸吸干后等待接种。

（5）接种　接种室及用具应预先消毒灭菌，包括工作人员工作服、镊子、刀、烧杯、酒精灯、注射器等要高压灭菌，超净工作台用 70％酒精彻底擦洗，接种室紫外灯打亮 30 分钟杀菌后才能进入工作。

接种时先开动超净工作台 20 分钟后，取出消毒过的材料，在解剖镜下用镊子剥取茎端分生组织，切取尖端 2～3 毫米厚度的分生组织植入具有分化培养基的器皿内（大试管或小三角烧杯）。茎段接种时必须带一个芽眼，将茎段两端剪去一小段后植入生根培养基内。刀、镊子等工具每用过一次都要在酒精灯火焰上消毒。接种后将瓶口包扎好，并在瓶上用铅笔标明品种和接种日期等。

（6）组织培养　接种到分化培养基上的组织材料，送入培养室。培养温度控制在 25～27℃，光照时间每天 14 个小时左右，光照度保持 2 500 勒克斯左右。培养室内要保持清洁，隔一段时间应消毒一次。

经分化培养基培养已长出的丛状枝，拿到接种室内剪下分枝，转移到生根培养基内在培养室内继续培养，促使生根和生长。

（7）幼苗的锻炼和移栽　将培养室瓶中的幼苗，要从一个无菌的，光照、温度、湿度恒定的培养条件下转移到另一个不稳定的环境中，从异养转变为自养，叶片的光合能力和根系的吸收能力需逐渐发展，逐步锻炼，才能在土壤中移栽成活。

①炼苗。将需要移栽的瓶苗（最好苗龄 40～50 天）剪去顶端（剪下的苗梢可做继代培养），加入 10 毫升灭菌的 MS 营养液，封口后放入 15～25℃的温室、遮光 50％～70％自然光条件下，炼苗 7～10 天。

②移栽营养钵。经炼苗后，将瓶中幼苗取出，冲洗根部洗净培养基，移栽到经过灭菌基质（珍珠岩、蛭石、净沙等）的营养钵中，浇足水，将营养钵放入木箱中，箱口用玻璃或塑料薄膜盖严，放在 2 400 克勒斯人工光照条件下，或敞开箱口，放到雾室遮光 50％～70％自然光条件下，温度控制在 15～25℃，生长 1 周左右，以后空气湿度逐渐减低至 70％，逐渐增加光照度直至全部自然光条件再生长 1 周左右。其间每隔 3～4 天适当浇些稀营养液。

③移栽土壤。经营养钵培养锻炼的组培苗，再移栽到温室、大棚、拱棚等处土壤中继续培养。在 6 月份以前，也可直接移栽到大田苗圃培养，但要求大田苗圃的土壤疏松、肥沃、水分适中。

4. 压条育苗　葡萄通过压条繁苗是一种既古老又新鲜的方法，说它古老，指的是千年以前古代人就学会将葡萄多年生和一年生枝水平压埋繁苗了；说它新鲜，指的是当今果农利用副梢繁苗技术的出现，把繁殖率一下子提高了十多倍。

压条苗与扦插苗一样，由葡萄茎节处产生不定根，茎上的芽发出新梢长成的植株，保持了原品种的遗传性，可用于定植建园。

（1）一年生枝压条　头年冬剪时在植株基部留长条，第二年春季萌芽前，在准备压条的植株旁挖浅沟，深10～20厘米，沟底施肥翻埋，将一年生的长条用木杈固定压在沟内。发芽后新梢高达20厘米时培土5厘米，以后陆续培土直至与地面平。夏末秋初，在压条母枝基部环剥，促进苗木生根和加粗生长。到秋末，新梢落叶木质化后，将压条苗全部挖出，在节间剪断，便获得一株株新梢压条苗（图2-10）。

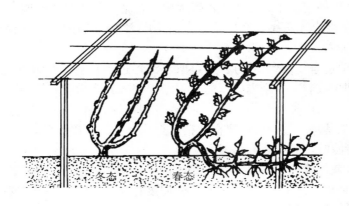

图2-10　一年生枝压条

（2）新梢压条　头年冬剪时在植株基部留长条，第二年长出的新梢长度达60厘米以上，在准备压条的植株旁挖若干条深10～15厘米的浅沟，将每条新梢用木杈固定压入沟内，待新梢各节发出副梢，随着副梢长高逐渐在沟内埋土。到秋末，副梢落叶木质化，基部也生有根系，将压条挖出，剪断节间，便可获得一株株副梢压条苗（图2-11）。培养副梢压条苗必须在无霜期180天以上地区才能成功。

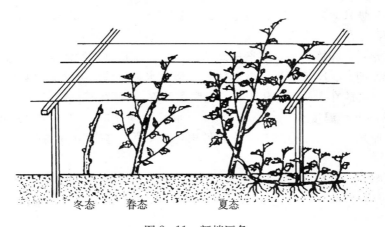

图2-11　新梢压条

三、嫁接苗的培育

1. 嫁接繁殖的生物学原理

（1）嫁接成活过程　把植物的一部分器官移植到另一个植物体上，使两者愈合生长在一起成为一个新个体，这种生物学技术称为嫁接。嫁接口以下的部分称砧木，嫁接在砧木上的枝或芽称接穗或接芽。

嫁接后，削面（伤口）产生愈伤组织，使接穗和砧木之间的细胞产生胞间联丝，把彼此的原生质相互联系起来，形成层细胞加速分裂，向内分生新的木质部组织，向外分生新的韧皮部组织，把砧木、接穗木质部和韧皮部的输导组织相互沟通、联系起来。于是，砧木的根系就从土壤中吸收水分和养分，经木质部导管上升，通过嫁接口结合部输送到接穗，供给新梢和叶片；而接穗接受砧木送上来的水分和矿质营养以及贮藏的有机营养，开始萌芽抽梢发叶，进行光合作用，制造碳水化合物，一方面满足新梢生长发育的需要，另一方面从韧皮部筛管向下运输给砧木，供根系生长发育。这样，砧木和接穗便结合成一个有机体，形成嫁接植株，开始独立地生长发育。

（2）影响嫁接成活的因素

①内部因素

a. 砧、穗亲和力。砧木和接穗嫁接后能否相互亲和结合成一个有机整体，开始正常的生长发育，是嫁接成功的最基本条件。砧木、接穗之间具有相同的组织结构和生理遗传特性，嫁接后能很快愈合、细胞组织沟通、水分和养分输导流畅、各部生长点正常分裂生长，谓之亲和力强；反之，为亲和力差或不亲和，嫁接后不是生长极度衰弱，就是嫁接口不愈合而死亡。

葡萄属不同种之间的嫁接亲和力，绝大多数都较好；同一种不同品种间的亲和力，一般都很好。只是由于某些砧木和接穗的形成层薄壁细胞的大小、渗透压的高低有些差异，引起不同砧木、接穗组合生长势强弱，出现"小脚"现象而已。但是也有例外，据辽西暖池塘葡萄专业合作社报道，红地球葡萄与 5BB 砧木嫁接成活率却很低。

b. 砧木、接穗质量。一般砧木根系发达，接穗枝芽发育充实，体内贮藏营养丰富，嫁接容易成活。反之，砧木、接穗任何一方组织不充实、不健全、不新鲜，不仅形成层活动能力弱，而且供给愈合新生细胞的营养不足，嫁接后很难产生足够的愈伤组织，嫁接就不易成活。

②外部条件

a. 接穗的新鲜程度。用于嫁接的葡萄接穗，最好是嫁接前就地采集，不失水，不污染，保持较高的生活力。可是生产上往往需从外地引种，或结合冬剪采集接穗，这就需要一个运输和贮藏过程，尽量能保持接穗的含水量和不受病菌感染。

b. 温度、湿度。葡萄嫁接口产生愈伤组织的快慢与多少，受外界温度、湿度和物候季节影响很大。一般接口处保持 $25\sim28℃$ 的温度和大于 80% 的相对湿度，易产生愈伤组织，对接口愈合最有利。为此，葡萄室内硬枝嫁接常采取愈合箱内填充湿锯末进行加温愈合处理；而室外嫁接则要求气温稍高时进行；接口用塑料条包扎密封，以利保湿。所以，葡萄绿枝嫁接一般5～7月进行，正是温度较高、形成层细胞活跃时期，是嫁接成活的有利条件。

c. 嫁接技术。嫁接技术中的切削平滑与否、砧穗密接好坏、接口包扎和嫁接速度等，都直接影响嫁接的成活率。如果削面凹凸不平、接口衔接不紧密，隔膜形成较厚，产生愈伤组织所消耗的营养物质较多，影响嫁接成活。即使愈合，由于接穗体内贮藏营养过度消耗，发芽也晚，新梢生长衰弱，以后还有会从接合部脱裂的危险。嫁接速度快，可缩短伤口与空气的接触时间，避免接穗失水风干或削面细胞氧化褐变，保持形成层的活力和减少伤口隔膜的厚度，使愈合过程加速，提高嫁接成活率。

2. 砧木和接穗的准备

（1）砧木的准备

①砧木品种的选择。嫁接繁苗的显著优点就是能充分选择和利用砧木各种有利特性，增强葡萄植株适应环境的能力。如北方寒冷地区可采用山葡萄、山河系、贝达等抗寒砧木嫁接苗发展葡萄生产；西北干旱地区可采用110R、140RG、1103P等抗旱砧木，使葡萄上山登坡、进大漠、入戈壁；沿海和内陆盐碱地区可采用耐盐性较强的520A、SO4、贝达等砧木嫁接苗发展葡萄生产；南方高温多雨地区可采用美洲种圆叶葡萄、东亚种群中刺葡萄、华东葡萄（华佳8号）、贝达葡萄和SO4等抗涝耐湿性砧木发展葡萄生产。但是，5BB砧木嫁接红地球葡萄成活率却很低。

②砧木的利用和培养。嫁接用砧木可分为硬枝嫁接用的硬枝砧条以及绿枝嫁接用的坐地砧、移植砧和当年砧。

a. 硬枝砧条。选择与地区生态条件要求相适应的葡萄抗性砧木品种的一年生成熟枝条，从中选出粗度6～10毫米、节间长度6～15厘米、芽眼饱满、髓心较小、皮层鲜绿、含水量正常、木质化程度高的合格枝条作材料，浸泡4～8小时后剪截长度15～35厘米，要求上截面距节位至少4厘米。

b. 坐地砧。是经过一年培育的越冬苗，由于根系已经过一年生长，在土层中分布较深广，占据营养面积较大，当年春萌发早，生长势强。一般越冬前在基部留1～2个芽眼，春天萌发后选留1个生长健壮新梢，其余抹掉。坐地砧生长快，可提前嫁接，能培养成壮苗和大苗。

c. 移植砧。是头一年培育的一年生砧木苗，于秋天起苗经一冬贮藏或第二年春起苗，移植到嫁接区继续培养。移植前上部枝条剪留2～3个芽眼，下部侧根剪留长度10～12厘米，经清水浸泡8～12小时后栽植。60厘米的垄距，在垄沟中将移植砧苗按15～20厘米株距摆好，然后破两边垄土向该垄沟中苗木培土，最后用犁铧蹚垄，扶正苗木，栽深的往上提苗，使苗地茎正好与垄背平齐，踩实，灌水。萌发后选留1个健壮新梢以后嫁接，其余新梢抹去。

d. 当年砧。是当年春天扦插培养的砧木苗。其扦插方法与前述扦插苗的培育方法相同。使用当年砧苗嫁接，必须早催根、早扦插，并加强土肥水管理，使其在嫁接前距地表15厘米以上的茎粗达0.4厘米以上。

（2）接穗的准备

①硬枝接穗。一般结合本品种冬剪或秋季起苗采集，可在母本园和生产园冬剪或起苗

时，采集充分成熟、芽眼饱满、无病虫害的一年生枝条，要求粗度 5~10 毫米，然后按枝条长短、粗细分类，每 50 条、100 条、200 条捆扎整齐，拴上标签，标明品种、数量、产地、户主。最后送至荫凉处培上湿沙或覆盖草帘浇水预贮，待气温降至 6~8℃时入窖埋藏。

②绿枝接穗。要求采用半木质化新梢或副梢（截面髓心略见一点白，其余部分呈鲜绿色，木质部和皮层界限较难分清的），剪下后立即剪去叶片，保留 1 厘米长叶柄，放入盛有少量水的桶内。绿枝接穗的来源，可从本品种母本园或生产园中采集，也可采用一年生枝条在温室、大棚、小拱棚内提前扦插，从当年自根苗上采集。最好就地采集，随接随采。需从外地采集，可用广口保湿瓶盛装或其他容器，里面用湿纱布包些冰块，既能降温又能保湿。应尽快运到嫁接地点，尽量做到当天采的接穗当天嫁接完。若当天用不完，应把接穗用湿毛巾包好，放在低温（3~5℃）阴凉处保存（如冰箱的冷藏室、深水井内）。

3. 硬枝嫁接育苗　葡萄硬枝嫁接苗是采用砧木和品种接穗的一年生枝条作嫁接材料，进行机械嫁接或刀具嫁接繁殖苗木的一种育苗方法，也是世界各国葡萄苗木最主要的繁殖方法，它可以在室内进行，嫁接不受季节、气候的约束，可实行全年工厂化大生产，克服绿枝嫁接繁苗适宜嫁接时间短、人工劳动强度大、工作效率低、苗木生产成本高的诸多缺点，是我国葡萄苗木生产改革的方向。

嫁接前，将砧木枝条剪截长度 15 厘米（人工刀具嫁接用）或 25 厘米（机械嫁接用），上截面距节位至少 4 厘米，下截面无特别要求（最好距节下近一些）；接穗选 1 个饱满芽，剪截长度 6~8 厘米，芽上 2 厘米，芽下 4~6 厘米。均需放置低温保温器具中保存，待嫁接用。

（1）硬枝机械嫁接技术

①嫁接机械与物料

a. 嫁接机。分手持式、脚踏式和电动式等多种类型，不同类型的嫁接机构造各异，但都可以使用同一规格不同几何图形的切削刀具，如 Ω 形、倒梯形等，用于切削砧木和接穗的嫁接口（彩图 A2 - 7）。

b. 接蜡。专用于葡萄硬枝嫁接的石蜡，主要用于封闭嫁接口和接穗顶端截面，防止接条水分挥发，并进一步加固嫁接口，提高嫁接口愈合率和嫁接成活率。对石蜡质量要求，一是含油量少于 2%（越低越好），二是熔点低于 75℃（熔点低，浸蜡温度也低，不伤害葡萄嫁接口组织，用蜡量也节省）。

c. 愈合箱。主要用于盛装接条入库进行愈合处理，以无毒硬质塑料箱价廉、轻便、耐用。

d. 剪截机。有手持剪枝剪和脚踏裁剪刀两种，用于剪截砧木和接穗。

②机械嫁接技术。葡萄硬枝机械嫁接过程全部实行工厂化管理，由选条—浸泡消毒—剪截—切削接口—嫁接组合—浸蜡—愈合—催根等生产工序组成。

机械嫁接无论采用哪种类型嫁接机，都同样利用机器上的刀具把砧木枝条的上端和接穗枝条的下端分别切削出 1 个方向相反的 Ω 形或倒梯形的接口，再将二者的 Ω 形或倒梯形接口镶嵌铆合在一起形成嫁接后的接条（图 2 - 12）此法操作简便，工

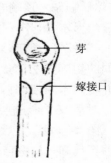

芽

嫁接口

图 2 - 12　Ω 形硬枝嫁接

效很高，脚踏式嫁接机每小时可嫁接 400 对接条，电动式嫁接机每小时可嫁接 700 对接条。然后经过封蜡放入愈合箱，即完成嫁接全过程。

③接条愈合和催根处理。接条的接口愈合和砧木生根必须在适宜的温度、湿度和空气条件下才能产生愈伤组织和形成不定根，一般要有专用的处理库房，设有空调设备，以调节温度、湿度和通风等。

接条的接口愈合可以在低温下长时间愈合，也可以与接条砧木催根同时进行。前者是将接条平卧码放在愈合箱内，一层接条一层湿木屑，放置 3～8℃ 的库房内经几个月慢慢愈合，下地前半个月把接条移到电热床上催根。后者是把接条成捆（20～50 条）竖放在电热线加热床上，接条四周和捆内填满湿河沙或湿锯末，将接穗芽露在空间，然后通电加热，把控温仪上的指针拨到 28℃ 位置，使电热床上保持 28℃ 恒温，处理半个月左右，砧木发出幼根后移出扦插（彩图 A2-8）。

④接条扦插技术。苗圃地预先精细作垄，在垄上开沟，要求沟深 20 厘米，在沟中间摆放催根后的接条，接条之间株距 10～12 厘米，每亩可扦插 9 200～11 000 株。然后培土、修复垄沟和垄面、覆地膜、灌水。

（2）硬枝刀具嫁接技术　硬枝刀具嫁接材料（砧木和接穗）的准备、接条愈合催根处理以及接条扦插技术等与硬枝机械嫁接技术相同。使用的刀具是普通的果树切接刀，嫁接方法主要有劈接和舌接。

①劈接法。选取粗度相当的砧木和接穗条子，将砧木上所有芽眼削去，在横切面中心线垂直劈开一条深度 3～4 厘米的劈口；再在接穗芽下左右两面向下斜切 3 厘米左右等长的两个长削面，呈楔形，随即插入砧木劈口，对准双方一侧的形成层，并用薄膜带把接口包扎严实（图 2-13），然后，接条通过愈合和催根处理，最后移至苗圃扦插育苗。

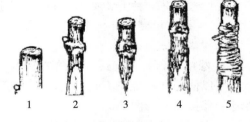

图 2-13　葡萄硬枝劈接
1. 砧木劈口　2、3. 接穗切削
4. 嫁接　5. 嫁接口绑扎

②舌接法。选取粗度大致相等（直径 6～10 毫米）的砧木和接穗条子，在砧木顶端一侧由上向中心斜切长约 2 厘米的削面，再从顶端中心处垂直下切，与第一刀削面底部相接，切下一个三角形木片，出现第一个"舌头"；然后顺砧木顶端的另一侧由下向中心处斜切一个与前一削面相平行的削面，切下另一个三角形木片，出现第二个"舌头"，完成了砧木的"舌"形切口。再在接穗下端采取与砧木相同的切削方法完成同样大小的"舌"形切口，并将砧木和接穗两者的"舌"形切口相套接，并对准双方形成层，上下挤紧后舌接法即完成（图 2-14）。然后接条通过愈合催根处理，最后移至苗圃扦插育苗。

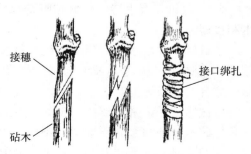

图 2-14　葡萄硬枝舌接

4. 绿枝嫁接育苗　葡萄绿枝嫁接育苗是采用砧木和接穗的当年半木质化新梢作嫁接材料，

进行人工就地嫁接繁殖苗木的一种育苗方法（彩图 A2-9）。

（1）嫁接工具和物料　葡萄绿枝嫁接主要使用果树剪、嫁接刀、包扎膜、盛芽盆、湿毛巾等工具和物料。值得注意的是嫁接刀和包扎膜，选用得当与否，直接影响到嫁接速度、质量和成活率。早些年使用刮脸刀片切削嫁接削面，刀刃易磨损，嫁接几十次就要换新的；近年改用医用刀片或钢锯条磨制刀，刀刃钢口质量好，锋利，半天作业不换刀，用钝后可磨锋利再用，一把刀可用好几年。过去使用农膜包扎嫁接口，往往容易包过紧，苗木生长后期容易发生绞缢，现今改用厚地膜，可塑性大，可随接芽新梢加粗将地膜绷裂开脱，且省钱。

（2）绿枝嫁接方法　葡萄绿枝嫁接的时间主要决定 2 个条件，一是接穗和砧木的新梢必须具有 5～6 片叶以上，达半木质化的程度；二是嫁接后必须保证接穗新梢有 120 天以上的生长期，在落叶前至少新梢基部能有 4 个以上充分成熟的芽眼。绿枝嫁接的方法，目前育苗生产中主要采用劈接法和插皮接法，少量采用搭接（合接）法和靠接法。

①劈接法。利用当年半木质化的新梢或副梢做砧木和接穗。选取粗细与砧木相当的接穗，在芽上方 1～2 厘米和芽下方 3～4 厘米的处剪下，全长约 4～6 厘米的穗段，再用刀片从芽下两侧削成长 2～3 厘米的对称楔形削面，削面一刀成，要求平滑，倾斜角度小而匀。砧木距地面 15～20 厘米处剪断，留下叶片，抹除所有芽眼生长点，用刀片在断面中心垂直劈下，劈口深度略长于接穗楔形削面，然后将削好的接穗轻轻插入劈口，使接穗削面基部稍露出砧木外 2～3 毫米（俗称露白），利于产生愈伤组织，对齐砧木、接穗一侧形成层，最后将叶柄从基部削去，用薄膜塑料条将接口和接穗全部包扎严密，仅露出芽眼（图 2-15）。

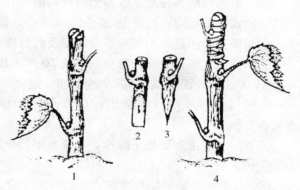

图 2-15　葡萄绿枝劈接法
1. 砧木劈口　2、3. 接穗切削　4. 嫁接口绑扎

②插皮接法。此法与劈接法的主要不同点：

a. 接穗削面一个长斜面约 2～3 厘米，呈 75°～80°角下刀，深达木质部 1/3～1/2 然后直下；在对称的一面削一个约 0.5 厘米长的短削面。

b. 砧木剪短后不劈口，用小竹片做成的插签（下端宽约 3 毫米、厚 2 毫米）插进木质部与皮层之间撬出一条缝隙，然后将削好的接穗长削面朝里、短削面朝外插进去，用薄膜塑料条绑扎严密，包括接口和接穗，只露出芽眼。

③搭接（合接）法。选择与砧木同样粗细的接穗，砧木和接穗都由一侧向另一侧斜削成长 2～3 厘米的削面，砧木削面朝上，接穗削面朝下，然后相互合接在一起，把接口和接穗用薄膜塑料条绑扎严密，只露出芽眼。

绿枝嫁接是当前我国繁殖葡萄苗木最主要的方法，尤其新品种利用新梢和副梢绿枝芽与砧木配套繁殖，有了一株新品种苗木，当年就可繁殖千余株新品种绿枝嫁接苗。对红地球葡萄来说，在我国推广仅有十多年时间，至今已推广种植面积150万亩，苗木数量已超越近4亿株，这不能不说是世界葡萄育苗史上的一个奇迹！但是，葡萄绿枝嫁接技术还没有在全国得到普遍推广。实际上绿枝嫁接技术并不复杂，嫁接成活率很高。只要注意影响绿枝嫁接成败的几个关键问题，绿枝嫁接就能获得成功：

a. 接穗半木质化，采集后要剪去叶片，严防失水。

b. 嫁接时速度要快，削好的接穗不能失水，接口和接穗必须包扎严密，保持湿度。风大、空气干燥地区，可用小块地膜将整个接穗连同嫁接口全部包扎严实，待接芽开始萌发后撤去包扎的地膜，这样可大大提高嫁接成活率。

c. 嫁接后要立即灌水，高温天气最好遮阳降温。

d. 保留砧木叶片，除去砧木上所有芽眼和副梢等生长点，避免与接穗争夺水分和养分。

e. 接穗新梢要及时引缚，防止折损。

5. 嫁接苗的管理

①反复摘除砧木的萌蘖和新梢的副梢，以集中营养供给接芽萌发和新梢生长。

②新梢长到30厘米以上时，要及时立竿引缚，防止风折和碰断。以后，要随着幼苗生长进行多次引绑。

③一般不想培养枝芽作嫁接繁殖材料的嫁接苗，高达70厘米左右即可摘心；要想获取枝芽的嫁接苗，应在落叶前30～40天摘心，促进新梢成熟。

④当嫁接新梢迅速加粗生长时，要及时解除接口绑扎物。

⑤如果苗木生长衰弱，可在新梢长20厘米以上时追施氮肥，后期追施磷、钾肥或每间隔10天连续叶面喷施0.5％浓度磷酸二氢钾溶液2～3次。

⑥根据土壤墒情及时浇水，经常保持土壤湿润。后期要控水，以防止苗木徒长贪青。

⑦下雨、灌水后要松土除草，久旱也要松土，切断土壤毛细管，以利保墒蓄水，防止杂草生长。

⑧7月中旬开始要经常喷布200倍石灰半量式波尔多液（硫酸铜：生石灰：水为1：0.5：200）预防真菌病害。

四、苗木出圃和贮藏

葡萄扦插苗和压条苗，一般经过一年培养即可出圃。嫁接苗，条件好的当年扦插砧木苗，当年夏季嫁接，秋末也可成苗出圃；条件差的当年扦插砧木苗，夏季达不到绿枝嫁接要求的可以留圃第二年嫁接。

1. 苗木出圃

（1）准备工作 起苗前对苗木品种要进行严格检查，一般在叶片正常生长期由实践经验丰富的人员逐行检验，将混杂品种标出或剪除。在此基础上统计各类别、各品种苗木数量，制定出圃计划，发布售苗广告，编印品种简介，落实起苗工具和包装材料以及苗木临时假植沟和贮藏窖。

（2）起苗　在秋末冬初落叶后进行。要求苗圃土壤湿润，不板结，防止断根和劈裂。如土壤干旱，应灌水后起苗。

大型苗圃应利用起苗犁等机械起苗，小型苗圃可采用马拉犁或人工锹挖起苗。起苗前，先将杂品种苗挖出，再将苗茎剪留3～4芽，把剪下的枝条按品种收集整理，然后清扫圃地，把枯枝杂草清出圃地，以减少病虫危害基数，也为起苗清除障碍。

起苗时应尽可能保留苗木根系，离土的苗根经不起风吹日晒，需立即就地培土浮埋。

2. 苗木分级　起出的苗木需经修整，把砧木上的枯桩、细弱萌蘖、破裂根系、过长侧根剪掉，把接穗未成熟枝芽剪掉，然后按等级规格标准进行分级、捆扎。不符合等级标准的等外苗，为不合格苗木，需回归苗圃继续培养（彩图A2-10）。

3. 苗木贮藏　分级后的苗木，按等级分开贮藏。葡萄苗木因茎的髓部较大，易失水干枯，而且根系抗寒性较弱，遇低温易发生冻害，故不能露地假植越冬，需窖埋贮藏。

（1）预藏　起苗后，气温较高且不稳定，需选荫凉（或搭荫棚）处预藏。挖临时贮藏沟，将苗木用潮湿河沙埋藏。根据苗木数量选定预藏沟的容量和埋藏的方式。

万株以下苗木，可挖浅沟，将苗木直立排放，中间填充湿润沙子，一直将苗根全部覆盖。上部覆湿草帘保湿防晒。

万株以上苗木，可挖深沟，将苗木平铺排放，一层苗覆一层沙，上部覆10厘米厚湿沙，顶部搭荫棚遮阳防晒。

（2）窖藏

①地下固定窖藏。窖深3米以上，周壁砌砖或石头，窖顶拱形或水泥板，上做好防水层，窖底原土层，四壁不抹墙，以利返潮气，窖的长度和宽度因贮苗量而定（图2-16）。具有山洞、地下防空洞、窑洞等设施的单位也可利用起来贮藏葡萄苗木。贮苗量很大时，需设斜坡通道入窖，通道宽度根据运输工具而定。贮苗量在10万株以内的，可直

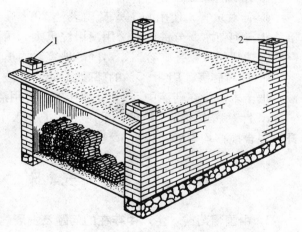

图2-16　地下式固定贮苗窖
1. 进气孔　2. 排气孔

接把通风口扩大为入窖口。固定窖的保温、通风降温条件必须得到保证，因此窖应设进气孔和排气孔。进气孔在窖顶的入口位置要低，用砖砌到窖底，使冷空气入窖后从底部向窖内各部位流通，把热空气置换出窖。排气孔在窖顶的出口位置要高于进气孔，用砖砌到窖顶上部，以利热空气排出。

苗木要等到窖内温度稳定在8℃以下才能入窖，温度过高苗木易发霉感病，苗木入窖前窖内要用二氧化硫熏蒸消毒，用过的河沙要喷洒300～400倍多菌灵溶液灭菌，并喷水将沙的湿度调整到60%～70%。按品种分别埋沙贮藏，苗木平铺，一层苗一层沙，高度可以达到2米以上。但垛与垛之间必须留通道，利于通行和通气。

贮苗期间，窖内温度保持 0～4℃为宜。温度过低，沙要结冻，过高（大于 8℃）真菌就可繁生；相对湿度小于 50％，苗木易干燥失水，大于 80％易烂根捂芽。

②地下沟藏。沟深 2 米左右，宽 2～3 米，长度视贮苗量而定。选排水良好、高燥、土层黏结牢固的地方挖沟。苗木贮藏方法与固定窖藏相同，但沟内必须相隔一定距离留出空间，沟顶相隔 2～3 米留出排气孔，以利通风换气。苗木沙埋后，培土成顶高两侧稍低的圆弧形，沟边要高出地面，以利排水。

③冷库窖藏。库底先铺 5 厘米厚湿沙，然后将苗木根对根平放，一层苗一层沙，将苗根部全部覆上沙，踩实，可垛至 2 米高，最上覆 10 厘米湿沙，最后用塑料薄膜将整垛苗木封闭，库温保持在 0～2℃冷藏效果最好。

4. 苗木检疫和消毒　葡萄苗木（包括种条、种苗、砧木）的检疫消毒处理，是防止病虫害传播的重要措施。秋冬春季节是苗木出圃、销售、交换的重要季节，把好苗木检疫消毒这一关，对新建葡萄园来说是病虫防范的门户，必须高度重视。

①苗木生产单位每年秋季起苗前要主动检查病虫害发生情况，发现有重要病虫，特别是不认识的病虫，要请检疫部门到现场检测鉴定，防范危险病虫害扩散。

②苗木调运前必须进行消毒处理，种植时再进行消毒处理，防止把危险病虫带入新区。

③苗木消毒方法

a. 针对虫害。使用 50％辛硫磷乳油 800～1 000 倍液，或 80％敌敌畏乳油 600～800 倍液，浸泡苗木 5 分钟；或采用溴甲烷熏蒸（用量为每立方米 30 克），把苗木放在密闭的空间（塑料袋或帐篷、容器、房间、地窖）内熏蒸 5 个小时（20～30℃）。

b. 针对病害。用 3～5％的硫酸铜或 3～5 波美度石硫合剂溶液，或 1 000 倍多菌灵溶液，把苗木浸没在药液中 5～8 分钟捞出，再用清水冲洗。

c. 针对病虫害综合处理。采用 100 千克水＋1 千克硫酸铜＋80％敌敌畏乳油 150 毫升，混合搅拌均匀后，将苗木浸泡 15 分钟。

五、附　　录

1. 中国葡萄苗木生产中存在的问题及发展建议

选自赵胜建、董雅凤、王忠跃、刘崇怀等《中国葡萄苗木生产现状和发展建议》（《中外葡萄与葡萄酒》杂志 2010 年 11 月）一文。

（1）葡萄苗木生产存在的问题　我国每年葡萄苗木需求量约 8 200 万株，以每亩出圃苗木 8 000 株计算，每年大约有 680 公顷土地葡萄育苗规模，使成千上万葡萄育苗户因此走上富裕的道路。但是，葡萄苗木盲目生产和市场杂乱无序，现已显露出来，问题还相当严重，必须引起有关部门的高度重视。

①群众性"自繁自销"苗木生产，总体科技水平较低，新材料、新工具（包括机械和机具）、新技术和新的管理模式得不到有效利用和推广，苗木生产很难与国际接轨。

②一家一户责任田内生产苗木，缺乏品种需求的市场信息，苗木生产盲目性很大，造

成葡萄品种不能适销对路，苗木价格波动很大，缺失品种价高得出奇，超大量品种成堆烧毁。对葡萄生产造成严重破坏，给葡农经济造成惨重损失。

③苗圃规模普遍较小，苗木产业化程度偏低，不能严格贯彻苗木规程，执行标准化生产，苗木不能严格分等分级，良莠不齐，质量较差，严重影响到葡萄园标准化管理和葡萄生产效益。

④不少地区葡萄苗木市场杂乱无序，苗木经销商大多没有合法经营手续，缺乏经营苗木的资质，任何人都可进行苗木中介和经营。不少苗木经销商不了解葡萄品种特性和栽培技术，随心所欲，到处兜售，同一品种按多个品种出卖，或几个品种按同一品种销售，坑农害农现象时有发生。

⑤葡萄品种权属得不到保护，一些不法苗木经营者，为了迎合市场对葡萄品种新、奇、特的需求，未经育种者的同意，随意更改品种名称，胡乱命名，大肆炒作宣传，谋取不义之财。

⑥葡萄苗木检疫制度没有得到贯彻执行，苗木生产者可任意采集砧木和品种的种条繁育，苗木经销商可随便调运各地商品苗，致使检疫性病虫害在全国扩展蔓延，造成葡萄减产、品质下降、树体早衰，甚至死树毁园的地步。

（2）葡萄苗木生产发展建议　为了尽快改正我国葡萄苗木生产中出现的问题和缺点，建议各地农业主管部门应按照市场经营体制的基本要求，以科技为依托，对全国葡萄苗木生产进行全面规划，合理布局，扶持龙头企业，建立起比较完备和发达的苗木产业体系。

①科学调整育苗机构。逐渐要压缩"一家一户责任田"的小农育苗方式，把他们组织起"葡萄育苗专业合作社"，政府给予政策支持，组织技术和经营管理培训，提高育苗人的科技文化素质。其次要扶持育苗龙头企业，采取先进育苗技术，坚持产、学、研一体化道路，提高产业化水平。

②苗木准入制度。虽然主管部门早已制定并发布实施苗木"三证"来规范葡萄苗木生产准入制度，但是，由于监管不力，有无"三证"同样可以生产和销售苗木，这就造成整个葡萄苗产业的混乱。建议管理部门依法对现有育苗和经营者进行清查整顿，对不符合育苗或经营条件的单位和个人，应坚决取缔。符合条件的单位和个人，重新颁发《苗木生产许可证》或《苗木经营许可证》，并在苗木出圃前进行苗木品种、规格、质量检查，同时履行检疫手续，严把苗木质量关，加强生产经营全过程的质量监督和认证，最后取得《苗木质量合格证》和《植物检疫证》后，方可出圃和调运。

③强化指导和监管工作，提高苗木质量，繁荣苗木市场。

a. 加强对育苗者和经营企业的技术和管理培训，提高苗木生产技术水平和苗木行业的基础信息，从总体上提高苗木培育和经销的行业水准。

b. 发挥各级职能部门苗木质量检验测试中心的作用，协调有关学会、协会、专业合作社等共同本着"为农民着想，为政府分忧、为产业服务"的指导思想，做好和贯彻"品种保护"、"苗木质量标准"、"苗木检疫"等苗木行业法律。

c. 协调农业行政、工商管理、交通运输等部门制定"苗木市场管理实施细则"，使苗木市场有序，品种纯正，质量优良，价格公道，营销自由。

2. 中国葡萄苗木质量标准（表2-2）

表2-2 葡萄嫁接苗质量标准*

项目			级别		
			一级	二级	三级
	品种与砧木类型			纯正	
根系	侧根数量		5条以上	4条	4条
	侧根粗度		0.4毫米以上	0.3～0.4毫米	0.2～0.3毫米
	侧根长度			20厘米以上	
	侧根分布			均匀、舒展	
枝干	成熟度			充分成熟	
	枝干高度			50厘米以下	
	接口高度			20厘米以上	
	粗度	硬枝嫁接	0.8厘米以上	0.6～0.8厘米	0.5～0.6厘米
		绿枝嫁接	0.6厘米以上	0.5～0.6厘米	0.4～0.5厘米
	嫁接愈合程度			愈合良好	
	根皮与枝皮			无新损伤	
接穗品种饱满芽			5个以上	4个以上	3个以上
砧木萌蘖处理				完全消除	
病虫危害情况				无明显严重危害	

＊：本标准由中华人民共和国农业部制定。

第三章　红地球葡萄园的建立

一、园地的选择

1. 红地球葡萄对园地的要求　红地球葡萄适应性不太强，有很大的局限性。一些地区由于园址选择不当而毁园的教训应引以为戒。我国红地球葡萄的选址应参照下列条件执行。

（1）气候　温度、光照、水分等是葡萄生长和结果的生态条件，特别是生长期的热量常常具有决定性因素。红地球葡萄是晚熟品种，要求大于10℃活动积温达3 200℃以上，无霜期160天以上，才能满足萌芽到浆果完熟对热量的需求。光照多少影响碳水化合物的积累，对果粒大小、浆果含糖量、着色、风味等有显著影响，对当年新梢花芽的形成也起到决定性的作用。红地球葡萄要求年光照达2 000小时以上才能优质丰产。至于水分，葡萄是缺不了水又怕水多的作物，尤其是不能长期连绵小雨或水淹。明确了上述气候要求，对半干旱的少雨地区，且有水源灌溉条件下，天气晴朗，光照充足，热量丰富，昼夜温差大，葡萄白天光合效率高，夜间呼吸消耗少，有机营养积累多；浆果含糖量高、着色好、香味浓；植株较少得病、生长健壮等，是选择红地球葡萄园址的理想地方。

（2）土壤　葡萄根系庞大，需土壤氧气充足才能正常生长和发挥良好的呼吸功能。因此，选择沙壤土和轻黏壤土建园，由于土壤通透性好，土壤微生物活跃，土壤有机质易分解，葡萄又易发新根，吸收水分和养分能力强，利于生长和结果；土壤黏重、排水不畅、低洼易涝、重盐碱土等地段，不宜建园。未经改造的垃圾场，建筑废弃地和重金属污染地不宜建园。

（3）水源　葡萄是喜水浆果，生长期需水量较大，非雨期需灌溉。大面积葡萄生产基地必须有河、湖、库、井等水源条件，但水质有污染的不可利用。

（4）社会条件　当今世界的一切物质生产都需要通过市场贸易形式进行交换，红地球葡萄是鲜果，尤其需要市场作为生产的后盾。所以，新建大面积葡萄园之前，需要了解市场营销、贮藏保鲜、包装运输等社会经济状况，以利今后尽快建立农、工、贸一条龙的经营体系，有目标、按计划地筹建葡萄商品生产基地。

2. 园地的调查分析

①调查收集当地气象、地质、土壤、水文及果树资源等资料，分析其对红地球葡萄栽培的利与弊，为建园设计和园地经营管理提供依据。

②调查收集当地的市场、农业、肥源、农机、交通、运输、劳力、农民收入等社会经济情况，为今后葡萄园经营管理、编制长远规划和年度计划提供依据。

3. 葡萄园经营权的认证

①收集或测绘园地的地形图，以备园地规划使用等。

②与土地主管单位签订具有20年以上连续使用权的法律文书，并通过政府审批程序，

取得合法使用园地和生产经营自主权。

二、葡萄园标准化规划设计

建立大型葡萄园必须对园地进行科学的规划和设计，使之合理地利用土地，符合先进的管理模式，采用现代技术，减少投资，提早投产，提高浆果产量和质量，创造最理想的经济和社会效益。

即使在当前乡、村土地由农户个体承包的情况下，也应由主管单位实行"统一规划，分片经营"，这样才利于各项现代化技术措施的实施，建立高起点、高标准、高效益的葡萄商品基地（彩图 A3-5～彩图 A3-9）。

1. 园地规划

（1）作业区的划分 根据经营规模、地形坡向和坡度，在园地地形图上进行作业区的划分。作业区的面积要因地制宜，平地以 20～50 亩为一小区，4～6 个小区为一个大区，小区的形状呈长方形，长边应与葡萄行向一致；山地以 10～20 亩为一个小区，以坡面大小和沟壑为界决定大区的面积，小区长边应与等高线平行，要有利于排、灌和机械作业（图 3-1）。

（2）道路系统 根据园地总面积的大小和地形地势，决定道路等级。大型葡萄园由主道、支道和作业道组成道路系统。主道应贯穿葡萄园中心，与外界公路相连接，要求大型汽车能对开，一般宽 6 米以上；山地的主道可环山呈之字形而上，上升的坡度小于 7°。支道设在作业区边界，一般与主道垂直，通常宽 3～4 米，可通行汽车。作业道为临时性道路，设在作业区内，可利用葡萄行间空地，作小型拖拉机、马车等运输肥料、农副产品和打药车辆的通道。

（3）防护林系统 葡萄园设置防护林有改善园内小气候，防风、沙、霜、雹的作用。边界林还可防止外界干扰、护园保果。千亩以上葡萄园，防护林体系包括与主风方向垂直的主林带、与主林带相垂直的副林带和边界林。500 亩以上葡萄园可设主林带和边界林，或两者统一兼用。主林带由 3～5 行乔灌木组成，副林带由 2～3 行乔灌木组成。主林带之间间距为 300～500 米，副林带间距为 500～600 米。边界林一般外层密栽带刺的灌木，修整成篱笆，可阻止行人、牲畜进园，

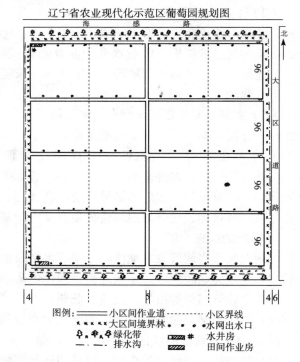

辽宁省农业现代化示范区葡萄园规划图

图例：
━━━━ 小区间作业道 ┈┈┈┈ 小区界线
♣♣♣♣ 大区间境界林 • • • • 水网出水口
♣♣♣♣ 绿化带 ▨▨ 水井房
── 排水沟 ▨ 田间作业房

图 3-1 辽宁省农业现代化示范区葡萄园规划图（单位：米）

起到护园保果作用；内层可设 2～3 行乔木组成防护林带。一般林地占地面积约为葡萄园总面积的 10% 左右。

（4）建筑物　包括办公室、库房、储藏窖、加工厂、生活用房、畜舍、机房、配药池等。

（5）肥源　为保证每年施足有机肥，葡萄园必须有充足的肥源。除外购外，还可在园内饲养猪、牛、羊、鸡等积肥，也可在园内开辟绿肥基地。按每亩施有机肥 3 000～5 000 千克设计施肥量。

2. 水利化设计　葡萄生长季里对水的需要较为严格，依靠自然降水根本无法满足其需求，不是缺水就是过多，缺或多都不利葡萄的生长发育。只有建立起旱能灌、涝能排的水利化设施，才能保证葡萄的科学用水。灌溉包括水源、输水和灌水网；排水也需形成由高至低各级排水网。

（1）灌水系统

①水源。利用江、湖、河、库的水源，进行自流式引水入园或机器抽水入园；或利用地下水源筑坑井或打机井抽水入园。凡是机器抽水入园，都需要建井房和用电，当然也可使用柴油机作为动力抽水，需要算扬程的高度，选购合适的抽水机械。另外还需注意水质，应无有害于葡萄生长的污染源。

②输水渠道。从水源引水到葡萄园各作业区，中间要修建干渠和支渠输水系统。现代化的输水体系，由水源泵站、输水管道、配水池及分支管道组成，山地葡萄园可能还需 2 级或 3 级提水站。一般明渠输水体系，其设计要求：

a. 干渠的位置要高于支渠，支渠高于葡萄园作业区，而且干渠从头到尾也应具有 0.1% 的比降，支渠应有 0.2% 的比降，以利自流灌溉。如山地葡萄园，干渠应设在分水岭地带，支渠可沿斜坡的分水线设置，这就需要从水源把水提上山，在园地制高点处修建储水配水池。

b. 输水渠道的距离尽可能缩短，支渠应与作业区的短边并行，并与道路、防护林相结合，构成水、路、林、田协调一致的输水体系。

c. 输水渠道应尽可能减少渗漏，并排除水土冲刷，最好用砖块和混凝土砌成，山坡地葡萄园尤为重要。

d. 输水渠道的截面积应是底小、上口大的倒梯形，截面积大小视灌溉面积和最大需水量而异，一般由葡萄园总面积最大一次灌溉水量所需要时间和水流速度等 4 个参数来决定干渠的截面积，然后根据支渠的分支数决定支渠的截面积。具体计算方法如下：

$$干渠截面积 = \frac{葡萄栽植面积（米^2）+最大灌水量（吨/米^2）+计划每次灌水时间（小时）}{水流速度〔吨/（小时·米^2）〕}$$

$$支渠截面积 = \frac{干渠截面积（米^2）}{相等面积的支渠数} + （每一支渠空损系数*）$$

③灌水网。明渠灌水由输水渠道将水送到葡萄园各作业区的短边后，再将水引入葡萄行每条栽植畦进行漫灌。

---

*　：空损系数指每一支渠不可能满渠，上部一定要留有空间，一般为支渠截面积的 20%。

现代化地下管道输送体系将水送到各作业区内，可实行滴灌或渗灌。每行葡萄栽植畦边的左右两侧配置毛管（有硬塑管和软塑管之分），按葡萄的株距每株左右两侧各安装1个滴头（软塑管扎孔即可）或渗头，并与支管连通。滴灌放置地面，渗灌埋于地表下30厘米。灌水时水从滴头（或孔眼）或渗头慢慢渗入葡萄根系集中的栽植畦土壤，可以大大减少灌水量，节约用水，同时又可避免灌溉引起土壤板结的缺点。

（2）排水系统 排水系统的各级渠道，一般由积水园地地面逐级降低设置，而渠道容水截面则由小到大。

①明渠排水。在作业区内，平畦或高畦栽植的葡萄园，可利用栽植畦直接把水引入排水支渠，再由支排水渠汇集到总排水渠。各级排水渠的高程差为0.2%～0.3%。

②暗管排水。采用塑料管、陶管、瓦管、水泥管等，埋于地下，由不同规格的排水管（一定管面积上有若干孔眼，用于重力水渗入）、支管和干管组成地下排水系统，按水力学要求的指标施工，可以防止淤泥（表3-1）。埋管深度和排水管间距，可根据土质确定（表3-2）。

表3-1 暗管的水力学要求指标

管类	管径（厘米）	最小流速（米/秒）	最小比率
排水管	5～6	0.45	5/1 000
支管	6.5～10	0.55	4/1 000
干管	13～20	0.70	3.8/1 000

表3-2 不同土壤与暗沟排水的深度和沟距关系 （单位：米）

土壤	沼泽土	沙壤土	黏壤土	黏土
暗沟深度	1.25～1.5	1.1～1.8	1.1～1.5	1.0～1.2
暗沟间距	15～20	15～35	10～25	8～12

通过明沟排除地面积涝、暗沟排除土壤积水，一般能较好地达到及时排水、保持土壤合理的持水量，为葡萄根系生长创造最适宜的水分条件。

三、葡萄苗木栽植

1. 行向与株行距 葡萄的栽植行向与架式、光照、地形地势等有密切关系。一般平地葡萄园，采用棚架时多以东西行向，葡萄枝蔓往北爬，能接受东、南、西三方光照和部分北部光照，日照时间长，光照度大，有利于葡萄的生长和发育，浆果产量高、品质好；采用屋脊式棚架和篱架时则应南北行向，利用东西两侧采光；遇到东西向距离短而南北距离长的地形，也可设置南北行，葡萄枝蔓的爬向应与当地的主风方向一致，以避免生长季发生风害。据我们的调查，红地球葡萄生长势稍强，适宜小棚架而不适宜篱架栽培。

山地葡萄园的行向设置，原则上应按等高线方向，顺应坡势，利于耕作和灌水排水，并且葡萄枝蔓由坡下向坡上爬，光照好，省架材。

葡萄的行距因架式、气候和品种不同而异。采用棚架时,行距3～6米不等。天气寒冷、生长期较短地区,葡萄新梢年生长量较小,可适当缩小行距,但最小行距不得小于3米,否则冬季就无法埋土防寒。反之,气候暖和、生长期较长、高温多雨地区,为加强架面通风透光,行距可适当放大,但不得大于6米。棚架葡萄较为科学的行距为4米,一行设立一排架柱,柱间距4米,成为正方形,既美观牢固,又节材省钱。

葡萄的株距采取龙干整形时以架面上主蔓距离0.6米左右为依据,1株1蔓的株距为0.6米左右,1株2蔓的株距为1.2米左右。其他整形方式的株距,视主、侧蔓多少和长短而异。冬季暖和,葡萄枝蔓不下架防寒地区,可以采用一字形或H树形,其株距先密后稀,栽植时0.5～0.6米,结几年果后随枝蔓加大增多,逐渐砍伐稀疏,最后达到2～8米。

2. 栽植沟的准备　葡萄栽植后要在固定位置上生长结果几十年,需要有较大的地下营养空间,而葡萄根系生长锥是肉质的,要求土壤疏松、通气良好,新生长点才能顺利延伸,一旦遇到阻力就停止前进。所以,宜在头一年秋、冬或早春,采取挖沟深翻改良土壤后栽植。

栽植沟宽和深度视地质土壤气候状况和葡萄树寿命长短而定,通常为0.8～1.0米。挖沟时表土放置一边,心土放置另一边,挖好沟后,先在沟底填入有机物(秸秆、杂草之类)、无污染垃圾土和炉渣的混合物,以利渗水通气和积肥,尤其排水较差的地块和水稻田改种葡萄,采用此法可大大改善底层土壤的通透性,为葡萄根系深扎创造良好条件;然后再回填表土;最后将心土与粪肥充分混合,并加过磷酸钙,填入沟内,使心土结构和肥分得到改善。回填沟土时,可分填两次,第一次填置离地面5～10厘米,浇一次透水,以促使回填土沉降,第二次再填满沟。

土层瘠薄或石砾较多的山地葡萄园和沙层很厚的沙地葡萄园,为了形成深厚的熟化土层,挖好的栽植沟内需客土,从附近运进林地表土、园土或改良后的河泥土、草炭土等充分与之混合,以改良栽植沟的土壤。

在盐碱地上建立葡萄园,则需事先修筑台田、深挖排水沟进行排水洗盐,将土壤含盐量降至0.2%以下,种植1～2年绿肥作物后,再挖沟栽植葡萄。

3. 苗木定植技术

(1)定植时期　常规葡萄苗宜在休眠期栽植,冬季暖和、湿润地区可以在冬季或春季萌芽前定植;冬季寒冷、干旱地区,宜在春季萌芽前定植。绿苗宜在早春生长季节定植。

(2)苗木处理　常规苗木定植前要经过选苗、修剪、浸水、催根、蘸浆等处理。

①选苗。将枝、芽已失水风干,根系发霉、枯干的受伤害的苗木选出,然后按苗茎粗细和根系多少分级,尽量选健壮、无伤害的一等苗木定植。

②修剪。苗茎剪留3个左右较饱满的芽眼,侧根进行短剪,保留10～12厘米长度剪出新伤口,以利分生新根。

③消毒浸根。修剪后的苗木,放在1 000倍多菌灵溶液中,全苗浸泡6～8小时,进行消毒杀菌,同时使其吸足水分,增加细胞膨压,利于发新根和萌芽。

④催根促芽。经消毒浸泡的苗木,可直立散放于地面催根促芽。选背风向阳平坦地块,平铺5～10厘米厚度的河沙,将葡萄苗木解捆,直立散放紧靠在沙层上,并往苗木上

扬沙，扬一层沙后立即用自来水管向沙冲刷，使河沙充实。每株苗间只露出苗茎顶部几个芽眼，然后搭好遮阳棚（棚顶只平放黑色遮阳网），利用气温催根促芽。大约经过 7～10 天，苗木芽鳞出现裂缝，芽体开始膨大，苗木根系产生新的生长点，即达到催根促芽的要求，把它们选出来蘸浆，送园地栽植。没有达到要求的苗木，则继续留下催根促芽，直到绝大多数苗木完成催根促芽的质量标准送地栽植，剩下的苗木当作废苗木处理。

催根促芽方法仅在部分地区采用，如黑龙江等地，其他地区很少应用，一般都直接栽植建园。

⑤蘸浆。采用鲜牛粪、黏土和水，以 1∶2∶7 的比例混合调匀成浆，将苗根全部浸入浆液之中，送地栽植。栽后可防止根系干燥，并促进根系与土壤紧密结合。

（3）定植 在定植沟的中心线按株距挖宽和深各 30 厘米的栽苗穴，于穴底部施入优质有机复合肥，再用细土把肥料覆盖，做成馒头形小土堆，将苗根向四方舒展开，然后开始填土。填土时扶苗者要轻微提动，栽深了发根要慢，栽浅了根系浮上易风干，都不利苗木成活；同时震动苗木可使苗木根系散开，使土壤与根系密接，且不窝根。填土至离畦面约 10 厘米时，将土踩实，往栽植穴内浇透水，待水渗透后再将栽植穴填满。北方干旱地区可将苗茎轻轻压倒培土保湿，或套上直筒塑料袋或将苗茎用地膜缠扎保湿，可大大提高栽植成活率。

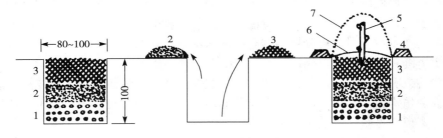

图 3-2　葡萄定植沟与栽苗技术（单位：厘米）
1. 有机物　2. 表土　3. 心土　4. 畦埂　5. 苗木　6. 地膜　7. 土堆

4. 定植苗的管理

（1）保证植株成活的关键措施

①早春栽植后一次浇透水，在萌芽、发生新根前最好不再浇水，以免浇水降低地温和影响土壤通气。当根层土壤墒情不足，则宜多次浇小水。

②待苗木芽眼膨大即将萌发时，选择阴天或无风的夜晚，扒开土堆或解除塑料袋和地膜，使芽眼顺利萌发。

③嫁接苗要及时抹除砧木上的萌蘖。

④新梢已展叶，但生长势很弱，很可能新根尚未长出，应及时采取 0.1%～0.3% 浓度尿素溶液进行叶面喷肥，补充营养，防止因新梢生长耗尽苗木本身贮藏营养，而影响发根，导致苗木死亡。也可同时进行生根剂灌根，促发新根。

（2）促进植株健壮生长的管理措施

①选定主蔓。从定植苗抽生的新梢中，按整形要求选出主蔓加速培养，并从中再选 1 个新梢留 4～5 片叶摘心留作辅养枝，为植株根系提供有机营养，其余新梢贴根剪出。

②松土除草。通过经常中耕除草、保墒，提高土壤通透性，促进发根和根系吸收。

③追肥灌水。萌芽后应经常浇小水，新根长出后可先追施氮肥（每株 25～50 克）同时灌水，以加速幼树生长。后期追施磷、钾肥，新梢停止生长前后每隔 7～10 天可进行叶面追肥，连续喷施 0.3％的磷酸二氢钾，以促进枝芽成熟。每次土壤追肥后都应立即灌水，以提高肥效，并防止肥害烧根。

④立竿绑梢。待苗木新梢长达 35 厘米以上时，在苗旁立竿绑梢，以加强顶端优势，促进苗木快长。

⑤摘心和副梢处理。根据整形要求选留的主蔓，第一年冬剪时一般剪留长度为 1～1.5 米，因此主蔓新梢达到该长度后应立即摘心，或生长后期还没有达到该长度，在结束生长前 2 个月（沈阳地区 8 月中旬）必须摘心，以促进主蔓加粗和枝芽成熟。主蔓新梢上发出的副梢，留前端 2 个副梢各 3～4 叶反复摘心，其余副梢可留 1 叶"绝后摘心"，可促进主梢上冬芽充实或分化为花芽。生长期长的地区可利用生长粗壮的副梢，极早培养副梢结果母枝。

（3）其他管理措施

①病虫防治。对幼树危害较大的是葡萄黑痘病、霜霉病、白腐病等，易引起早期落叶，枝芽不成熟等，应及时预防和治疗。

②冬季修剪。除生长期较长、冬季葡萄枝蔓不下架埋土防寒地区于落叶后进行剪枝外，其他地区红地球葡萄幼树都应该带叶修剪。第一年留做主蔓的，通常在离地 1.2～1.5 米处剪截，剪口枝粗直径 1 厘米以上。副梢结果母枝，在基部留 2～3 芽剪截。

③埋土防寒。在冬季寒冷地区，葡萄冬剪清扫园地后，应立即将枝蔓下架浅埋一层土，以防霜冻前遭受冷害，在土壤解冻前把防寒土埋到位。

四、葡萄架的建立

葡萄是藤本果树，以枝蔓攀缘于支架上才能承受庞大的树冠，才能组成科学的树形，从而生长、开花、结果。因此，支架就成为葡萄园开展生产活动的中心。随着科技进步和生产发展，自古以来葡萄架式作为生产手段也在不断变化中求发展，由简单到繁琐，由单用途到多功能，而且由于受葡萄园地址、地理位置、地形地貌、气象气候和葡萄品种与栽培技术等因素的影响，葡萄架式也要因地制宜，做到"因地适架"（彩图 A3 - 1 至彩图 A3 -4）。

红地球葡萄由于生长势较强、果皮较薄容易发生日烧，不宜采用垂直式的架式，而更适宜采用具有棚面的架式。山西省曲沃 4 万亩篱架红地球葡萄，正在改建小棚架，就是一个沉痛的教训。

1. 红地球葡萄采用棚架栽培的优点

（1）缓和树势促进花芽分化　红地球葡萄栽后第二年结果株率较低，而且初结果树花序也较少，不像其他葡萄品种栽后第二年就能丰产，说明它的枝芽在立面上由于长势强不易成花，不太适宜篱架栽培。

（2）增加有效结果面积　行距 2 米的篱架葡萄每亩有效结果架面只有 495 米^2〔结果

架面＝行长×篱面高＝330 米×2 米－0.5 米（离地面 0.5 米范围内不许留果穗）]，而行距 4 米的水平连棚架结果架面却达到 667 米²/亩。而且，篱架葡萄结果部位极易上移，立面有效结果面积还要逐年缩小，不如棚面葡萄丰产稳定。

（3）便于管理 首先，棚架葡萄结果部位高，果穗挂于棚架下，远离地面潮湿环境，真菌病害相对要轻，而且可避免或减轻葡萄日烧的发生；其次，棚架行距大，有利于行间及架下小型机械作业，葡萄不下架埋土防寒地区还可实行生草制，管理省工，节省成本。

（4）适应范围广 棚架栽培在我国南北方都适用。

2. 适合红地球葡萄的架式及结构 红地球葡萄目前已遍布我国 30 多个省、市、自治区，各地采用较多的葡萄架式归纳起来主要有以下几类：

（1）Y 形架 架面呈 Y 形，是单干双臂篱架的改良架式。通常为南北行向，架柱高度 2.3～2.5 米（其中埋入土中 0.5 米，以下相同），距离地面高度 80～200 厘米处开始设置 1～3 根长度为 40～120 厘米的横档（竹、木、钢材），横档两端纵向挂细钢丝，将来葡萄枝蔓绑缚贴附于此，就形成 60°～120°开角的 Y 形叶幕层（图 3-3），或将架柱用钢筋水泥直接制作成连体 Y 形架。

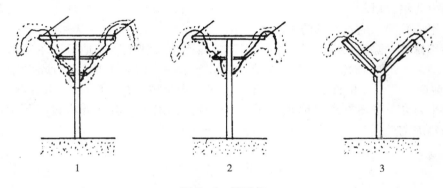

图 3-3 Y 形架
1. 双横档 Y 形 2. 单横档 Y 形 3. 固定 Y 形骨架

Y 形架的优点：

①它是高光合产能架形。据修德仁等《图解葡萄——架式与整形修剪》一书中介绍：以行距 2.8 米，Y 形每延长米的有效架面可达 2.6 米² 计算，亩有效架面＝667 米²/2.8 米×2.6 米²＝619 米²，即相当每平方米有效架面平摆 2.5 层葡萄叶（简称"叶面积系数"），则亩容纳葡萄叶面积＝619 米²/亩×2.5 米²（有效架面）＝1 547.5 米²。而单篱架每延长米的有效架面只有 1.6 米²，亩有效架面为 381 米²，并可以两面受光，架面叶面积系数较高为 3，则亩容纳葡萄叶面积为 1 143.4 米²，但只有 Y 形架的 73.9%。

②省工。架上新梢基本倾斜引缚，减弱顶端优势，缓解新梢生长势，减少夏剪用工。

③省药。结果部位高，而且叶幕层通风透光好，病虫害相对要轻，可减少打药次数和用药量，既省药又利于食品安全。

④省水、防止土壤风蚀。Y 形架叶幕宽超过架下畦面宽度，且枝叶防风，降低地面水分蒸发，并有利于减少土壤风蚀。

（2）单十字飞鸟形架 此架式由浙江农科院园艺所吴江研究员提出。也是南北行向，

架面由 1 根立柱，1 根横杆和 6 条纵线组成。立柱
长度 2.4～2.5 米，埋于土中 0.5～0.6 米。若搭避
雨棚，立柱需再增加 0.4 米，立柱总长 2.8～2.9
米。边柱向外倾斜 30°角，并牵引锚石加固。横杆长
度为 150～170 厘米（行距 2.5～3.0 米），呈水平
架，离立柱顶部 30 厘米处。距离地面 120～140 厘
米立柱的两侧和距离横杆的两侧 35、80 厘米处各拉
1 条钢丝，总共 6 条纵线（图 3-4）。

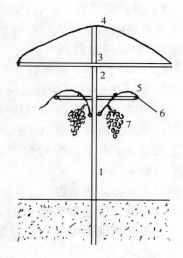

　　单十字飞鸟形架的优点：

　　①适用范围广。据吴江报道：适合大多数鲜食
葡萄品种，尤其适合长势旺、花芽不易形成、坐果
差、易日灼、上色难的品种，当然也包括红地球葡
萄。适合露地葡萄和单行单棚、标准连栋大棚等设
施葡萄采用。

图 3-4　单十字飞鸟架

1. 立柱　2. 横杆　3. 避雨棚横杆
4. 避雨棚拱片　5. 钢丝　6. 结果枝　7. 果穗

　　②有利于控产提质。在架面上每相隔 18～20 厘
米保留 1 根新梢，多余新梢疏除。结果枝与营养枝
的比例，无核化栽培的为 1∶1，有核栽培的为 3∶1，连年丰产。

　　③省材、省工、降低成本。比 T 形架节省材料 20%。可根据操作人员的身高确定第
一档拉线的位置（即结果母枝绑缚位置）和果穗高度，提高工作效率并减轻劳动强度。

　　（3）双十字 Y 形架　此架式由四川省彭山县杨志明农艺师提出。由 1 根立柱、2 根
横杆和 6 条纵线组成。立杆长度 2.6 米，埋入土中 60 厘米。横杆长度分别为 70、120 厘
米。若搭避雨棚，立杆再加长 40 厘米，并在此 40 厘米处拉上一道粗度为 0.5 厘米的钢丝
绳代替横杆，将行间立柱横向绷紧，再从立柱顶部安装长度 2.5 米的拱片与钢丝绳相连
（图 3-5）。其优点与飞鸟形架相似。

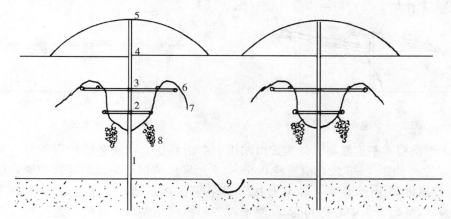

图 3-5　双十字 Y 形架

1. 立柱　2. 下横杆　3. 上横杆　4. 避雨棚横杆（或钢丝绳）
5. 拱片　6. 钢丝　7. 结果枝　8. 果穗　9. 排水沟

（4）倾斜式棚架 适用于东西行向，架面南低北高，每架葡萄设立2～3排立柱，行距在4米以内的设2排立柱，行距大于4米、小于7米的设3排立柱（即架根柱、架中柱、架梢柱）。架根柱高1.8～2.0米（包括埋于土中50厘米，以下同），根梢柱2.3～2.7米，架中柱2.0～2.3米，在架柱顶端设横杆，在横杆上由架根到架梢每间隔50厘米顺行向拉一道细钢丝，组成倾斜架面，再在架根柱立面上，距地面70厘米顺行拉第一道细钢丝，往上120厘米再拉第二道钢丝，组成架面（图3-6）。

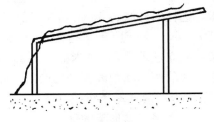

图3-6 倾斜式棚架

倾斜式棚架的优缺点：

①这种架式既适合平地、庭院，又适合山地丘陵。

②由于架面缓慢倾斜，顺应葡萄枝蔓极性生长特性，葡萄长势健壮，不易产生光秃带，能丰产。

③架下空间大，架面由低到高，适合工作人员身高不同合理分段操作。

④架面大，葡萄枝蔓爬满架的年限要长，早期产量高，而且由于单位园地面积上所需立柱及横杆多，架材造价高，建园投入大，葡萄生产成本也高。

（5）连叠式棚架 将倾斜式棚架进行改组，连接在一起，倾斜式棚架的架梢柱同时作为后一排的架根柱，而后一排的架梢柱又作为后二排的架根柱，一矮一高连叠成片，而且立面和棚面都结果。这种架式既具有倾斜式棚架的优点，又缩小行距，并节省1/3～1/2的架柱（图3-7）。

（6）水平式对爬棚架 适合南北行向双行栽植，枝蔓东西对爬，架面离地面2米左右，对爬两行立柱顶端由横杆相连，横杆上每间隔50厘米拉纵线，组成屋面式棚架面，架宽3～4米。两行对爬葡萄，棚、立面都结果。这种架式的优点是适合南北方向长条形而且面积较小的葡萄园，尤其寒冷地区两行葡萄枝蔓在同一畦内利于冬季葡萄埋土防寒，既减少埋土工作量又保护根系少受冻害（图3-8）。

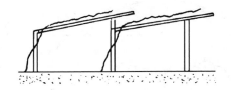

图3-7 连叠式棚架

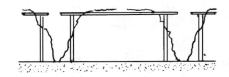

图3-8 水平式对爬架

（7）无横档水平连棚架 此架式由四川省彭山县杨志明农艺师提出。每行葡萄只有1排立柱，立柱间距4～6米，由直径0.5～0.6厘米粗的钢丝绳纵横连接绷紧，组成水平网络。立柱高度2.4～2.6米，埋于土中60米，若搭避雨棚，立柱再加长40厘米。钢丝绳网格上，以葡萄行为中心每间隔50厘米拉一道纵向细钢丝。至此，无横档水平棚架即组成。这种架式具有标准水平连棚架的优点，又可与避雨棚有机结合，目前已成为我国南方高温多雨地区欧亚种葡萄避雨栽培最为先进的架式（图3-9）。

（8）标准水平连棚架 葡萄园每个作业小区只有一个由立柱和钢丝网格组成的水平

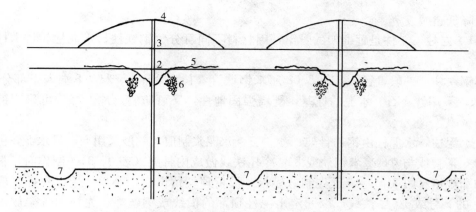

图 3-9　无横档水平连棚架

1. 立柱　2. 钢丝横线　3. 钢丝绳（直径 0.4～0.5 厘米）

4. 拱片　5. 结果枝　6. 果穗　7. 排水沟

连棚架。行距 4 米，每行 1 排立柱，由（双边柱＋顶住＋坠线）组成小区 4 边的坚固"边柱"，行内每相隔 4 米设 1 根中柱，同一作业小区内所有立柱地面上的高度相等，一律为 2 米。各行中柱顶部由直径 2.2 毫米钢丝连接组成中柱横线，各行边柱顶部由直径 11 毫米钢丝绳（2.2 毫米×5 股）连接组成架面边缘横线，横线上每间隔 50 厘米拉一道直径 1.3～1.5 毫米钢线组成棚架面纵线，每行立柱上离地面 70 厘米和 120 厘米分别拉第一道和第二道纵线（直径 1.3～1.5 毫米钢丝）组成立架面。至此，棚面上钢丝纵横交织呈水平状，将整个葡萄作业小区的棚面连成一片，组成标准水平连棚架（图 3-10）。

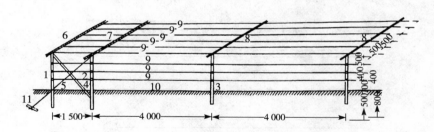

图 3-10　标准水平连棚架（单位：毫米）

1. 外边柱　2. 内边柱　3. 中柱　4. 顶柱　5. 坠线　6. 钢丝缆绳（外侧）

7. 钢丝缆绳（内侧）　8. φ2.2 毫米钢丝横线　9. φ1.3 毫米钢丝纵线　10. 地面　11. 坠石

标准水平棚架的优缺点：

①用钢丝代替铁丝，用钢丝绳代替横杆，降低架材成本。仅用 φ1.3 毫米的细钢丝代替 8 号铁丝一项，按 1999 年市场价格计算就减少造价 380%（表 3-4）。

②每行葡萄只需一排立柱，比倾斜式棚架至少节省 50% 立柱。

③钢丝架面一是不生锈；二是不拉伸，一次成型后无需每年紧线；三是使用年限长；四是美观实用。

④架面平整一致，保持葡萄枝蔓生长势在架面上的一致性，防止产生光秃带。

3. 葡萄架材　葡萄架材主要由立柱、横梁、顶柱、钢线、坠线和坠石六部分组成。架材是建园中最大一项投资，应本着节约精神，采取就地取材、代用材和分期建架的方法，以降低建园投资。

（1）立柱 立柱是葡萄架的骨干，因材料不同可分为钢铁柱、水泥柱、竹木柱、石柱等。

①钢铁柱。一般直径 3.81～5.08 厘米钢铁管，长 2.3～2.5 米，下端入土部分 30～50 厘米，采用沙、石、水泥的柱基，既增强固地性，又可防腐。地上部分可采用镀锌或油漆防锈。

②水泥柱。水泥柱由钢筋骨架、沙、石、水泥浆制成。一般采用 500 号水泥，由 4 条纵线和 6 条腰线与 Φ6 毫米钢筋或 8 号冷扎铁线做成内骨架（表 3-3）。制作时，根据立柱结构和规格（图 3-11），预先制好模板，模板顶端留出一个小口，用以穿插长度约为 15 厘米的 8 号或 10 号铁线，以固定水泥柱顶部的横线或钢丝绳。先把内骨架放入模板内，当水泥、沙、石浆已灌满抹平后，由上往下每间隔 50、40、40 厘米再分别插入长约 12 厘米（水泥面上露出约长 5 厘米）的铁线，以作固定水泥柱侧面的纵线（顶柱除外）之用。

表 3-3　制作水泥柱用材料

规格（厘米）	钢筋（千克）	水（千克）	水泥（千克）	沙（千克）	碎石（千克）
10×10×250	2.2	4.35	8.70	14.80	32.15
10×15×280	2.4	7.04	14.08	23.97	52.06
12×12×200	1.8	5.01	10.02	17.06	37.06

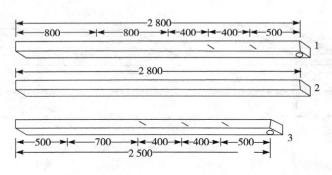

图 3-11　水泥柱设计图（单位：毫米）
1. 边柱：长 2 800×宽 120×厚 120　2. 顶柱：长 2 800×宽 120×厚 120
3. 中柱：长 250×宽 100×厚 100

③石柱。有花岗岩石的山区，可以就地取材，按立柱高度打成宽窄条（12 厘米×15 厘米或 15 厘米×20 厘米）石柱。棚架用的石柱，在石柱顶部凿成一个凹槽，以便固定横线。石柱只能承负垂直压力，不能承负斜拉力。

④竹、木立柱。我国南方生产毛竹，北方多有林木，可就地取材。一般立柱选用小头直径 10 厘米左右即可，埋入地下部分应涂沥青防腐。

（2）钢丝 钢丝是组成架面承受葡萄枝蔓和浆果的基础材料，常用直径 1.3～1.5 毫米钢丝做架面纵线，每 100 延长米重量为 1.2～1.3 千克，每吨约 83 千米；用直径 2.2～

2.5 毫米钢丝做架面横线，每 100 延长米重量 3.3 千克，每吨约 30 千米。

（3）**坠线和坠石**　坠线一般用 8 号铁线。坠石可以用水泥、沙、石制作（规格：宽 10 厘米×厚 10 厘米×长 50 厘米），也可用条石及砖块等。

4. 葡萄架的建立　葡萄架必须牢固，能经受葡萄枝蔓和果实的重负。尤其夏秋季节，枝叶满架、果实累累，在风雨交加的作用下，支架抗压力拉力达到顶峰时，一旦发生塌架，会给生产造成很大损失。所以，必须十分重视建架工作。

（1）**边柱的建立**　架边柱承受整行架柱的最大负荷，棚架边柱不仅承担立架面的压力，而且往往还承受中间各架负荷的拉力。在选材上，边柱要比中间立柱大 20% 以上的规格、长 20～30 厘米。

边柱埋设有三种方法：

①边柱直立。每行两端的边柱直立埋入土中深约 70～80 厘米，在边柱的中上部，内加顶柱支撑，外加坠线加固。

②边柱外斜。边柱向外倾斜 30°角埋入，并使顶部垂直高度与同行中柱等高，在顶部向外设坠线加固（图 3-12）。

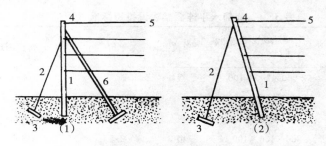

图 3-12　单边柱的建立

（1）直立边柱　（2）外斜边柱

1. 边柱　2. 坠线　3. 坠石　4. 横线　5. 纵线　6. 顶柱

③双边柱。在边柱内侧 1.5 米处再加设一根边柱，均为直立埋设。外边柱的内侧设顶柱，内边柱的外侧拉坠线，两根边柱间从上至下拉 3～4 道平行的钢丝，使双边柱联成一个整体（图 3-13），以增强抗拉抗压强度（彩图 A3-10）。

水平连棚架是将一个作业区连成一体的，小区的四边都要建立边柱，因此有行两头的边柱和四周边行的边柱之分。行两头最好埋设双边柱，边行适合埋设直立或外斜边柱。

（2）**中柱的建立**　中柱距葡萄行栽植点为 50～60 厘米直立埋入土中，深约 50 厘米，中柱与中柱间距 4 米。在行距 4 米的情况下，使作业区内的架柱纵、横、斜各个方向都呈

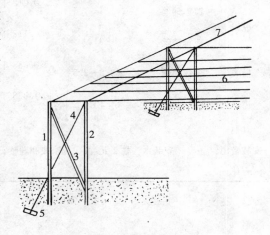

图 3-13　双边柱的建立

1. 外边柱　2. 内边柱　3. 顶柱
4. 坠线　5. 坠石　6. 纵线　7. 横线

直线，非常壮观。

（3）**横线或横梁的建立**　中柱顶部采用直径 2.2～2.5 毫米钢丝横梁，将各行平行的中柱横向连结起来，并通过中柱顶部埋设的铁线扎紧固定，不得松动，以防受压或拉力后滑脱塌架。

（4）**边线或边梁的建立**　行头边柱顶部采用直径 3.2 毫米钢丝×7 股制成的钢丝绳做边梁，将各行平行的边柱连接起来，并绑紧固定在边柱顶部。

（5）**拉纵线**　水平连棚架各架柱之间都由直径 1.3～1.5 毫米钢丝按间距 50 厘米相连接，组成立架面和棚架面。钢丝先固定在外边柱或钢丝绳边梁上，顺行向中柱或横线、横梁拉向另一头的外边柱或钢丝绳边梁上，用紧线器和双向螺丝扣拉紧并固定。

（6）**坠线和坠石的建立**　水平连棚架的所有边柱都应拉坠线和埋坠石。坠线一般采用双股 8 号镀锌铁丝，绑在边柱顶部，与边柱呈 40°～50°角拉向地下，伸入地下 1～1.2 米深处，与坠石相连。坠石长条形埋入地下的方向应与架柱行向相垂直，以增强拉力，加固边柱。

5. 葡萄水平连棚架建设投资标准（表 3-4）

表 3-4　葡萄水平连棚架建设投资标准（1999 年）

项目	材料种类	型号或规格（毫米）	单位	单价	每亩用量	每亩金额（元）
棚架中柱	水泥中柱	2 500×100×100	根	10.0	40 根	400.0
棚架顶柱	水泥顶柱	2 800×100×100	根	112.0	平均 3.3 根	39.6
棚架边柱	水泥边柱	2 800×100×100	根	12.0	平均 6.7 根	80.4
坠石	水泥坠石	500×100×100	根	2.5	平均 6.7 根	16.8
坠线	镀锌铁线	8 号线 φ4.191	0.14 千克/米	2.8 元/千克	56 米或 7.8 千克	21.8
坠石环脚	圆钢	φ10	0.75 千克/米	2.5 元/千克	9.6 米或 7.2 千克	18.0
纵线	镀锌钢丝	φ1.3～1.5	0.013 千克/米	6.4 元/千克	167 米/道×9 道＝1 503 米或 19 千克	121.6
	镀锌铁丝	8 号线	0.112 千克/米	2.8 元/千克	1 500 米或 165 千克	462.0
横线	镀锌钢丝	φ2.2～2.5	0.033 千克/米	6.2 元/千克	153.3 米或 5.1 千克	31.6
边线	镀锌钢丝绳	φ3.2×7 股	1.388 千克/米	6.35 元/千克	26.7 米或 37.1 千克	235.6
其他						50
安装费用	安装水泥柱 1 元/根、拉坠线和埋坠石 2 元/根、拉钢丝和钢丝绳 4 个工 68 元					131.4
合计						1 146.8

第四章　红地球葡萄的枝蔓管理

葡萄是多年生藤本果树，枝蔓比较细长柔软，具有很强的生长能力和顶端优势，一年内有多次分枝和延续生长能力，形成枝蔓系统。对葡萄植株枝蔓系统实行科学管理，是葡萄优质丰产最为重要的技术之一，其管理内容包括架式（已在第三章中论述过）、整形修剪、生长期管理和枝蔓上下架的引缚和摆布等。

一、红地球葡萄枝蔓特性

1. 红地球葡萄枝蔓的植物学性状　红地球葡萄植株和所有葡萄品种一样，地上部枝蔓包括主干、主蔓、枝组、结果母枝、新梢（结果枝和营养枝）、副梢（夏芽副梢和冬芽副梢），有时还可能有从根干部或主干基部发出的萌蘖等部分（图1-1）。

葡萄在冬季需下架埋土防寒越冬的地区，无明显主干，从地面或近地面部位直接分生出主蔓。主蔓上着生结果枝组，每年在其上选留结果母枝。结果母枝是当年冬剪留下的一年生枝，第二年春萌发出新梢，新梢上带花序或果穗的叫结果枝，不带花序或果穗的叫营养枝（又叫生长枝、发育枝）。

红地球葡萄嫩梢先端稍带紫红色纹，中下部为绿色，梢尖2～3片幼叶微红色，其他叶片浅绿色；新梢中下部带紫色纹，成熟的一年生枝浅黄白色；新梢具有明显的节和节间，节上着生叶片，叶片对面着生花序或卷须。节间的中心是髓部，是贮藏营养的地方。新梢上的成叶大多为5裂，上裂刻较深，下裂刻浅或不明显；叶正背两面光滑无毛，叶面稍有皱缩，不平整；叶缘锯齿一侧凸一侧凹、粗大而钝，叶基窄拱形，叶柄朝阳面紫红色，一般浅紫红色，老叶外缘向内侧稍翻卷，与叶脉中轴扭曲度较大，叶面极不平整。卷须在新梢上呈间歇性排列，即连续两节有卷须，然后一节无卷须，卷须大多2叉分枝，个别也有3叉分枝。新梢的叶脉内具有两种芽，即夏芽和冬芽。夏芽为裸芽（基部仅有1鳞片），随着新梢的加长加粗生长，夏芽逐渐成熟，当年萌发抽生夏芽副梢。夏芽副梢上的叶腋内又形成夏芽和冬芽，当年又萌发抽生二次夏芽副梢；生长期长的地区，二次夏芽副梢又形成三次夏芽副梢，还可能形成四次或五次夏芽副梢。而冬芽是一个复芽（又称芽眼），包括一个主芽和2～6个副芽（又称预备芽），外部有两个鳞片把冬芽包裹起来。其中主芽在当年可形成6～9节，如果营养、激素等条件适宜，可分化成花芽，下年春可抽生结果枝；冬芽中的副芽因当年分化程度较浅，通常下年不萌发，继续潜伏在主芽已萌发或新梢的基部皮层，这时的副芽应改称为潜伏芽或基芽。

2. 红地球葡萄枝蔓的特点与功能

（1）副梢

①红地球葡萄新梢开始生长约20天后，在叶腋间就可抽生夏芽副梢，随着新梢的加长和加粗生长，由下往上一个个夏芽副梢相继出现，以后还会产生二次、三次甚至四次、

五次夏芽副梢，这种源源不断地为新梢补充新叶片的生长特性，促进了葡萄植株叶片的"吐故纳新"，不仅增加了叶面积，更是提高叶的质量和制造光合产物的效率，极大地提高树体的有机营养水平，为当年的浆果生长和花芽分化提供丰富的营养源。

②在果穗上部多留副梢叶片遮阴，可避免或减轻浆果日烧病。

③在葡萄生长期超过 200 天的地区，还可利用夏芽副梢作主蔓加速幼树整形或培养夏芽副梢为下一年的结果母枝，提高幼树结果枝的级次，为实现"一年定植，二年丰产"奠定基础。

④当一茬花寥寥无几、严重减产局面即将出现时，可利用夏芽副梢上的二次花结果或剪去夏芽副梢及其以上的新梢，迫使剪口下的冬芽萌发抽生二次梢结果，以弥补葡萄减产。

（2）新梢　红地球葡萄除主芽能萌发抽生新梢外，树体营养水平高的情况下，有时副芽也同时萌发抽生新梢，一个芽眼内同时可见 2～4 个新梢。一般情况下，只保留主芽梢，副芽梢全部抹除。有时，主芽受损可选其中 1 个副芽梢替代，或利用副芽梢作绿枝嫁接材料繁殖苗木。

红地球葡萄新梢叶片较小，而果穗却很大，通常叶果比为 40：1 时才能满足或平衡果穗的营养需求。

（3）母枝　当年葡萄新梢落叶后至第二年春萌发前，这段时间成熟的修剪后一年生枝称为母枝（或结果母枝），红地球葡萄"怕冷"、"怕伤"，在冬季需下架的寒冷地区，应提前带叶修剪，而且不要强拧强压下架，尽可能不使母枝受伤受冻、安全越冬，第二年春发出的结果新梢花序大、坐果好。

（4）枝组　葡萄枝组是由 2 个以上母枝构成的葡萄植株结果和更新单位，均匀分布在主蔓的不同方位，是树体骨干组成部分，每年葡萄产量都出自枝组。红地球葡萄要求枝组年轻化，一般枝组 1～2 年更新 1 次，保持母枝壮实，花序多、坐果好。

（5）主蔓　主蔓是葡萄树体最重要骨架部分，由它依附于葡萄架组成葡萄枝蔓体系。所以，主蔓承载着营养枝和结果枝的全部重量，并担负起整个植株生长与结果的协调作用。

（6）主干　葡萄主干是从地下生出的直立或倾斜的由地面至分生主蔓处的一段多年生茎干。在葡萄埋土防寒地区，一般不培养主干。主干的高度依葡萄植株整形方式的不同而异，分低干（地面以上至 40 厘米）、中干（40～80 厘米）、高干（80 厘米至架高）。主干与主蔓是连结地下根系与地上部枝蔓的"桥梁"，担负着根系吸收的水分、养分往葡萄叶幕层输送的任务，同时把叶幕层光合产物剩余物供根系生育所需或贮藏起来。

二、葡萄整形修剪

1. 整形修剪的理论依据

（1）整形修剪的意义　葡萄植株在自然生长状况下，由于受极性现象的制约，上部枝蔓生长旺盛，新梢密布，下部因光照不足，枝芽发育不良，形成光秃。树体营养大多集中消耗于枝叶生长，结果少，且结果部位迅速外移，产量很低。需经过人为地进行整形修剪，将植株造成合理的结构和形状，使其具有牢固的骨架、科学的结构、丰满的枝组和发育良好的结果母枝。每年进行夏剪和冬剪，充分利用架面空间和光能，调节葡萄生长和结果的矛盾，达到丰产优质的目的。

整形修剪还可剪除病虫危害的枝蔓、枯桩和萌蘖，以清洁树体，整治外伤，健壮长寿。

（2）整形修剪的时期和方法

①整形修剪时期。葡萄整形修剪在整年均可进行，事实上凡是变动枝蔓生长空间的所有作业，都是为了达到整形修剪的目的。所以，整形修剪的时期并不严格区分，只能区分为休眠落叶期修剪（简称"冬剪"）和生长期修剪（简称"夏剪"）。

冬剪理想的时期应在葡萄正常落叶之后进行，这时一年生枝条中的有机养分已向植株多年生枝蔓和根系转移，修剪时剪掉的多数是一年生枝，这样就不会造成树体养分的流失。而且落叶后植株枝蔓分布和树体结构可以看清，可避免修剪时失误和漏剪。我国北方地区秋季霜冻来得早，葡萄叶片往往等不到自然脱落便被霜冻坏而干枯，尤其红地球葡萄需带叶修剪，并抢在土壤结冻以前下架埋土防寒。在南方，虽然葡萄枝蔓冬季不下架防寒，自然落叶后至第二年萌芽生长前有较长的修剪时间，也应在萌芽前2个月进行修剪，如果修剪晚了，赶在春季伤流期，会在新鲜伤口往外淌出伤流液，造成树体养分的流失。

夏剪从萌芽后即可进行，很多作业只动手不动剪，而且与花果管理同时进行。由于在文章表述时容易混乱，所以把夏剪的内容从整形修剪部分中拿出去，放到生长期枝蔓管理部分。

②整形修剪方法。包括对整个树形骨架的构思和扩大树体修建方法以及调整生长与结果关系的修剪方法等。

树形骨架的体现：任何树形的形成，都得通过一剪一剪的功夫才能逐渐培养成形，不可能"一剪定乾坤"。为了使每一剪子都能科学地剪到位置，冬剪前要一看原树体枝蔓的分布和长势，二看相邻植株占据架面的状况，然后才动剪。相邻植株已死亡空缺的架面，尽可能利用原树体多余的枝蔓补充空缺，可通过从基部多培养主蔓或从中下部培养侧蔓，占领架面空缺部位。为此，修剪时要从植株基部开始逐渐向上进行，原则上是树体骨架不缺枝，长势弱的短截（超短梢或短梢修剪）、长势强的长留（中、长梢修剪）。修剪程序是先骨干枝，后结果母枝；先疏枝，后短截和回缩。

剪留长度：骨干枝尽可能长留，一般剪到充分成熟部位、剪口下枝条直径1厘米左右处。结果母枝或更新枝组按要求分为4种长度：超短梢，只留1芽或只保留基芽；短梢，留2～3芽；中梢，留4～6芽；长梢，留7芽以上。

③对一年生枝的剪截要求。应选留健壮、成熟度良好的一年生枝作结果母枝。剪口下枝条的粗度，一般应在0.8厘米以上，细的短留，粗的长留。剪口宜高出剪口下芽眼3～4厘米，以防剪口风干影响芽眼萌发，而且剪口要平滑。

④对多年生枝的剪截要求。多年生弱枝回缩修剪时，应在剪口下留强枝，起到更新复壮的作用。多年生强枝回缩修剪时，可在剪口下留中庸枝，并适当疏去其留下部分的超强分枝，以均衡枝势，削弱营养生长，促进成花结果。

⑤对疏枝的要求。疏枝应从基部彻底剪掉，勿留短桩。但同时要注意伤口不要过大，

以免影响留下枝条的生长。疏枝留下的剪锯口应削平、无毛茬、不伤皮，以利愈合。不同年份的修剪伤口，尽量留在主蔓的同一侧，避免造成对口伤，影响树体内养分和水分的运输。

（3）枝蔓在空间的分布　葡萄枝蔓包括主干、主蔓、侧蔓、结果枝组、结果母枝、新梢、副梢等，各种枝蔓在架面上都有其相应的空间布局，才能形成牢固的骨架、丰满的树形。

①主干的分布。一般冬季葡萄不下架防寒的地区，才能在植株基部培养主干。主干的高度因树形而异，V形干高50～60厘米，Y形干高60～80厘米（彩图4-1、彩图4-2），H形、一字形、X形等以架高为准，主干直立延伸至架面。

②主蔓的分布。葡萄树都应培养主蔓，具有主干的植株，在主干的顶部分生主蔓延伸；无主干的植株，主蔓从植株基部延伸至架梢或整形制约的位置，其长度视架面大小或整形要求而定。主蔓上架时与地面呈50°～70°夹角，冬季不埋土防寒地区夹角稍大，埋土区宜小，利于压倒防寒（彩图A4-3）。

③侧蔓的分布。棚架大扇形和X形的植株，一般要从主蔓上分生一定数量的侧蔓，弥补架面较大空间。其他树形一般不培养侧蔓，尽可能减少植株的分枝级数。

④结果枝组的分布。结果枝组是着生在主蔓和侧蔓上的多年生结果单位，一般都较短小，具有2个以上分枝（即结果母枝），由于分枝每年都需不断更新，所以外形上像"龙爪"。枝组在主蔓或侧蔓上分布的间距在25～35厘米。幼树通常不培养枝组，而在主蔓上直接着生结果母枝。

⑤结果母枝的分布。结果母枝是当年已经充分成熟的一年生枝。因树形和整形的不同，结果母枝有的着生在结果枝组上，有的则直接着生在主蔓或侧蔓上，而且剪留长度也因空间大小，可分为长、中、短、超短梢四类，均匀分布于架面，组成休眠期冬态葡萄树体最外围的枝蔓。

⑥新梢的分布。新梢是从结果母枝上分生出来的当年生带叶片的枝条，随结果母枝而均匀分布于架面所有空间，组成生长期葡萄树体最外围的叶幕层。它在架面上分布的密度，与结果母枝的多少和剪留长度密切相关，母枝多、剪留长，新梢分布的实；反之，则虚。

2. 整形修剪的特点

（1）龙干形整形修剪的特点　龙干形主要用于冬季需埋土防寒的葡萄园，也可用于葡萄枝蔓不下架防寒的地区。

①树形。主蔓从植株基部分生，从立架面至棚架面直线延伸，主蔓与主蔓在架面上间隔距离相同，一般为60厘米，呈平行排列，形似"龙干"，主蔓上均匀有序地分布着结果枝组和结果母枝，形似"龙爪"。南北方均适用（图4-1）。

②优点

a. 龙干直线延伸，不削弱植株生长势，树冠扩大快，容易成形。

b. 树体结构较简单，以龙干为主体，其上有规则的分布枝组，枝组再分生母枝，整形修剪容易。

c. 架高，通风透光好，结果部位离地面也高，可减轻病害。

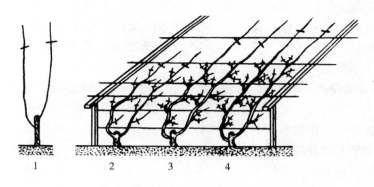

图 4-1　双龙干形整形
1. 定植后选 2 梢作主蔓，冬剪时在成熟节位剪截　2. 第二年继续培养主蔓，
冬剪时，延长梢长剪，其他枝短剪　3. 第三年主蔓继续延长，冬剪时，延长梢长剪，
他枝短剪，形成结果枝，过密枝疏除，基本成形　4. 第四年延长梢爬满架，按常规修剪

d. 架下空间大，利于间作或发展立体农副业。但是，龙干过长在进入盛果期后，主蔓又粗又硬，增加了防寒枝蔓上下架的工作难度，且主蔓更新困难，必须提前 1～2 年培养预备蔓。

③龙干形整形过程。定植当年根据株距大小选留主蔓。株距 0.6 米的，只选留 1 个主蔓，其他新梢长度达 50 厘米时，摘心闷顶，以利供根系营养。株距 1～1.2 米的，选留 2 个生长势相近的新梢做主蔓培养，如果苗木只抽生一个新梢，则待该新梢生长 5～6 片叶时摘心促发副梢，选留 2 个副梢作主蔓培养。夏剪时，主蔓各节副梢留 1 片叶"绝后摘心"（图 4-12），让新梢直线延伸。北方地区 8 月中下旬对主蔓摘心，促进新梢成熟。冬剪时，根据主蔓粗度和成熟度剪截，一般剪口下要求枝粗直径达到 1 厘米以上，不得小于 0.8 厘米，剪留长度不超过 1.5 米，以防剪留过长，中下部出现瞎眼光秃。若主蔓粗度在 0.8 厘米以下，应留 2～3 芽平茬，翌年重新培养主蔓。

第二年春，在主蔓先端选留粗壮新梢作主蔓延长梢，前端 0.5 米范围内的结果新梢上的花序要全部疏除，以促进延长梢的生长，尽快占领棚架空间。冬剪时，延长梢根据枝粗和成熟度进行剪截，一般剪口直径在 1 厘米以上，剪留长度控制在 2 米左右。其余 1 年生枝条留 3～5 芽剪截，作结果母枝。

第三年春，在主蔓先端继续选留强壮新梢做主蔓延长梢，其余新梢按每米主蔓上分布 7～8 个为限，多余的及早抹

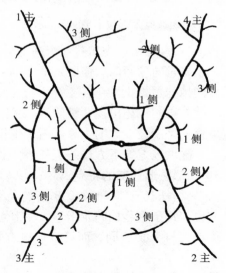

图 4-2　平坦地 X 形整形平面图（示意）
1. 约经 2 年时间培养 1 个高主干，在主干顶部 4 个方位选 4 个新梢开始培养主蔓　2. 主蔓继续延伸，同时开始培养侧蔓
3. 继续培养主、侧蔓、同时在其上形始培养结果母枝组

除。延长梢爬满架后，随时摘心控制延长。冬剪时，延长梢在架梢部剪截，如果主蔓未能延伸至架梢，则剪到成熟节位；并按 25～30 厘米的间距选留结果枝组，每个结果枝组上选留 2 个结果母枝，1 长（4～5 芽）1 短（2～3 芽）剪截，多余的疏除。至此，基本完成整形，植株进入盛果期。

（2）X 形整形特点 X 形树形适用于冬季葡萄不下架埋土防寒地区，该树形很大，大的在棚架面上可占据 80 米²，目前我国南方葡萄产区已出现这种树形。X 形由于树形大，每亩栽植株数少，单株负载量大，树势缓和，新梢和副梢生长受到抑制，可减少夏剪工作量；又有利于葡萄花芽分化和丰产；而且通风透光好，果实品质更优；更有利于树下机械化作业，或种草养地，或间种矮棵经济作物，以增加葡萄园前期收入。

①树形。植株具有 1.6～2.0 米高的主干，平地园在主干顶部分生 4 个大主蔓呈 X 形分布棚面四个方位（图 4-2）；缓坡地可形成上坡方向 2 个大主蔓、下坡方向 2 个小主蔓（图 4-3）；陡坡地只选留上坡方向 2 个大主蔓（图 4-4）。每条主蔓上分生若干侧蔓占据空间，主蔓和侧蔓上着生结果枝组和结果母枝。

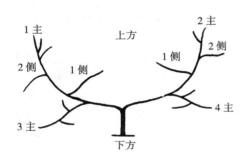 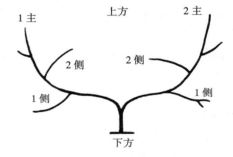

图 4-3　缓坡地 X 形整形平面图（示意）　　图 4-4　陡坡地 X 形整形平面图（示意）

②整形过程。定植后先培养一个高主干，高度与棚架高度相近。在主干顶部棚架面上选留 4 个主蔓，向棚面四周伸展，呈 X 状，一般需 2～4 年才能选齐，以后主蔓每年继续延伸，直到植株边界止。在各主蔓上分生多个侧蔓，侧蔓在主蔓上的间距为 1.5～2 米，有时为了弥补空间，还出现 2 级侧蔓。主、侧蔓上着生结果枝组或直接着生结果母枝。

缓坡地上处于坡下方的主蔓，由于生长极性受到抑制，生长势减弱，主蔓较小，不需培养侧蔓。陡坡地上坡下方枝条生长势更弱，主蔓也无需培养。

（3）H 形整形修剪的特点

①树形。植株具有 1.6～2.0 米高的主干，在主干顶部分生 4 个大主蔓呈 H 形分布棚面两个方位，每条主蔓如同龙干形，在上着生结果枝组和结果母枝（图 4-5），不设侧蔓。

②优点。与 X 形相同。而且整形很有规则，这点又与龙干形相似。只适用不埋土防寒区采用。

③整形过程。定植后先培养一个高主干，高度接近棚面。在主干顶部棚架面上选留 4 个主蔓（也可选用副梢培养主蔓），1、4 和 2、3 成对称，分别向相反方向平行伸展，呈 H 形，直至与相邻植株相互连接为止，然后在主蔓上着生枝组和母枝。主蔓间距 1.8～2.0 米，同侧母枝间距 18～24 厘米，枝组间距因枝而定。

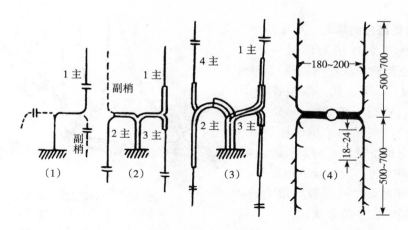

图 4-5 H形整形（单位：厘米）

（4）一字形整形修剪的特点 一字形是高篱架双壁水平形的"位移"，把它移到棚面上，主干高度增加到 1.8～2.0 米，两个水平主蔓长度根据株距（主蔓向株间延伸时）或行距（主蔓向行间延伸时）来调整就成。适合冬季葡萄不下架防寒的地区或保护设施内应用。

①树形。植株具有 1.8～2.0 米高的主干，在主干顶端左右各分生 1 条主蔓，可以顺行间伸展直到与邻行主蔓相接或超越，也可以顺株间伸展直到与同行另株主蔓相接或超越，2 条主蔓均呈一字形排列，每条主蔓上着生结果母枝和结果枝组（图 4-6）。

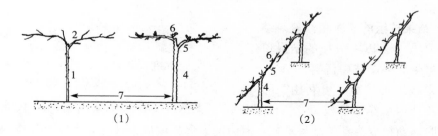

图 4-6 一字形整
（1）主蔓伸向行间 （2）主蔓伸向珠间

②整形过程。定植当年每株选留 1 条强壮新梢培养主干，50 厘米以下不留副梢，往上的副梢留 2～3 叶反复摘心控制，利于辅养主干加粗。主干长到距棚顶时摘心，选先端 2 个副梢一左一右引向相反方向培养主蔓，当 2 个主蔓长度达到与另行或同行邻株主蔓相接或超越，整形完成。以后可按一定距离培养结果母枝和结果枝组。

3. 冬季修剪特点

（1）主、 侧蔓的修剪 尚未完成整形任务的植株，要以整枝造形为冬剪的重点，进一步选好和培养主蔓，并要求在延长蔓粗度 0.8 厘米以上的成熟节位饱满芽处剪截。已完成整形任务的植株，要保持主蔓的旺盛生长势头，以小更新为冬剪的重点，包括主蔓换头和选留预备蔓等。开始衰老的植株，要果断地实行大更新修剪，在植株基部有健壮分枝处剪截。

（2）结果母枝的修剪 在采用中梢修剪时，为了防止结果部位外移，宜采用双枝更新修剪法（图4-7）。处于下位的枝行2芽短截，作预备枝；处于上位的枝进行中梢修剪。第二年冬剪时，上位结完果的中梢母枝从基部疏剪；下位预备枝发生的2个新梢，再按上年修剪方法，上位枝中梢修剪，下位枝留2芽短截，使修剪后留下的结果母枝，始终往主蔓靠拢。

在采用短梢修剪时，宜采用单枝更新修剪法（图4-8），即短梢结果母枝上发出2~3个新梢，在冬剪时回缩到最下位的一个枝，并剪留2~3芽作为下一年的结果母枝。这个短梢枝，既是明年的结果母枝，又是明年的更新枝，结果与更新在一个短梢母枝上合为一体。每年如此反复，周而复始，使结果母枝始终靠近主蔓，防止了结果部位外移。

（3）结果枝组的培养和修剪 结果枝组是具有2个以上分枝的结果单位，其上着生结果母枝和新梢。

①结果枝组的培养。可利用一年生枝或当年新梢培养结果枝组，方法如下：正常情况下，当年从结果母枝上萌发一些新梢，冬剪时该新梢成为新的结果母枝，此时的老母枝就成为具有2个以上分枝的结果枝组［图4-9（1）］。

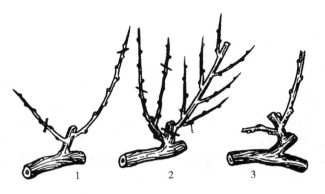

图4-7 双枝更新修剪法
1.1中1短修剪 2.第二年中枝结果后疏除，短枝发出的2个枝，1中1短修前
3.第三年萌发前

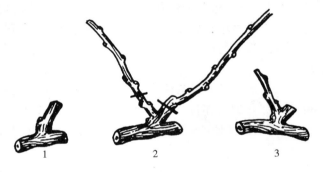

图4-8 单枝更新修剪法
1.前一年结果后短剪，留2~3芽
2.本年结果后修剪，疏上位枝，下位枝短剪
3.修剪后

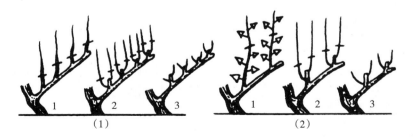

图4-9 结果枝组的培养
（1）1.前一年冬剪 2.本年冬剪 3.修剪后的枝组
（2）1.本年新梢3~4片叶时摘心，促发副梢 2.冬剪时，对副梢短剪 3.修剪后的枝组

对结果母枝上萌发的强壮新梢提前摘心，促发几个副梢，精心培养，冬剪时副梢短截成为新的结果母枝，而原新梢就成为具有2个以上分枝的结果枝组［图4-9（2）］。

②结果枝组的更新修剪。随着枝龄增加，枝组分枝级数增多，伤口也增多，枯桩不断出现，枝组营养输送能力削弱，枝组逐渐衰老，需从主蔓上潜伏芽发出的新梢，选留位置合适的进行培养，以替代老枝组。具体做法是：逐渐回缩老枝组的结果母枝，刺激主蔓上或枝组基部潜伏芽萌发，对潜伏芽新梢，疏去花序不让结果，促进生长，如果新梢强壮，于5～6片叶时摘心，促发副梢，冬剪时副梢枝短截后即成为新的枝组，将周围老枝组贴根疏剪，逐年更新复壮全部枝组。每年如此，每个枝组2～3年即可得到更新，可保证枝组年轻健壮，植株就能连年丰产。

三、葡萄生长期枝蔓管理

葡萄一年中要经历着春生、夏荣、秋实、冬眠的生长发育过程，要根据不同物候期树体的生理特点，采用相应的农业技术进行科学地枝蔓管理，才能取得葡萄的优质、高产。

1. 复剪和绑蔓

（1）枝蔓上架和复剪

①枝蔓上架。冬季葡萄覆土防寒地区，在日平均气温稳定在10℃以上、当地山桃开花时，要及时将葡萄防寒土撤除，并修好葡萄栽植畦畦面，将葡萄枝蔓引缚上架。

棚架龙干形的主蔓由地表向立架面引缚时，主蔓需培养两个弯角，第一个弯角在主蔓基部顺行向与地面呈45°角，以利每年冬季枝蔓下架顺向一方贴地埋土；第二个弯角大约在主蔓40厘米高度处向立架面呈60°～70°角倾斜上架（图4-10）。主蔓在棚面上的分布，其蔓距不应小于60厘米，而且分布均匀，呈直线延伸，不得弯曲。

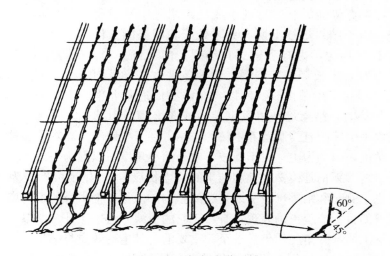

图4-10　棚架主蔓引缚

为了使主蔓在架面钢丝上固定风吹不打滑，同时避免摩擦损伤树皮，应在主要横线上拉细草绳做垫，绑缚时绳索先固定在钢丝上，然后用环扣引缚枝蔓，环扣不能绑紧，应留有空隙，以利枝蔓加粗生长时不致绞缢。

②复剪。冬季修剪时由于劳力紧张、时间紧迫造成修剪工作粗糙、某些技术处理不当，没有完全达到修剪要求，修剪质量上尚存在一些问题，或冬季修剪留芽量过多等原因，应在出土上架时进行复剪：

a. 枝蔓在架面上过密，可按蔓距的要求将其中较差的多余枝蔓疏除。

b. 枝蔓成熟不好，有风干抽条部分，应缩剪到成熟好的饱满芽眼节位。

c. 结果枝组分枝级次过多，延伸过长，或密度太大，应适度回缩或部分疏除。

d. 结果母枝过长应缩剪，过密应疏除。

e. 凡是机械损伤严重、病部或虫害明显影响其生长的枝蔓，应缩剪到伤口或病部以下。

f. 凡是枯桩，都应剪平、削光剪口，利于伤口愈合。

复剪的剪口必然会溢出伤流，造成一定量的营养损失，对树体影响不大，但伤流液流经处易感病，故剪口应向下，利于伤流滴至架下。

（2）结果母枝和新梢的引缚 主蔓绑缚固定位置以后，枝蔓在架面上的布局已定，但是局部空间仍需新梢去占据。将新梢引缚到适宜方位，不仅引导枝蔓合理配置架面，形成科学的夜幕层，均匀受光，改善营养条件，而且能通过变更枝条角度，调整发育势能，继续提高冬季修剪的生产效果。

①结果母枝的引缚。结果母枝在架面上的方位和在植株上的开张角度，可能有 4 种姿态（图 4-11）。开张角度大小，能对内部的疏导作用发生影响。垂直时细胞膨胀压高，树液流速快，生长势强，抽生的新梢粗壮而节间长，甚至徒长，不利于花芽分化和开花结果，这就是许多架面上直立强旺梢无花序或有很大的花序也坐不下浆果的根本原因。向上倾斜时，枝势中庸，发育势能健壮，有利于成花结果。水平时有利于缓和长势，由于结果母枝上所有芽眼处于相同势能条件中，新梢发育较为均匀，也有利于成花结果。向下倾斜时，顶端优势不复存在，生长势显著削弱，营养条件也差，既削弱了营养生长又抑制了生殖生长。所以，在需要促进营养生长加强总体生长势时，结果母枝以垂直引缚或向上倾斜引缚

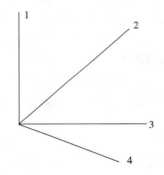

图 4-11 结果母枝引缚开角

1. 垂直 2. 向上倾斜
3. 水平 4. 向下倾斜

较为适宜；而水平引缚则有抑制营养生长的作用，利于生殖结果。对于强枝，应以加大结果母枝的开张角度，以抑为主；对于弱枝，应当缩小角度，以促为主。

②新梢的引缚。新梢是植株生长和结果的"增长点"，是显示极性最为直接的体现器官。尽管它受主、侧蔓和结果母枝引缚姿态的影响，但是新梢本身的引缚姿态，在某种意义上，冬季修剪的目标能否正确表现，有赖于它的引缚方法来保证。所以，新梢在架面上的方位和在植株上的开张角度，仍然是至关重要的，其生理效应与结果母枝完全一致，在此不在赘述。为了节省绑梢用工，现代化的葡萄园已采用手持绑蔓机绑蔓，工作效率很高，每台机工作一天相当于 5 个人的工作量（彩图 A4-4）。

由于新梢生长具有极性向上的共性，这就为新梢引缚带来极大的便利。基于这一点，

大部分中庸梢和弱梢，只要长度适当（60厘米左右）就能独自直立或斜生，不必每枝引缚。因此，新梢引缚的重点如下：

a. 篱架面超强直立枝水平引缚，以抑制营养生长。

b. 立架与棚面交接拐弯处，由于极性突出，常出"霸王枝"，应将其向下倾斜引缚，以削弱枝势。

c. 棚架面超强枝，由于直立挡光，必须压平引缚。

d. 遇有因果穗坠垂的弱枝，应将其倒弓形引缚，果穗仍任其下垂，果枝前部使其直立，以促生长。

2. 抹芽和疏梢

（1）抹芽疏梢的目的　抹芽和疏梢是冬季修剪基础上对留枝密度的最后调整，是决定葡萄产量和浆果品质的一项重要作业。因为葡萄冬季修剪量一般较重，容易刺激枝蔓上芽眼的萌发，产生很多新梢，而新梢过密，树体营养分散，不仅影响新梢生长，造成营养浪费，而且通风透光不良，造成坐果率低、花芽分化不良和浆果品质下降。通过早期抹芽疏梢，能将树体中的贮藏养分和从根部输送上来的养分水分，都集中到留下的芽和新梢上，使其加速生长和促进花序的发育，从而使葡萄架面留枝密度合理，叶面积系数控制在适宜（1.5～2）的范围，达到架面通风透光良好，提高坐果率，新梢健壮，果穗整齐，果粒充分膨大，着色良好的目的。

（2）抹芽时期和方法　抹芽一般分2次进行，第一次抹芽应在萌芽初进行，对决定不留梢的部位（如距地面40～50厘米以下的通风带和主干）上的芽眼，发育不良的基节芽、双生芽和三生芽中的瘦弱尖头芽等可一次抹除。第二次在10多天以后，能清楚地看出萌芽的整齐度时进行，对萌发较晚的弱芽、无生长空间的夹枝芽、靠近母枝基部的瘦弱基芽、部位不当的不定芽等，视其空间大小和需枝情况，将空间小和不需留枝部位的芽抹除。

（3）疏梢时期和方法　疏梢具有定梢性质，是在抹芽基础上最后调整留枝密度的一项重要工作，决定了植株的枝梢布局、果枝比和葡萄产量。原则上通过疏枝应使架面留枝密度合理，棚架每平方米8～10个。疏枝是在展叶后20余天开始，当新梢上已能看出有无花序和花序大小的时候进行，其结果枝与营养枝比约7:3左右。

3. 新梢摘心

（1）结果新梢摘心　葡萄结果新梢在开花前后生长很迅速，势必消耗很多营养，影响花器的进一步分化和花蕾的生长，加剧落花落果。很多坐果不好的品种，通过开花前摘心暂时抑制顶端生长而促使营养较多地进入花序，从而促进花序发育，增加坐果和减少落花落果。

红地球葡萄开花坐果状况很好，通常花朵坐果率很高，容易超量结果。所以，结果新梢在开花前不需要进行摘心的工序。一般待开花坐果后，新梢长度达到整形要求时才摘心；龙干形上结果新梢长达0.8～1.0米、X形1.2米左右、H形和一字形1米左右时摘心。

（2）营养梢摘心　没有花序的营养梢，在生长期不同的地区其摘心标准不同（图4-12）。

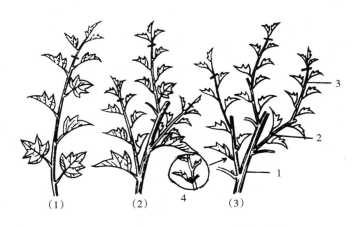

图 4 - 12 培养副梢结果母枝的摘心方法
（1）主梢 （2）一次副梢 （3）二次副梢
1. 第一次摘心 2. 第二次摘心 3. 第三次摘心 4. "绝后摘心"法

①生长期 160～180 天的地区，15 片叶左右时摘去嫩尖 1～2 片小叶；如果营养梢生长很强，单以主梢摘心难以控制生长时，可提前摘心培养副梢结果母枝（图 4 - 13）。

②生长期长的干旱少雨地区，新梢在架面有较大空间的，营养梢可适当长留，待生长到 20 左右片叶时摘去嫩尖；相反，新梢生长空间小，营养梢可短留，生长到 15～17 片叶时摘去嫩尖；如果营养梢生长很强，也可提前摘心培养副梢结果母枝。

③生长期长的多雨地区，新梢生长纤细的于 8～10 片叶时摘尖，以促进新梢加粗；新梢生长中庸健壮的于 80～100 厘米长度时摘尖；新梢生长很强，可采取培养副梢结果母枝的方法分次摘心。第一次于新梢 8～10 片叶时，摘去 3～4 片梢尖幼叶

图 4 - 13 利用副梢结二次果

促使副梢萌发；当顶端的第一次副梢长出 7～8 片叶时，第二次摘心，摘去梢尖 1～2 叶，以后产生的第二次副梢，只保留顶端的 1 个，于 4～5 叶时摘去嫩尖，其余的二次副梢贴根抹除，以后再发生的三次副梢依此处理。

（3）主、 侧蔓延长梢摘心 用于扩大树冠的主、侧蔓上的延长梢，摘心标准为：

①延长梢生长较弱的，最好选下部较强壮的新梢置换，实在非用它挑头不可，于 10 多片叶摘心，促进加粗生长。

②延长梢生长中庸健壮的，可根据当年预计的冬季修剪剪留长度和生长期的长短适当延晚摘心时间。生长期较短的北方地区，应在 8 月上旬以前摘心；生长期较长的南方地区，可在 9 月上中旬摘心，使延长梢能充分成熟。

③延长梢生长强旺的，可提前摘心，分散营养，避免徒长。摘心后发出的副梢，选最前端1个副梢作延长蔓继续延伸，按前述中庸枝处理，其余副梢作结果母枝培养。

4. 副梢的利用和处理

（1）副梢的利用　随着新梢的生长，新梢叶腋里的夏芽从下而上陆续萌发成为副梢。副梢是葡萄植株的重要组成部分，它有广泛的作用，处理得当不仅可以加速树体的生长和整形，而且可以增补主梢叶片不足，提高光能利用率，甚至利用其结二次果或生产压条苗；相反，处理不当使架面郁闭，增加树体营养的无效消耗，影响架面通风透光，不利于生长和结果，乃至降低浆果品质。因此，必须根据副梢所处位置、生长空间和生长势等，综合考虑副梢的作用，采取相应的副梢管理技术，及时加以处理利用。

①利用副梢加速整形。当年定植苗只抽生1个新梢，但整形要求需培养2个以上主蔓时，可在新梢生长4～6叶时及早摘去嫩尖，促发副梢，按整形要求选出副梢培养主蔓（图4-15）。当主蔓延长梢损伤后，可利用顶端发出的副梢作延长梢继续延伸生长。

②利用副梢培养结果母枝。如图4-12，所示采取提前摘心的方法培养副梢结果母枝。

③利用副梢结二次果。红地球葡萄的副梢结实率很强，生长期200天以上的地区可以结二次果，能充分成熟，如云南省蒙自县红地球葡萄二次果于11月下旬至12月中旬成熟，品质也好。具体方法是，当主梢开花前10多天，夏芽尚未萌动时，将主梢重摘心，抽生出具有花序的副梢留下结二次果（图4-13）。

④利用副梢压条繁苗。在生长期超过180天的地区，当副梢长达15厘米以上时，可将植株基部的长条副梢或连同母枝一起，挖浅沟压入地表，随着副梢的生长，逐渐培土，促进主梢节位和副梢基部生根，即可培养成副梢压条苗木（图2-11）。

（2）副梢的处理　红地球葡萄副梢处理要谨慎，该利用的就利用，无用的副梢也不要轻易贴根抹除，以防刺激冬芽大量萌发。

①结果枝上的副梢处理。结果枝上的副梢有两个作用：一是利用它补充果枝（主梢）上叶片之不足，尤其外围枝，太阳能直接照射到果穗，在果穗上部要适当多留几个长副梢，利用副梢叶片遮阳，以防果实日烧；二是利用它结二次果，除此之外，其副梢必须及时处理，以减少树体营养的无效消耗，防止与果穗争夺养分和水分。具体操作：顶端1～2个副梢留3～4叶反复摘心，果穗以下副梢从基部抹除，其余副梢留1叶"绝后摘心"（即摘心时用大拇指甲紧贴被留的副梢叶，将叶腋中的嫩芽和副梢嫩梢一起扣除，叶腋内已无生长点就不再发生二次、三次副梢了）（图4-12）。但在高海拔和强光照地区，为了避免果实发生日烧，果穗对面的副梢和上节位副梢应保留2～3叶摘心，以利于果穗遮阳。

②营养枝上的副梢处理。营养枝上的副梢除利用它培养结果母枝和结二次果、压条繁苗外，别无用途。因此，除顶端1～2个副梢留3～4叶反复摘心外，其余贴根抹除。

③延长梢上的副梢处理。主、侧蔓延长梢上的副梢，通常顶端1个副梢留3～4叶反复摘心外，其余副梢应留1叶"绝后摘心"，以防冬芽暴发。

第五章　红地球葡萄的花果管理

红地球葡萄是丰产性很强的品种，条件合适情况下极易成花结果，而且结果枝率高、花序大、坐果好。我国云南宾川、四川西昌等生长期长、海拔高、光照好、温度适宜、果实生长期内少雨地区，红地球葡萄亩产三、四吨属正常生产状况，有的亩产 5 000 千克时其可溶性固形物含量仍然可达 17%。但是，不少红地球葡萄产区的一些葡萄园，却出现结果大小年，或结果延迟，或盛果期很短（出现早衰），或高产低质等极不正常现象。本章特为此类葡萄园把脉开方、投药治"病"。"病"在哪里？

一是思想认识偏差了。园主很勤劳，整天不辞辛苦地锄草、施肥、灌水、绑梢、摘心、去副梢，架下留平锃亮，架上梢平叶茂；就是不愿在培育花果上下工夫，这不是想偏了吗？地平叶茂固然好看，但建园产果、低成本、卖好价、赚高利是根本。

二是技术跟不上时代了。园主习惯于来花留、坐果保，任凭花果自然生长；果实成熟了，大穗小穗一齐剪，塞满果箱拉市场。同样的"红提"，他卖的是三等价，人家果穗大小整齐、粒均色艳、光亮诱人，卖价高他几倍。

一、红地球葡萄结果特性

1. 花芽分化特点　葡萄花芽是较复杂的混合芽，芽的胚状轴上既有初生叶、初生卷须和初生花穗外，其两侧还有副芽。

葡萄花芽分生理分化和形态分化两个时期。生理分化为新梢开始迅速生长后不久至开花前，新梢长 30～50 厘米时，其下部芽开始生理分化。形态分化从开花前数天至花后 1～2 周。据石雪晖等人报道（2000）：红地球葡萄冬芽 5 月 16 日处于未分化状态，5 月 16～30 日处于分化前期；5 月 30 日至 6 月 27 日处于第一花序原始体分化期，至 7 月 11 日已分化出第二花序原始体，至 8 月 22 日分化出第二花序原始体的冬芽数目无明显变化；8 月 22 日进行回缩修剪逼冬芽萌芽处理，8 月 29 日见剪口芽有萌动现象。她把红地球葡萄第七个节位的冬芽分化研究成果归结为 6 个分化期：未分化期（5 月 16 日前）、分化期（5 月 16～30 日）、第一花序原始体分化前期（5 月 30 日至 6 月 27 日）、第二花序原始体分化期（6 月 27 日至 7 月 11 日）、花序缓慢分化期（7 月 11 日至 8 月 22 日）、冬芽萌动期等。

葡萄花序原始体的分化从新梢上第一茬花序开花前数天一直持续到当年冬季休眠之前，第二年春季树液开始流动后，得到树体贮存营养的支持，转入花器官的分化，直到开花，整整一年转一轮。葡萄单花的花器官，主要是在当年春发芽而成的。大致上，在新梢展叶后约 20 天，雄蕊开始发育；展叶后 20～30 天，出现雌蕊；以后雄蕊上的花丝与花药次第出现，雌蕊中的胚珠、花柱和柱头相继发生，到展叶后 50～55 天，雌蕊中的胚珠发育成熟，雄蕊中的花药中产生花粉，至此全部花器官发育完成。

晁无疾等在《葡萄品种高节位花芽分化观察研究》（2002）中指出：红地葡萄花芽分化节位与栽培环境和管理技术密切相关，花芽分化最低节位第三节，集中分布在第 15～25 节位，最高在第 36 节位，且不同节位上花芽质量无明显差异，当年定植的幼树只要管理良好，实行超长梢修剪，第二年可以适量结果，对第三年进入盛果期的树体生长和结果无明显不良影响。

影响葡萄花芽分化的因素很复杂，凡是能在树体内减少赤霉素合成，促进乙烯、脱落酸和细胞分裂素合成的农艺技术，如剪梢、摘心、开张枝角、环剥、断根、适度控水、控氮、增磷、增钾等均能增加树体碳水化合物的含量，都可促进葡萄花芽分化。

2. 开花结果习性　红地球葡萄属圆锥形花序，由花序梗、花序轴和花蕾组成，在花序轴上通常有 3 级分支，管理良好的葡萄园经常出现 4 级分支，一个花序上可着生 1 000多个花蕾。每个花蕾基部有 5 个合生的萼片包围着花朵，5 个绿色花瓣自顶部合生在一起形成帽状花冠，开花时花瓣自基部与子房分离，并向外和向上翻卷，在雄蕊向上作用的推力下花帽脱落，开花完成。红地球葡萄为两性花，雌蕊发达，当雄蕊花药内花粉成熟后就会崩裂散粉，完成闭花授粉（自花授粉），也有一些花蕾还没来得及授粉就开花的，需要开花后自花授粉或他花授粉和异花授粉（所以，出现自然杂交变异果实也就不足为奇了）。因为花序很大，就一个花序而言，开始开花到花蕾全部开放约需 3～4 天。

花粉粒落到雌蕊柱头上，在柱头分泌液中萌发出花粉管，72 小时内花粉管即可通过胚珠的珠孔进入胚囊，花粉管中的生殖核分裂成 2 个精子，在胚囊中进行双受精，其中一个精子与卵结合形成受精卵（合子），另 1 个精子与次生核结合形成胚乳核，刺激子房壁迅速膨大，形成果实，这就是葡萄授粉→受精→坐果的全过程。

红地球葡萄未经授粉受精的花朵，一般不形成单性结实，在花期或花后其花朵基部形成离层而脱落。而经授粉受精已形成果实的，也因种种原因不能全部坐住果，在幼果黄豆粒大小（直径 3～4 毫米）时或之前脱落（称生理落果）。红地球葡萄不仅花序大，坐果率高，而且果枝率 70％左右，每果枝平均可挂果 1.3 穗，通常容易坐果过多，超负荷生产。所以，生产中要实行控产技术，亩产控制在 1 500 千克左右为宜。

3. 果实发育　红地球葡萄坐果后 10 多天，果实开始第一次快速生长，1 个月后出现较缓慢生长；2 个多月后开始着色至 90 天左右进入第二次快速生长，直至全面着色，绝对含糖量不再增加，达到果实全面成熟，整个果实生长过程呈双 S 形曲线，从坐果到完熟约需 110 天。完熟的浆果，由于穗轴和果实表面蒸发水分，浆果中糖的相对浓度增加，但是每天由于呼吸消耗糖的绝对量反而下降。所以，葡萄界的"红地球葡萄成熟后在树上可以长期挂贮，而且挂的时间越长含糖量越高，品质越好"之说，是没有科学依据的。过熟不及时采收的葡萄浆果，也不宜久贮。

二、花序管理

红地球葡萄极易成花、花序大、坐果也好，如果放任自流，非常容易结果过多、植株负担超载，造成大小年现象、果实品质下降、树体早衰、经济寿命缩短，果园经济衰退。必须从花序管理着手，严加调控，控产提质，才能连年优质丰产。

1. 拉长花序 当前我国果品市场上常见两种穗形的红地球葡萄，一种果柄细长、果粒着生松散、果面全红、小穗疏开的葡萄果穗，这是经过奇宝（美国雅培公司采取发酵工艺生产的多功能新型葡萄生长调节剂）处理的；另一种果柄短粗、果粒着生紧密几乎无缝隙、呈不规则球形的葡萄果穗，这是没有药剂处理的原生态葡萄果穗，外表面着红色，剪开果穗拔出果粒后，由于果粒间不透光线，叶绿素没有转变成花青素，靠里面的果皮仍然是绿色。所以，红地球葡萄首先必须把花序拉长。

（1）目的意义 主要目的是为果粒提供全面着色所需光照的空间，为果粒增大准备足够的生长空间；并避免形成"玉米棒"形果穗，减少因果穗过紧而导致果粒间隙隐藏葡萄炭疽病、灰霉病等病菌潜伏的危害。

（2）施药方法 在葡萄花序长达 7～10 厘米、开花前 10～12 天使用奇宝，每克加水 40 千克，震荡 2 分钟后浸蘸或喷布花序。5 天后花序轴明显拉长。

2. 疏花序与花序整形 抹芽疏枝仅能达到适宜留枝密度，还需通过疏除过多花序和控制花序大小来进一步调控产量，才能达到葡萄植株合理负载量。红地球葡萄的科学负载量，因生态和管理条件而异，通常每亩标准产果量应控制在 1 500 千克为宜。

疏花序的时间，原则上在新梢上能明显辨清花序多少、大小的时候，应尽早疏花，以节省养分。由于红地球葡萄是大穗品种，壮枝和中庸果枝选留 1 个花序，短细弱枝不留花序，直立超强枝先将其压倒平斜生长，后选留 1 个大花序。

为了达到果穗穗形一致、大小合适，以利提高果品外观和包装质量，还须对花序进行整形。在花蕾已经分离、开花前，剪去穗轴基部 1～2 个大分枝，剪去花序总长约 1/4～1/3 的穗尖，然后根据花序大小，间隔疏除一部分分枝和剪去部分过长分枝的顶尖（图5-1），使一个花序保留 6～8 个一级分枝、约 80～100 个花蕾，将来果穗呈圆锥形，以利分级包装。

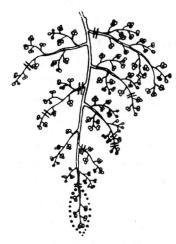

图 5-1　花序整形

三、果穗管理

1. 稀疏果穗和果粒 通常葡萄产量与果实品质是呈负相关的，超过一定产量后，结果越多、品质越差。而葡萄产量是由果穗和果粒构成的，即果穗数多少、果粒数多少和单粒重构成单位面积上或单株葡萄的产量。疏果穗和疏果粒是调整葡萄结果量决定产量的最后一道工序，而且起到第一次选果的作用。尤其红地球葡萄穗大、粒大，做好疏果工作极为重要。

（1）疏果时间 从减少养分无效消耗的观点出发，疏果时期以尽可能早为好。一般在坐果前已进行过疏花序的植株，疏果穗的任务就不那么突出了，可以在坐果稳定后（盛花后20多天），能清楚看出各结果枝的坐果情况，估计出每平方米架面的果穗数量时进行。疏果粒的工作在疏穗以后，当浆果进入硬核期（产生种子）、能分辨果粒大小时进行。

（2）疏果方法　根据生产 1 千克浆果所必需的叶面积推算架面留果量的方法进行疏果，是比较科学的。因为叶面积与浆果产量和质量存在极大的相关性，通常叶面积大，产量高、品质好。但是产量与质量之间又是负相关，必须先定出质量标准，在满足质量要求前提下，按叶面积留果。

从日本人柴寿对巨峰葡萄研究成果中得知：生产 1 千克浆果所必需的叶面积与糖度的关系如图 5-2 所示。糖度最高的叶面积是 2.1～2.6 米²/米² 架面，叶面积少了，糖度降低；叶面积超过一定限度后，由于叶片密集重叠，出现遮阴的"寄生叶"，糖度反而降低。

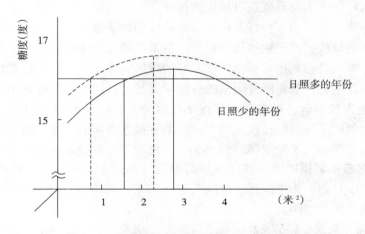

图 5-2　糖度与叶面积的关系（柴寿，1982）

按照上述方法可以计算出：每 1 000 米² 架面上，具有 1 500～2 000 米² 的叶面积，可生产 17％ 糖度的巨峰葡萄 1 800～2 500 千克。尽管我们还没有得到红地球葡萄糖度与叶面积关系的研究资料，可是多年的生产经验证实，每亩红地球葡萄园浆果产量为 1 500 千克时，浆果糖度约 17％～18％，叶面积系数在 1.8～2.2，则每平方米架面只需选留 2.3 千克浆果。

疏果的具体方法：根据每亩园地生产 1 500 千克浆果的要求，每平方米架面可选留单穗重 800 克的果穗约 3 穗，每果穗保留 70 粒左右，多余的疏去。可先壮枝和中庸枝留单穗果，细弱枝不留果穗。然后根据标准穗重 800 克左右的要求，进行疏粒或疏小分枝，首先把畸形果、小粒果、特大粒果疏去，再在穗轴中部间隔地疏去部分小分枝，使果穗松散，利于透光和果粒全面着色。

2. 增大果粒　葡萄果粒大小主要由细胞数量、单细胞体积和细胞间隙等三大因素决定的。其中细胞间隙越大，果粒变软，抗压力、耐拉力越小，葡萄不耐贮运，货架期变短，不利于鲜食葡萄市场经营，造成葡萄浆果在营销过程中不应有的烂果损失。所以，在葡萄生产不可能采取增大细胞间隙的技术来达到增大果粒的做法。

当前，我国红地球葡萄生产过程中增大果粒的技术是多方面的、综合性的，归纳起来如下：

（1）农艺方面　围绕"开源节流"为中心，做好土肥水供应，做好枝蔓管理，广开树体营养来源；科学施肥灌水，及时抹芽除萌、摘心去梢、疏花疏果，达到肥尽其用、光无浪费、枝稀果硕的目的。

（2）药剂方面

①葡萄坐果后5～7天，果粒直径6～10毫米时，采用奇宝每克加水20千克喷布果穗。

②葡萄坐果后和坐果1周后，分别采用保美灵7 500倍液＋多收液500倍液，保美灵7 500倍液＋奇宝10 000倍液＋多收液500倍液，喷布果穗。

（3）环剥处理 葡萄坐果后、生理落果已完成，在结果母枝的基部进行环状剥皮，剥口宽度5毫米，深达木质部围绕母枝切割两圈，取下皮层，用塑料薄膜包扎伤口，防菌防干燥，保护环割口不失水，保持新鲜和洁净，以利如期愈合。

经环剥处理的母枝，由于韧皮层被切断，结果新梢光合作用产生的碳水化合物被阻止在环剥口以上，专供果穗利用，果穗处于良好的树体营养水平中，促使果粒增大。而环剥口经过月余的愈合生长，被切断并剥去的皮层又生长出新皮恢复其输导功能。

3. 调整果穗方位 坐果稳定后，要将夹在钢丝上、枝条夹缝中的果穗顺直当空，避免果粒长大后绷紧，采收时硬拉损伤果实；将垂下接近地面的果穗吊高，防止粘泥、发病和裂果。果实着色期，为了使果穗四面见光，着色均匀，可经常转动果穗方向。

4. 果穗上方多留副梢遮阴 红地球葡萄果皮较薄，不抗晒，夏、秋高温阶段太阳直射果面，容易发生日灼。为了减缓长时间光照伤害果皮，应对立架面上裸露的果穗上方，有目的的多留副梢叶片遮阴。

5. 果穗套袋 果穗套袋是提高葡萄品质的关键技术之一，使果实受到全面保护，防止降雨时把病菌带到葡萄植株上，即能减轻病害，避免果粉溶落和裂果，又能防止药剂、尘埃污染，使果实外观更加美丽，提高果品档次，还能防止野蜂、夜蛾、金龟子以及鸟类危害。

套袋时期应在果实小豆粒大时进行，一般在坐果后15～20天、经过疏果和喷洒生长调节剂后，选择晴天喷1次25％戴挫霉1 200～1 500倍液消毒，立即套袋。

套袋通常都是全封闭式，袋侧面可以打小孔通气，袋下端两角漏空利于透水。红地球葡萄应选用白色透明或半透明聚乙烯袋，效果较好。在采收前1～2周撤袋，以促进浆果着色（彩图A5-1～彩图A5-3）。

6. 除老叶和设置反光膜 在果实将要着色前，将结果枝基部3～4片老叶剪除，增加果穗部位通风透光，对减轻果实病害和加速着色有显著作用，同时还对结果枝基部冬芽分化和充实有良好作用。

在架下铺设反光膜，把架边的侧光和透射到地面的散射光，通过反光膜反射到架面果穗上，能提高架下空间1～2℃，加大昼夜温差，利于浆果糖度提高，又能促进浆果着色，改善浆果的色、香、味。

四、附　录

1. 红地球葡萄果实单粒重与果粒横径相关性 根据晁无疾等（2002）采用全国340个样本混合测定红地球果实单粒重（克）与果粒横径（厘米）回归分析，得出回归方程

$y=1.521\ 6+0.089\ 8x$ 其中 y 为横径（厘米）， x 为单粒重（克）。在已知横径情况下，将计算结果排列成表 5-1，随时可查果实的单粒重。

表 5-1　红地球葡萄果实单粒重与果粒横径相关性

果粒横径（厘米）	2.0	2.1	2.2	2.3	2.4	2.5	2.6	2.7	2.8	2.9	3.0	3.1	3.2	3.3	3.4	3.5
果粒重量（克）	5.3	6.4	7.6	8.7	9.8	10.9	12.0	13.1	14.2	15.3	16.4	17.6	19.2	20.3	21.4	22.5

2. 植物激素使用浓度配制速查表（表 5-2）

表 5-2　植物激素（纯品）使用浓度配制速查表

用药量（克）＼使用浓度（毫克/千克）＼加水量（千克）	0.5	1	5	10	15	20	25	30	35	40	45	50	60	70	80	90
0.1	200	100	20	10	6.7	5	4	3.4	2.8	2.5	2.2	2	1.6	1.5	1.3	1.1
0.2	400	200	40	20	13.4	10	8	6.6	5.7	5.0	4.4	4	3.4	2.8	2.5	2.2
0.3	600	300	60	30	20.0	15	12	10.0	8.6	7.5	6.6	6	5.0	4.3	3.9	3.3
0.4	800	400	80	40	26.6	20	16	13.4	11.2	10.0	8.8	8	6.6	5.7	5.0	4.5
0.5	1 000	500	100	50	33.4	25	20	16.6	14.3	12.5	11.1	10	8.4	7.6	6.3	5.6
0.6	1 200	600	120	60	40.0	30	24	20.0	17.2	15.0	13.3	12	10.0	8.6	7.5	6.6
0.7	1 400	700	140	70	46.6	35	28	23.4	20.0	17.5	15.6	14	11.6	10.0	8.8	7.8
0.8	1 600	800	160	80	53.4	40	32	26.6	22.8	20.0	17.8	16	13.4	11.4	10.0	8.8
0.9	1 800	900	180	90	60.0	45	36	30.0	25.7	22.5	20.0	18	15.0	12.8	11.3	10.0

注：①本表含量按 100% 计算。如实际产品纯度不足 100%，那么加水量也相应乘以药品含量的百分率。例：今有工业产品"920"0.5 克，钙产品的含量为 95%，要配成 0.5 毫克/千克的药液，需加水多少千克？解：查表得知加水量 1 000 千克，再乘以 95%，得实际加水量 950 千克。

②1 克以上的用药量，可用本表数字相乘相加的办法计算。

例：今有 2.5 克药，要配成 10 毫克/千克的浓度，需加水多少千克？

解：先查表，0.2 克药配成 10 毫克/千克的浓度，需加水 20 千克，故 2 克药需加 20×10＝200 千克。再查 0.5 克药配成 10 毫克/千克的浓度，需加水 50 千克。故 2.5 克药共需加水 250 千克。

③本表适用于 920、增产灵、萘乙酸、2,4-D、比久、三碘苯甲酸等各种植物激素。

3. 红地球葡萄果实分级地方标准（表 5-3）

表 5-3　河南黄河故道地区红地球葡萄分级标准

指　标	一级果	二级果	三级果
统一要求（颜色、穗形、果肉）	果实鲜红色，果粉无损伤，无农药残留，果穗长 20～22 厘米	果穗松散适度、完整；果面洁净、无污染；果肉硬脆	无病虫害，无污染；果粒无挤压、无异味
可溶性固形物（%）	≥17.6	≥13.6	≥17.0
果粒横径（%）	≥26	≥24	≥22
果粒整齐度（%）	≥95	≥95	≥95
整穗着色率（%）	≥95	≥92	≥90

第六章 葡萄园土肥水管理

一、土壤管理

葡萄园土壤管理是葡萄栽培技术最重要的环节之一，是实现早果、丰产、优质、壮树的基础措施。对土壤实行科学管理，可改良园地土壤理化性状，为葡萄根系创造适宜的热、气、水、肥等生育环境，为葡萄地上部各器官的生长发育提供充足的水分和养分，从而为葡萄优质丰产奠定基础。

1. 土壤管理制度 葡萄园的土壤管理制度，应因地、因季节不同采取行之有效的方法。一般冬天葡萄要下架埋土防寒地区，可采取清耕、覆盖并用，幼树还可在行间间种；冬季暖和的地区，葡萄不需下架埋土防寒，应采取生草法。

（1）生草法 葡萄园自然生草或播种矮生豆科、禾本科植物，每年定期用割草机平茬，割下的草用于压绿肥，园地土壤不进行耕作。生草法可减少土壤冲刷，降雨的水分易被土壤吸收，水土流失少，而且可降低夏季土温，保持土壤水分。生草法适宜于雨量较多或能灌溉的果园，因为生草与葡萄有争肥水的矛盾。

（2）清耕法 园地不间种、不覆盖，葡萄行间和株间有计划地进行中耕除草，使土壤保持疏松通气，增加地温，促进土壤有机质氧化分解，同时增强土壤保肥、保水、透气作用，减少地面病害基数，增加地面光反射等。缺点是有机质释放快、减少迅速，结构易受破坏，而且费工。

（3）覆盖法 在园地进行地面覆盖地膜、秸秆、稻草、山草等，减少地面蒸发，抑制杂草生长（覆盖前地面喷拉索等除草剂效果更好），防止水土流失，对稳定土壤温度、湿度等均有明显作用，同时覆盖物经分解腐烂后成为肥料，可改良土壤。缺点是容易导致葡萄根系上移，降低抗寒、抗旱能力。

（4）间种法 在幼龄葡萄园行间种经济作物，成龄葡萄园架下种耐阴的药材、食用菌等，是提高土地利用率，增加物质生产和经济效益的一项有效的土壤管理措施。

①间作物选择原则。间作物植株要矮小，不对葡萄遮光；生育期要短（个别药用植物除外），充分利用"时间差"，不与葡萄发生剧烈的水分和养分竞争；与葡萄没有共同的病虫害，而且喷药时互不伤害；间作物有较高的经济价值等。

②间作物种类。豆类、薯类、瓜类、蔬菜类、矮小花草、灌木、果树苗木类、食用菌和中药材类，等等。

③间种的要求。间作物应与葡萄植株定植点相距 0.5 米；葡萄开花期和浆果着色期，间作物尽量不灌水；间作物不能使用具有 2,4 - D 成分的农药和除草剂，以防伤害葡萄叶片和花果。

2. 土壤的耕作方法

（1）园地深耕 葡萄是深根性果树，栽植几年后葡萄根系在栽植沟内交叉密集，原栽植沟的营养面积已满足不了葡萄生长和结果对土壤的需求，应不断深翻熟化栽植沟以外的土层，扩大植株根系分布，增加植株营养面积；而且原栽植沟内的土壤也应每年深翻改良。前者是于浆果采收后结合秋施基肥进行深翻，沿栽植沟两侧或一侧开挖，将表土放一边，心土放另一边，深度达 50～60 厘米，沟底填入有机物（秸秆、青草、绿肥植物等），再填表土，最后回填心土与粪肥混合物。后者是在早春对葡萄栽植沟形成的畦面进行深翻，深度 25～30 厘米，深翻前畦面撒上粪肥，深翻后粪肥大部分分散到土层里，碎土耕平，以利于保持土壤水分，加强土壤空气疏通，提高地温，促进葡萄根系吸收和新根生长，加速地上部萌芽和新梢生长。

（2）中耕除草　实施清耕法的葡萄园，一年内要进行多次中耕除草，中耕深度应为 5～10 厘米。除清除杂草外，中耕对表土有疏松土层、改善土壤通气条件、促进土壤微生物活动、加速土壤有机质分解、增加有效养分、减少土壤毛管水损耗等作用。

二、营养与施肥

葡萄植株固定在园地上长年累月吸收土壤中的营养，土壤中有再多的养分也要被耗尽。因此，必须通过施肥得以补充，才能满足葡萄每年生长发育的需要，否则将对葡萄生长和结果产生严重影响。

1. 葡萄和营养元素　葡萄在整个生命活动中，每年生长发育需要吸收大量的气体和矿质元素，如氧、氢、碳、氮、磷、钾、钙等，称多量元素；同时也需要极少量的硼、铁、锰、镁、硫、铜等，称微量元素。除氧、氢、碳等元素可以从空气和水中得到补充外，其他元素主要由根系通过土壤中吸收到植株内部。

各种元素对葡萄生长和结果的作用是不同的，葡萄栽培者可以根据各元素功能与葡萄不同生长阶段需要的元素种类，协调一致地进行施肥。

2. 施肥时期　葡萄是多年生木质藤本植物，每年既要进行营养生长，发生新梢、扩大树冠；又要进行生殖生长，开花结果、花芽分化和形成。葡萄花芽是头一年开始分化，到当年春天随着萌芽、新梢生长逐渐形成的。因此，葡萄的生殖生长贯穿全年生长季的始终，一年中结实与孕育重叠时间长达 5～6 个月之多；红地球葡萄在生长期较长地区可以一年内结二次果。这样，就形成了对营养需求的复杂性。生产实践中，并不可能做到什么时间需要就什么时间施肥，需要什么就补给什么。最为实际的做法是，把葡萄一年中所需大多数的营养贮藏到树体和土壤中，任其所需随时提取；对易淋溶、易被土壤固定的特需元素，可根据生长发育需要按时、按量追补。这就形成了施基肥和追肥的施肥制度。

（1）基肥施用时期　基肥以腐熟的有机肥料为主，适当掺入一定数量的矿质元素（化学肥料），以秋季浆果采收以后或葡萄植株秋季停止生长前 1 个多月施入土壤最为适宜。

秋季新梢加长生长基本停止，夏芽副梢不再增加，冬芽逐步充实，无明显的营养生长消耗，而叶片仍执行着光合功能，制造的有机营养开始大量积累，可提高树体的贮存营养水平，有利于增进新梢、枝蔓木质化，增强抗寒越冬能力。所以，葡萄园必须实行秋施基肥制度。

秋施基肥深度一般 50 厘米左右。挖沟时必然要切断一些中、小型根系，此时土温较高，伤根容易愈合，又正值葡萄根系第二次生长高峰，切断根系起到修剪根系的作用，刺激伤口处新发生大量吸收根，即可加速葡萄根系当时对速效性氮、磷、钾的吸收作用，增加树体贮存营养；又有利于增强翌年早春根系吸收功能，极早供给可吸收态的营养，为葡萄萌芽、新梢生长、开花、坐果提供丰足的养分。

目前，在生产中有的果农还沿用落后的春施基肥制度，这是很不科学的，必须立即纠正。春施基肥的害处有以下两个方面：第一，春施基肥时翻土失水较大，严重降低园地土壤墒性，尤其是春旱地区则加重土壤缺水状况。第二，施肥挖沟切断的根系，由于地温较低，伤根不易愈合，新根发生迟缓，削弱葡萄根系总体吸收能力，影响早春葡萄萌芽、长梢、花芽分化和花器官发育，降低坐果率；到生长中期肥效才发挥出来时，又往往刺激营养生长，出现副梢旺长，影响果实发育。

（2）追肥施用时期　追肥是在施足基肥的基础上，补充葡萄在不同生育期所需养分的不足，根据基肥、土壤养分变动和树体需要养分状况，所采取养分平衡的一种有效措施。一般成龄葡萄树每年需追肥 3～5 次，分为萌芽后促梢肥、开花前稳果肥、坐果后壮果肥、成熟前增色肥、采收后壮树肥等。

3. 施肥量　科学的施肥量应根据树体营养分析，确定树体各主要元素的吸收量；根据园地土壤养分含量分析，确定土壤各元素可供量；通过施肥试验，确定各元素被根系吸收的利用率。然后按公式计算各元素理论施肥量：

某元素理论施肥量＝（树体吸收量－土壤可供量）/肥料利用率

树体吸收量与品种特性、树龄、不同生育期密切相关，同时受气候、土壤、地质水文条件的影响很大。

土壤可供量与土壤发生状况、土质、酸碱度、微生物活动、土壤管理制度、气候条件等密切相关。

肥料利用率：土壤中的肥料一部分从地面随雨水渗透流失，一部分分解挥发或被土壤固定，能被植株吸收利用的，大体是氮为 50%、磷为 50%、钾为 50%。

综上所述，确立葡萄园施肥量受很多因子的制约，不是一件容易的事情。限于我国目前科学技术普及程度，缺乏测试仪器设备，很多生产单位还不具备采用公式计算实施定量施肥的条件，而是通过总结一些优质丰产园的经验施肥数据实施施肥。如山东葡萄试验站平均亩产 2 500 千克玫瑰香葡萄施肥量：氮（N）72.5 千克/亩、磷（P_2O_5）32.6 千克/亩、钾（K_2O）68.0 千克/亩，氮、磷、钾的比例大致是 1：0.5：1。

随着现代科学技术的发展，农业用肥除了有机肥和矿物化肥外，已经开辟了生物肥、电肥、声肥、气肥、光肥和磁肥等新肥源（详见本章附录）。

红地球葡萄特别喜肥，需要多量有机复合物，一般成龄园亩施优质粪肥 5 000 千克以上，才能生产优质浆果 1 500 千克以上。缺肥时表现生长衰弱、叶小、果小、穗小、色差、糖分低、抗逆性差等。

4. 施肥方法　施肥的目的是为葡萄植株补充营养，而葡萄吸收营养的主要器官是根系，其次是叶片。把肥料施入土壤中根系周围，称土壤施肥；把肥料制成很稀的水溶液向叶片喷洒，称根外施肥或叶面喷肥。

（1）土壤施肥　葡萄根系分布与地上部枝蔓具有"对称性"，棚架葡萄的根系，大部分偏重于原栽植沟内和架下，少量分布到架后，其比例为5～7∶1。因此，土壤施肥应在架下由浅到深，逐年扩展。具体施肥方法如下：

①条状沟施肥。在葡萄栽植畦的一侧或两侧开沟施肥，基肥沟深50～60厘米、宽30～40厘米，追肥沟深10～15厘米、宽20厘米左右（图6-1）。

图6-1　条状沟施肥

施有机肥时，要求充分腐熟后才能施用，为防烧根，鸡粪、兽粪和园土必须用1∶3的比例充分拌匀；其他有机粪肥可与土分层施入。施化肥时，移动性较差的钙、钾元素，应与有机肥或土壤混合拌匀深施，以利于不同层次的根系吸收利用；氮素和微量元素，因淋溶性强可在地表浅施。

②放射状沟施肥。以葡萄根茎为中心，由里向外呈放射状开沟，而且里浅（10～15厘米）、外深（20～30厘米），里窄（10～15厘米）、外宽（20～30厘米），以利少伤根，肥料分布广（图6-2）。一般适用追肥。肥料撒入沟内，用齿耙与碎土搅拌，然后覆土填平，并及时灌水，以提高肥效。

③穴状施肥。以葡萄根茎为中心，向外放射状钻孔或挖穴，每孔直径3～5厘米，由里向外加深（10～40厘米），特别适宜颗粒肥料和液体肥料的机械追肥（图6-3）。肥料分布面广，很少伤根，土壤通透性好，利于发根，肥效高，省肥，省工。

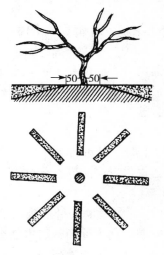

图6-2　放射状沟施肥（单位：厘米）

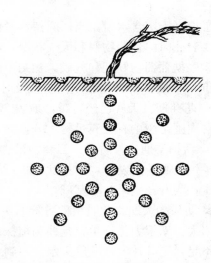

图6-3　穴状施肥

（2）根外施肥　根外施肥是基于叶片、新梢、幼果等绿色部分的气孔或皮孔、角质层，具有吸收液体营养元素的能力。具有肥效特快、喷肥面广、不伤根系、省工等特点。

根外施肥主要用于早春加速新梢生长、扩大叶面积，矫正用于缺素症，促进花器官发育，提高坐果率，加速幼果发育，促进浆果膨大；秋季促进果实着色，提高浆果品质，加速新梢木质化，增强抗寒能力等。

根外施肥的肥料主要有：①普通元素。氮、磷、钾、钙和微量元素。②稀土元素。③植物生长调节剂。④药肥类。⑤复合肥（如增产灵、丰产素、肯易）等。

根外施肥的方法，将肥料配制成稀溶液，一般浓度为 $0.1\% \sim 0.5\%$，在无风的晴天，用喷雾器将肥类溶液喷布在叶面、茎梢、幼果上，3～4 小时内肥液就被植物吸收进入树体内，经 3～4 天即见肥效。

三、灌水与排水

红地球葡萄生长发育需要一定量水分供应，但是，它既喜水又憎水。缺水会影响发芽、新梢生长、开花坐果、果实膨大和浆果品质；相反，降雨过多，地下水位过高，空气湿度大，土壤水分饱和，又易发生病害和烂根。所以，葡萄园需要有水源和排水设施，做到旱能灌、涝能排。

1. 灌水

（1）灌水时期 判断葡萄园何时灌水似乎不是难事，土壤干旱、植株需水就得灌水。其实并非如此简单。因为水对葡萄的作用有时具有两重性，例如早春葡萄出土后（北方地区），经过一冬的风寒，土壤水分不足，照理应该立即灌水，促进发根、萌芽。可是发根、萌芽不仅需要水、更需要适宜的温度，发新根还需要充足的氧气，灌水又会引起土温下降、赶跑土壤空隙中的氧气，更不利于发新根和萌芽。尤其新建园栽的苗木，更不能勤灌水，影响苗木发新根，降低栽植成活率。所以，葡萄园灌水时期的确定，必须遵循两个原则：

①根据土壤含水量。当田间持水量低于 60% 时是土壤水分开始亏缺指标，应该灌水。但还要看此时的葡萄物候和天气状况，可不可以灌水。

②根据葡萄物候期和气候。葡萄不同物候对水的需求有不同的要求，如土壤田间持水量低于 60% 时，下列物候期内应该及时灌水。

a. 萌芽期。天气已经转暖，地表 20 厘米深处土温已达 12℃ 以上时，进行小水灌溉，使根群周围土壤中有较充足的水分，促进萌芽整齐。

b. 新梢早期生长阶段。当新梢已生长至 10 厘米以上时，可进行大水灌溉，以利于加速新梢生长和花器发育，增大叶面积，增强光合作用，提供较多的碳水化合物，促进花器官充实，为开花坐果打好基础。

c. 幼果膨大期。此时植株各器官的生理机能最旺盛，新梢生长量达到高峰期，幼果开始膨大，新根大量产生，是葡萄植株需水量的高峰时期，称为葡萄的需水临界期。如果水分不足，则叶片大量蒸腾失水得不到水分足够的补充，叶片细胞液高浓度所产生的渗透压就会使叶片从幼果中争夺水分，使幼果脱落，此时就应及时灌足水。

d. 浆果着色初期。此时正值浆果迅速膨大期，又是花芽大量分化期，气温高，蒸腾量大，需水量较大；而且浆果进入全面着色期后，为提高浆果着色和浆果品质，就不宜再供水了。因此，要抓住浆果着色前，灌大水，一次灌足，最好能保持浆果采收以前不缺水。

e. 浆果采收后。为恢复树势，延长叶片光合功能，使树体积累更多的有机贮藏营养物质，在浆果采收后应立即灌水。

f. 落叶后。在北方地区当葡萄落叶、修剪后，灌一次透水，有利于根系的安全越冬。沙地葡萄园，在土壤结冻后、严寒来到之前，在防寒取土沟内灌水，使防寒土堆侧面结冰，防止沙土堆侧面透风，减少根系冻害。

（2）灌水量　灌水量理论指标，有多种计算方法，最为简便的是根据土壤可容水量来计算，公式如下：灌水量＝灌溉面积×土壤容量×（田间持水量－灌水前土壤湿度）。

通常挖深沟栽植的成龄葡萄根系集中分布离地表 20～60 厘米的栽植沟土层内，所以灌水应浸湿 60～80 厘米深的土壤，并要求灌溉后土壤田间持水量达到 85％以上。

（3）灌水方法

①沟灌或畦灌。园地建设时，按规划每间隔 80～100 米设一道地下灌水管道，其中间隔 28 米或 32 米安装一个垂直伸出地面 50 厘米左右的出水管并配有阀门。灌溉时，出水管口套接相同管径的软塑料管，打开阀门将水引到各行葡萄栽植畦内。

②渗灌或滴灌。园地建设时，按规划埋好地下灌水管网，并配置阀门。灌溉时，打开阀门将水送到毛管。渗灌的毛管通常设在每行葡萄畦地表下 30 厘米深处，通过渗头或毛管本身的渗孔向土壤中慢慢渗水。滴灌的毛管则设在每行葡萄畦的地面，通过滴灌头向土壤慢慢滴水。渗灌和滴灌系统流程如下：

贮水池（水源）→泵房→地下干管道→地下支管道→返上分支管道┐
　　　　　　　渗水←渗头←地表下毛管道←
　　　　　　　滴水←滴头←地面上毛管道←┘

渗灌和滴灌优点有四个方面：第一，水不流失，节约用水，约为沟灌用水量的 2/5。第二，节约人工，本系统可以利用电脑程序实行全部自动化，只需看泵和线路巡视人员值班。第三，有利于提高葡萄产量和增进浆果品质。渗灌、滴灌无冲力作用，不破坏土壤结构，土壤吸水均匀，利于土壤养分的保留和土壤通气，促进葡萄根系的生长和充分发挥吸收功能，加强地上部的生长和结果，一般比沟灌增产 10％左右，提高一等果率 15％～20％。膜下渗灌和滴灌还可降低园地空气湿度，减少真菌病的发生。第四，适用地域广，平地、山地、丘陵地和各种土壤均适宜。

2. 排水　葡萄根系呼吸作用强烈，土壤含氧量 15％以上时，根系生长旺盛，新根产生容易；含氧量降至 5％时，根系生长受到抑制，细根开始死亡；含氧量降至 3％以下时，根系窒息死亡。土壤水分饱和，土壤所有空隙中的氧气被驱逐，迫使根系进行无氧呼吸，积累酒精使蛋白质凝固，引起根系死亡。而且缺氧情况下，土壤中好气性细菌受抑制，阻碍了有机肥料的分解，土壤中积聚大量一氧化碳、甲烷、硫化氢等还原性物质，使根系中毒致死。葡萄遭受洪涝灾害毁园现象，到处可见，应引起葡萄栽培者的高度重视。

为了及时有效地将葡萄过多的水排出园地，在建园时应设置排水体系（详见第三章），每年雨季之前要对排水系统进行检查维修，地势低洼易涝的园地，要置排水工具（如抽水机、排水管等），建设泄水渠道。

四、附　　录

1. 农家肥的肥分、性质与施用　见表 6-1。

表 6-1　农家肥的肥分、性质与施用

类别	肥料名称	三要素含量（%）			性质	使用方法
		氮（N）	磷（P$_2$O$_5$）	钾（K$_2$O）		
粪尿肥	人粪	1.00	0.50	0.37	①人尿酸性。含氮为主，分解后能很快被根系吸收。②牲畜尿碱性。③猪粪暖性、劲大，牛粪冷性、含水多、腐烂慢，马粪热性、劲短，羊粪分解快、养分浓厚；禽类为迟效肥	①粪尿肥腐熟后可作底肥、追肥。②马粪含粗纤维多，发酵产生热量，用作堆肥材料可加速堆肥腐熟，并可作育苗保温肥。③羊粪不能露晒，随出、随施、随盖。④禽粪不宜新鲜使用，腐熟后作底肥、追肥；宜干燥贮存
	人尿	0.50	0.13	0.19		
	猪粪	0.56	0.40	0.44		
	猪尿	0.30	0.12	0.95		
	牛粪	0.32	0.25	0.15		
	牛尿	0.50	0.03	0.65		
	马粪	0.55	0.30	0.24		
	马尿	1.20	0.10	1.50		
	羊粪	0.65	0.30	0.25		
	羊尿	1.40	0.03	2.10		
	鸡粪	1.63	1.54	0.85		
	鸭粪	1.10	1.40	0.62		
	鹅粪	0.55	0.50	0.95		
	蚕粪	2.2～3.5	0.5～0.75	2.4～3.4		
厩肥	猪厩肥	0.45	0.19	0.60	有机质含量高，迟效，劲长	宜作底肥
	牛厩肥	0.34	0.16	0.40		
	土粪	0.12～0.58	0.12～0.63	0.26～1.58		
土杂肥	垃圾堆肥	0.33～0.56	0.11～0.39	0.17～0.32	①堆肥有机质含量较高，肥效较好。②淤泥养分全，迟效。③炉渣中性，持水力强	①堆肥宜做底肥。②淤泥宜作沙土地改良土壤。③炕土要防雨淋，以免走失肥效。④炉灰渣、垃圾宜用于黏土、洼地改良土壤或用于盆栽配制营养土
	草皮沤肥	0.10～0.32	—	—		
	绿肥沤肥	0.21～0.40	0.14～0.16	—		
	塘肥	0.20	0.16	1.00		
	河泥	0.29	0.36	1.82		
	炕土	0.08～0.18	0.13	0.40		
	炉灰渣	—	0.2～0.6	0.2～0.7		
	垃圾	0.20	0.23	0.48		
灰肥	草木灰	—	0.35	7.50	碱性，含钾多，还含有硼、钼、锰等微量元素，速效	①宜用于酸性土、黏质土。②宜与农家肥混用，不宜与人粪尿混存
	草灰	—	2.11～2.36	8.09～10.20		
	稻草灰	—	0.59	8.09		
	麦秆灰	—	6.40	13.60		

（续）

类别	肥料名称	三要素含量（%）			性质	使用方法
		氮（N）	磷（P$_2$O$_5$）	钾（K$_2$O）		
绿肥	黄花苜蓿	0.48	0.10	0.37	含氮丰富。一年生草本易分解，肥劲短促；多年生草本和木本分解较慢，肥效长	①割断压入土中沤烂作基肥。②切碎后加入粪尿或马粪作堆肥
	苕子	0.56	0.13	0.43		
	蚕豆	0.55	0.12	0.45		
	豌豆	0.51	0.15	0.52		
	田箐	0.52	0.07	0.15		
	紫穗槐	1.32	0.36	0.79		
	绿豆	0.52	0.12	0.93		
	野草	0.54	0.15	0.46		
饼肥	花生饼	6.32	1.17	1.34	①含有机质多，氮素较丰富。②因含油脂，分解较慢，肥效持久	使用前应捣碎沤熟，作基肥或追肥
	棉子饼	3.41	1.63	0.97		
	芝麻饼	5.80	3.00	1.30		
	菜子饼	4.60	2.48	1.40		
	茶子饼	1.11	0.37	1.23		
	桐子饼	3.60	1.30	1.30		
	蓖麻饼	5.00	2.00	1.90		
	乌桕饼	5.16	1.89	1.19		
	大豆饼	7.00	1.32	2.13		
动物性杂肥	生骨粉	4.05	22.80	—	养分含量高，不易腐熟，肥效长	宜与堆肥、厩肥一起堆积腐熟后作基肥
	兽蹄	14～15	0.20	0.30		
	鸡毛	14.21	0.12	微量		
	猪毛	13.25	0.12	—		

注：摘编于《农技员常用手册》，扈柯稼，1984。

2. 化肥的成分、性质与使用注意事项

（1）氮肥（表6-2）

表6-2　氮肥的成分、性质与使用注意事项

肥料名称	含氮量（%）	性　质	使用注意事项
尿素	45～46	白色或淡黄色针状结晶，或颗粒状，吸湿性较强，氮的形态是酰胺态	肥效稍慢于硝酸铵，幼苗根碰到它易中毒，不易作种肥用。含氮量较高，如每亩用量不大时，微量施肥均匀，可掺土或兑对水施用
硫酸铵	20～21	白色结晶，生理酸性，有吸湿性，易溶于水，氮的形态是氨态	不可与石灰、草木灰混合施用。在酸性土地区施用，要注意土壤酸化问题；在碱性土地区施用，要注意盖土，以防氨的挥发

（续）

肥料名称	含氮量（％）	性 质	使用注意事项
硝酸铵	32～35	白色结晶，有吸湿性及爆炸性，结块时不可密闭猛击，氮的形态是氨态—硝酸态	易受潮结块，注意用一袋、开一袋，如一袋用不完，应放在桶或缸内，加盖防潮。所含硝态氮不能被土壤胶体吸附，容易流失，应沟施覆土，不应与碱性肥料混用
碳酸氢铵	17	白色结晶，有吸湿性，常温下（10～40℃）随温度升高而加快分解，常压下至69℃全部分解	易挥发，不宜在温室用，以免熏伤作物；用作追肥时，要求深施盖土，不能接触茎叶
氨水	12～16	无色或深色液体，呈碱性反应，有刺激性臭味，易挥发，氮的形态是氨态	要深施，施后迅速覆土，可作基肥用。不宜在沙土上施用，因挥发性强。避免接触作物的根、茎、叶，防止灼伤。不宜用在温室、阳畦空气流动慢，氨气易熏伤作物

（2）磷肥（表6-3）

表6-3 磷肥的成分、性质与使用注意事项

肥料名称	含氮量（％）	性 质	使用注意事项
过磷酸钙	14～20	灰白色粉末，稍有酸味，酸性，易与土中钙、铁等元素化合成不溶性的中性盐	不宜与碱性肥料混合贮存，酸性土要先施石灰，6～7天后再施用。最好与有机肥料拌和后作基肥或追肥。制成颗粒磷肥作种肥是经济有效的措施
磷矿粉	14～36	灰褐色粉末，其中大部分的磷酸根很难溶解于弱酸，一般仅有3％的磷酸能溶于柠檬酸，可被作物吸收，其余迟效部分可逐步转化，为作物利用	宜在酸性土地区施用。石灰性土壤上施用时，要与土充分混合。由于肥效慢，宜用作基肥或与有机肥料堆沤后再施
钙镁磷肥	16～18	灰褐色或绿色粉末，含有可溶于柠檬酸的磷酸约14％～20％，碱性肥料，不吸湿，易保存，运输方便	肥效较慢，不宜用于追肥，最好与堆肥混合堆沤后施用。深施在作物根系分布最多的土层效果较好。适宜于酸性土壤

（3）钾肥（表6-4）

表6-4 钾肥的成分、性质与使用注意事项

肥料名称	含氮量（％）	性 质	使用注意事项
硫酸钾	48～52	白色结晶，易溶于水，吸湿性较小，贮存时不结块，稍有腐蚀性，生理酸性	可作基肥、追肥、种肥施用。在酸性土壤中应注意施用石灰
硝酸钾	45～46	纯品为白色结晶，有助燃性。不宜存放在高温或有易燃品的地方	作基肥或追肥用
氯化钾	50～56	白色结晶，工业品略带黄色，生理酸性，易溶于水	作基肥、追肥均可，长期使用，能提高土壤酸度，注意在酸性土壤中使用石灰

（4）复合肥（表6-5）

表6-5　钾肥的成分与养分含量

名　　称	主要成分	养分含量（%）		
		氮（N）	磷（P_2O_5）	钾（K_2O）
硝酸一铵	$NH_4H_2PO_4$	11～12	52	—
硝酸二铵	$(NH_4)_2HPO_4$	16～18	46～48	—
磷酸铵	$NH_4H_2PO_4+(NH_4)_2HPO_4$	18	46	—
液体磷酸铵	$NH_4H_2PO_4+(NH_4)_2HPO_4$	6～8	18～24	—
磷酸二氢钾	KH_2PO_4	—	52	34

（5）微量元素肥料（表6-6）

表6-6　微量元素肥料的成分与使用方法

肥料名称		使用方法
硼肥	硼酸 硼砂 硼镁肥	每亩用硼酸200～1 100克（折合纯硼33～82克）。由于用量小，宜与有机肥料或其他肥料混合施用，也可以把硼肥与磷肥混合制成颗粒肥料施用；或作根外追肥，其用量只相当土中施肥量的1/8～1/4，浓度为：硼酸0.025%～0.1%、硼砂0.05%～0.2%、硼镁肥0.25%，一般每亩喷施75千克溶液
锰肥	硫酸锰	为粉红色结晶，含锰24.6%；溶于水，施用后能直接被作物吸收，可作基肥或追肥；作基肥时，每亩用量1.5～2.5千克。锰肥也可作根外追肥，浓度为含锰0.06%～0.08%；为了减少烧叶现象，配制溶液时常加0.15%熟石灰
铜肥	硫酸铜	为蓝色的结晶，能溶于水。含铜25.9%，一般作基肥用时每亩1.5～2千克；也可作根外追肥施用，溶液浓度0.01%～0.02%
	黄铁矿渣	是制硫酸后的残渣，含铜0.5%左右，作基肥时每亩30～40千克；于耕地时施入，施一次肥效可达3～4年
锌肥	硫酸锌	含锌40.5%，能溶于水，可作基肥和追肥，作根外追肥时浓度0.05%～0.15%；对果树喷洒1%～1.5%浓度的锌肥，有防治小叶病的效果

3. 国外兴起的五种新肥源　随着现代科学技术的发展，在农业上除了有机肥、生物肥和矿质化肥外，科学家们经过长期试验研究，发现电、声、气、光、磁等物理现象，用巧妙的方法作用于农作物上，可促进农作物生长、增产、提质。作者想借此提高果树界同行的认识，也参与新肥源的利用。

（1）电肥　植物和动物一样具有生物电。因为自然界是一个大电场，作物与大地紧密联结在一起，因而每时每刻都被充电。科学家们观察发现，作物体内的电位同大气间的电位差越大，作物光合作用就越强，光合产物就越多。他们将西瓜种子浸泡在75伏电的稀盐酸溶液里，用这些种子播种长成的西瓜含糖量增加4%，产量提高10%；在黄瓜长瓜期间，给它们施加90伏电压，黄瓜增产3倍；葡萄插条在220伏电压加热催根下，能提前10天发新根等。

（2）声肥　不同频率的声音对植物有不同的刺激作用。轻柔、优美的旋律可以调节作物的新陈代谢，促进作物生长。科学家用给植物听音乐的办法，培育出了2.5千克重的萝卜、排球大的甘薯、小阳伞大的蘑菇；法国一位科学家给番茄戴上耳机，让它每天听3

小时音乐，结果番茄猛长到 2 千克多重；我国昌黎朗格斯葡萄酒庄（奥地利独资）在葡萄园里安装音响设备系统，每天给葡萄播放轻音乐，据说听音乐长成的葡萄，能酿出高品位葡萄酒，每瓶售价高达数千元人民币。

（3）气肥　在美国亚利桑那州中部平原地区，阳光充足，自然风力资源十分丰富，在农田四周安装了许多气泵为作物施"气肥"。因为气泵吹出的是含有高浓度二氧化碳的气体，作物通过光合作用加快吸收二氧化碳，生成更多的糖、碳水化合物和其他产物，使棉花增产五成、小麦增产一成、果树增产 1 倍等。我国日光温室葡萄使用二氧化碳发生器，进行二氧化碳施肥，提高葡萄产量、增加含糖量、加快着色、提早成熟等都已取得可喜的成果。

（4）光肥　加强光照能使作物增产，这早已被人公认。但如何利用不同光谱的光线有针对性地使某些作物提质增产，还是新鲜事物。如用红光照射番茄、黄瓜，可使它们提前一个月成熟，增产 2～3 倍；用蓝光照射的谷物，其蛋白质含量会显著增加；用红、黄光照射胡萝卜，能加速生长，长得又长又大等。

（5）磁肥　地球上的一切作物都生长在磁场中，一旦离开磁力的作用，作物就会枯死。科学家将灌溉用水经 3 000 高斯的磁场处理，使农作物获得高产；将炉渣磨细经磁场处理施于田间，以磁代肥，作物加快生长并增产；使用高磁处理的犁铧耕地，可使农作物增产几成等，都已出现大量科研成果，并付于农业生产。

第七章　红地球葡萄病虫害防治

红地球葡萄在我国现今已成为继巨峰葡萄之后的第二大鲜食葡萄主栽品种，随着栽培面积的迅速增加和栽培范围不断扩大，病虫危害的威胁也日益严重。随着人类经济活动空间的增大、交通的发达、环境变化等人为和生态多重因素的影响，葡萄病虫害种类不断增加，危害的范围不断扩大，原先不危害葡萄的棉铃虫、绿盲蝽等，也给葡萄生产造成很大威胁。据有关组织粗略统计，目前危害我国葡萄的真菌性病害有 50 种左右，细菌性病害1 种，病毒类病害 30 多种，还有至今尚未完全搞清楚的线虫和生理性病害等以及虫害（包含红蜘蛛）120 多种，当然一个地区的葡萄园不可能同时都网罗所有葡萄病虫害。可是，葡萄病虫害的防控技术已成为红地球葡萄生产成败和能否优质丰产的最关键因素，这是确定无疑的事实。

一、葡萄病害的种类与诊断

葡萄病害根据病原不同，分为非侵染性病害和侵染性病害。

1. 侵染性病害　由病原生物（如真菌、细菌、病毒、线虫等）因素引起的侵染植物组织器官内部寄生，不仅干扰了植物器官的正常生理代谢功能，而且直接破坏它的组织结构，并能在得病组织中分离出病原生物，这种病原生物具有侵染性，接种到同类健康植物上又能产生相同的病症，这种病称为侵染性病害。

因病原生物种类的不同，侵染植物后出现病害的性质也不同，如真菌性病害、细菌性病害、病毒性病害、线虫病害等。这些病害的病原生物在植株体内，得到充分的营养，只要温度、湿度适宜，就能大量繁殖、迅速蔓延。由于它们具有很强的传染性，所以危害性就更大。只有彻底清除病原生物才能制止病害蔓延（实际上一旦侵入机体就很难彻底清除），但被害病部的破坏性已无法复原，已经造成的损坏就无法弥补。

识别植物病害，要根据植物患病后表现的症状（由植外体病状和病原物在病部表面病征两部分组成）来诊断。

葡萄器官发病后本身外部可见的异常病状，如变色、畸形、坏死、凹陷、凸起、腐烂、脱落等；病原物在病部常出现不同颜色的霉状物、粉状物、丝状物、粒状物等病征；而葡萄病毒病，只有病状，而无病征。不同病害的症状一般具有相对的特殊性和稳定性，因此可作为田间诊断病害种类的重要依据之一。但是症状相同，有时是侵染性病害，有时可能是生理性病害，还必须进一步鉴定病原物才能作出正确的诊断。

鉴定病原物需采集病症标本，对病部进行镜检。如病部出现的病原生物，是细菌的为细菌性病害，是真菌的为真菌性病害，是病毒的为病毒性病害，是线虫危害引起的为线虫病害等。未发现病原生物的，一般为生理性病害。病部有病原生物的，还因病原种类不同，具体诊断方法也不相同。如真菌性病原采用形态鉴定，可分辨出是葡萄霜霉病、葡萄白粉病等；细菌性病原除形态鉴定外，还需根据其多种生理生化的特性，进一步鉴定方能作出正确的诊断；病毒病原的分离较为困难，在当前主要通过指示植物的人工接种传染性试验发病和血清反应来诊断。而病部没有发现病原生物，不等于就是生理病，也有可能病原生物形态尚未显现，需经一定时间培养。

2. 非侵染性病害 不是由病原生物引起的，而是由植物周围异常环境和特殊气候、不适宜的化学物质或物理因素刺激后，引起的使植物器官受损或发生生理性障碍所得的病害，称非侵染性病害。

葡萄非侵染性病害发生的原因很多，如土壤营养元素失调出现缺素症，生理落花落果、果实大小粒；土壤水分失控，长期缺水引起植株萎蔫，久旱遇大雨引起裂果，排水困难植株受淹使根系窒息死亡；土壤、水源或空气受有毒物质污染使植株某些器官发病；农药和化肥使用不当引起根、茎、叶、花、果受伤害。又如气候异常出现温度过低可能发生冻害，温度过高产生日灼，日照过强引起日烧等。上述生理障碍如果是短期的、局部的，人工及时治理，恢复葡萄正常环境条件、消除生理障碍因素，生理病害就不再发生，也不会传染扩展。

葡萄生理性病害只见病状不产生病症，所以诊断的主要手段是田间调查，找出致病的原因，然后通过田间试验分析，得出科学结论后才能提防治措施。

二、红地球葡萄主要真菌性病害的防治

真菌是一类没有叶绿素的低等植物，个体很小，一般要在显微镜下放大 $200\sim300$ 倍才能看清其形态结构。真菌不能自己制造养分，而是靠寄生（活植物体上）或腐生（死植物体或死组织上）生活。它的营养体是菌丝，许多菌丝结合在一起时，形状好像棉絮，叫菌丝体。葡萄真菌性病害主要是菌丝体侵入植物体内细胞间隙蔓延，或直接侵入细胞吸收养料，并分泌毒素，使葡萄组织器官受到破坏。

菌丝发育到一定程度就产生繁殖体——子实体和孢子。孢子很小、很轻，能随风传到很远的地方。葡萄的真菌病发生，是由上一年遗留在病株残体、土壤、粪肥或种苗上的分生孢子，经空气、昆虫、雨水和人的生产活动传播，带到葡萄树体各器官上，从器官的气孔、皮孔和伤口以及表皮侵入体内。当温、湿度适宜时，分生孢子开始发芽、生长，形成新的菌丝体，使被害部位组织发生病变。

红地球葡萄抗病性弱，在年降水量 600 毫米以上地区，病害发生较重，超过 800 毫米地区就更重，不易露地栽培，必须采取设施保护栽培。目前，在我国真菌性病害对红地球葡萄危害较大的，有以下几种：

1. 葡萄灰霉病

（1）症状 在花穗期，主要危害花序，坐果后也能危害幼果，贮藏期危害鲜果。病部初期为淡褐色水浸状，后变暗褐软腐，潮湿时表面密生灰霉，花穗垂萎，易断落。在果实近熟时，果实染病后呈褐色凹陷，最后软腐。新梢、叶片染病后产生不规律病斑。保鲜贮藏期，穗轴染病呈褐色湿腐，果粒褐色软腐，严重时成堆果粒上覆一层厚的灰霉状物而果粒黑色软腐（彩图 A7-1）。

（2）发病规律　病菌以分生孢子和菌核在被害部越冬。第二年春条件适宜时产生新的分子孢子传播。此菌不能直接穿透表皮侵入，主要通过伤口侵染。第一次发病期约在始花期至落花期；第二次发病期约在果实着色期至成熟期；第三次在贮藏期发病。第一次发病严重时可使大部分花序染病枯萎，造成毁灭性的危害；第二次和第三次发病造成浆果失去食用价值。

（3）防治措施

①严守检疫制度，禁止病区苗木外售。从外地引进的苗木和接穗，必须经消毒处理。

②加强夏剪，削减枝条密度，提高架面通风透光度，阻止灰霉病孢子停留和繁殖。初发病时剪除病部，防止扩散。

③花前 20 天和 5 天左右，喷布 2 次 80％福美双 1 000～1 200 倍液或 50％多菌灵 500～800 倍液或 50％甲基托布津 500～800 倍液。发病期间，除喷布上述药剂以外，还可喷布 50％甲基托布津加 70％代森锰锌相混合 500～800 倍液或 97％抑菌唑 4 000 倍液或 10％多抗霉素 600 倍液，还可选用扑海因、速克灵、施佳乐等杀菌剂轮换使用。

2. 葡萄黑痘病

（1）症状　主要危害葡萄绿色幼嫩器官（新梢幼叶和梢尖、卷须、幼果等）。新梢前端幼叶发病时呈多角形病斑，叶脉感病部分停止生长，造成叶片皱缩畸形，同时嫩梢和卷须染病，也发生皱缩卷曲，并干枯，如同烫发状。中部叶片感病时，病斑极小，常形成穿孔，开始浅褐色后变深褐或部分小穗发育不良，甚至枯死。幼果感病后呈现褐色圆斑，稍凹陷，边缘紫褐色，中间灰白色，形似鸟眼状，后期病斑硬化或龟裂，病果失去食用价值（彩图 A7 - 2、彩图 A7 - 3）。

（2）发病规律　病菌主要以菌丝体潜伏于病残组织中越冬。第二年 5 月产生新的分生孢子，借风雨传播，最初侵染嫩梢和幼叶，以后陆续侵染果穗、新梢、卷须等幼嫩的绿色部分。分生孢子在葡萄各器官组织表面萌芽长出芽管，直接侵入到幼嫩组织中，蔓延在细胞间隙，使细胞坏死。

葡萄黑痘病的流行与降雨、大气湿度及植株幼嫩情况有密切关系。首先，多雨、高湿有利于分生孢子的形成、传播和萌芽侵入，病害迅速蔓延。干旱年份和少雨地区，黑痘病很少发生。其次，枝蔓徒长，组织幼嫩，也易发病。第三，品种及个体发育不同，其抗病力也不同，欧洲种抗病性差，美洲种和欧美杂交种抗病性强；新梢和浆果一次性生长快的、组织易老化的抗病性强。红地球葡萄易得黑痘病，必须注意预防。通常在新梢长达 40～50 厘米时开始发病，进入雨季和初夏，降雨高湿时病害大量发生。

（3）防治措施

①秋冬季彻底清扫枯枝落叶和修剪下的枝蔓，集中烧毁，减少越冬病菌基数。

②葡萄发芽前喷布 5 波美度石硫合剂。

③加强田间管理，防止徒长，防止新梢过密，使其通风透光，提高树体抗病能力。

④新梢生长达 30 厘米以上时，于开花前就进行喷布喷克或波尔多液，以后每间隔半个月再度喷布，进行反复保护预防，防止分生孢子萌发生长。

⑤发病时喷布 50％多菌灵 600 倍液或 70％代森锰锌 800 倍液、20％苯醚甲环唑 3 000

倍液、70%甲基硫菌灵 1 000 倍液。

3. 葡萄霜霉病

（1）**症状**　主要危害叶片，也能侵染幼果和其他幼嫩组织。叶片受害时，初期呈现半透明、边缘不清晰的油渍状病斑，在光照下透视十分明显，以后病斑扩展为多角形黄褐色。常数斑融合成大病斑。最明显的特征是在叶背面产生一层灰白色霜状霉物（即孢囊梗和孢子囊）。发病严重时整个叶背面被霉状物覆盖，叶片焦枯脱落。甚至出现果柄与果粒交界处凹陷，幼果大量脱落（彩图 A7 - 4）。

（2）**发病规律**　病原以卵孢子在病残体上越冬。第二年春季遇雨水或潮湿土壤，卵孢子萌发产生芽管，先端形成孢子囊和游动孢子，借风雨传播，从气孔侵入寄主。孢子形成需高湿条件，侵入寄主更离不开雨水，叶片上有水条件下会加速孢子游动到气孔处入侵。以 22～25℃ 为最佳发病湿度，高于 30℃ 或低于 10℃ 时才能停止蔓延。

（3）**防治措施**

①清扫园地，葡萄萌芽前喷 5 波美度石硫合剂，把越冬病菌的基数压到最低限度。

②抬高架面，疏除近地面的新梢，使植株通风透光良好。雨季及时排水，降低田间湿度。

③年降水量超过 500 毫米地区提倡避雨栽培。

④从幼果期开始每半月喷布一次 200 倍 1∶0.5 波尔多液或 50%保倍水分散粒剂 4 000 倍液进行预防。

⑤发病时喷布 40%乙膦铝（或霉疫灵）200～300 倍液，或 40%瑞毒霉 800～1 200 倍液、25%精甲霜灵 2 500 倍液、50%金科克 4 000 倍液（在连续下雨天气的雨水间歇期可将药液浓度提高到 1 500 倍液喷雾）、72%霜脲锰锌（克露）1 000 倍液。用瑞毒霉药液灌根，借助根系吸收运输到枝蔓，能长期达到预防效果。

4. 葡萄白腐病

（1）**症状**　主要危害果穗，对叶片、新梢的危害也很严重，是葡萄园毁灭性病害之一。发病初期在小果梗或穗轴上生有褐色不规则的水浸状病斑，逐渐向果粒蔓延。果粒基本褐色软腐，随后全粒变褐腐烂，果面密生灰白色小点（分生孢子器），果梗干枯。严重时大部分小分穗和全穗腐烂，具有霉烂酒味，果粒和果穗脱落。有时病果迅速失水干缩为深褐色有明显棱角的僵果，悬挂在树上，长久不落（彩图 A7 - 5、彩图 A7 - 6）。

叶片发病时多从叶缘开始，病斑呈水渍状深浅不同颜色的轮文，波浪状由外向里发展，病斑干枯后易裂（彩图 A7 - 7）。

新梢发病一般从伤口侵入，病斑呈淡红或淡褐色水浸状不规则形，其上密布灰白色小点（分生孢子器），逐渐扩大，后期病部皮层纵裂成乱麻状，有时因病斑上端产生大量愈伤组织而形成瘤状物（彩图 A7 - 8）。

（2）**发病规律**　病菌以分生孢子器和菌丝体随病残组织散落在树上或土中越冬。第二年，分生孢子器产生分生孢子，借助风雨传播到葡萄新梢上，通过自然孔口和伤口侵入组织内，引起初次侵染。以后病斑上的分生孢子器及分生孢子不断散发出来引起再次反复侵染。一般从 6～7 月开始侵染，到 8 月达到高峰，直到采收前不断发展。每年 6～7 月期间降雨的早晚和多少，决定着白腐病发生的早晚和轻重。高温、高湿、地势低洼、杂草丛生、树势衰弱、通风不良的果园，发病较重。品种不同，抗病性各异。红地球和其他欧洲种较易感病。冰雹、暴风等天气，是白腐病大发生的最佳条件。

（3）防治措施

①多施有机肥和磷、钾肥，增强树势，可提高树体抗病能力。

②主干、主蔓包扎农膜，防止下雨时泥水飞溅把孢子带上树，并尽可能提高结果部位，防止果穗接近地面，可减少病菌侵染的机会。

③多雨和有冰雹危害的葡萄园必须实行果穗套袋或避雨栽培或架面覆盖防雹网。

④合理修剪和加强夏季枝蔓管理，控制果实负担量等，以利通风透光和增强树势。

⑤清洁果园，减少病菌基数。重病园在葡萄休眠期发芽前采用 5 波美度石硫合剂喷涂枝干并进行地面土壤消毒杀菌。

⑥6 月开始每隔 10～15 天用退菌特、代森锰锌、福美双、多菌灵等 800～1 000 倍液交替喷布，进行预防。

⑦果穗套袋前喷布 97％抑霉唑 4 000 倍液进行果面消毒杀菌。

⑧发病时或冰雹、暴雨后立即喷药治疗，福美双、百菌清、多菌灵等 600 倍液，20％苯醚甲环唑水分散粒剂 3 000～5 000 倍液，80％戊唑醇 3 000～6 000 倍液等，可以轮换交替使用。

5. 葡萄炭疽病

（1）症状　主要危害果实，也侵染穗轴、新梢、叶柄、卷须等绿色组织。在幼果面上初生期水渍状浅褐色斑点，有时病斑呈雪花状；成熟期扩大呈圆形，深褐色，稍凹陷，由许多小黑点排列成同心轮纹。天气潮湿时溢出粉红色黏液（即分生孢子）。病果成熟时，病斑迅速扩大可达果实半面以上，并逐渐失水干缩，震动易脱落（彩图 A7 - 9～彩图 A7 - 11）。

（2）发病规律　病菌以菌丝体在一年生枝上越冬。第二年春产生分生孢子，随风雨传播，落于果实表面，孢子萌发后穿透果皮侵入果内发病。如果孢子落在新梢和叶片时，孢子萌发侵入到组织内部，但表面不形成病斑为潜伏侵染，成为第二年的侵染源。葡萄炭疽病一般于 6 月下旬开始侵染，8～9 月为发病盛期。发病的早晚和轻重，与降雨的早晚和雨量大小密切相关，干旱年份发病晚且轻。

（3）防治措施

①加强果园管理，清扫果园和清除病残物，减少病菌基数。合理修剪，控制超量结果，增施磷肥，增强树势，提高树体抗病力。

②葡萄发芽前喷 5 波美度石硫合剂，铲除枝蔓上越冬的病菌。

③如果田间控菌已彻底，那么结果母枝就是唯一的带菌体。阻止结果母枝上分生孢子的产生和传播就成为防治炭疽病的关键。

当新梢长度达 15 厘米以上开始，每隔 15 天喷布波尔多液保护剂进行预防。开花前后采用 50％保倍水分散粒剂 3 000～4 000 倍液或 50％保倍福美双 1 500 倍液、42％代森锰锌 600～800 倍液等轮流交替使用 2～3 次。套袋前采用 97％抑霉唑 4 000 倍液进行果面消毒杀菌。坐果后采用 10％美铵水剂 600～800 倍液、20％苯醚甲环唑水分散粒剂 3 000～5 000倍液等轮换交替使用。

6. 葡萄白粉病

（1）**症状**　病菌侵染葡萄全部绿色部分，新梢、叶片、果实都能感病。叶片受病时初期出现灰白色病斑，后生面粉状的霉（分生孢子），最后叶片焦枯。果实发病后，覆盖一层白粉，果实停止生长，有时变畸形，病处先裂后烂。

（2）**发病规律**　病菌以菌丝体在寄生组织内或芽鳞片内越冬。第二年春产生分生孢子，随风雨传播到寄主表面，萌发后菌丝以吸器吸取寄主细胞营养。干旱、闷热、多雨的夏季发病迅速，一般 6 月开始发病，7 月中下旬至 8 月上旬发病达盛期，9～10 月停止发展。

白粉病分生孢子萌发 4～7℃开始，25～28℃为萌芽最适温度，大于 35℃就被杀死。相对湿度不是分生孢子萌发的限制因素，但是影响分生孢子繁殖数量，相对湿度小于20％很少产生，40％～100％时产生数量增加。雨水对白粉病发生不利，因为分生孢子吸水后即破裂，不能萌发。缺水是白粉病流行的有利条件。所以，生长季节干旱利于白粉病发生，设施栽培（避雨）葡萄易感染白粉病。

（3）**防治措施**

①减少越冬病原菌数量。尽量做好田间清洁卫生，彻底清除葡萄植株残体；葡萄休眠期结束，萌芽至展叶前喷布 2～3 波美度石硫合剂消毒杀菌；随时剪除病芽、病梢、病叶。

②开花前后药控预防。喷布 50％福美双 1 500 倍液、0.3％浓度的石硫合剂、50％百菌清 600 倍液等。

③坐果后药剂防控。喷布 10％美铵水剂 600～800 倍液、20％苯醚甲环唑水分散粒剂3 000～5 000 倍液等。

④发病严重时喷 20％甲基托布津 800～1 000 倍液。

7. 葡萄穗轴褐枯病

（1）**症状**　幼穗受害时，先从分枝穗轴上发生淡褐色水浸状小斑点，并迅速扩展到整个分枝穗轴，变褐坏死，不久失水干枯，果粒随之萎缩脱落。湿度大时病部出现黑色霉状物，即病菌的分生孢子梗及分生孢子。有时幼果也会感病，产生近圆形深褐色至黑色的小斑点，直径 2 毫米左右，病变仅限于果粒表皮，不深入果肉。随着果粒长到中等大小时，病痂脱落，对果实生长发育无不良影响。当春季多雨时，病害常发生在主穗轴上，后向分枝穗轴扩展。当穗轴组织老化后，病害不再侵染，所以此病主要危害幼果穗（彩图A7‑12）。

（2）**发病规律**　病菌以菌丝体或分生孢子在枝蔓表皮下或鳞片内越冬，也可在病残组织内、架材上和土壤中越冬。次年花序伸出至开花期进行传播侵染，病菌孢子随风雨传播，可进行多次再侵染。

葡萄穗轴褐枯病主要发生在葡萄开花前后，病害发生程度主要决定于穗轴组织的幼嫩程度。花序伸出至开花前后，遇阴雨、寡照、低温等天气，有利于病菌侵染和传播蔓延。地势低洼、管理粗放、架面郁闭、通透性差的葡萄园，发病重。幼树发病较轻，老、弱树发病较重。

（3）**防治措施**

①加强病园综合管理，培养壮树，改善通风透光条件，提高葡萄植株抗病能力。搞好

果园清洁卫生，降低病菌基数。

②做好病害预防，葡萄萌芽前喷 3～5 波美度石硫合剂或混加 40％福美胂 100 倍液，铲除越冬病菌。

③从幼穗抽出至幼果期，每隔 10 天左右喷 1 次药剂进行防治，连喷 3～4 次。应用药剂有：50％多菌灵可湿性粉剂 800 倍液、70％托布津可湿性粉剂 800～1 000 倍液、50％退菌特可湿性粉剂 1 000 倍液、50％扑海因可湿性粉剂 1 000 倍液或 50％保倍福美双1 500倍液、80％代森锰锌 800 倍液等。

8. 葡萄蔓割病

（1）症状 此病常在多年生枝蔓上发生，多出现在主蔓靠近地表的下部。发病时初期呈红褐色斑，凹陷处呈黑褐色，组织腐烂。第二年病蔓表皮纵裂成丝状，一直腐朽至木质部，逐渐干裂而枯死。有时也能抽出新梢，但 10 多天后即萎蔫枯死，果粒也能染病，病斑灰色底上密布小黑点，逐渐干缩成僵果（彩图 A7-13、彩图 A7-14）。

（2）发病规律 病菌以分生孢子器或菌丝体在病蔓上越冬。第二年 5～6 月孢子器内涌出孢子角，随风雨将孢子传播到葡萄枝蔓和果粒上，通过伤口侵入组织，潜育期 1 个月左右，菌丝体在韧皮部或木质部的细胞间隙内吸取营养，使皮部下陷和纵裂，直至枯死。

（3）防治措施

①注意排水，改良土壤，增强树势。

②剪口消毒封闭，加强防寒措施，防止冻伤，避免病菌从伤口侵入。

③早春刮去老蔓翘皮，在主蔓基部涂抹和全树喷布 5 波美度石硫合剂消毒。剪除病蔓或刮除病部直到健康组织，伤口涂抹 5 波美度石硫合剂消毒。

④5～6 月在分生孢子萌发前喷 1～2 次波尔多液，以后结合防治其他病害喷药防治。

9. 葡萄其他真菌性病害 葡萄真菌性病害在生产中已发现的至少有 20 多种，但在防治上述主要病害过程中已同时兼防其他病害。因此，再将几个常见的病害，列于表 7-1 供参考。

表 7-1 葡萄其他真菌性病害防治方法一览表

病害名称	症状	发生规律	防治方法
黑腐病	主要危害果穗，病果初生紫褐色圆斑，逐渐扩大，稍凹陷，中央为灰白色，边缘褐色，病果很快软腐，干缩，变成黑色僵果，其上密生小黑点。病果易脱落	病菌以分生孢子和子囊壳在浆果、病叶、病蔓上越冬，来年产生孢子传播，6～9 月都可发病，7～8 月为发病盛期	加强果园管理，增强抗病能力，及时摘心，整枝绑蔓，使树冠通风良好。 化学防治可结合白腐病喷布 200 倍 1：0.5 波尔多液
房枯病	主要危害果穗。先在果梗上产生褐色不规则形病斑，边缘有暗褐色晕圈，逐渐扩展至穗轴，使果梗、穗轴干枯。果蒂部因失水萎蔫，出现不规则形褐色斑，渐变紫褐色，干缩成为僵果，表面长出稀疏小黑点。病穗不易脱落	病菌以分生孢子器和子囊壳在果、病叶上越冬，来年 5～6 月生产孢子传播，7～8 月为发病盛期	同黑腐病

（续）

病害名称	症状	发生规律	防治方法
锈病	叶正面产生黄绿色病斑，背面密生橙黄色粉状物的夏孢子堆，发病后期在病斑周围产生黑色多角形小斑，此为冬孢子堆。病斑以叶脉附近及叶缘为多	病菌以冬孢子越冬。在温暖地区也可以夏孢子越冬。是否有转主寄生尚不明确。伏天发病严重，可持续到 10 月	收集病叶烧毁、深埋。生长期结合其他病害喷药防治。主要药剂有波尔多液、25％粉锈宁 1 500～2 000倍液
褐斑病	主要危害叶片。褐斑病有两种：大褐斑病，初为褐色圆斑，渐扩大至 3～10 毫米，病斑中央黑褐色，边缘红褐色，有时外围黄绿色。病斑背面暗褐色，天气潮湿时，上生灰褐色霉层。数个病斑汇合成不规则大斑，病叶干枯破裂易早落。小褐斑病，在叶上产生深褐色小斑，中部浅褐色，直径 2～3 毫米。后期病斑背面长出黑褐色霉层	病菌以菌丝或分生孢子在落叶上越冬。6月开始发病，7～9月为发病盛期。病害多从下部叶片开始，逐渐向上蔓延	秋后清扫果园，收集病叶深埋。发病期间及时摘除病叶，结合防治其他病害喷布200倍1：0.7波尔多液，或70％代森锰锌600～800倍液，共喷3～4次

三、红地球葡萄主要生理性病害的防治

1. 葡萄营养缺素症　由于葡萄园母岩的种类、土壤种类、地下水位、水质、土壤酸碱度、土壤有机质等不同，致使土壤中组成营养元素不全，或因元素间相克作用导致葡萄根系对某些土壤元素不能吸收，在葡萄生长发育过程中满足不了对某些营养元素的需求，引起相应的营养缺素症。

（1）缺氮　叶片呈黄绿色，叶柄、穗轴呈红色，叶薄而小，新梢和花序纤细，落花落果严重，花芽分化不良，严重时甚至早期落叶。应适时、适量追施氮肥，叶面喷 0.3％尿素溶液，3～5 天后即可见效。

（2）缺磷　葡萄萌芽晚、萌芽率低，新梢生长衰弱，叶片呈暗绿色，叶缘出现半月形坏死斑，基部叶片早期脱落，花芽分化不良，果实含糖量低、着色差。应及时喷布 2％过磷酸钙浸出液或 0.3％磷酸二氢钾溶液，有明显效果。

（3）缺钾　易出现灼叶现象（由叶缘向中心焦枯），或叶缘向里卷曲，同时发生褐色斑点病坏死，老叶先有症状。叶面喷布 2％草木灰浸出液或 0.2％硫酸钾溶液（彩图 A7-15）。

（4）缺硼　幼叶出现油浸状黄斑，中脉木栓化，中脉两边叶形不对称，叶缘有烧斑，老叶发黄，向后卷曲。花期缺硼，开花授粉受阻，受精不良，坐果率低，以后出现豆粒小果。缺硼现象在贫瘠沙壤土或酸性土易发生。一般在开花前 7～10 天喷 0.3％硼砂溶液或土壤施硼砂进行预防，效果显著（彩图 A7-16）。

（5）缺锌　叶小而窄，节间很短，叶密集呈莲座状或轮生状，出现无子小果、畸形果，坐果很少，果粒稀疏，大小粒明显。应于开花前 7～10 天喷布 0.1％硫酸锌溶液预防，并限制施用石灰，防止锌在土壤中变成沉积状态，不易被根系吸收（彩图 A7 - 17）。

（6）**缺钙**　嫩叶褪绿，几天后变成暗褐色，叶尖叶缘向下卷曲，果实硬度下降，不耐贮藏。因钙在土壤中移动性较差，应结合秋施基肥混入过磷酸钙、硝酸钙或氧化钙。葡萄生长期采取浓度 0.5% 硝酸钙溶液进行叶面喷肥，以小量多次喷布效果较好。

（7）**缺铁**　出现叶脉呈绿色、叶肉呈黄白色的花叶现象，严重时叶面干焦而脱落。应及时喷布 2% 硫酸亚铁溶液，树干注射的效果更好（彩图 A7 - 18）。

（8）**缺镁**　症状与缺铁相似，但缺镁病症多发生在生长季后期，特别老叶上，而且叶黄白斑从中央向四周扩展。酸性土壤可施适量石灰中和酸，以减轻镁的淋失，严重时喷布 1% 硫酸镁（彩图 A7 - 19）。

2. 葡萄水罐子病（转色病、水红粒）

（1）**症状**　此病是一种综合缺素症，主要在果粒转色期表现出来，有色品种着色不正常，色浅发暗，出现"水红粒"；白色品种果肉变软，皮肉极易分离，成为一泡酸水。果粒含糖少、味酸、味腻，不可食用。此病一般在树体营养不足、树势弱、负载过量、肥料供应不足和有效叶面积小时容易发生。红地球葡萄产量过多时易得此病，浆果糖低，不易着色，甚至不能成熟。

（2）**防治措施**

①增施有机肥料，改良土壤理化性状。

②控制结果量，防止树体营养过度损失，提高树体营养水平。

③加强病虫防治，保护好叶片，提高光合效能。

④加强新梢管理，每个结果枝留 1 穗果，至少保持有 16 片以上叶片，以改善果穗营养状况。

3. 葡萄生理裂果

（1）**症状**　主要在葡萄浆果快成熟时期发生果皮开裂，原因是土壤水分和空气湿度强烈变化，前期干旱，成熟期连降大雨，果肉吸水过多体积膨胀，而果皮细胞膨大较慢，内外压差造成果实裂果。裂果多从果蒂部产生环状、放射状或纵裂裂口，果汁外溢，引起蜂、虫、蝇集于裂口处吸果汁，造成果穗不能食用。

（2）**防治措施**

①干旱及时灌水，雨后及时排水，减少土壤干湿差。

②抬高架面，提高果穗离地面的高度，加强通风，降低湿度。

③地面覆盖，始终保持土壤湿润，湿度均衡。

④设遮雨棚，果穗套袋、带"伞"。

4. 葡萄日烧病

（1）**症状**　日烧病是由阳光直射果面造成温度剧变，果实局部细胞失水而发生的一种生理病害。发病很快，受害部当天果面由绿色变为黄绿色，局部变白，紧接着病部凹陷，凹陷处的果肉木栓化，尔后引起真菌感染而腐烂（彩图 A7 - 20）。

日烧病是红地球葡萄常见病之一，多发生在暴露阳光直接能照射到的果面上，篱架葡萄比棚架葡萄发病较重，树势弱、枝叶量少的树发病重，西南方向的果穗发病重。

（2）防治措施　重点是防止高温和果穗裸露两个方面。

①尽量选用棚架，把果穗留在棚架面下方，避免果实直接遭受日光照射。

②果穗上方多留副梢，以枝叶遮挡阳光直射。

③实行果穗套袋、带"伞"保护。

④气温较高时，施行土壤灌水或喷水降温。

⑤病果病斑处极易感染杂菌并发其他病害，应及时疏除。

5. 葡萄气灼病（缩果病）

（1）症状　气灼病是由于"生理性水分失调"造成的葡萄生理性病害，尤其红地球葡萄最易得此病。大多发生在幼果期，从坐果后1个半月至着色开始均可发生。表现的症状，起初为失水、凹陷、浅褐色小斑点，并迅速扩大为大面积（占果粒总面积1/3左右）病斑，整个过程在1～2个小时完成。病斑开始为浅黄褐色，逐步变深、干涸，形成干疤，数斑连接，干枯成黑褐色的"干果"。病疤部位与阳光直射无关，在叶幕下的背影部位的果穗任何一方均能发现病疤，这一点与"日烧病"病斑位置都是阳光能直射到的西南、南向时截然不同的（彩图A7-21）。

（2）防治措施　重点是保持园地土壤水分和葡萄树体内水分的供需平衡，做好果园内部通风降温。

①加强果园基础设施建设，尤其要实现水利现代化，保证葡萄对水分的供排需求。

②实行膜下滴灌，灌水时间傍晚至早晨，避免中午高温期供水。

③加强地下管理，尤其要增施有机肥，提高土壤有机质、土壤团粒结构、土壤通透性等的比例，培养健壮的葡萄根系，增强根系吸收功能。

④进行园地覆盖，保持土壤湿润。

⑤大面积水平连棚架面，应留空气进出口带，套袋的葡萄底部也要留出透气口，以利疏通气流，通风降温。

⑥夏剪时果穗上部应多留副梢叶片遮阳降温。

四、红地球葡萄综合性病害的防治

红地球葡萄经常出现莫名其妙死树，开花结果甚少，浆果着色差、含糖低、不耐贮，树势早衰，黄叶等异常现象，给我国红地球葡萄发展造成了很大障碍。我国葡萄产业界和科技界已开始重视这些问题，开展了大量调查研究，有的已初见成效，有的尚未找到致病的真正原因，由于致病的因素错综复杂，暂时把它们归纳为综合性病害推荐出来，企盼着起到"抛砖引玉"的作用。

1. 葡萄酸腐病

（1）症状　酸腐病发生在葡萄果实近熟和成熟期，主要表现果粒腐烂，烂果内有白色蛆，有醋酸味，烂果周围吸引着大量粉红色醋蝇；腐烂果汁流经的部位（果实、果梗、穗轴等）继续腐烂（可见此病具有传染性）；最后果粒干枯，只剩下果皮和种子。

（2）发病规律　酸腐病是真菌、细菌和醋蝇联合危害形成的综合性病害。起初葡萄枝蔓伤口进入葡萄园空间飘游的酵母菌，把植株体内的糖转化为乙醇；环境中的醋酸菌又使乙醇氧化为乙酸，乙酸的气味又招引来醋蝇；醋蝇和蛆在取食过程中接触到大量细菌，成为病原细菌的携带和传播者，通过内繁外传，醋蝇呈指数性极速增多，葡萄果粒受醋蝇取食危害加剧，最后仅剩下干枯的黑色空壳。

（3）防治措施

①尽量避免在同一葡萄园内种植不同成熟期的品种，防止病原生物危害的叠加效应。

②加强葡萄园田间科学管理。不施或少施速效性氮肥，合理供水；科学夏剪，架下通风透光良好，尽量不给病原生物提供繁殖生长的空间；做好防病灭虫、防鸟防雹和剪锯口封闭工作，尽量减少果实和树体伤口，不给病原生物提供入侵机体的机会。

③化学防治的特点：必须实施以防病为主，病虫兼治的原则，而且选择同时防治真菌又能灭杀细菌，还能与杀虫剂混合使用并能保证食品安全的药剂。笔者提出一个配药方案供大家使用：

杀菌剂为80％水胆石膏可湿性粉剂400倍液。杀虫剂为10％高效氯氰乳油3 000倍液或5％辛硫磷1 000倍液、80％敌百虫1 000倍液。

在葡萄转色期开始，每隔10～15天，采用杀菌剂＋杀虫剂喷1次药，直到病害完全被抑制为止。为避免害虫产生抗药性，杀虫剂不能连续使用，上述3种杀虫剂每次配药只能选择其中一种，轮换使用。

2. 未知根系病害

（1）病状

①起初葡萄植株生长比较正常，入夏气温升高后，午间梢头出现萎蔫现象，接着新梢和果实停止生长，叶片变黄，果皮皱缩，几天后新梢枯死或整株死亡。地上部看不见病原生物入侵后的病症。挖根调查，根系基本完好，未发现病原物，只是不发新根。

②新园定植的葡萄苗，萌发正常，成活率也很高（能达到95％以上），长出5～6片叶后即停止生长，新梢没有明显的生长点，既不拔节，叶片也不再扩大，一直延续到秋末还是如此。挖根调查，根系如初，栽苗时啥样还是那样，不发新根，有时也许还能看到几根几毫米长的小白根，也未发现病原物。

（2）防治措施　上述病状产生的原因多数在于根系出了问题，所以任何保护根系和促进根系发育的措施，均会减轻上述病害的发生和发展。

①加强土肥水管理，为根系创造良好的生活环境，促进根系健壮生长。

②严格进行埋土防寒，保护根系不受冻害，不受机械损伤。

③发现病状后进行土壤消毒，使用50％代森铵400倍液或50％福美双500倍液进行灌根消毒杀菌；或用50％福美双毒土（1∶50）撒于病树根系周围。

④促发新根可采用生根粉灌根和叶面喷微肥，上下一齐联动。

五、红地球葡萄主要虫害的防治

1. 虫害的综合防治　虫害综合防治的基本概念应概括为：从生物与环境的整体观点出发，本着防重于治的原则，合理运用农业的、化学的、生物的、物理的方法，及时把害虫控制在不足造成危害的水平，以达到增加生产和保护人畜健康的目的。

综合防治的内容就是把各种防治方法和措施协调起来，相互促进，相互制约，达到安全、有效、经济、简易的效果。

（1）植物检疫法 害虫可随种子、苗木、果实等带入新区。不同国家和地区，都有法令规定的植物检疫对象，禁止检疫对象（害虫）带入。如我国海关把葡萄根瘤蚜列为检疫对象，不许从进口物资内带入，而且把它列为国内检疫对象，不许从国内疫区向外传播。

（2）农业防治法 在掌握耕作栽培技术与害虫发生发展关系的基础上，利用农业科学技术手段，有目的地改变某些环境因子，避免或减少害虫的发生，体现了"预防为主，综合防治"的植保工作方针。农业防治在绝大多数情况下是结合耕作栽培管理的各种措施来压低虫源、恶化害虫的生活条件，达到抑制害虫发生的作用。如冬耕灭虫、清洁果园、锄草灭虫、增强树势等农业措施，都可减少虫源密度，增强抗虫害能力。

（3）生物防治法 是利用自然界中各种有益生物来控制害虫的发生发展。

①"以虫治虫"，近年在果园放养赤眼蜂，利用它在害虫的卵、蛹、幼虫身上寄生，破坏害虫的生育，对控制害虫的发生发展，可获奇效。

②"以菌治虫"，在果园喷洒青虫菌、杀螟杆菌等菌剂农药，利用细菌在害虫体内繁殖，夺取它的营养，造成昆虫死亡，也可取得事半功倍的效果。

③性外激素的利用，直接诱杀和干扰交配，即将性外激素置于诱捕器引诱雄虫，造成田间雌虫不孕，从而降低下一代虫口数量；或干扰雌、雄虫之间正常的信息联系，使雄虫失去寻找雌虫的定向能力，不能进行交配繁殖。

（4）物理机械防治法 目前常用的方法有以下几种：

①捕杀。人工或器械捕杀有群集性、假死性或移动性困难的害虫等，如摘除虫果、震落金龟子、刮树皮消灭越冬害虫、捕捉吃叶幼虫等。

②诱杀。利用害虫的某种趋性，如趋光性，设置黑光灯诱集；或利用害虫对栖息潜藏和越冬场所的要求特点，在越冬树干上绑缚草把，诱导害虫栖息，然后集中烧毁。

（5）化学防治法 在不同虫期利用相应的药剂喷布预防或毒杀，直接消灭害虫。

2. 主要虫害的防治 我国除近期个别地区发现葡萄根瘤蚜以外，尚未发现对葡萄有毁灭性的害虫。但是，随着经济的发展，生态环境在变化，害虫被迁徙、被移带的可能性和现实性日益强化，害虫的种类和生活方式也在变化，对葡萄的威胁也日趋严重。

据有关组织的调查，我国葡萄上常见的重要害虫有葡萄叶蝉、绿盲蝽、远东盔蚧、粉蚧类、透翅蛾、虎天牛、葡萄虎蛾、蓟马、棉铃虫、小蠹类、金龟子类、星毛虫和螨类等。

（1）葡萄二黄斑叶蝉

①形态特征。成虫：体长（至翅端）约3毫米。头、前胸淡黄色，头顶前缘有2个黑褐色小斑点，前胸背面前缘有3个黑褐色小斑点。小盾片蛋黄色，前缘也有2个较大的黑褐色斑点，前翅暗褐色，合拢后中缝两边形成两个近圆形的淡黄色斑纹。

若虫：末龄体长约1.6毫米，紫红色，触角、足、体节间、背中线淡黄白色，腹末几节向上方翘起。

②发生规律与危害情况。1年发生3~4代，以成虫在杂草中越冬。次年春（3~4月）越冬成虫出蛰，先在花草上危害，待葡萄展叶后迁移到葡萄树上，聚集叶背面吸食汁液。5月中下旬出现若虫，第一代成虫6月上中旬至下旬开始发生，以后各代重叠，一直危害到落叶，随气温下降进入越冬场所。

成虫生性活泼，受惊后即飞往别处，停落时能发出似小雨击打叶片的声音。

危害特点是先从枝蔓基部老叶上开始，逐渐向上部叶片蔓延危害，一般不危害嫩叶。

③防治措施

a. 加强管理，改善通风透光条件，秋后清扫枯枝落叶和杂草，减少越冬虫源。

b. 设置黄板诱杀，每亩均匀布置边长20~25厘米涂上黏虫胶的黄色诱虫板20~30块，10天后重涂黏虫胶1次。

c. 药剂防治，第一次在葡萄开花期前后防控第一代若虫期，第二次在葡萄落叶前40~50天（防控越冬成虫）。选用噻虫嗪、吡虫啉、多杀菌素、甲氰菊酯、溴氰菊酯、辛硫磷等药剂喷雾。

（2）葡萄叶斑蝉

①形态特征。成虫：体长（至翅端）3~4毫米，体淡黄白色。头顶有2个明显的圆形黑色斑点，复眼黑色。前胸背板前缘有3个小黑点。小盾片前缘左右各有近三角形的黑色斑纹1个。前翅半透明，黄白色，有不规则的淡褐色斑纹。若虫：体形似成虫，初为乳白色，老熟后黄白色，体长约2毫米。

②发生规律与危害情况。1年发生3~4代，以成虫在葡萄园的落叶、杂草、树皮缝、石缝、土缝等隐蔽处越冬。次年春（3~4月）越冬成虫开始活动，先在发芽早的植物上取食，待葡萄展叶后转移危害葡萄叶片，4月中下旬在叶背上产卵，5月中下旬出现若虫，6月上中旬出现成虫第一代，往后每隔1个月左右出现第二、第三、第四代成虫，10月下旬以后成虫陆续开始越冬。

③防治措施。与葡萄二黄斑叶蝉相同。

（3）绿盲蝽

①形态特征。成虫：体长约5毫米，体绿色。复眼黑色突出。触角4节丝状，约长4毫米，第二节长度等于第三、四节之和。前胸背板深绿色，有许多黑色小点。小盾片三角形微突，黄绿色，中央具1浅纵纹。前翅膜半透明，灰绿色。

若虫：若虫5龄，绿色，复眼桃红色，触角淡黄色。翅芽尖端蓝色。

②发生规律与危害情况。1年发生3~5代，以卵在树皮内、芽眼间、断枝髓部及杂草丛中越冬。翌年3~4月越冬卵孵化，5月上旬开始上葡萄树危害，危害葡萄嫩芽、叶、幼果等。6月上旬开始出现第二代、第三代……世代重叠现象严重，而且转移到农作物、蔬菜等多种植株上危害。10月产卵越冬（彩图A7-22、彩图A7-23）。

成虫飞翔能力强，若虫活泼，白天潜伏不易被发现，主要在早晚刺吸危害，叶片危害后只剩叶脉。

③防治措施

a. 经常清洁园地，烧毁枯枝落叶，残体杂草，灭杀越冬害虫，降低虫口密度。

b. 利用绿盲蝽成虫的趋光性，在园内悬挂频振式杀虫灯，夜间点亮诱杀成虫。

c. 药剂喷杀：因成虫飞翔能力很强，要成立专业队统一时间喷药防治，最好在清晨或傍晚成虫潜伏时在树下树上同时防治。

要选用"杀虫保天敌"的药剂，如早春葡萄萌芽前喷 3 波美度石硫合剂杀灭越冬卵及初孵若虫；再每隔 7～10 天轮流喷吡虫啉、啶虫脒、马拉硫磷、溴氰菊酯等药液。

（4）东方盔蚧 （远东盔蚧）

①形态特征。雌成虫：黄或红褐色，扁椭圆形，体长 3.5～6.0 毫米，体宽 3.5～4.0 毫米，体背中央有 4 纵排断续的凹陷，凹陷内外形成 5 条隆基。体背边缘有横列的皱褶，排列较规则，腹部末端具臀裂缝（彩图 A7 - 24）。

若虫：初龄若虫扁椭圆形，长径 0.3 毫米，淡黄色，触角和足发达，具有一对尾毛。3 龄若虫黄褐色，越冬 2 龄若，虫赤褐色，较扁椭圆形，体外有蜡质层，虫体周边锥形刺毛达 108 条。

②发生规律与危害情况。1 年发生 2 代，以 2 龄若虫在枝蔓裂缝，叶痕处的阴面越冬。翌年 4 月下旬若虫爬上葡萄 1～2 年生枝条或叶片危害，随即蜕皮变为成虫，雌虫体背硬化。5 月开始产卵于体下介壳内，通常为孤雌生殖，每雌虫产卵 1 200～2 500 粒，卵期 20～30 天。6 月初为若虫孵化盛期，若虫固定于叶背继续危害，再蜕皮，2 龄若虫转移到枝蔓、果穗上危害，7 月上旬羽化为第二代成虫，又产卵，8 月孵化出第二代若虫爬至叶片继续危害，9 月蜕皮成为 2 龄若虫，转移到越冬场所。

③防治措施

a. 控制虫源：苗木、接穗等繁殖材料入园前要消毒灭虫，葡萄园邻近杂木林，特别是刺槐树木是东方盔蚧的寄主林木。

b. 保护天敌：禁用或少用广谱性杀虫剂，以保护黑缘红瓢虫等天敌。

c. 清洁园地：葡萄越冬前剪除虫害枝蔓，刮去老翘皮，清扫枯枝落叶并烧毁，最大限度减少虫口密度。

d. 药剂防治：葡萄发芽前枝蔓喷 3～5 波美度石硫合剂杀灭越冬若虫；以后再抓住 4 月上旬虫体开始膨大时和 5 月下旬至 6 月上旬第一代若虫孵化盛期各喷药 1 次，虫害严重园于 6 月下旬至 7 月上旬再施药 1 次。杀虫剂为吡虫啉、啶虫脒、杀扑磷、苯氧威、吡蚜酮、毒死蜱等，每次用药时加入渗透剂以提高药效。

（5）葡萄粉蚧

①形态特征。成虫：雌成虫无翅，体软，椭圆形，体长 4.5～5 毫米，暗红色，腹部扁平，背部隆起，体节明显，1～3 节间较宽，身披白色蜡粉，体周缘有 17 对锯齿状蜡毛，而且从头部至腹末逐渐加长。雌虫产卵时分泌絮状卵囊，产卵于其中。雄成虫体长 1.1 毫米左右，暗红色，翅展约 2 毫米，白色透明，有 2 条翅脉，后翅退化成平衡棒，腹末有 1 对较长的白色针状蜡毛。

若虫：初孵若虫长椭圆形，暗红色，触角线状 6 节，足发达，体节不明显，背部无蜡粉。2 龄若虫体上逐渐形成蜡粉和体节，随着虫体的膨大，蜡粉加厚，体节明显，体周缘逐渐形成锯齿状蜡毛。

②发生规律和危害情况。1年发生3代，以若虫在老蔓翘皮下、裂缝处和植株基部的土壤中群体越冬。有的年份秋季气温迅速下降，出现极少数卵在卵囊内越冬。翌年春4月中旬出现雌成虫，雄虫进入化蛹及羽化始期，5月上旬为雄成虫羽化盛期，两性交配。5月上中旬产卵，7月下旬为若虫孵化盛期，8月中出现第二代雌成虫继续危害新梢、枝蔓，刺吸汁液，并形成大小不等的丘状突起，危害严重的新梢失水枯死，叶片失绿发黄，果粒畸形。9月中旬为第三代卵盛期，9月下旬为若虫孵化盛期，10月中下旬迁徙到越冬场所（彩图 A7-25）。

③防治措施

a. 加强检疫，尽量不从害虫严重发生区域调运葡萄苗木和果实，加强植物检疫，防止虫源扩散蔓延。

b. 加强葡萄园管理：清洁果园，烧毁枯枝落叶、残果、杂草、老皮等，消灭虫源。保护天敌，不喷施杀伤力很强的杀虫剂，为跳小蜂、黑寄生蜂等创造良好生长生活条件。

c. 药剂防治：葡萄冬剪、刮去老皮后施药和越冬若虫孵化盛期施药，防治效果最好，如果在第二代和第三代若虫孵化期间又施药则可根除。主要药剂有吡虫啉、啶虫脒、敌敌畏、毒死蜱、杀扑磷等。

（6）康氏粉蚧

①形态特征。康氏粉蚧的雌雄成虫和若虫的外部形态与葡萄粉蚧相似，只有细微区别：康氏粉蚧雌成虫体色为淡粉红色，雄成虫体色为紫褐色，若虫体色为淡黄色。

②发生规律与危害情况。1年发生3代，主要以卵在树体缝隙及树干基部附近土石缝处越冬。翌年春葡萄发芽时期卵孵化，若虫上树危害嫩梢枝叶，7月第二代若虫出现，8月下第三代若虫出现，第二、三代若虫危害果实。若虫蜕皮3次约经35～50天发育为雌成虫，蜕皮2次约经25～37天发育为雄成虫，雌雄交配后雄成虫死亡，雌成虫继续危害，后期爬到裂缝处或枝杈隐蔽处分泌卵囊，尔后产卵于其中，进入越冬。

（7）葡萄透翅蛾

①形态特征。成虫：体长18～20毫米，翅展30～36毫米，体蓝黑色；头顶、颈部、后胸两侧和腹部各环节连接处为橙黄色；前翅红褐色，后翅半透明，前后翅缘毛为紫色；腹部有3条黄色横带，分别在第四、五及六节，以第四节横带最宽；雌蛾腹末两侧各有1长毛束。

幼虫：体长25～38毫米，头部红褐色，胸腹部淡黄白色，老熟时带紫红色。前胸盾具倒八字纹。

②发生规律与危害情况。1年发生1代，以老熟幼虫在被害枝蔓内越冬。翌年4月下旬至5月上旬幼虫开始在枝蔓内咬出一个圆形的羽化孔，后吐丝作茧化蛹。蛹期10天左右，5月中旬至6月羽化，成虫羽化盛期与葡萄盛花期大致相同。成虫羽化后交配，产卵。卵多产在新梢、叶片、卷须、果实、嫩芽等处，通常多散产，1头雌成虫在10天左右产卵期平均产卵80～90粒。初孵幼虫多从叶柄基部蛀入嫩梢，先向新梢先端蛀食，致使新梢很快枯萎，以后调转方向向新梢基部蛀食，被害部肿大成瘤状，蛀孔外有褐色粒状虫粪，枝条易在此处折断，其上部叶片变黄，果穗脱落。1头幼虫可连续危害2～3条新梢，越冬前转移到2年生以上枝蔓蛀食，以老熟幼虫在被害枝蔓内

越冬。

③防治措施

a. 剪除虫枝：早春检查萌发情况，凡一年生枝芽眼不萌发或萌芽后很快萎缩的虫枝应及时剪除；以后发现节间臃肿、有虫粪排出的虫梢，要随时剪除；冬季修剪时发现虫梢一律剪除。每次剪除的枝蔓，一律烧毁，以减少虫源。

b. 药剂防治：生长季节发现虫孔，用注射器往虫孔内注入80％敌敌畏乳油100倍液或2.5％敌杀死乳油200倍液，然后用泥封口。在卵孵化高峰向葡萄枝、叶、果上喷施三唑磷、辛硫磷、三氟氯氰菊酯等药剂，可有效防止葡萄透翅蛾的危害。

（8）葡萄虎天牛

①形态特征。成虫：体长12～20毫米，黑色。前胸红褐色，略呈球形，上密布细微刻点，并着生黑色短毛。翅鞘黑色，两翅鞘合并时，基部呈X形黄色斑纹，近末端处有1黄白色横纹。腹部腹面有黄白色横纹3条（彩图A7-26）。

幼虫：末龄幼虫体长约13毫米，全体淡黄白色。头甚小，无足。前胸宽，淡褐色，后缘有山字形细凹纹。胴部2～9节的腹面具有椭圆形肉状隆起。

②发生规律与危害情况。1年发生1代，以初龄幼虫在寄生枝条内越冬。次年春幼虫继续在枝内危害，7月老熟幼虫在枝条的咬折处化蛹，8月羽化为成虫。成虫于芽鳞缝隙内或芽和叶柄之间产卵，每处产1粒，5天后孵化为幼虫，由芽蛀入木质部内连续危害，虫粪留在枝内虫道不外排，较难发现虫孔。落叶后在节附近被害处变黑，易于识别。

③防治措施。与葡萄透翅蛾相同。

（9）葡萄虎蛾

①形态特征。成虫：体长18～20毫米，翅展45毫米左右。头、胸及前翅紫棕色，体翅上密生黑色鳞片。前翅中央有1个肾状纹和很多条状纹，后翅橙黄色，外缘黑色。腹部杏黄色，背面有一列紫棕色毛簇。

幼虫：末龄体长约40毫米，头部黄色，背面淡绿色，硬皮板及两侧为黄色，每节有大小不等的黑色斑点，疏生白色长毛。胸足3对，腹足4对，尾足1对。

②发生规律与危害情况。1年发生2代，以蛹在土中越冬。次年5月中下旬开始羽化，6月下旬幼虫开始发生，7月中旬化蛹。至8月中旬第一代成虫出现，至9月中旬第二代幼虫出现，幼虫老熟后入土化蛹越冬。幼虫受惊时常吐黄水。

以幼虫危害葡萄叶片，食量较大，幼叶常被吃光。

③防治措施。

a. 早春，在葡萄根颈附近及葡萄架下挖除越冬蛹。

b. 人工捕捉幼虫和利用成虫趋光性设置黑光灯诱杀。

c. 6月下旬至8月下旬虫卵孵化期和幼虫期喷50％敌敌畏乳油1 000～1 500倍液，或90％敌百虫800～1 000倍液，也可施用速灭杀丁、敌杀死、杀灭菊酯等。

（10）葡萄蓟马

①形态特征。虫体微小。若虫体长约0.6～1毫米，初为白色透明，后为黄色或褐色，1、2龄无翅，3、4龄具翅芽。成虫体长1.2～1.8毫米，深褐色或黑褐色，头方形，口器

为锉吸式，触角 6～9 节，鞭节连珠状，2 只复眼间有 3 个红色单眼，呈正三角形排列，其后两侧有一对短鬃（彩图 A7-27）。

②发生规律与危害情况。1 年发生 6～10 代，多以成虫和若虫在葡萄、杂草等处越冬，少数以蛹在土中越冬。第二年春先在其他植物上危害繁殖。在葡萄初花期开始发现蓟马危害子房和小幼果，虫口高峰在盛花期。7 月危害副梢花序和幼果，是危害葡萄的第二次高峰。这两次危害是影响葡萄质量和减产的关键时期。9 月份虫量明显减少，逐渐迁移到菜园危害。

蓟马以锉吸式口器刺入葡萄花蕾、幼果和嫩叶，吸其汁液。幼果被害后，果皮出现黑点或黑斑块，随果粒生长而扩大并形成黄褐色木栓化斑，严重时褐斑龟裂，成熟期易霉烂。幼叶被害部位呈水渍状黄点或黄斑，以后变成不规则穿孔或破碎。

③防治措施

a. 清洁园地：葡萄蓟马一年发生多代，繁殖频频，葡萄生产过程中清除各种新梢、叶片花序、果实上和园地杂草中都有可能隐藏着大量虫体和卵，必须随时烧毁，以减少虫源。

b. 药剂防治：于开花前 2～4 天用 40％乐果乳油 1 000 倍或 20％速灭杀丁乳油 2 000 倍喷布枝叶和花序；坐果后 10 天进行二次喷药。

（11）葡萄短须螨（红蜘蛛）

①形态特征。雌成虫：体微小，一般长 0.32 毫米，宽 0.11 毫米，赤褐色，眼点红色，腹背中央鲜红色，背面体壁有网状花纹，无背刚毛。4 对足粗短多皱纹，刚毛数量少，各足胫节末端有 1 条特别长的刚毛。

幼虫：体微小，长 0.13～0.15 毫米，宽 0.06～0.08 毫米，鲜红色。足 3 对，白色。体两侧前后足各有 2 根叶片状刚毛，腹部末端周缘有 8 条刚毛，其中第三对为长刚毛，针状，其余为叶片状。

若虫：体长 0.24～0.30 毫米，宽 0.1～0.11 毫米，淡红色或灰白色。足 4 对。体后部上下较扁平，末端周缘刚毛 8 条，全部为叶片状。

②发生规律与危害情况。每年发生 6 代以上，以雌成虫在老蔓裂皮下、叶腋、芽鳞绒毛内或土中集群越冬。次年春越冬雌虫出蛰，随气温升高开始向嫩芽、嫩梢危害。5 月初开始产卵。以后随着新梢的生长，逐渐向上蔓延，6 月大量危害叶柄和叶片，7～8 月大量危害果穗。10 月转移到越冬场所。雄螨在群体中较为罕见。

以成虫、若虫、幼虫先后刺吸危害葡萄的嫩梢、叶柄、叶片、果梗和果穗。叶片受害后呈黑褐色锈斑，严重时叶片焦枯脱落。果穗受害后变黑色，组织变脆，容易折断。果粒前期受害后呈铁锈色，表面粗糙，甚至龟裂，后期受害影响着色。

不同品种受害程度轻重不同，叶表面绒毛短的品种受害较重，叶片绒毛密而长的品种或光滑无毛的品种受害则轻。

③防治措施

a. 冬季清扫果园，早春刮去老蔓翘皮并烧毁。

b. 葡萄发芽前喷 5 波美度石硫合剂溶液。

c. 葡萄生长季喷 0.2～0.3 波美度石硫合剂，或 40％乐果乳油 1 000～1 500 倍液。

（12）葡萄根瘤蚜 葡萄根瘤蚜是毁灭性害虫，1900 年前后传入我国山东，1979 年之后葡萄根瘤蚜在我国销声匿迹，2005 年在上海马陆又重新被发现。

①形态特征。葡萄根瘤蚜有根瘤型、叶瘿型、有翅型、有性型等。体均小而软，触角 3 节，腹管退化。全部雌虫产卵繁殖。

a. 根瘤型。寄生于根部，形成根瘤。成虫体长 1.2～1.5 毫米，呈鲜黄色至黄褐色，有时稍带绿色。触角及足黑褐色。体背具有许多黑色瘤状突起，各突起上有 1～2 根刺毛。若虫初孵化时淡黄色，后渐加深而成黄褐色，触角及足半透明，复眼红色。

b. 叶瘿型。寄生于叶部，形成虫瘿。成虫体近圆形，长 0.9～1 毫米，黄色，体背面凹凸不平，无瘤状突起。若虫与根瘤型相似，仅体色较淡。

c. 有翅型。生翅的成虫，由根瘤型产生。成虫长椭圆形，长约 0.9 毫米。初羽化时淡黄色，继而橙黄色，但中后胸红褐色，各有翅 1 对，翅上有半圆形小点，有复眼 1 对，单眼 3 个。1 龄若虫似根瘤型；2 龄若虫较根瘤型狭长，背瘤黑色明显；3 龄若虫体侧见灰黑翅芽。

d. 有性型。有性型产雌、雄性的蚜。成虫体长 0.32～0.5 毫米、无翅，无口器，有黑色背瘤。雌雄蚜交配后产 1 橄榄绿色的卵。

②发生规律与危害情况。葡萄根瘤蚜生活史有完整的和不完整的两种，完整的生活环有叶瘿型和根瘤型，在美洲种葡萄上具有这种生活环。我国山东烟台发生的为根瘤型，是属于生活周期不完整的类型。它每年发生 8 代，主要以 1 龄若虫在 10 毫米以下土域中，二年生以上的粗根根杈及缝隙内越冬。以卵越冬的极少。次年 4 月以后，越冬若虫开始活动，危害粗根，行孤雌生殖。单雌产卵 40～120 粒。孵化出的幼虫在根上生活，形成根瘤。幼虫蜕皮 4 次变为成虫。5 月中旬至 6 月底和 9 月上旬至 9 月底蚜量较多。7～11 月不断发生有翅雌蚜，钻出地面。

根瘤蚜主要危害根部，最易寄生在当年须根上，被害后形成结节状根瘤，在粗根上则形成瘤状突起，不久被害部即变褐而腐烂，影响水分和养分的吸收，甚至整株枯死。

③防治措施

a. 搞好检疫工作，不从疫区调运苗木、插条、接穗。

b. 从外地调运的苗木、插条、接穗等，用 50％辛硫磷 1 500 倍液浸渍 15 分钟进行消毒。

c. 消灭感染源，砍去受害葡萄园的葡萄树，进行彻底烧毁，并在植株附近钻孔，灌入二氯乙烷或其他的副产品，然后封闭注药孔，对土壤和寄主根系进行消毒。

d. 选择抗根瘤蚜的砧木，进行嫁接，培育无蚜苗木。

六、葡萄园常用农药的配制和使用

1. 波尔多液 波尔多液是液体碱式硫酸铜的简称，是 1882 年在法国波尔多葡萄产区首次发现其防治葡萄霜霉病有特效而得名。它的最大优点是悬浮在水中的碱式硫酸铜与石膏的结合颗粒极其微细，黏着力强，喷施于葡萄器官（梢、叶、花、果）表面，可以形成较为牢固的覆盖膜，病菌落到膜上其碱式硫酸铜就能将菌体杀死，从而起到防病保护作用。而且波尔多液至今以连续使用 200 多年没有产生抗药性。

波尔多液的配制要选用质量好的硫酸铜和生石灰作原料，硫酸铜应是蓝色块状结晶，颜色变黄就不能用；生石灰要白色块状，粉末状的不能用；配制用水也很有讲究，尽可能选用自来水和河水，不用静止状态的湖水、井水和山涧硬水。

波尔多液的"两液同时倾倒"配制方法——以 1：0.5：200 倍生石灰半量式波尔多液为例，配制过程如下：将 1 份硫酸铜用少量 50℃ 热水溶解，倒入盛好 100 份水的容器内，搅拌混匀成硫酸铜溶液；将 0.5 份生石灰用少量水溶解，倒入装有另 100 份水的容器内调和成石灰乳。然后将硫酸铜溶液和石灰乳同时慢慢细流倒入第三个容器中，边倒边搅拌即成天蓝色的波尔多液。

配制波尔多液应注意以下几个问题：①原料要优质；②硫酸铜溶液可以往石灰乳里倾倒，但石灰乳绝不可往硫酸铜溶液中倾倒，否则极易沉淀失效；③不能用金属容器配制波尔多液，以防腐蚀，可用陶器，塑料容器或水泥池等配制；④配制好的波尔多液不能再加水稀释或再添硫酸铜溶液、石灰乳等混用；⑤配制后必须立即施用，不能长久搁置，更不能过夜，喷施前应搅拌或震动均匀。

2. 石硫合剂　石硫合剂是以生石灰和硫黄粉为原料，加水熬制而成的红褐色透明液体。它具有中等毒力，短时间内有直接杀菌、杀虫、杀螨的作用，其有效成分为多硫化钙分解产生的硫黄细粒，对葡萄枝干具有保护作用。所以，石硫合剂主要用于葡萄发芽前杀灭残留在树体的病菌、虫卵和螨类，施药浓度为自熬原液稀释至 5 波美度，或 29％ 水剂 6～8 倍液，或 45％ 晶体 100 倍液。葡萄生长期喷施为 0.2～0.3 波美度。

石硫合剂熬制方法——通常原料重量配比为生石灰：硫黄：水为（1～15）：2：（10～12）。用大小两口铁锅，大铁锅中按配比用水量加水入锅烧开；用少量开水放进小铁锅内加硫黄粉调成糊状，再移到大铁锅中（反复刷洗，直至小铁锅内硫黄糊干净彻底地移入）继续烧开，边烧边搅拌，待大锅内溶液将要沸腾时，再把生石灰倒入同一锅中充分搅拌，并猛烧用急火熬煮约 1 个小时（期间小铁锅也烧开水），并随时从小铁锅中取开水补充因熬制而损失的水分，待溶液熬成红褐色、渣滓成黄绿色时停火，冷却后滤除杂质，将红褐色原液放入缸内澄清 3～4 天，然后将澄清液吸出分装到小坛或瓶装，液面上放少量煤油隔绝空气，防止氧化（氧化后生成无效的硫化硫酸钙等），最后上口包扎塑料薄膜密封，可保存半年不失效。熬制的石硫合剂原液浓度一般为 20 波美度以上，使用时需加水稀释（参阅表 7-2）。

3. 科学使用农药

（1）有针对性选药　要根据葡萄不同生育期需要防治病虫害种类，有针对性地选择适合的农药品种和剂型。优先选择高效、低毒、低残留农药；其次选用对葡萄器官不敏感农药，禁止某些特别敏感的农药（如具有 2,4-D 丁酯成分的农药和除草剂）；不使用广谱性杀虫剂，以免杀灭天敌及非靶标生物，破坏生态平衡；防治刺吸式口器害虫应选用内吸杀虫剂，而不用胃毒剂；防治由葡萄瘿螨引起的葡萄毛毡病应选用杀螨剂，而不能选用杀菌剂等。

（2）要适时用药　防治葡萄病害应在未发病前喷施保护性药剂，一旦发现病症就应立即喷施治疗药剂。防治葡萄虫害一般在卵期、孵化盛期和低龄幼虫时期施药，作到"治早、治小、治了"。适时用药包含两个方面的意义：一是抓住防治病虫害的关键时期，会起到事半功倍的效果，如葡萄新梢长 50 厘米、开花前喷布两次波尔多液，基本可以控制春、夏（初夏）前葡萄灰霉病、黑痘病和炭疽病的发生；雨季喷布 80% 代森锰锌 600～800 倍液保护，预防霜霉病。二是要尽可能发挥农药的潜能，"一药多用"。如雨季多病同时暴发，发病前使用 50% 保倍福美双，能同时预防炭疽病、灰霉病和治疗白腐病，充分发挥农药的广谱性和高效性，提高药效。

（3）要适量用药 应根据不同时期、不同气候条件下，决定适宜的用药量，严格控制施药浓度和次数。要严格按农药说明书上规定加水量配制浓度，不能随意增加用药量和增多喷药次数。

（4）正确选用施药方法 应根据防治对象的特点和当时天气状况选用施药方法，该喷雾的就不要熏蒸。喷雾时，一要把喷雾器的喷孔调到喷液雾化；二要喷洒均匀周到，不遗漏、不流水。

（5）交替用药 葡萄某一种病害的化学防治可采用多种农药，通常一种农药连续使用，会对某种病菌产生抗药性，第二次使用时其药效就要大打折扣。农药的交替轮换使用有两方面好处，一是防止或减缓抗性产生，二是可有效减少某一种化学农药在葡萄上的残留量。

（6）农药合理混用 将两种或两种以上含有不同成分的农药制剂混配在一起使用，叫农药混用。合理混用农药，可扩大防治对象、延缓病虫抗药性、延长品种使用年限、提高防治效果，也可降低防治成本，充分发挥农药制剂的作用。

目前农药复配混用有两种方法：一种是农药厂即把两种以上农药原药混配加工制成不同制剂投入市场，葡农可直接使用，如甲霜灵·锰锌，是防止霜霉病的内吸性杀菌剂，施药后甲霜灵立即进入植物体内杀死病菌，起到治疗作用，而锰锌留在植物器官表面，阻止病菌再侵入，起到保护作用。另一种是葡农根据需要把两种以上农药现混现用，有杀菌剂加杀虫剂、杀虫剂加增效剂、杀菌剂甲加杀菌剂乙等。

农药合理混用原则：一是必须确保混用后化学性质稳定；二是必须确保混用后药剂的物理性状良好；三是必须确保混用后不产生药害等副作用；四是不了解上述三性状的混用效果的，一定要坚持先做田间试验后使用，达不到增效作用和产生副作用的一律停用。

4. 农药浓度表示与稀释方法 由于农药种类、剂型、有效成分等千差万别，有的农药产品包装说明又简单又"洋化"，葡农无所适从，不知如何配置和使用，成了病虫害防治的一道难题。本文将我国葡农田间用药遇到的若干农药稀释方法简介如下：

（1）药剂浓度的表示方法

①百分比浓度。表示 100 份药剂中含有效成分的份数，符号为%，容量百分比为%（V/V），质量百分比为%（m/m）。如 50% 退菌特可湿性粉剂，表示药剂中含有 50 份退菌特的有效成分。

②百万分浓度。表示 100 万份药液中含有有效成分的份数，符号为 ppm*，单位是毫克/千克或微升/升。如 50 毫克/千克赤霉素溶液，表示 100 万份溶液中含有 50 份赤霉素

---

* ppm 为非法定计量单位，1ppm＝1 毫克/千克。——编者注

有效成分。

③倍数法。表示稀释剂（水）的量为被稀释药剂的倍数，如制备 1∶0.5∶200 倍液的波尔多液，指的是 1 份硫酸铜、0.5 份生石灰、200 份水。

（2）农药稀释的计算方法

①内比法。稀释倍数较低（低于 100 倍时），计算稀释剂（水）用量时扣除原药剂所占份数。

浓度法公式：稀释剂（水）用量＝原药重量×（原药浓度－配药浓度）/配药浓度

例：5 千克 50％多菌灵可湿性粉剂，配成 0.5％的多菌灵药液，需要加多少水？

加水量（千克）＝5×（50％－0.5％）/0.5＝495（千克）

倍数法公式：稀释剂（水）用量＝原药份数×（稀释倍数－1）

例：5 千克石硫合剂稀释 75 倍时，需加多少水？

加水量（千克）＝5×（75－1）＝370（千克）

②外比法。稀释倍数较高（高于 100 倍）时，计算稀释剂（水）用量时不扣除原药剂所占份数。

浓度法公式：稀释剂（水）用量＝原药重量×原药浓度/配药浓度

例：10 克 90％比久可湿性粉剂稀释成 1 000 毫克/千克，需加多少水？

先将 90％比久换算成毫克/千克＝90×10 000＝900 000 毫克/千克

加水量＝10×900 000/1 000＝9 000 克

倍数法公式：稀释剂（水）用量＝原药剂用量×稀释倍数

例：5 千克退菌特可湿性粉剂，配成 600 倍液，需加多少水？

加水量＝5 千克×600＝3 000 千克

（3）不同浓度表示法之间的换算

①百分浓度与百万分浓度之间换算公式：

百万分浓度（毫克/千克）＝百分浓度（不带％）×10 000

例 1：1.5％乙烯利相当于多少百万分浓度？

1.5％乙烯利＝1.5×10 000＝15 000（毫克/千克）

例 2：50 毫克/千克赤霉素药液相当于多少百分浓度？

50 毫克/千克赤霉素＝50/10 000＝0.005％

②百分浓度与倍数之间的换算公式

百分浓度（％）＝原药浓度（带％）/稀释倍数×100

例 1：50％退菌特可湿性粉剂稀释 1 000 倍后的浓度，相当于百分之几？

50％退菌特稀释后的百分比浓度（％）＝50％/1 000＝0.05％

例 2：70％甲基托布津可湿性粉剂采用 0.07％浓度喷雾，应稀释多少倍？

应稀释倍数＝70％/0.07×100＝1 000 倍

（4）两种浓度不同药剂混用的用药量计算

高浓度药剂量＝［配药重量×（配药浓度－低浓度药剂浓度）］/（高浓度药剂浓度－低浓度药剂浓度）

低浓度药剂量＝配药重量－高浓度药剂重量

例：用2％和10％的杀虫双药液配置7％的杀虫双药液20千克，则：

10％杀虫双药液用量＝［20×（7％－2％）］／（10％－2％）＝12.5（千克）

2％杀虫双药液用量＝20－12.5＝7.5（千克）

七、附　　录

表7－2　配置不同浓度、数量的农药所需原药用量速查表

稀释倍数 / 配药量（千克）→ 所需原药量（克）	5	10	15	20	25	30	35	40	45	50
50	100	200	300	400	500	600	700	800	900	1 001
100	50	100	150	200	250	300	350	400	450	500
150	33.3	66.6	100	133	166	200	233	266.6	300	333
200	25	50	75	100	125	150	175	200	225	250
250	20	40	60	80	100	120	140	160	180	200
300	16.6	33.3	50	66.6	83.3	102	116.6	133.3	150	166.6
350	14.2	28.5	42.8	57	71.4	85.7	100	114	128	142.8
400	12.5	25	37.5	50	62.5	75	87.5	100	112.5	125
500	10	20	30	40	50	60	70	80	90	100
600	8.3	16.6	25.0	33.3	41.6	50.0	58.3	66.6	75.0	83.3
700	7.1	14.2	21.4	28.5	35.7	42.8	50.0	57.1	64.2	71.4
800	6.3	12.5	18.7	25.0	31.2	37.5	43.7	50.0	56.2	62.5
900	5.6	11.1	16.7	22.2	27.7	33.3	38.4	44.4	50.0	55.5
1 000	5.0	10	15	20	25	30	35	40	45	50
1 500	3.3	6.6	10.0	13.3	16.6	20.0	23.3	26.6	30.0	33.3
2 000	2.5	5.0	7.5	10	12.5	15	17.5	20	22.5	25
2 500	2.0	4.0	6.0	8.0	10	12	14	16	18	20
3 000	1.7	3.3	5.0	6.7	8.3	10.0	11.6	13.3	15.0	16.6
3 500	1.4	2.8	4.2	5.7	7.1	8.5	10	11.4	12.8	14.2
4 000	1.25	2.5	3.75	5.0	6.25	7.5	8.75	10.0	11.25	12.5
4 500	1.11	2.22	3.33	4.44	5.55	6.66	7.77	8.88	9.99	11.1
5 000	1.0	2.0	3.0	4.0	5.0	6.0	7.0	8.0	9.0	10.0
5 500	0.91	1.82	2.73	3.64	4.55	5.46	6.37	7.28	8.19	9.1
6 000	0.833	1.666	2.50	3.33	4.16	5.0	5.83	6.66	17.5	8.33

表 7-3　农药稀释倍数与有效成分浓度换算表

稀释浓度 / 有效成分含量 稀释倍数	100%	80%	50%	40%	30%	10%	5%	1%
100	10 000	8 000	5 000	4 000	3 000	1 000	500	100.0
200	5 000	4 000	2 500	2 000	1 500	500	250	50.0
300	3 333	2 666	1 666	1 333	1 000	333	166	33.3
400	2 500	2 000	1 250	1 000	750	250	125	25.0
500	2 000	1 600	1 000	800	600	200	100	20.0
600	1 666	1 333	833	666	500	166	83	16.6
700	1 423	1 142	714	571	428	142	71	14.2
800	1 250	1 000	625	500	375	125	62	12.5
900	1 111	888	555	444	333	111	55	11.1
1 000	1 000	800	500	400	300	100	50	10.0
1 500	666	533	333	266	200	66	33	6.6
2 000	500	400	250	200	150	60	25	5.0
3 000	333	266	166	133	100	50	16	3.3
4 000	250	200	125	100	75	33	12	2.5
5 000	200	160	100	80	60	25	10	2.0
10 000	100	80	50	40	30	20	5	1.0
20 000	50.3	40.0	25.0	20.0	15.0	10	2.5	0.5
30 000	33.3	26.6	16.6	13.3	10.0	5.0	1.6	0.3
40 000	25.0	20.0	12.5	10.0	7.5	3.3	1.2	0.25
50 000	20.0	16.0	10.0	8.0	6.0	2.0	1.0	0.2
100 000	10.0	8.0	5.0	4.0	3.0	0.1	0.5	0.1

表 7-4　石硫合剂重量稀释加水倍数表（波美度）

加水千克数 / 稀释倍数 原液浓度	0.1	0.2	0.3	0.4	0.5	1	2	3	4	5
15	74.5	37.0	24.5	18.3	14.5	7.0	3.3	2.0	1.4	1.0
16	79.5	39.5	26.6	19.5	15.5	7.5	3.5	2.2	1.5	1.1
17	84.5	42.0	27.6	20.8	16.5	8.0	3.8	2.4	1.6	1.2
18	89.5	44.8	29.8	21.9	17.5	8.5	4.0	2.5	1.7	1.3
19	94.5	47.0	31.7	23.5	18.5	9.0	4.3	2.7	1.8	1.4
20	99.5	49.5	32.9	24.6	19.5	9.5	4.5	2.9	2.0	1.5
21	104.5	52.5	35.0	25.7	20.5	10.0	4.8	3.0	2.1	1.6
22	109.5	54.5	36.2	27.0	21.5	10.5	5.0	3.2	2.3	1.7

（续）

原液浓度 \ 加水千克数 \ 稀释倍数	0.1	0.2	0.3	0.4	0.5	1	2	3	4	5
23	114.5	55.0	38.2	28.1	22.3	11.0	5.3	3.3	2.4	1.8
24	119.5	59.5	40.0	29.6	23.4	11.5	5.6	3.5	2.5	1.9
25	124.5	62.0	41.2	30.6	24.4	12.0	5.8	3.7	2.6	2.0
26	129.5	64.5	43.5	32.0	25.4	12.5	6.0	3.8	2.8	2.1
27	134.5	67.2	44.7	33.4	26.4	13.0	6.3	4.0	2.9	2.2
28	139.5	69.4	46.4	34.7	27.4	13.5	6.6	4.2	3.0	2.3
29	144.5	72.0	48.0	35.6	28.4	14.0	6.8	4.3	3.1	2.4
30	149.5	74.5	49.9	36.8	29.4	14.5	7.0	4.5	3.3	2.5
31	154.5	77.0	51.5	38.1	30.2	15.0	7.3	4.7	3.4	2.6
32	159.5	79.5	53.3	39.4	31.5	15.5	7.5	4.8	3.5	2.8
33	164.5	87.0	54.5	40.9	32.5	16.0	7.8	5.0	3.6	2.8
34	169.5	89.6	56.5	42.1	33.3	16.5	8.0	5.2	3.8	2.9

表 7-5 液体农药稀释倍数查对表

稀释倍数 \ 药量（毫升） \ 加水量（千克）	5	8	10	20	30	40	50
200	25.0	40.0	50.0	100.0	150.0	200.0	250.0
250	20.0	32.0	40.0	80.0	120.0	160.0	200.0
300	16.7	26.7	33.3	66.7	100.0	133.2	166.5
500	10.0	16.0	20.0	40.0	60.0	80.0	100.0
800	6.3	10.0	12.5	25.0	37.5	50.0	62.5
1 000	5.0	8.0	10.0	20.0	30.0	40.0	50.0
1 500	3.3	5.3	6.7	13.4	20.0	26.8	33.5
2 000	2.5	4.0	5.0	10.0	15.0	20.0	25.0
3 000	1.7	2.7	3.3	6.6	10.0	13.2	16.5
4 000	1.3	2.0	2.5	5.0	7.5	10.0	12.5
5 000	1.0	1.6	2.0	4.0	6.0	8.0	10.0
8 000	0.63	1.0	1.25	2.5	3.75	5.0	6.25

注：1千克＝1 000毫升。

八、我国红地球葡萄产区病虫害防治规范

1. 河南红地球葡萄病虫害防治规范（表 7-6）

表7-6　河南红地球葡萄病虫害防治规范

时　　期		措　　施	备　注
发芽前		石硫合剂（或铜制剂或其他）	
发芽后至开花前	2～3叶	80%水胆矾石膏800倍液＋杀虫剂（如联苯菊酯或菊马乳油或辛氰乳油或高效氯氰或甲维盐等）	一般使用3次杀菌剂，1次杀虫剂
	花序分离	50%保倍福美双1 500倍液＋40%嘧霉胺1 000倍液＋保倍硼2 000倍液	
	开花前	70%甲基硫菌灵（丽致）1 200倍液＋保倍硼3 000倍液（＋杀虫剂）	
谢花后至套袋前	谢花后2～3天	42%代森锰锌悬浮剂800倍液＋20%苯醚甲环唑3 000倍液＋40%嘧霉胺1 000倍液	根据套袋时间，使用2～3次药剂，套袋前处理果穗，缺锌的果园可以加锌钙氨基酸300倍液2～3次
	谢花后8～10天	50%保倍福美双1 500倍液＋40%氟硅唑8 000倍液	
	谢花后20天左右	42%代森锰锌悬浮剂600倍液＋70%甲基硫菌灵1 200倍液	
	套袋前1～3天	50%保倍3 000倍液＋20%苯醚甲环唑2 000倍液＋97%抑菌唑4 000倍液（＋杀虫剂）	套袋前处理果穗（蘸果穗或喷果穗）＋展着剂
套袋后至成熟		50%保倍福美双1 500倍液	
		42%代森锰锌悬浮剂800倍液＋50%金科克4 000倍液	
		80%水胆矾石膏800倍液＋杀虫剂（如10%高效氯氰2 000倍液或联苯菊酯或菊马乳油或灭蝇胺等）	根据具体情况使用药剂
		铜制剂	
		铜制剂（＋特殊内吸性药剂）	
采收期		不摘袋的不施用药剂	不使用药剂
采收后		1～4次药剂，以铜制剂为主	根据采收期确定

注：引自王忠跃，中国葡萄病虫害与综合防控技术，2009。

规范措施的解释、说明，气候或其他情况变化后的调整如下：

（1）发芽前　发芽前，是减少或降低病原菌、害虫数量的重要时期，在田间清理果园的基础上，应根据天气和病虫害的发生情况选择措施。一般情况下，使用5波美度的石硫合剂；雨水多、发芽前枝蔓湿润时间长时，使用波尔多液或80%水胆矾300～500倍液，喷洒时尽量均匀周到，枝蔓、架、田间杂物（桩、杂草等）都要喷洒药剂。

如果果园有特殊情况，可以根据具体情况采取特殊措施。对于病虫害比较复杂的果园，使用80%水胆矾石膏300～500倍液＋机油乳剂。对于上年白腐病严重的果园，可在施用石硫合剂前7天左右，使用1次50%福美双600倍液。埋土时枝干有损伤的果树，对伤口可以用20%苯醚甲环唑2 000倍液处理伤口。

（2）发芽后至开花前　发芽后至开花前是病虫害防治最重要的时期之一，是体现规范防治中"前狠后保"关键时期。一般使用3次药剂（杀虫剂与杀菌剂混合使用）；春雨较多的年份，使用4次药剂（1～2次杀虫剂，4次杀菌剂，混合使用）。

①2～3叶期。一般年份，绿盲蝽都有危害，是必须防治的害虫。黑痘病不是问题，

但需要使用保护性杀菌剂；有介壳虫的果园，把杀虫剂换成 25％吡蚜酮 1 500～2 000 倍液或苯氧威。去年黑痘病比较严重的葡萄园，使用 16％辛硫磷•氰戊菊酯 1 000 倍液（或联苯菊酯或菊马乳油、高效氯氰菊酯、甲维盐等）＋80％水胆矾石膏 800 倍液（＋40％氟硅唑 8 000 倍液）。

②4～6 叶期。一般不使用药剂。干旱年份或虫害（绿盲蝽、介壳虫、叶蝉）严重的葡萄园，在这个时期增加使用 1 次杀虫剂；雨水多的年份，这个时期增加使用 1 次保护性杀菌剂。

③花序分离期。一般使用 50％保倍福美双 1 500 倍液＋40％嘧霉胺 1 000 倍液＋保倍硼 2 000 倍液。

斑衣蜡蝉发生普遍的葡萄园，使用 50％保倍福美双 1 500 倍液＋40％嘧霉胺 1 000 倍液＋21％保倍硼 2 000 倍液＋杀虫剂。

④开花前。一般情况下，开花前使用 70％甲基硫菌灵 1 200 倍液＋硼肥。田间还有绿盲蝽、蓟马、金龟子、叶甲等危害的葡萄园，需要混加杀虫剂。

春季雨水多，尤其有霜霉病早发风险时，使用 70％甲基硫菌灵（丽致）1 200 倍液＋50％金科克 4 000 倍液＋21％保倍硼 3 000 倍液。

（3）花期 花期一般不使用农药；遇到特殊情况，按照救灾措施使用药剂。施药时，尽可能避开盛花期，最好选择晴天的下午用药。

（4）花后至套袋 谢花后到套袋前的药剂防治：早套袋（谢花后 20～25 天套袋），使用 2 次药；晚套袋（谢花后 30 天左右套袋），用 3 次药。药剂有：①42％代森锰锌悬浮剂 800 倍液＋20％苯醚甲环唑 3 000 倍液＋40％嘧霉胺 1 000 倍液。②50％保倍福美双 1 500 倍液＋40％氟硅唑 8 000 倍液。③42％代森锰锌悬浮剂 600 倍液。

需要补锌和钙的果园，可以在以上药剂中混加锌钙氨基酸 300 倍液。

套袋前果穗处理：套袋前必须对果穗进行喷药消毒杀菌，药液干燥后就可以套袋，具体如下：

一般情况，使用 50％保倍 3 000 倍液＋20％苯醚甲环唑 2 000 倍液＋70％甲基硫菌灵 1 200 倍液处理果穗（蘸果穗或喷果穗）。

去年有杂菌感染果穗的、果实腐烂严重的葡萄园，使用 50％保倍 3 000 倍漓＋97％抑霉唑 4 000 倍液＋20％苯醚甲环唑 2 000 倍液，处理果穗。

去年灰霉病比较严重的葡萄园，用 50％保倍 3 000 倍液＋50％烟酰胺 1 200 倍液（或 40％嘧霉胺 800 倍液）处理果穗。

去年炭疽病较重的果园，用 50％保倍 2 000 倍液＋20％苯醚甲环唑 1 500 倍液＋97％抑霉唑 4 000 倍液（＋杀虫剂）处理果穗。

袋内容易受到虫害的（粉蚧、棉铃虫、甜菜夜蛾等），果穗处理的药剂中加入杀虫剂（如 3％苯氧威 1 000 倍液或 1％甲维盐水分散粒剂 1 500～2 500 倍液、25％吡蚜酮 1 500 倍液等）。

（5）套袋后至摘袋

①规范防治措施。套袋后，以铜制剂为主，10～15 天 1 次（雨水多时，7～8 天 1 次）。建议如下：

a. 套袋后马上施用 50％保倍福美双 1 500 倍液。

b. 代森锰锌（42％代森锰锌悬浮剂 600 倍液或 80％代森锰锌可湿剂粉剂 600 倍液）＋50％金科克 4 000 倍液。进入 7 月上中旬（雨季来临前）施用。

c. 转色期：80％水胆矾 800 倍液＋10％高效氯氰 2 000 倍液（或联苯菊酯、菊马乳油、灭蝇胺等）。

d. 其他时期：铜制剂。

②调整措施。霜霉病发生后，按照救灾预案处理。

（6）摘袋后至采收 采摘前不摘袋的，一般不使用药剂。如果摘袋采收，摘袋后遇雨水，可以使用 1 次 97％抑霉唑水溶性粉剂 4 000 倍液或 50％啶酰菌胺 1 500 倍液，专喷果穗（但注意不要出现药滴）。

（7）采摘后 采收后至少使用 2 次药：采收后立即使用 1 次铜制剂；开始落叶前，再使用 1 次铜制剂。如果出现比较普遍的霜霉病，使用铜制剂＋50％金科克 3 000 倍液（或 80％霜脲氰 2 500 倍液），按照 10～15 天/次处理，直到落叶。如果发现天蛾、卷叶蛾等虫害，使用波尔多液 150～180 倍液＋80％敌百虫 1 000 倍液。

2. 山西省曲沃县红地球葡萄病虫害防治规范（表 7-7）

表 7-7　山西省曲沃县红地球葡萄病虫害防治规范

时　期		措　施	备　注
发芽前		石硫合剂（或铜制剂或其他）	
发芽后至开花前	2～3 叶	杀虫剂＋80％水胆矾石膏 800 倍液	一般使用 3 次杀菌剂，1～2 次杀虫剂
	花序分离	50％保倍福美双 1 500 倍液＋40％嘧霉胺 1 000 倍液＋保倍硼 2 000 倍液	
	开花前	70％甲基硫菌灵（丽致）1 200 倍液＋保倍硼 3 000 倍液（＋杀虫剂）	
谢花后至套袋前	谢花后 2～3 天	42％代森锰锌悬浮剂 800 倍液＋20％苯醚甲环唑 3 000 倍液＋40％嘧霉胺 1 000 倍液	根据套袋时间，使用 2～3 次药剂，套袋前处理果穗，缺锌的果园可以加锌钙氨基酸 300 倍液 2～3 次
	谢花后 8～10 天	50％保倍福美双 1 500 倍液＋70％甲基硫菌灵（丽致）1 200 倍液	
	谢花后 20 天左右	42％代森锰锌悬浮剂 600 倍液	
	套袋前 1～3 天	50％保倍 3 000 倍液＋20％苯醚甲环唑 2 000 倍液＋40％嘧霉胺 10 000 倍液（＋杀虫剂）	套袋前处理果穗（蘸果穗或喷果穗）＋展着剂
套袋后至成熟		50％保倍福美双 1 500 倍液	
		42％代森锰锌悬浮剂 800 倍液＋50％金科克 4 000 倍液	
		80％水胆矾石膏 800 倍液＋杀虫剂（如 10％高效氯氰 2 000 倍液或联苯菊酯、菊马乳油、灭蝇胺等）	根据具体情况使用药剂
		铜制剂	
		铜制剂（＋特殊内吸性药剂）	
采收期		不摘袋的不施用药剂	不使用药剂
采收后		1～4 次药剂，以铜制剂为主	根据采收期确定

注：引自王忠跃，中国葡萄病虫害与综合防控技术，2009。

3. 陕西省合阳红地球葡萄病虫害防治规范（表7-8）

表7-8 陕西省合阳红地球葡萄病虫害防治规范

时 期		措 施	备 注
发芽前		石硫合剂（或铜制剂或其他）	
发芽后至开花前	2～3叶	杀虫剂＋80％水胆矾石膏800倍液	一般使用3次杀菌剂，1～2次杀虫剂
	花序分离	50％保倍福美双1 500倍液＋40％嘧霉胺1 000倍液＋保倍硼2 000倍液	
	开花前	70％甲基硫菌灵（丽致）1 200倍液＋保倍硼3 000倍液（＋杀虫剂）	
谢花后至套袋前	谢花后2～3天	42％代森锰锌悬浮剂800倍液＋20％苯醚甲环唑3 000倍液＋40％嘧霉胺1 000倍液	根据套袋时间，使用2～3次药剂，套袋前处理果穗，缺锌的果园可以加锌钙氨基酸300倍液2～3次
	谢花后8～10天	50％保倍福美双1 500倍液＋70％甲基硫菌灵（丽致）1 200倍液	
	谢花后20天左右	42％代森锰锌悬浮剂600倍液	
	套袋前1～3天	50％保倍3 000倍液＋20％苯醚甲环唑2 000倍液＋40％嘧霉胺1 0000倍液（＋杀虫剂）	套袋前处理果穗（蘸果穗或喷果穗）＋展着剂
套袋后至成熟		50％保倍福美双1 500倍液	根据具体情况使用药剂
		42％代森锰锌悬浮剂800倍液＋50％金科克4 000倍液	
		80％水胆矾石膏800倍液＋杀虫剂（如10％高效氯氰2 000倍液或联苯菊酯、菊马乳油、灭蝇胺等）	
		铜制剂	
		铜制剂（＋特殊内吸性药剂）	
采收期		不摘袋的不施用药剂	不使用药剂
采收后		1～4次药剂，以铜制剂为主	根据采收期确定

注：引自王忠跃，中国葡萄病虫害与综合防控技术，2009。

4. 河北中南部地区红地球葡萄病虫害防治规范（表7-9）

表7-9 河北中南部地区（石家庄、饶阳县等）红地球葡萄病虫害防治规范

时 期		措 施	备 注
发芽前		石硫合剂（或铜制剂或其他）	
发芽后至开花前	2～3叶	80％水胆矾石膏800倍液＋杀虫剂	一般使用3次杀菌剂，1次杀虫剂
	花序分离	50％保倍福美双1 500倍液＋21％保倍硼2 000倍液	
	开花前	70％甲基硫菌灵800倍液＋保倍硼3 000倍液（＋杀虫剂）	
谢花后至套袋前	谢花后2～3天	50％保倍福美双1 500倍液＋70％甲基硫菌灵（丽致）1 200倍液	根据套袋时间，使用2～3次药剂，套袋前处理果穗，缺锌的果园可以加锌钙氨基酸300倍液2～3次
	谢花后8～10天	42％代森锰锌悬浮剂800倍液＋20％苯醚甲环唑3 000倍液	

（续）

时　期		措　施	备　注
	谢花后 10 天左右	42%代森锰锌悬浮剂 600 倍液	
	套袋前 1～3 天	50%保倍 3 000 倍液＋20%苯醚甲环唑 2 000 倍液＋40%嘧霉胺 10 000 倍液（＋杀虫剂）	套袋前处理果穗（蘸果穗或喷果穗）＋展着剂
套袋后至成熟		50%保倍福美双 1 500 倍液	
		42%代森锰锌悬浮剂 800 倍液＋50%金科克 4 000 倍液	
		80%水胆矾石膏 800 倍液＋杀虫剂（如高效氯氰或联苯菊酯、菊马乳油、灭蝇胺等）	根据具体情况使用药剂
		铜制剂	
		铜制剂（＋特殊内吸性药剂）	
采收期		不摘袋的不施用药剂	不使用药剂
采收后		1～4 次药剂，以铜制剂为主	根据采收期确定

注：引自王忠跃，中国葡萄病虫害与综合防控技术，2009。

5. 河北中南部地区设施栽培葡萄病虫害防治规范（表 7‑10）

表 7‑10　河北饶阳设施栽培葡萄病虫害防治措施

时　期		措　施	备　注
发芽前		5 波美度石硫合剂	绒毛期到吐绿期使用
发芽后至开花前	2～3 叶	2.0%阿维菌素 3 000 倍液	
	花序分离	50%保倍福美双 1 500 倍液＋保倍硼 2 000 倍液	一般使用 2 次杀菌剂，1 次杀虫剂
	开花前	50%啶酰菌胺 1 500 倍液（低温天气，用 1 200 倍液）或 70%甲基硫菌灵（丽致）1 000～1200 倍液	
谢花后至封穗前	谢花后 2～3 天	40%嘧霉胺 1 000 倍液（＋杀虫剂）	
	8～10 天	20%苯醚甲环唑 3 000～4 000 倍液	花后要针对灰霉病和白腐病，并且要单独喷 1 次果穗
	10 天后	50%保倍 3 000 倍液＋20%苯醚甲环唑 3 000 倍液（10%美铵 600 倍液）	
转色期		80%水胆矾石膏 800 倍液＋10%高效氯氰 2 000 倍液（或联苯菊酯、菊马乳油、甲维盐等）	没有酸腐病的葡萄园不用
采收			不使用药剂
采收后		不揭膜的不施用药剂	注意通风

注：引自王忠跃，中国葡萄病虫害与综合防控技术，2009。

6. 辽宁熊岳及周边地区红地球葡萄病虫害防治规范（表 7‑11）

表 7 - 11　辽宁熊岳及周边地区红地球葡萄病虫害防治规范

时　期		措　施	备　注
发芽前		石硫合剂（或铜制剂或其他）	
	2～3 叶	80％水胆矾石膏 800 倍液＋杀虫剂（如高效氯氰 2 000 倍液或联苯菊酯、菊马乳油等）	
发芽后至开花前	花序分离	50％保倍福美双 1 500 倍液＋40％嘧霉胺 1 000 倍液＋保倍硼 2 000 倍液	一般使用 3 次杀菌剂，1 次杀虫剂
	开花前	70％甲基硫菌灵（丽致）1 200 倍液＋保倍硼 3 000 倍液＋杀虫剂	
谢花后至套袋前	谢花后 2～3 天	42％代森锰锌悬浮剂 800 倍液＋20％苯醚甲环唑 2 000 倍液＋97％抑霉唑 4 000 倍液（＋杀虫剂）	根据套袋时间，使用 2～3 次药剂，套袋前处理果穗，缺锌的果园可以加锌钙氨基酸 300 倍液 2～3 次
	谢花后 8～10 天	50％保倍福美双 1 500 倍液＋70％甲基硫菌灵（丽致）1 200 倍液	
	谢花后 20 天左右	42％喷富露 600 倍液	
	套袋前 1～3 天	50％保倍 3 000 倍液＋20％苯醚甲环唑 2 000 倍液＋97％抑霉唑 4 000 倍液（＋杀虫剂）	套袋前处理果穗（蘸果穗或喷果穗）＋展着剂
套袋后至摘袋前		50％保倍福美双 1 500 倍液	根据具体情况使用药剂
		42％代森锰锌悬浮剂 800 倍液＋50％金科克 4 000 倍液	
		80％水胆矾石膏 800 倍液＋杀虫剂	
		铜制剂	
		铜制剂（＋特殊内吸性药剂）	
采收期		不摘袋的不施用药剂	不使用药剂
采收后		1～4 次药剂，以铜制剂为主	根据采收期确定

注：引自王忠跃，中国葡萄病虫害与综合防控技术，2009。

7. 云南宾川县红地球葡萄病虫害防治规范（表 7 - 12）

表 7 - 12　云南宾川县红地球葡萄病虫害防治规范

时　期		措　施	备　注
发芽前		硫制剂（80％硫黄水分散粒剂 600 倍液、石硫合剂）	绒毛期到吐绿期使用
	2～3 叶	20％苯醚甲环唑 3 000 倍液＋甲维盐＋吡虫啉	
发芽后至开花前	花序展露	杀虫剂（如高效氯氰或联苯菊酯、菊马乳油）	杀虫剂间隔不要超过 6 天
	花序分离	50％保倍福美双 1 500 倍液＋21％保倍硼 2 000 倍液	
	开花前	70％甲基硫菌灵（丽致）1 200 倍液＋5％啶虫脒＋锌肥	
谢花后至套袋前	谢花后 2～3 天	50％保倍福美双 1 500 倍液＋50％金科克 3 000 倍液＋70％吡虫啉水分散粒剂 7 500 倍液	谢花后 15 天左右，用 15 毫克/千克 GA$_3$＋40％嘧霉胺 1 000 倍液处理果穗

（续）

时　期		措　施	备　注
谢花后至套袋前	15 天	42％代森锰锌悬浮剂 800 倍液＋20％苯醚甲环唑 3 000 倍液	套袋前（最后一次药 5 天左右）用 50％保倍 3 000 倍液＋20％苯醚甲环唑 1 500 倍液蘸果穗＋展着剂
	10 天后	50％保倍福美双 1 500 倍液＋40％氟硅唑 8 000 倍液	
	15 天后	42％代森锰锌悬浮剂 800 倍液（花后 30 天套袋的不用）	
套袋后至采收前	套袋后	铜制剂，如 80％水胆矾石膏 600～800 倍液	
	10 天后	50％保倍 3 000 倍液＋50％金科克 3 000 倍液	
	20 天后	80 水胆矾石膏 600～800 倍液	
采收期	不摘袋	根据采收期的长短使用 1～2 次保护性杀菌剂，10 天左右 1 次	发现霜霉病问题请参考紧急处理措施
	摘袋后	不使用农药	
采收后		采收后，立即使用 1 次 50％保倍福美双 1 500 倍液；20 天后，使用保护性杀菌剂，10～15 天 1 次，直到落叶；9 月底必须叶面喷施锌肥、硼肥	发现问题请参考紧急处理措施

注：引自王忠跃，中国葡萄病虫害与综合防控技术，2009。

转色期套袋的，开花后到采收前按如下调整（表 7-13）：

表 7-13　云南宾川县晚套袋（转色期套袋）红地球葡萄病虫害防治规范

时　期		措　施	备　注
谢花后至套袋前	谢花后 2～3 天	50％保倍福美双 1 500 倍液＋50％金科克 3 000 倍液＋70％吡虫啉水分散粒剂 7 500 倍液	谢花后 15 天左右，用 15 毫克/千克 GA₃＋40％嘧霉胺 1 000 倍液处理果穗
	15 天后	42％代森锰锌悬浮剂 800 倍液＋20％苯醚甲环唑 3 000 倍液	套袋前（最后一次药 5 天左右）50％保倍 3 000 倍液＋20％苯醚甲环唑 1 500 倍液蘸果穗
	10 天后	50％保倍福美双 1 500 倍液＋40％氟硅唑 8 000 倍液	
	15 天后	42％代森锰锌悬浮剂 800 倍液	
套袋后至采收前	10 天后	50％保倍 3 000 倍液＋50％金科克 3 000 倍液	
	套袋后	80％水胆矾石膏 600～800 倍液＋杀虫剂	发现霜霉病问题请参考紧急处理措施
	10 天后	80％水胆矾石膏 600～800 倍液	

注：发芽前、发芽后至花期，与表 7-12 一致
注：引自王忠跃，中国葡萄病虫害与综合防控技术，2009。

8. 南方避雨栽培红地球葡萄病虫害防治规范（表 7-14）

表 7-14　南方避雨栽培葡萄病虫害防治规范

时　期		措　施	备　注
发芽前		5 波美度石硫合剂	绒毛期使用，使用越晚防治效果越好，但注意不要伤害幼芽和幼叶
发芽后至开花前	2～3 叶	杀虫剂或杀虫杀螨剂	一般使用 2 次杀菌剂，1 次杀虫剂
	花序分离	50％保倍福美双 1 500 倍液＋40％嘧霉胺 800 倍液＋保倍硼 2 000 倍液	
	开花前	70％甲基硫菌灵（丽致）1 200 倍液＋50％啶酰菌胺 1 500 倍液	

（续）

时　期		措　施	备　注
谢花后至套袋前	谢花后2～3天	50％保倍福美双1 500倍液＋40％嘧霉胺1 000倍液（＋杀虫剂）	根据套袋时间，使用2～3次药剂，套袋前处理果穗（蘸果穗或喷果穗）；处理果穗药剂＋展着剂
	15天左右	20％苯醚甲环唑3 000～4 000倍液	
	套袋前1～3天	50％保倍3 000倍液＋20％苯甲3 000倍液＋97％抑霉唑4 000倍液（或50％啶酰菌胺1 200倍液）（＋杀虫剂）	
套袋后至摘袋前		80％戊唑醇8 000～10 000倍液或20％苯醚甲环唑3 000倍液	
		80％水胆矾石膏600倍液＋杀虫剂（如高效氯氰或联苯菊酯、菊马乳油、灭蝇胺等）	
采收期			不使用药剂
采收后		马上用1次线粒体呼吸抑制剂，如保倍、吡唑醚菌酯等，之后可以使用铜制剂	根据品种、揭膜时间确定

注：引自王忠跃，中国葡萄病虫害与综合防控技术，2009。

9. 湖南澧县避雨栽培欧亚种葡萄病虫害防治规范（表7-15）

表7-15　湖南澧县避雨栽培欧亚种葡萄病虫害防治规范

时　期		措　施	备　注
发芽前		5波美度石硫合剂	绒毛期使用，使用越晚防治效果越好，但注意不要伤害幼芽和幼叶
发芽后至开花前	2～3叶	80％水胆矾石膏800倍液	一般使用2次杀菌剂，1次杀虫剂
	花序分离	50％保倍福美双1 500倍液＋（40％嘧霉胺1 000倍液）＋21％保倍硼2 000倍液	
	开花前	20％苯醚甲环唑3 000倍液＋50％啶酰菌胺1 200倍液＋锌钙氨基酸400倍液	
谢花后至套袋前	谢花后2～3天	40％嘧霉胺1 000倍液＋锌钙氨基酸300倍液（＋杀虫剂）	根据套袋时间，使用2～3次药剂，套袋前处理果穗（蘸果穗或喷果穗）；处理果穗药剂＋展着剂
	8～10天	20％苯醚甲环唑3 000～4 000倍液＋50％多菌灵·乙霉威600倍液＋锌钙氨基酸300倍液	
	套袋前1～3天	50％保倍3 000倍液＋97％抑霉唑4 000倍液（＋杀虫剂）	
套袋后至摘袋前	套袋后	（50％保倍福美双1 500倍液）＋（甲维盐）	对于上年生理落果较重的果园，可以另外施用磷钾氨基酸300倍液3～6次
	转色期	80％水胆矾石膏600倍液＋杀虫剂（如高效氯氰或联苯菊酯、菊马乳油、灭蝇胺等）	
采收期			不使用药剂
采收后至落叶		0～2次药剂，以铜制剂为主	根据揭膜时间和天气确定

注：引自王忠跃，中国葡萄病虫害与综合防控技术，2009。

10. 湖南岳阳避雨栽培欧亚种葡萄病虫害防治规范（表 7 - 16）

表 7 - 16　湖南岳阳避雨栽培欧亚种葡萄病虫害防治规范

时　期		措　施	备　注
发芽前		5 波美度石硫合剂	绒毛期使用，使用越晚防治效果越好
发芽后至开花前	2～3 叶期	80％水胆矾石膏 800 倍液＋杀虫剂	一般使用 3 次杀菌剂，1 次杀虫剂
	花序分离	50％保倍福美双 1 500 倍液＋（40％嘧霉胺 1 000 倍液）＋21％保倍硼 2 000 倍液	
	开花前	20％苯醚甲环唑 3 000 倍液＋50％烟酰胺 1 500 倍液＋锌钙氨基酸 400 倍液	
	谢花后 2～3 天	40％嘧霉胺 1 000 倍液＋锌钙氨基酸 300 倍液（＋杀虫剂）	
谢花后至套袋前	8～10 天后	20％苯醚甲环唑 3 000～4 000 倍液＋锌钙氨基酸 300 倍液	根据套袋时间，使用 2～3 次药剂，套袋前处理果穗（蘸果穗或喷果穗）；处理果穗药剂＋展着剂
	套袋前 1～3 天	50％保倍 3 000 倍液＋97％抑霉唑 4 000 倍液（或 50％烟酰胺 1 000 倍液）（＋杀虫剂）	
套袋后至摘袋前	套袋后	（50％保倍福美双 1 500 倍液）＋（甲维盐）	对于上年生理落果较重的果园，可以另外施用磷钾氨基酸 300 倍液 3～6 次
	转色	80％水胆矾石膏 600 倍液＋杀虫剂（如高效氯氰或联苯菊酯、菊马乳油、灭蝇胺等）	
采收期			不使用药剂
采收后至落叶		0～2 次药剂，以铜制剂为主	根据揭膜时间和天气确定

注：引自王忠跃，中国葡萄病虫害与综合防控技术，2009。

11. 北京张山营有机葡萄园病虫害防治规范

（1）有机葡萄园可以使用的药剂

杀菌剂：波尔多液、80％水胆矾石膏（波尔多液）可湿性粉剂、石硫合剂、硫黄（80％水分散粒剂、悬浮剂）、其他经过认证的天然物质（微生物发酵产品，比如武夷菌素、农抗 120 等）、活体微生物（芽孢杆菌）等。

杀虫剂：机油（或矿物油、柴油）乳剂、其他经过认证的天然提取物（藜芦醇、苦参碱、大蒜提取物、烟草提取物等）。

（2）张山营有机葡萄园病虫害防治简表（表 7 - 17）

表 7 - 17　张山营有机葡萄园（套袋）病虫害防治简表

时　期		措　施	备　注
发芽前		5 波美度石硫合剂	
发芽后至开花前	2～3 叶	80％水胆矾石膏 400 倍液（＋机油乳剂）	一般使用 3 次杀菌剂，1 次杀虫剂
	开花前	1％武夷菌素水剂 100 倍液＋保倍硼 3 000倍液	

（续）

时　期		措　施	备　注
谢花后至套袋前	谢花后2～3天	5亿活芽孢/毫升枯草芽孢杆菌50倍液＋保倍硼	谢花后到套袋，使用1次药剂，但最好在套袋前处理果穗（涮果穗或喷果穗）
	套袋前1～3天	80%水胆矾石膏500～600倍液	建议谢花后到套袋使用2次药剂
套袋后至摘袋前		0.3%苦参碱乳油600倍液 石硫合剂或硫黄（80%水分散粒剂、悬浮剂） 80%水胆矾石膏500～600倍液＋机油乳剂 波尔多液	根据具体情况使用2～4次药剂。套袋后的第一次药剂，对于有虫害的葡萄园，使用80%水胆矾石膏600倍液＋有机乳剂代替波尔多液
采收期			不使用药剂
采收后至落叶		波尔多液	使用1～2次

注：引自王忠跃，中国葡萄病虫害与综合防控技术，2009。

第八章 红地球葡萄灾害防治

一、冷害和冻害的防治

1. 冷害和冻害的概念及发生机理

（1）冷害 冷害，是指0℃以上低温对植物的生理性伤害。它的起因往往与葡萄受害组织的生理代谢受到干扰有关，由于葡萄起源于温暖的地中海沿岸，缺乏耐低温的基因，秋后一旦遇到寒潮天气，葡萄植株还没有进入抗寒锻炼进程或尚未达到第一阶段抗寒锻炼目标（停止生长），具有绿色组织的细胞脱水生理就可能中止，葡萄耐低温的能力就大大降低。如果寒潮时间较短，这种生理干扰会很快恢复；如果寒潮时间较长，延续干扰下去，葡萄枝芽韧皮部组织可能受冷害变色。

（2）冻害 冻害，是指0℃以下低温对植物的破坏性伤害。葡萄发生冻害原因相当复杂，内外因又交织在一起，少量文字篇幅根本阐述不清，而且至今还没有在学术界得到统一。读者感兴趣的话，请从本书最后"参考文献"中寻找。现将葡萄冻害的生理原因归纳如下：

最初认为是组织细胞内结冰，由于冰晶体积膨胀的机械作用，破坏了细胞结构，导致细胞死亡。后来又发现，伴随温度进一步降低，使细胞内的水分逐渐外排，迅速在细胞外结冰，使细胞体积膨胀挤压原生质受破坏而死亡。尔后，为近代实验观察所证实，植物低温冻害首先是生物膜体系受破坏所致，而细胞内液泡的破坏才是冻害致死的临界线。

2. 冷害和冻害在红地球葡萄上的表现

（1）葡萄冷害的表现 红地球葡萄"怕冷"习性较其他葡萄品种明显，首先表现在秋季当年新梢"贪青"，尤其韧皮组织迟迟不能进入自然休眠，仍然是绿色。当温度降至接近0℃时，由于枝条木质化程度不够，韧皮部组织受冷害才变成伤害的褐色和黑色。越冬后，受害较轻的枝段，随着温度逐渐回升可以得到某种程度的恢复，只是芽体受到一些影响而延迟萌芽和萌芽率降低；但韧皮部已变黑色的枝段，则出现枯死。其次表现在葡萄开花坐果期，当温度−0.6℃以下时，花蕾受损，不开花就脱落，已开花也不能坐果而落花，坐果后果实发生病变，出现颜色加深、风味变淡，不耐贮藏等生理变化。

（2）葡萄冻害的表现 红地球葡萄"怕冻"给我国葡萄产业造成危害是有目共睹的，主要是早霜冻害，严寒冻害或抽条，有时也发生晚霜冻害。

①早霜冻害。葡萄原产于暖温带地区，在寒冷地区栽培，往往不能自然落叶，而是依靠霜打落叶。正常年份，秋末随气温逐渐下降，先出现轻霜，再中霜，后重霜和霜冻。葡萄植株的抗寒锻炼逐步深入，抗寒能力也随之增强，即使后来出现重霜或霜冻，也只能对尚未木质化的部分引起冻害，并不影响来年葡萄的正常萌发生长。而秋末当气温突然急剧下降至零下，前后温差较大时，那些"贪青"的枝条和靠近地表的主蔓根茎部位尚未完成抗寒锻炼，不仅外部因水汽凝结成霜，而且侵入组织内结冰，使组织坏死，出现冬芽枯死

脱落、枝条韧皮部变褐、下陷及裂皮等症状。轻者来年发芽晚或很少萌发，树体衰弱，减产；重者绝产，枝蔓大量枯死，甚至整株死亡和毁园。如1993年10月中旬，突然寒潮来临，气温由18℃在一夜之间降至一9℃，持续3天，不仅东北、内蒙古、西北北部冬季寒冷地区的葡萄发生不同程度的冻害，而且河北、山东、河南、山西部分地区的葡萄，由于抗寒锻炼开始较晚，抗寒锻炼进行程度更加不足，所以葡萄植株冻害更加严重，冬芽大量枯死，徒长新梢几乎全部枯死，出现大量死树。早霜危害经常出现在无霜期短的葡萄产区，有时由于秋季寒潮频繁，无霜期稍长地区葡萄尚未作好越冬抗寒锻炼的准备，也发生早霜危害。

②严寒冻害。冬季最低气温经常在一20℃以下地区，葡萄植株越冬保护不好就易遭受冻害，尤其是根系和根颈部极易受害。

根颈是葡萄植株地上部枝蔓与地下部根系的交界处，上下营养交流频繁，生理代谢非常活跃，对外界温度也是最为敏感的部分，并且还由于进入休眠最晚，而解除休眠又早，当地面温度变化时它首先受冻。红地球葡萄新栽幼树，往往因根颈受冻，在春季不萌芽，地上部枝蔓枯死，出现大量死树现象。

葡萄的严寒冻害主要表现在根系，欧亚种葡萄的幼根在一5～一4℃即受冻害，美洲种葡萄根系在一13～一12℃开始受冻害，大多数欧美杂交种葡萄根系忍受低温的能力居欧亚种葡萄和美洲种葡萄之间。随着根龄增长，根系粗生长加大，忍受低温能力逐步加强。葡萄根系受冻害，表现为皮层变黑，皮层与木质部分离。纤细的幼根很快干枯，手撸后皮层随即脱落。如果根系形成层还是绿色的，受冻根系仍能恢复生长，然而地上部枝芽却很明显的受此影响，如不出现伤流，萌芽晚、发芽不整齐、展叶慢，新梢长势衰弱等。如果形成层也变黑了，那就彻底受到破坏，植株整个枯死。我国红地球葡萄主产区新疆、甘肃、宁夏、陕西、山西等，至今还有种植自根苗的旧习，每年因根系冻害而大面积死树毁园现象时有发生。

葡萄越冬的枝芽，虽能抗一20～一18℃低温，但如果枝条木质化成熟度较差，遇上低温持续时间又长时，则在一15～一10℃时冬芽即可受冻害，枝条木质部以至韧皮部变褐、变黑，冬芽脱落，枝条枯死。

③晚霜冻害。往往出现在冬季比较暖和葡萄不下架防寒地区，春来早，葡萄发芽早，已生长新梢，甚至已开花坐果，寒潮突然袭击，气温骤降至0℃左右或0℃以下，出现新梢萎蔫，花果脱落。2009年4月16日夜，云南省曲靖发生晚霜冻，几千亩红地球葡萄在2小时内所有新梢全部被冻死，后来从潜伏芽上重发新梢才保住葡萄树。当然，冬季葡萄下架防寒区域也会发生晚霜冻害，只不过发生的几率反而少一些而已。

④冻旱抽条。落叶果树从树冠顶端一年生枝开始逐渐向下干枯的现象即所谓的"抽条"。通常多发生在典型大陆性气候区或冬春少雨无雪的年份，葡萄冬春期间，由于土壤水分冻结，根系不能吸收水分，而空气干燥地上部枝芽蒸腾强烈，造成植株严重失水，并非低温冻害引起的枝芽抽干现象，所以称为冻旱。

冻旱经常发生在冬季不埋土防寒的北界，葡萄由于不下架，枝蔓在架上空间，冬春空气干燥，蒸腾夺去枝蔓中仅存的一点水分，又因土壤结冻根系不能吸水，植株得不到水分补充，失水过多引起枝蔓干枯死亡。冬季埋土防寒地区，若春天枝蔓出土上架后，遇上春寒天气，土壤温度回升太慢，也会因根系迟迟不能吸水，造成冻旱而使枝芽枯死。

3. 防止葡萄冷害和冻害的技术措施

（1）冷害的预防　预防红地球葡萄"冷害"最基本的技术措施有 2 条：

a. 按红地球葡萄生物学特性要求，选择年活动积温大于 3 600℃，无霜期 180 天以上，海拔低于 1 000 米的开阔地或阳坡建园，给予葡萄植株有充足的热量，充分的生理成熟时间进行越冬抗寒锻炼。

b. 实行"宽行、稀植、高架，先促后控、限产提质"等栽培技术，防止新梢徒长，提高枝蔓成熟度，增加树体贮藏营养，增强植株抗冻能力。

（2）冻害的预防　预防红地球葡萄"冻害"的根本在于提高植株"抗冻"能力，除上述冷害预防技术措施 2 条同样适用以外，在栽培技术上还应着力注重以下几点：

①采取抗寒砧木（如山葡萄、贝达葡萄）嫁接苗定植建园。

②多施有机肥，多施磷钾肥，提高枝芽质量，增强抗寒力。

③采取增加树体贮藏营养的栽培技术，如提高病虫害防治效果，始终保持葡萄生长期青枝绿叶；适时采收；生长季后期提前"预修剪"，先把冬剪时必须疏除或回缩的霸王枝、徒长枝、病虫害枝等进行清理，一是减少营养消耗，二是提高光效，增加树体营养积累。幼龄树和苗圃应实施带叶冬剪带叶埋土。预防霜冻还可采取覆盖、熏烟、喷水等应急措施达到驱霜目的。

（3）防止抽条　有以下几条措施：

①建立和完善葡萄园防护林体系，减低风速，减少冬春季园地蒸发量和葡萄植株蒸腾量。

②防止新梢徒长，采取前提后控技术，促进枝芽充分成熟。

③提高夏剪质量，加强架面通风透光，增加有效光合量。

④加强病虫害防治，保持葡萄植株青枝绿叶，增加枝蔓营养积累。

⑤冬春园地多灌水，增加空气湿度，减少冻旱。

4. 葡萄遭受冷害和冻害的补救措施

（1）枝芽受害的补救　有以下几条措施：

①剪去不能恢复生机的枝条，加强地下土肥水管理，促使尚有希望的枝芽得到较充足的养分和水分，使其发芽整齐，新梢健壮生长。

②受害较严重时，应大量疏减花序，减少结果量或不让结果，以恢复树势、增加枝量为主要管理目标。

③出现严重光秃带时，可采取曲枝促梢（将光秃蔓卷曲使隆起高点发梢）、留长梢母枝补空、压蔓补梢（将光秃蔓压入土表促发新梢）。

（2）根系冻害的补救　有以下几条措施：

①地下催根。发现根系受冻的植株后，将根茎周围的 1.5 米的土壤散开，边撒土边检查，发现死根全部剪去，对半死的根系，（形成层还是白色，木质部和髓部已变褐色）和未受冻害的健壮根系要尽量保留。撒土深度 40～50 厘米，然后铺上腐殖土约厚 10 厘米，浇水浸透，并在上面扣上塑料小拱棚，以利迅速提高地温，促使半死根群恢复生机，活根提高吸收功能，充分发挥供给地上部分所需养分和水分的作用，促使枝蔓正常萌芽和生

长。一般 20 天后半死的根即可恢复生机并产生大量新根，逐渐填平根系周围的土层，同时追施优质粪肥，适当灌水，以利发挥肥效。

②借根桥接。在根系冻害较为严重的葡萄植株的旁边，移栽新苗（2～3 年生大苗更好），上部剪断，用切腹接插入冻害植株主蔓。当新苗开始成活，基部留 1 条新梢，以借新苗上叶片制造的营养和根系的吸收功能，为冻害植株架起养分和水分的桥梁，以解救原植株的危急。

③控枝蔓生长。凡是根系受冻植株，应根据根系受伤程度大小，相应修剪削减枝芽量和疏花疏果，以减少地上部养分和水分的消耗，尽量达到地上、地下的营养供需平衡。

二、其他气象灾害的防治

葡萄生存的每时每刻都必须与其环境条件相协调，才能正常新陈代谢、生长发育、开花结果，一旦环境中出现某个或几个因子不协调，就有可能发生诸如水、旱、风、雹、冷、热等气象性灾害。轻者影响葡萄生长发育，减产降质；重者伤害葡萄树体，颗粒无收，严重时葡萄生存都将受到威胁，造成死树毁园。

1. 水涝　葡萄园土壤水分长时间大大超过葡萄的需水量而受害的现象，称"水涝"。造成水涝灾害是葡萄和环境多方面因素综合作用的结果，除降水为主导因素外，还与园地地势、土壤状况和栽培技术等密切相关。

葡萄是水果，其生育过程离不开水，是喜水植物。但是，园地水分过多了，一是葡萄根系长时间处于水浸状况下，因缺氧呼吸困难，造成烂根，地上部新梢生长量显著下降，导致花果脱落，减产降质，严重时枯枝死树；二是空气湿度大，加速葡萄真菌病大量发生，间接造成葡萄减产降质，以至死树毁园。

（1）预防水涝　通过调查发现，下列情况可以减轻或避免水涝：

①选择合适的地段建园。不要在河边、河滩地、山沟底、低洼地建园。园地必须有排水设施，做到涝能排、不积水。

②采取耐水性强的葡萄作砧木（如贝达，SO4），进行嫁接栽培。

③我国南方多雨地区，葡萄应采取高畦、高架栽培。

（2）防病救灾　主要措施如下：

①一旦发现园地积水不能及时自流排出时，必须立即安装水泵人工抽水外排，及时做好园地排水工作。

②如果葡萄枝叶过洪水时沾上泥水的，必须在退水后及时用高压喷雾器喷水清除淤泥，以恢复植株光合生产能力。

③水患消除后，应采取树上喷布 0.1％～0.3％石硫合剂稀释液，地面撒石灰进行全园药剂消毒防病。

④及时修理损伤的葡萄器官（枝、叶等），并根据灾情酌量疏果控产，以利恢复树势。

2. 旱灾　在葡萄生长过程中需水而得不到必要水分，引起植株生理代谢出现异常的现象叫"旱"。造成"旱"而成"灾"，其主导因素是不降水，水分不足，葡萄生长发育受阻，枝叶萎蔫，花果脱落，直至枝梢枯死。

（1）旱灾预防　葡萄园缺水与否，通常以田间持水量60％为标准，低于60％、出现缺水症状时，即需灌溉。所以，旱灾是完全可以预防的。

①必须选择具有可灌溉水源的地段作园址建葡萄园，建立葡萄园完备的灌排水利体系。

②营造葡萄园防护林。

③建造防灾、减灾葡萄保护设施。

④采取有效节水栽培技术措施，如：深沟栽植、地膜覆盖、膜下滴灌、水平连棚架、果穗套袋等。

（2）抗灾抢救　旱情严重，灾害已不可避免地发生和发展了，此时应果断采取抗灾措施，如下：

①园地中耕。锄地5～10厘米切断水分沿土壤毛细管上升蒸发。

②施抗旱剂。全树喷洒生物凝胶类抗旱剂，在葡萄器官表面形成一薄层胶膜，暂时阻止水分从气孔、皮孔和表皮角质层等组织中蒸腾。

③疏除果穗。根据旱情的发展，逐步疏除果穗，以减少水分的消耗，并节省树体营养。

④修剪枝叶。当旱情发展到只能维持树体生命活动阶段时，为了保留土壤中极少量的可吸收水和葡萄树体中可利用的营养，就应果断地剪除大量分枝和疏除全部老叶。

⑤浇营养液。为维持葡萄最低限度的生命活动，应采取滴灌式的方法向每株葡萄根部浇营养液。营养液的组成以氮、磷、钾、钙素为主，加水配制成 0.1％～0.3％ 浓度的溶液。

3. 风灾　在气象预报中6级以上的风力为大风，相当于每秒10米的风速，这个时候的风力可以造成葡萄大量落叶和落果；8级以上的风力为台风，相当于每秒20米的风速，此时即可造成折枝、塌架、倒树、毁园的结局。

花期遇大风，影响葡萄坐果与产量。当新梢长度在大于30厘米至新梢未木质化前遇大风，枝条易折断，轻者影响枝梢合理布局，重者影响当年产量与次年产量。幼果期遇大风，葡萄枝叶摇动摩擦，擦伤果实，果皮伤处往往发生褐色木栓化，既影响果实外观，又降低浆果品质。果实成熟期遇大风，可在瞬息之间造成全园落果，而且枝叶严重损伤，从而影响当年枝芽成熟和下年开花坐果。沿海滩涂葡萄园如遇强台风、龙卷风，还可能将海水吹向树冠，大量带盐的海水被葡萄叶片吸收后，造成盐害落叶，严重影响葡萄生长发育。

（1）风灾防御　主要措施如下：

①建园前查阅当地气象资料，尽可能避开在葡萄生长期6级以上风力易出现地区建园。

②建园时应在葡萄园的迎风面营造防风林带。

③面积较小的葡萄园，可在迎风面建立高架葡萄，以抵挡大风，保护背风面葡萄不受损失。

④在多风地区，葡萄抹芽定枝的时间应尽可能延后，在早春最后一次大风期过后进行，以保留足够的葡萄新梢数量。

（2）灾后挽救 主要措施如下：

①大风过后，应及时清理树体折枝、残穗和架下残枝落果，扶正架材和调整架面。

②对枝蔓上的新剪锯口及其他大伤口要及时涂抹铅油封闭，同时全园喷布广谱杀菌农药，如多菌灵、退菌特、甲基托布津600～1 000倍液等，进行全园消毒防病。

③加强综合管理，适当追施肥水，压缩当年产量，增强树势，弥补风灾损失。

4. 雹灾 冰雹是水汽在高空强气流冲击中凝结成冰的一种特殊降水，所以常发生在6～9月葡萄旺盛生长期。冰雹成因的气象因素很复杂，但是冰雹产生与地形地貌的特殊生态环境有很大关系。人们可以从历年雹灾的地点、产生的频率、灾级的大小等，找出产生冰雹的线路。

冰雹对葡萄的危害程度和后果视雹粒密度、颗粒大小、降落速度，下雹延续时间、发雹时期与葡萄物候等而异。通常的后果是打落（碎）叶片，打断新梢、打裂（落）花果、打破枝蔓皮部等，不仅使葡萄当年减产降质，而且容易引起病虫发生、削弱树势、减少树体贮藏营养，导致连续数年减产。

（1）雹灾预防 主要措施如下：

①注意园地选择，尽量避免在"雹线上"建园。

②积极改造自然环境，封山育林、营造防护林、改造沙漠、修建水库，建立生态平衡，杜绝产生冰雹的气象成因。

③已在冰雹线上建成的葡萄基地，要作好防雹的准备，具体如下：

a. 建立冰雹联防组织，购置防雹火箭和炮弹等设施，培训联防队员的防雹驱雹技术。一旦出现成雹气象，立即组织实施消雹行动，多点同时发射驱雹炮弹，消散成雹云，将大气层的冰雹成因驱散。

b. 设立防雹网。张家口地区怀来县果农，采用防雹网支在葡萄架面上空，解决了雹灾的威胁，果农再也不"望雹生畏"了。采用规格为1.2厘米×1.2～1.5厘米×1.5厘米的网片，在葡萄架上设高出架面60～80厘米支柱，支柱顶端拉8号或10号铁线，或直径2～3毫米的钢丝，全园纵横交叉，组成大网格，然后把防雹网平铺其上并用细铁丝加以固定，使防雹网将整个葡萄园上空覆盖（彩图A8-1）。冰雹打在防雹网上，第一步达到减速、削减冰雹冲击力，再从网眼漏下接触葡萄枝、叶、花、果，使损伤率减到5％以下，据怀来县的报告，防雹网亩投资总额约2 000元，可用10年，年折旧费200元。

（2）灾后挽救 主要措施如下：

①一旦遭遇冰雹袭击后，应及时清理架上和地面上葡萄枝、叶、果的残体，集中深埋或烧毁。然后，根据当时当地药源情况筛选药剂，如0.1～0.3波美度石硫合剂，多菌灵1 000倍液等进行全园喷药，消毒防病。

②加强综合管理，追施肥水，多留新梢和叶片，增强树势，弥补雹灾损失。

③加强生长期后期管理，促进枝芽木质化，葡萄需下架防寒越冬区，要提前带叶冬剪，提前下架防寒越冬；不下架防寒越冬区，也要提前在葡萄基部培土，防止根颈冻害。

三、环境污染物侵害的防治

1. 有毒气体的防治　葡萄的大气污染，研究还不多，知道甚少。一方面是由于葡萄栽培的地点大多在农村，客观上的污染源较少；另一方面是因为大气中污染物质或成分复杂，葡萄中毒后的症状往往与真菌病征和生理病征相混淆，一时凭肉眼检查还难于区分。但是，随着工农业现代化的进程，工业向农村推进，农村空气中污染物质也越来越多，越来越复杂，对葡萄的危害也越来越严重。主要有：

（1）气体污染的表现

①二氧化硫（SO_2）。凡重油、烟煤燃烧过程气化产生的气体中大多含有二氧化硫。当二氧化硫气体浓度达到 2.2～3 毫克/千克时，葡萄叶片变褐，幼果龟裂。

②氮素氧化物（NO_x）。凡是有机物燃烧、内燃机排出的废气中都含有氮素氧化物，其中二氧化氮（NO_2）的毒性较大，一氧化氮（NO）的毒性约为二氧化氮（NO_2）毒性的 1/5～1/4。通常二氧化氮的浓度达到 10～15 毫克/千克时，表现出与二氧化硫相类似的中毒症状，即叶片变褐、果实龟裂。

③臭氧。氮素氧化物经紫外线照射后生成的光化学反应物质，主体（90%）是臭氧。臭氧的毒性较强，当空气中臭氧浓度达到 0.3 毫克/千克时葡萄叶片即中毒变红色，光合作用受阻，葡萄树体营养亏缺，葡萄产量和质量下降。

④醛类物质。醛类物质直接危及葡萄的枝、叶、果，受害植株首先嫩芽枯死，嫩梢干缩，叶片出现黄斑，斑扩大，影响光合作用生产，最后植株衰弱，以至枯死。多出现在人造板、地板革等需大量使用黏合剂工厂附近的葡萄园。

⑤其他污染物。如氟化氢（HF）、氯化氢（HCl）、煤尘、粉尘等，都是有毒污染物质，对葡萄均能发生毒害。

（2）气体污染的防治　防止大气对葡萄园的污染，不是葡萄园本身就能做到的事情，需要全社会通力合作，是一个很庞大的系统工程，应由环保部门做出统一规划，督促有关各方实施。葡萄业主唯一的办法就是采取措施将葡萄保护起来，即改露地栽培为大棚或日光温室栽培。但是由于气体有缝就进，设施内也不可能绝对免除危害。葡萄一旦受到大气污染毒害，目前尚无"解药"，无治疗方法，所以中毒的最后只有减产降质甚至死树毁园的结局。受害单位应及时向施害业主提出制止和经济索赔或向法院诉讼。

2. 有毒水质和有毒土壤的防治

（1）有毒物质的产生和危害　有毒水质和土壤的污染源除工业"三废"外，还有果树连作累积的所谓忌地物质以及农药的污染等。

①污水灌溉。水是葡萄生命活动中时刻不可缺少的物质，工矿的废水排入河流，水中含有酸、碱化合物、氢化物和砷、汞、铬、镉等离子，随着葡萄园长期灌溉，会使园地土壤酸化、盐渍化、板结，有毒物质进入树体会使有关器官和组织中毒，破坏葡萄组织的新陈代谢，影响葡萄生长和结果，甚至致使组织坏死。

②土壤酸化。大气中二氧化硫含量较高地区，降的雨水是酸雨，其 pH 多呈酸性，土壤也呈酸性。引用含酸量较高的废水灌溉，土壤也会酸化，多年累积，土壤 pH 可能降到

4 以下，葡萄根系生长就会受到严重抑制。

③农药的土壤积蓄。长期喷施砷剂、铅剂、铜剂农药的葡萄园，土壤中会蓄积过多的这类物质，使葡萄因吸收过量此类农药引起中毒，致使早期落叶。

（2）保持水质和土壤不受污染的方法措施

①避免在工业"三废"污染源附近建立葡萄园，如火电、冶炼、化工、砖厂等大量排放 CO_2、SO_2 等有毒气体、污水和矿渣的工厂。

②从别处引清水漫灌，洗刷酸化土壤和被农药重金属污染的土壤。

③加强栽培管理，提高葡萄植株抗逆性。

3. 除草剂药害的防治　除草剂，能杀灭杂草，为葡萄管理带来方便，同时，使用不当也能使葡萄植株污染中毒受害，这已经是不争的事实了。近年，有关葡萄园遭受除草剂农药污染，引起葡萄受害的事件日趋增多，灾害造成的损失也越来越严重了。

绝大多数除草剂农药的毒性都较强，对葡萄都能构成威胁。所以，葡萄园（包括葡萄苗圃）采用除草剂必须慎之又慎。化学除草剂种类繁多，按其作用方式不同可分为灭生性和选择性两大类。灭生性除草剂只能用在荒地和休闲地上，不能直接喷洒在农田和果园里，否则草苗将同归于尽。选择性除草剂在不同植物间有选择性，即它能毒害或杀灭杂草而保全某些作物。但是，选择性也是相对的，它与用药浓度、用药数量及作物发育阶段等因素是相关的。所以，在使用化学药剂除草前，应充分了解除草剂的作用性能，慎重选择既能杀灭果园杂草又对葡萄植株安全的种类。目前遭受除草剂为害的葡萄园，其药源往往来自四邻农田使用的除草剂，以药液直接漂移或其蒸汽漂移危害。例如，凡是带有 2,4 - D 丁酯成分的除草剂，对葡萄的杀伤力都比较强，只要少量蒸汽接触葡萄嫩芽、嫩叶，就立即停止生长，嫩芽日渐干缩，嫩叶变形，叶脉平行，叶缘锯齿网状，形似银杏叶，有时基部卷曲相连呈喇叭筒形，严重影响葡萄树的光合生产。如果施药时正遇葡萄开花期，则花蕾大量脱落，坐果寥寥无几（彩图 A8 - 2）。

葡萄园防治除草剂药害的方法：

①葡萄园尽可能不采用除草剂灭草，应采取人工或机械松土除草。提倡采用黑色地膜覆盖，杂草在膜下发芽，长久见不到阳光就会自然枯萎。

②在农田播种季节大规模喷洒除草剂之前几天，往葡萄植株上喷布碧护 20 000 倍液生物助长剂 1～2 次进行预防。

③签订"责任制协议"。葡萄园主与园主之间、与周边农田主之间签订不得使用具有 2,4 - D 丁酯成分除草剂的"责任制协议"，禁止葡萄园及四周农田使用上述除草剂，从药源上进行控制。

④葡萄园区与农田区间建立防护林隔离带。

⑤一旦发生除草剂药害，在喷药 4 小时之内进行喷布清水消除除草剂，14 小时之内喷布碧护、芸薹素内酯或云大 120 进行解毒，有一定疗效。

⑥加强葡萄园田间土肥管理，追施氮、磷、钾肥，最好追施生物有机复合肥（如杨康肥），灌一次透水，增强树势。

⑦葡萄进行设施保护（日光温室、塑料大棚和拱棚等）栽培。

四、鸟兽害防治

1. 鸟害　鸟类是葡萄生物圈千万种生物中的组成部分，在葡萄这个物种的发展史中，它们曾有过不可磨灭的贡献。一方面，鸟在食用葡萄浆果的同时，通过粪便把葡萄的种子由甲地带到乙地，起到葡萄地理迁移扩散的作用；另一方面，鸟类也是许多葡萄害虫的天敌，起到生物防治作用。然而，当人们把葡萄作为生活资料进行经济栽培的过程中，鸟类在葡萄生物圈中的所作所为，对葡萄发展的相辅作用已非常渺小，而对葡萄生存的破坏作用却越来越大了。在葡萄产区鸟类啄食葡萄以及因鸟害啄食引起葡萄果实病害蔓延所造成的产量损失，相当惊人。

据调查，北方地区害鸟主要有麻雀、喜鹊、乌鸦、山雀、鸽子，山区还有雉鸡，南方地区还有八哥等。危害高峰期为黎明和傍晚，果实着色至成熟期。危害程度，山地园比平地园严重，篱架葡萄比棚架葡萄严重，果肉与种子不易于分离的欧亚种葡萄比果肉与种子易分离的美洲种及其杂交种葡萄严重。

鸟是人类的"朋友"，是受保护的野生动物。如何在不伤害其生命的前提下，使鸟类被迫放弃在葡萄园取食，一直是葡萄科技领域的一个难题。目前，驱鸟方法主要有化学气味驱鸟、声音驱鸟、视觉驱鸟和物理工具驱鸟等几种传统方法。化学气味和视觉驱鸟法，投入大、成本高，葡萄园使用不起。声音驱鸟方法已由人工看守吆喝、敲锣、放炮等恐吓手段，迈进电子语音驱鸟阶段，我国杨凌嘉禾农业有限公司利用鸟类仿生技术和高科技电子技术相结合原理，推出的数码语音驱鸟器，功率大，鸟音逼真，自动驱鸟效果很好。物理工具驱鸟的主要方法是结合防雹、防盗、防兽，葡萄园全园覆盖尼龙丝网。即采用 0.5～0.7 毫米粗的尼龙丝线，编制成网眼规格为（1.5～2.5）厘米×（1.5～2.5）厘米菱形四边形的网片，架设在篱架葡萄两面叶幕层外围，或棚架柱上方和四周。

2. 兽害　目前发现危害葡萄园比较严重的兽类野生动物有鼠、兔类啮齿动物，它们在葡萄浆果成熟时成群结队由别处迁移到葡萄园定居，爬上葡萄架咬食浆果，咬断果穗，严重时整个葡萄园被吃光或糟蹋。

在北方冬季下架埋土防寒地区，老鼠钻入防寒土堆内的谷物类秸秆覆盖层，先从秸秆上寻找剩余的粮食食用，尔后啃食葡萄树皮和咬断主、侧蔓。轻者影响葡萄植株水分、养分输导，导致葡萄萌芽晚、生长减弱；重者致使植株死亡，甚至达到毁园的程度。防止越冬期间葡萄园鼠害，一是提倡采用抗寒砧木嫁接苗栽培，实行直接埋土（取消有机覆盖物），简化防寒；二是尽量不采用谷物类有机覆盖物，而使用树叶、山草等作覆盖物；三是在防寒土堆内撒下防鼠药饵，毒杀老鼠。

第九章　红地球葡萄采收及产后处理

采收是葡萄生产中一项重要工作，是商品生产的业绩，整个过程要求及时、细致。采收工作质量，对当年葡萄收获量、浆果品质和经济效益，甚至明年葡萄生长和结果，都将产生极大的影响。农谚"一年之计在于春，一年收获在于秋"，指的是春种什么要计划周全，秋收作物要及时正确，这样才能按计划完成商品生产任务。秋收生产，往往有"丰产不丰收"的情况，就是因为没有把握好采收这一关。

葡萄采收后的分级包装、贮藏保鲜和加工利用以及运输销售等产后处理，各项工作做到位了，才能使葡萄这种农产品真正成为葡萄商品或加工商品，并起到经营增值的作用。

一、葡萄果实采收

1. 采收前的准备工作　采收前要做好采收和销售计划：包括产量估算、劳力安排、采收工具和包装器材、运输工具、作业工棚、预贮场地等的准备以及市场调研、广告宣传、销售、贮藏保鲜等的准备。

（1）产量估算　葡萄产量测算是通过现场抽样调查来获得。在不同地段、不同密度（行、株距）、不同架式、不同树龄，选代表性葡萄5～10株，调查全株特大、大、中、小、特小五级果穗数和每级果穗平均穗重，按下式计算出单株平均产量：

单株产量（千克）＝［（$n_1 \times m_1$）＋（$n_2 \times m_2$）＋…＋（$n_5 \times m_5$）］/1 000

每亩产量（千克）＝单株产量×每亩株数

式中 n_1、n_2、n_3、n_4、n_5 分别代表特大、大、中、小、特小果穗平均穗重（克），m_1、m_2、m_3、m_4、m_5 分别代表特大、大、中、小、特小五级果穗平均果穗数量。

（2）采收工具　包括采果剪、采果篮或箱、垫高凳等（图9-1）。

（3）经销调研　葡萄鲜果一旦成熟必须立即采收，不能在树上久留，否则易受病害、裂果、虫鸟危害，也不耐贮藏，要预先做好市场调查、广告宣传和销售联络工作。

产品宣传是经销的谋略手段，可通过写文章、印简介、拍广告电视片、向市场选送样品等方法，积

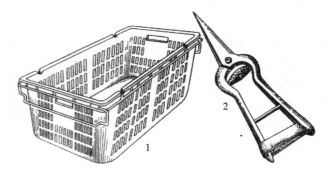

图9-1　葡萄采收工具
1. 果箱　2. 采果剪

极宣传产品规格（果穗大小、果粒大小）、特点（色、香、味，营养价值，使用价值，外观等）和各种优惠条件和价格。

市场是产品的最终归宿，我国市场广阔，可针对产品应市时期，当地相同产品货源和购买力水平等，采取直销、联销等方式，做好销售联络准备工作。

2. 葡萄浆果成熟标准和采收期的确定　判断红地球葡萄成熟度的标准：果皮由浅红变深红或暗红色；果肉由坚硬变为脆硬，而且富有弹性；糖度达 16％以上，甚至达到 19％～20％，酸度在 0.5％以下；种子变黄褐色。

葡萄采收应在浆果成熟期的适期进行，这对浆果的产量、品质、用途和贮运性有很大的影响。采收过早，浆果尚未充分发育，产量减少，糖分积累少，着色差，未形成品种固有的风味和品质，鲜食乏味，贮藏易失水、多发病。据陈履荣（1990）对巨峰葡萄浆果生长发育和糖酸变化规律的研究，巨峰葡萄提早 15 天采收，一般减产 18.5％，可溶性固形物含量下降 5.4％（绝对值）。红地球葡萄适当晚采收，可以增加糖度、增进风味、提高品质。但是也只能延晚半个月左右，采收过晚，果皮失去亮光，甚至皱缩，果皮变软。并由于大量消耗树体养分，削弱树体抗寒越冬能力，甚至影响明年生长和结果。

3. 果实采收技术

（1）采收时间　在晴天的早晨露水干后进行，此时温度较低，浆果不易热伤。最好在阴天气温较低时采收，切忌在雨天或雨后，或炎热日照下采收，浆果易发病腐烂。

采收前 10 天用二氯化钙 0.6％浓度溶液对葡萄植株喷雾处理，不仅能延长葡萄货架期（有效保存期）10～16 天，而且可以使葡萄生理性重量损失（主要是失水）减至最低。

（2）采收方法　采收工一手持采果剪，一手紧握果穗梗，于贴近果枝处带果穗梗剪下，轻放在采果篮中，不要擦去果粉，尽量使果穗完整无损。采果篮中以盛放 3～4 层果穗为宜，及时转放到果箱去，随采、随装运，快速运送到选果棚，以便及时进行整修果穗和分级包装。整个采收工作要突出"快、准、轻、稳"4 个字。"快"就是采收、装箱、分选、包装等环节要迅速，尽量保持葡萄的新鲜度；"准"就是下剪位置、剔除病虫果和破损果、分级、称重要准确无误；"轻"就是轻拿轻放，尽量不擦果粉、不碰伤果皮、不碰掉果粒，保持果穗完整无损；"稳"就是采收时果穗拿稳，装箱时果穗放稳，贮藏和运输时果箱摞稳（彩图 A9-1）。

二、果实分级与包装

1. 果实分级

（1）果穗整修　对鲜食葡萄要力求商品性高，分级前必须对果穗进行修整，达到穗形规整美观。整修是把每一果穗中的青粒、小粒、病果、虫果、破损果、畸形果等，影响果品质量和贮藏条件的果粒，用疏果剪细心剪除；对超长穗、超大穗、主轴中间脱粒过多或分轴脱粒过多的稀疏穗等，要进行适当分解修饰，美化穗形。整修一般与分级结合进行，即由分级工边整修、边分级，一次到位。

（2）果穗分级　通常按果穗和果粒大小、整齐度、松紧度、着色度、糖酸含量等指标来进行分级，一般可将鲜食葡萄分为三级：

①一级品。果穗较大（400～1 000 克）而穗形完整无损，果梗鲜绿。果粒 12 克以上，大小一致，疏密均匀，鲜红色，95％以上着色，着色均匀。果肉硬脆，可溶性固形物含量

17％以上，口感酸甜适口，鲜美。

②二级品。果穗中大（300～500克），穗形不够标准，果梗不新鲜，出现干缩变黄褐色。果粒基本在12克左右，大小粒不明显，红色或浅红色或暗红色，着色率80％左右。肉质脆，可溶性固形物含量不低于16％。

③三级品。果穗大的超过1 000克以上，小的不足300克，大小不均，穗形不完整，果梗干缩变褐。果粒大小不均，着色差，肉质变软，可溶性固形物含量低于16％，酸味重，风味淡，口感差。属于不合格果品，可降低价格出售。

2. 果穗包装 包装是商品生产的最后环节，需要通过包装增加商品外观，提高市场竞争能力；保护商品不变形、不挤压、不损坏；增强运输、贮藏过程的功能，提高商品安全系数；增进食品卫生，防止污染等（彩图A9-2）。

葡萄浆果不抗压，不抗震，易失水，易污染，最好使用既能透气、又能保水的带小孔无毒塑料保鲜袋或蜡纸盒先行小包装，然后根据运销的远近，选择外包装材料。根据国内外市场的需求，葡萄内外包装大致可分为如下类型：

（1）产地市场包装 一般采用竹筐、条筐，上宽（45厘米）下窄（35厘米），高50厘米，内衬干草或蒲包，每筐装葡萄30～35千克。也有采用竹、木条箱，长50厘米、宽33厘米、高30厘米，内衬包装纸，每箱装葡萄约20千克。

（2）国内市场包装 根据运输远近、市场档次的不同，大致又可分成如下包装类型：

①对于远距离运输、高级商场，一般采取透气、无毒、有保鲜剂的塑料薄膜或蜡纸先行每穗小包装，再装入小硬纸盒（分1 000克、2 000克、2 500克装），然后装入具有气孔的10千克的扁木板箱，规格为50厘米×30厘米×15厘米。或采用容量5千克的方形硬纸板箱（25厘米×25厘米×25厘米），6千克的扁硬纸板箱（46厘米×31厘米×12厘米），内衬透气、无毒、有保鲜剂的塑料薄膜。

②对于远距离运输、批发市场，一般采用内衬透气、无毒、有保鲜剂的塑料薄膜的竹、木箱或塑料周转箱，每箱装葡萄10千克。

③对于近距离运输、批发市场，一般选用硬纸板箱或竹、木条箱，内衬包装纸或干草，重量10～20千克。

（3）国际市场 大多采用硬纸板箱或钙素板箱，容量5～10千克，内衬白纸、放保鲜剂；或容量为1 000克、2 000克的手提式小包装盒，外包装为10千克的木板箱。

包装本身有兼容广告宣传的作用，包装上应印有精美的产品图像和商标以及厂（场）商名称、地点、各种联络号码，流传至各个消费角落，以招回头客和新客户。

三、葡萄贮藏保鲜

1. 葡萄保鲜原理 葡萄浆果采收后仍然是具有生命的活体，在贮藏过程中，还在进行着一系列的代谢作用，消耗养分和水分，生命逐渐衰老，削弱对不良环境和致病微生物的抗性。贮藏保鲜的目的在于保持其品质（包括外观、质地、风味、营养价值），减少损耗（包括失水减重、腐烂、脱粒），延长贮藏寿命，提高经济效益。为了达到上述目的，一方面，要使浆果在贮藏过程中的呼吸作用减弱，化学成分向有利于提高品质方面转化，并尽可能阻止或减少分解损耗；另一方面，控制好浆果在贮藏过程中的外界因素如温度、湿度、气体成分、微生物，创造适宜贮藏的最佳条件，延缓浆果衰老，保持新鲜品质，防止腐烂，减少贮藏损耗。概括起来，就是要提高浆果的耐贮性和抗病性。

　　红地球葡萄由于果肉致密硬脆、果皮富有弹性，能抵抗轻度碰压；浆果维管束发达，"果刷"分叉又长又粗，紧紧把住果肉，使果粒与果蒂结合牢固，通常果粒耐拉力达到1 500克以上（巨峰葡萄只有80～100克），为巨峰葡萄的15倍以上，而且果梗、穗轴离体后失水较慢，不易萎缩干枯，贮运中不脱粒。红地球葡萄又是极晚熟品种，由于浆果生长期长，营养物质积累较多，采后气温逐渐降低，呼吸作用减弱，能保持微弱的代谢作用，抵抗微生物侵染的能力得到加强。综上所述，红地球葡萄具有很强的贮运潜能。但是，并不等于它就很耐贮、很易贮。因为影响红地球葡萄贮藏的因素，除了品种特性外，还有栽培技术和贮藏条件等。

　　（1）栽培条件　葡萄生长期的光照、温度和肥水条件对浆果贮藏性能影响很大。低温寡照下，浆果发育差，果粒不整齐，成熟度不好，不利于贮藏。高温强光照只要不引起生理病害，浆果得到充分发育，如果成熟期间昼夜温差较大，则浆果营养积累多，色香味浓，耐贮性好。过多地施用氮肥，植株营养生长过旺，浆果发育不好，着色差，质地松软，在贮藏中易发生真菌性病害而使浆果过早腐烂；适量施钾肥，浆果肉质致密，色艳芳香，耐贮性较好；增施钙肥和硼肥，能保护细胞膜完整性，抑制浆果呼吸作用，防止生理病害发生，提高浆果品质和耐贮性。采收前土壤含水量过大，不仅影响根系发育，而且浆果含水量提高，含糖量降低，着色差，不耐贮。

　　（2）采收时期和采收质量　适期采收，能获得充分成熟的浆果，浆果品质优，耐贮藏。采收过程不碰伤，经整修剔除劣质果粒，则能延长贮藏期。详见本章"葡萄果实采收"、"果实分级包装"部分。

　　（3）贮藏条件

　　①温度。适宜的低温是保证贮藏的重要手段，低温下能抑制浆果的呼吸作用，延缓浆果衰老的进程，延长贮藏寿命。因为0℃左右的环境下贮藏浆果，酶的活性受抑制，呼吸减弱，水解缓慢。所以，葡萄贮藏以−2～3℃为宜。

　　②湿度。湿度低时，浆果蒸腾失水较快，水解酶活性增强，从而加速了浆果的衰老；湿度过高时，窖房内墙壁、贮藏容器和浆果表面易凝结水珠，俗称"出汗"，这就为微生物的侵染创造了条件，易发生病害，引起浆果腐烂。葡萄浆果在空气相对湿度90％～95％的条件下，贮藏损耗最低。

　　③气体成分。适当提高贮藏窖内或容器内二氧化碳浓度和降低氧的浓度，可有效地抑制浆果的呼吸作用，削弱果胶物质和叶绿素的降解过程，从而延缓浆果衰老进程。并能明显抑制微生物的危害，延长浆果贮藏期限。所以，葡萄贮藏时可利用塑料帐或贮藏保鲜袋的开启来调节二氧化碳和氧含量的增减。因为葡萄呼吸作用时放出二氧化碳和吸收氧气，在密闭情况下，二氧化碳浓度逐渐增加，而氧气浓度则愈趋减少，两者达到一定量时，可达到最佳贮藏效果。一般在0℃条件下，葡萄浆果以氧气浓度5％左右、二氧化碳浓度10％左右时，贮藏效果最佳。

　　④微生物。贮藏窖及其容器和工具，均应消毒灭菌，把微生物病原菌控制在低水平

上，一般在葡萄入窖前要对窖体及容器等进行硫黄粉熏蒸杀菌（10～20克/米^3）8小时，基本可达此目的。葡萄经预冷降温后入窖，使用PVC膜包装，袋内投放二氧化硫保鲜剂（14片/5千克鲜果，每片含保鲜剂0.5克），在-1～0℃条件下，霉菌基本上得到抑制。

2. 土窖贮藏

（1）永久性地下土窖的设计和修建　永久性地下土窖，具有冬暖夏凉的特点。一般在干燥、排水良好、地下水位很低的地段修建。

①单室窖。窖深2.2～2.5米，内宽2.5～3米，长度视贮量多少而定，通常5～8米，可贮藏葡萄3 000～5 000千克。

②多窖室。由上述4～10个单室连成一体，中间有2米宽的走廊，两侧排列单室，每个单室设门与走廊联通。走廊一端呈斜坡通向地面，可行走和通行小货车。

每个单室窖的四个基角各设内径30～40厘米的方形气孔，其中一端2个为进气孔，另一端2个为排气孔，如单室窖的中央设长、宽各60～100厘米的窖门入口。进气孔，上部高出窖顶20厘米，与窖

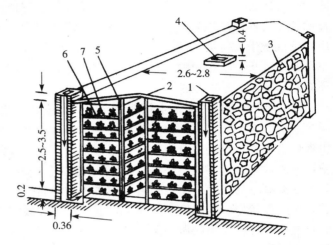

图9-2　永久性地下贮藏窖（单位：米）
1. 进气筒　2. 窖顶盖　3. 窖壁　4. 窖门兼排气孔
5. 架立柱　6. 架横档　7. 平铺葡萄

顶持平处设粗铁丝网，砌于墙内固定，以防老鼠入窖危害葡萄；下部砌至窖底与窖底平面持平，其下设一深40厘米左右冷气坑，并沿窖壁两侧斜上至窖底平面，冷气沿进气孔直入窖底冷气坑，然后从窖壁两侧反上分散到窖内。排气孔，上部高出窖顶60～80厘米，与窖顶持平处同样设粗铁丝安全网，下部与窖顶相平。这样，使进气孔和排气孔之间的高程差为3米左右。根据气体流动交换原理，冷空气比重大，热空气比重轻，进入窖底层的冷空气迅速驱逐窖内热空气出窖，则半小时内可使窖内热空气全部驱出，可根据需要来调节窖温。单室窖中间设60～70厘米宽的作业道，两侧设立柱和横档，从下向上按一定距离（35～40厘米）分层，每层根据葡萄贮藏方式的不同，铺设薄板或秫秸帘以平放葡萄或袋装葡萄，或纵向水平拉若干道10号铁线以吊挂葡萄。

修建永久性地下土窖，一般以石、砖砌墙，墙缝切忌抹灰，墙面也不抹灰，窖底地面原土不动，不得铺设水泥或砌砖，以利地下潮气源源涌上，是最为理想的窖内空气湿度自动调节装置。窖顶可采用石头或砖拱棚，或预制板，上铺油毡纸防水，再覆土保温，土层厚度依据当地冬季绝对低温而定，高于-25℃的地区覆土50厘米，-30～-25℃的地区覆土70厘米，-30℃以下的地区覆土加厚80～100厘米，以保证冬季最冷天气窖内温度保持在-2℃以上，才不致使葡萄发生冻害。而且窖顶仍可种植作物、蔬菜和苗木，或四周仍可种植葡萄，将贮藏窖隐蔽在架下，这对土地的经济利用，是十分必要的。

此外，还可利用山洞、窑洞、枯井、人防地下工程等进行改造，修建成葡萄贮藏窖。

（2）窖藏葡萄技术和管理

①贮藏窖灭菌。葡萄入窖前，贮藏窖要清扫和消毒。通常每立方米体积用 20 克硫黄粉熏蒸消毒，方法是：将硫黄粉与干木屑混合，吊放在带孔的铁皮盒内，洒上酒精或汽油，点燃后立即封闭（要注意人身安全，点燃后迅速撤离），约经 8 小时灭菌，再打开窖门和通气孔换气。或用福尔马林（含甲醛 40%）1 份，加水 40 份，配成 1% 浓度的溶液，喷布窖顶、窖壁、地面和窖内的架材及器具，密封 1～2 天消毒灭菌，再打开通风换气。

②葡萄预贮。葡萄采收、修整、分级、包装后，遇窖温在 5℃ 以上时，葡萄不能入窖，需进行预贮。预贮可因地制宜，一般将葡萄装箱，码放在通风良好的荫棚内，或放入临时预贮沟内，上搭荫棚，保持地面相对湿度 80% 左右，温度 10℃ 左右，一直预贮到窖温降到 5℃ 以下时再入窖。

③窖藏方式方法。葡萄土窖贮藏已被民间广泛采用的有码穗贮藏、袋贮贮藏和吊穗贮藏三种方式。码穗贮藏，先在窖内搭分层架，层距 40 厘米左右，每层架上铺设薄木板，将葡萄穗挨穗平放在上面，一般码放 2～3 层果穗，高约 30 厘米为宜。袋贮贮藏是较为先进的窖藏方式，葡萄放入无毒薄膜塑料袋内，1～2 穗装，内放葡萄保鲜片（CT-2 号保鲜剂，每 2 片包装，扎 2 个针孔，每包药剂可保存 0.5 千克葡萄 150 天保鲜期），扎紧袋口密封保存，一般每层架面可码放 1～2 层袋装葡萄。吊穗贮藏，最好采收时果穗带一小段果枝，果枝两端剪口用蜡封闭，以减少葡萄失水。窖内架上每层横向拉 10 号铁线，铁线上下间距 25～35 厘米，上下层间距 40 厘米左右，果穗母枝紧挂在铁线上，一穗挨一穗。

④贮藏期间的管理

a. 温度湿度调节。窖藏葡萄最适宜的温度为 -1～2℃，空气相对湿度 90%～95%。葡萄应在窖温降至 5℃ 以下时入窖，高于 5℃ 时就易发生霉菌和贮藏病害，低于 -2℃ 时葡萄要发生冻害。相对湿度过低，浆果呼吸作用加强，营养物质分解损耗增多，果粒失水加速；相对湿度过大，达到露点易在果面凝结水珠，不仅容易滋生病菌，而且浆果易产生生理障碍。窖内温湿度一方面通过启闭窖门和通气孔得以调节，另一方面通过保温保湿措施加以调节。葡萄入窖时，外界气温还较高，需在夜间全部打开进出口气孔降温，捕捉冷源；窖温降至 0℃ 时，密封所有气孔保温，相隔几天放风换气 1 次；翌年早春气温回升后，白天紧闭气孔隔热，夜间打开气孔降温。窖内湿度不足时，地面洒水；湿度过大时，通风换气。

b. 灭菌防病。用码穗和吊穗方式的贮藏窖，葡萄入窖后要进行一次硫黄熏蒸，每立方米容积使用 4～5 克硫黄粉，加少量干木屑混合，吊放在带孔的铁皮盒内，洒上酒精或汽油，点燃后密闭 1 小时灭菌。以后每隔 10 天再熏蒸 1 次。当窖温降至 0℃ 左右，可每隔 30 天硫黄用量减半熏蒸 1 次；到翌年早春窖温回升后，又恢复每隔 10 天熏蒸 1 次的灭菌制度，直到葡萄全部出窖为止。严格执行上述灭菌防病处理制度，在辽宁北镇市巨峰葡萄可贮至春节，红地球葡萄和龙眼葡萄可贮至 5 月上旬，病害果不足 2%。

c. 挑选病果。窖藏 1 个月后要进行病果挑选，此后经常性检查，发现病果随时剪除挑出，以防扩大侵染。

3. 冰窖冷藏

（1）冰窖冷藏的原理　冰窖冷藏是根据冰融化时，要吸收贮藏窖内的热量，从而降低窖温，达到葡萄浆果冷却的作用。1千克0℃的冰块，在1个大气压下融化为水，需要吸收334.2千焦的溶解热。冰块不断吸热溶化，窖内温度逐渐下降，一般可使窖温很快降至0~3℃。

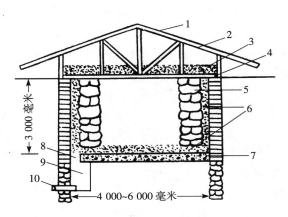

利用冰窖贮藏葡萄，在冬季冰冻较深的东北、华北、西北、内蒙古等地区具有得天独厚的条件，可在冬季向河湖取自然冰块，移至地下窖修建冰窖。

（2）冰窖的设计和修建 窖体地下深3米、宽4~6米，长视需要而定，四周用石或砖砌。窖底铺一层10~20厘米厚的碎石、炉渣等渗水材料，并砌有小排水沟和竖井渗水，以便将冰水泄入窖

图9-3 冰 窖

1. 房盖 2. 人字梁 3. 保温层（珍珠岩）4. 窖顶棚
5. 冰砖 6. 谷糠保温层 7. 碎石或炉渣渗水层
8. 小排水沟 9. 竖井 10. 向外排水管

底和排出。其上再铺一层10~15厘米谷糠保温层。窖壁四周有10~15厘米厚谷糠保温层，内为40厘米厚的冰墙（冰块的规格为60厘米×50厘米×40厘米）。冰墙内为草帘，与葡萄箱隔离。

窖体上部露出地面，用木制或钢制人字梁架，外罩瓦或防锈铁皮等防雨水，天棚上采用珍珠岩粉、谷糠等保温层，与四壁保温层相连接，组成封闭式的保温体系。

（3）冰窖冷藏葡萄技术 葡萄小包装或大箱包装内均按每千克浆果放入4片保鲜剂，将果箱码垛在冰窖内。贮藏期间的管理技术，主要是调节窖内温度、湿度和排水等。

温度的调节方法是：窖温升高时增加冰量和加速冰融速度。如果要求更低的温度，可在冰上加食盐等溶质，以降低冰的融点，窖温就可迅速下降，其温度下降的多少与加入食盐量有关（表9-1），窖温保持在-2~3℃最为适宜。

调节湿度的方法是通风换气，保持窖内空气相对湿度在90%~95%最为适宜。

冰融化后要及时排水，以免窖内湿度太大。

表9-1 不同冰盐比例的降温效果

100份冰＋盐的份数	2	4	6	8	10	12	14	16
降低温度（℃）	1.1	2.4	3.5	4.9	6.1	7.5	9	10.5

4. 冷库气调贮藏

（1）冷库气调贮藏原理 冷库指的是在有良好隔热效能的库房中，装置制冷设备，可人为控制贮藏温度、湿度，它不受气候条件的限制，可以周年进行贮藏。机械制冷是利用沸点很低的液态制冷剂，在低压下蒸发而变成气体，在气化时吸收贮藏库内的热量，从而达到降低库温的目的。常用的制冷剂有氨、一氯甲烷、氟利昂等。

气调指的是在密闭条件下调节贮藏场所中的氧和二氧化碳的配合浓度。一般在库房中可分设不同体积的冷库间，或利用塑料薄膜帐（袋）封闭进行气调。适当降低贮藏场所空气中的氧浓度和适当提高二氧化碳浓度，可抑制果实呼吸强度，从而延缓果实衰老过程，

达到延长葡萄贮藏期的目的。

（2）**冷库的建筑**　冷库是永久性的建筑，应由设计院专门设计施工。在设计和施工中应注意以下问题：

①库址选择。在交通方便、地下水位低、具有电源且可增容的地方建库。

②建筑材料。库房的隔热效能非常重要，冷库的墙壁、地面、天棚等，都必须具有良好的隔热效果，以维持适宜低温和减少能源（电能）消耗。所以，在建筑材料中，应尽量选择热阻大、质量坚、体积轻、不霉烂、无异味、无毒性、价格廉的材料。

③库门建造。要求质轻、热阻大、密封好。

④排气设备。安装排气管道和排气窗。

⑤库房容积与制冷量。库房容积应与冷冻机的制冷能力相适应。一般具有良好隔热效果的冷库，有效库容为 45% 左右。刚采收的浆果入库初期（9 月）每吨每天需冷量约 15 816 千焦，即需 659 千焦/小时制冷能力的制冷机械，贮藏 250 吨葡萄，则需配置：1 647.5 千焦/小时制冷能力的冷冻机。

（3）**冷库的管理**

①灭菌防病。浆果入库前库房要消毒灭菌，入库后包装箱内衬 PVC 膜袋，袋内要放保鲜片灭菌。红地球葡萄每 5 千克放 CF_1（以仲丁胺为主剂）1 片、CF_2（以 SO_2 为主剂）6 片，每片扎透 2 个针眼。

②温度的控制。浆果初入库时，库温 4~5℃，1 周后逐渐降至 0℃，以后保持在 -1~2℃。通过制冷量来调节。

③湿度的控制。冷库贮藏葡萄的空气相对湿度为 90% 左右，在库内置放干湿度计自动记录湿度，当湿度不足时应在地面洒水补湿。

④气体的控制。浆果初入库时，呼吸作用强烈，产生二氧化碳和乙烯等气体较多，需在夜间打开气窗及时排出。待库温稳定在 -1~2℃时，可适当降低氧气和提高二氧化碳的浓度，以削弱果实呼吸作用，减少葡萄养分内耗，保持品质，延缓衰老，延长保鲜贮藏期。

⑤果实出库。从冷库取出的果实，遇高温后果面立即凝结水珠，果皮颜色发暗，果肉硬度迅速下降，极易变质腐烂。因此，当库内外温差较大时，出库的果实应先移至缓冲间，在稍高温度下锻炼一段时间，并逐渐升高果温后再出库，以防止果实变质。

第十章　葡萄休眠和越冬管理

本书第一章在论述红地球葡萄生物学特性中曾多次提到，红地球葡萄不能顺利进入自然休眠状态，而引起"怕冷"、"怕冻"、"怕折伤"等，出现越冬后枝蔓干枯和植株枯死现象，说明栽培者深入了解红地球葡萄休眠特性，做好植株越冬保护具有重要意义。

一、葡萄的休眠特性

葡萄植株为什么在生长季遇0℃左右温度就要发生冷害，0℃以下就易发生冻害，而严寒冬季枝蔓却能抵抗零下几十度的低温？这与葡萄休眠有关。

寒温带的葡萄一年内四季分明，春萌、夏荣、秋实、冬眠，年复一年。这是葡萄在长期系统发育过程中形成的对环境条件的适应特性，其冬季休眠现象是为了适应严寒低温所表现的一种特性。

休眠是与生长相对而言的一个概念，葡萄休眠期从树体外部观察，地上部叶片脱落，枝条变色成熟，冬芽形态老化，没有任何生长发育的表现；地下部根系不再发生新根。因此，休眠是生长发育暂时的停顿状态。但是，树体内部仍然进行着各种生理活动，如呼吸作用，蒸腾作用，根的吸收、合成，芽的进一步分化以及树体内养分的转化等，只不过这些活动很微弱而已。

根据休眠期的生态表现和生理活动特性可分成两个阶段：即自然休眠和被迫休眠。葡萄自然休眠是短日照和低温条件下进行的，进入自然休眠状态后，即使给予适于树体活动的温度、水分和光照等环境条件，也不能萌发生长，必须满足它一定低温量（即需冷量）的要求才能解除休眠状态，开始生长发育。一般欧亚品种在7.2℃以下约经90～110天即可完成春化阶段而通过自然休眠期。被迫休眠是指通过自然休眠的葡萄植株，已经具备萌发生长所需的内部生理活动能力，但外界温度仍较低（10℃以下），不适宜萌芽生长，被迫继续休眠状态。如施行人为增温措施（保护地设施栽培）和化学药剂催眠，可随时解除被迫休眠。

综上所述，温度是影响葡萄能否进入自然休眠和能否顺利通过自然休眠（即解除自然休眠）的最重要的气候参数。所以，能否采取适当措施弥补需冷量不足和人为打破休眠，是解决我国南方热带和亚热带地区发展红地球葡萄生产的关键因素之一，也是北方温带和寒冷地区进行红地球葡萄促成栽培提早升温时间的限制因素。目前，不少地区常常通过人为创造有效低温环境的方法来满足葡萄需冷量，使其度过自然休眠，或使用化学物质替代低温处理以解除葡萄的自然休眠。主要措施有：

①我国南方云南，福建，四川等亚热带气温区的葡农把红地球葡萄园建在高海拔的山上，就是利用高海拔的低温来弥补葡萄需冷量的不足。

②我国北方地区的葡农利用大棚设施，在秋末冬初采取白天覆膜隔热，夜间揭膜通风

的"人工预冷"方法降温，使红地球葡萄需冷量提前得到满足，提前度过自然休眠，从而使棚内提前升温，以利达到促成栽培的目的。

③采取化学药物抹芽方法，促使葡萄休眠芽中的生长抑制剂 ABA 提前降解，在一定程度上代替低温的生物学效应，打破冬芽休眠，已为我国南北方葡萄产区广为利用，而且取得很好效果。生产上使用的破眠药物有石灰氮（$CaCN_2$）、氰氨（H_2CN_2）、硫脲，普洛马林（BA 与 GA_{4+7} 的混合物）等。

石灰氮通常是电石生产过程中的副产品，棕黑色液体，臭味，含氮量约 20%，用于红地球葡萄破眠的合适浓度为石灰氮与水（50～70℃）比例 1∶4～5 混合搅拌 2 小时，静置冷却后取其上部的澄清液，用毛刷涂抹在结果母枝的全部冬芽上，而各级延长枝顶端1～2 个芽和留做预备枝上的芽不涂，以免影响顶端优势。由于石灰氮溶液的悬浮性不很好，使用过程中需要不断搅拌，配制的溶液必须当天用完，否则容易沉淀失效。

二、葡萄的抗寒锻炼

葡萄植株进入休眠以后，地上部枝芽的抗寒能力极大地提高，是由于经过一系列抗寒锻炼的结果。其原理如下：

葡萄的枝、芽器官都是由一个个细胞组成的。在显微镜下观察，这些细胞外有多边形细胞壁保护，内有液泡（充满水分和营养物质）和细胞核（贮存着有生命的原生质）。在生长季，细胞和细胞之间都有"胞间联丝"，它们像桥梁一样连接着每个细胞，成为营养物质和水分交换的通道，使得由细胞构成的整个树体成为具有旺盛生命力的活体。到了秋末，随外界气温逐渐下降，葡萄茎及枝芽开始做越冬抗寒锻炼，以躲避严寒的袭击。首先是器官组织内水分大大减少，一般含水量由 80%～90% 一直减到 50%～60%，这叫细胞脱水；其次是胞间联丝大部分断开，中断各个细胞之间的营养物质和水分的相互交流，这叫胞间分离；再之是细胞内的原生质表面覆盖拟脂层，和细胞壁隔离，这叫质壁分离，至此葡萄地上部枝芽等器官的抗寒锻炼基本完成。由于细胞脱水使植物体内容易结冰的水分大大减少，而且脱水后使细胞液浓度增加，冰点降低，不达到一定的低温细胞就不能结冰，可防止因结冰而使细胞遭受破坏。又由于质壁分离，原生质表面覆盖一层拟脂类物质，它的冰点很低（油脂不易结冰是众所知之的），对原生质加以保护，以抵御低温的袭击，从而大大提高细胞抗低温的能力。而细胞之间胞间联丝断裂之后，就使葡萄植株各器官被分割成千千万万个孤立的细胞，这些孤立的细胞断绝了与外界进行养分和水分的交流，又处在低温条件下使得生命活动表现十分微弱，于是由这些孤立细胞所组成的树体器官呈现出一种"沉睡"状态，对外界反应十分迟钝，所以此时严寒低温很难伤害"休眠"中的葡萄。

上述葡萄抗寒锻炼的生理反应，可以从 Maximov 提出"保护物质"学说得到进一步阐述。他认为植物冻害初期，其组织并未遭受破坏，如果能及时解冻，植物仍然是活的。他主要通过栽培技术改变植物组织中的糖、脂肪及各种盐类的水溶液浓度来降低冰点，锻炼和提高原生质的抗性，从而起到保护作用。这一学说为锻炼和提高植物抗寒性奠定了理论基础，在人工控制低温锻炼条件下，世界农业生理学家已经成功地使白桦树抗－253℃、安托诺夫卡苹果树抗－195℃等超值低温，仍能活着并继续生长。

葡萄起源于地中海沿岸温带地区，在冬季寒冷地区栽培必须通过低温锻炼才能安全越冬。葡萄的低温抗寒锻炼过程分为三个阶段：第一阶段是由短日照和停止生长引起，由于短日照使叶片产生多种抑制生长的激素，迫使停止生长，并改变生理代谢，促使淀粉水解、还原糖和可溶蛋白质的积累，成为低温保护物质，保护了细胞类囊体膜，导致抗寒力增加。第二阶段是由0℃以下低温引起的膜结构和性质发生变化，使细胞内的水分有节奏地排出结冰，在一定程度上控制过度失水，这对葡萄的抗寒锻炼十分有利。第三阶段是由长时间低温引起疏水分子在原生质周围形成水膜，增加结合水的韧性，增强其脱水性能，从而有效地保护了原生质，大大提高抗低温能力。

三、红地球葡萄的越冬管理

红地球葡萄在我国分布很广，栽培形式也多种多样，因而越冬方式各异，其冬季管理的内容也不尽相同。

1. 冬季葡萄覆盖区的越冬管理　葡萄休眠期抗寒能力的提高也是有一定局限的，超过抗寒力极限的低温环境，就可使植株，特别是根系发生冻害。为了防止冬季葡萄植株发生冻害，我国一般在年绝对低温的平均值－15℃以北地区都要采取枝蔓下架覆盖防寒才能安全越冬。

葡萄覆盖防寒的时间和方法，应根据气候和土壤条件、覆盖材料的保温性能、葡萄品种和砧木的抗寒力以及栽培技术的不同，决定采取相应的防寒越冬管理技术。

（1）埋土防寒　红地球葡萄"怕冷"，尤其是幼树极易贪青必须带叶修剪，带叶下架覆盖防寒，以避免"冷害"。而成年树因树势缓和、根深叶茂，秋天来临，葡萄能顺利开展抗寒锻炼，枝芽木质化程度好，可按常规下架埋土防寒。

①防寒时间。葡萄的埋土防寒时间，总的要求是在园地土壤结冻前适时埋土。因为埋土过早，一方面葡萄植株没有得到充分抗寒锻炼，在土层保护下会降低葡萄植株的越冬抗低温能力，冬季深度寒冷时葡萄植株容易遭受冻害；另一方面，当时土层内温度较高，微生物（特别是霉菌）还处于活跃时期，附着在葡萄枝蔓上的霉菌在土壤中遇到较合适的温湿度条件，就要大量滋生，损伤枝芽。埋土也不宜过晚，当气温较低时，葡萄根系在埋土覆盖前就有可能受冻，而且土壤一旦结冻，埋土困难，冻土块之间易产生较大空隙，防寒土堆易透风，枝芽和根系仍然易受冻害。适时埋土，就是在气温已经下降接近0℃、土壤尚未结冻以前埋土。为了避免埋土过早或过晚产生的不利影响，一般可分两次埋土防寒：第一次在枝蔓上覆有机物，在有机物上覆一薄层土，或在枝蔓上直接埋一薄层土；第二次在园地土壤夜间开始结冻时，趁白天土壤解冻后立即埋土至防寒土堆所要求的宽度和厚度。

②葡萄自根植株防寒土堆的规格。北方葡萄产区多年生产实践经验证明，凡是越冬期间能保持葡萄根桩周围1米以上范围内地表下60厘米土层内的根系不受冻害，第二年葡萄植株就能正常生长和结果。根据沈阳农业大学在辽宁省各地的调查，发现葡萄自根植株根系受冻深度与地温－5℃达到的深度大致相符。这样，可根据当地历年地温资料，以

-5℃的土层深度作为自根植株防寒土堆的厚度，而防寒土堆的宽度为1米加上覆土厚度。例如，沈阳历年-5℃的地温深度为60厘米、鞍山为50厘米、熊岳为35厘米，则防寒土堆的厚度和宽度：沈阳为60厘米×160厘米、鞍山为50厘米×150厘米、熊岳为35厘米×135厘米。往南适当减少，往北适当增加。此外，沙地葡萄园由于沙土易透冷风，而且导热性强，防寒土堆厚度和宽度均需增加20%左右。

③葡萄抗寒砧嫁接植株防寒土堆的规格。前述葡萄自根植株埋土防寒是一项繁重的体力劳动，费工，时间集中，寒冷地区还需使用较多的有机物，其费用昂贵，约占整个葡萄园管理费用的1/4，实属劳民伤财之事。可是，为了葡萄安全越冬，又不得不这样做。

然而，分析防寒要求的依据，我们不难发现，防寒土堆的规格是从防止根系不受冻害的安全系数来确定的，如果采用抗寒能力较强的砧木，进行嫁接栽培，因根系抗寒能力大大提高了，防寒土堆就可以大大缩小。

采用抗寒砧木实行简化防寒，是冬季严寒地区葡萄生产的方向。沈阳农业大学葡萄试验园从1980年开始实行抗寒栽培试验，使用贝达葡萄砧木进行绿枝嫁接的植株，防寒时不需有机物覆盖，直接埋土宽度1.2米，厚度在枝蔓上覆土30厘米，至今已30个冬季，均未发现有严重冻害，葡萄生长和结果都较正常。

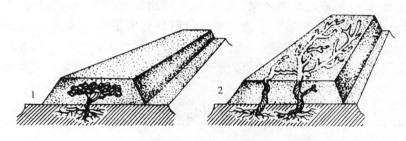

图10-1　葡萄埋土防寒
1. 防寒土堆侧视图　2. 防寒土堆正视图

④埋土防寒技术要点

a. 葡萄枝蔓修剪后，清扫园地，将枯枝落叶等清扫干净，清理出园集中烧毁或深埋。然后将葡萄枝蔓顺着行向朝一个方向下架，一株压一株，把枝蔓平放地面、顺直、捆扎。弯曲大的或翘高的，应采用树杈倒挂钩将其尽可能压平固定，并在下部（包括根颈处）垫枕（土或干草），防止压断。红地球葡萄下架时要特小心，绝不能强拧强压损伤枝蔓，否则伤害了树体，第二年出土后，受伤枝蔓不发芽，甚至枯死。

b. 需要覆盖有机物的地方，先在捆好的枝蔓两侧用有机物将枝蔓挤紧，然后在枝蔓上部一捆挨一捆使有机物覆盖平整，并撒些毒饵以防鼠害。

c. 埋土时先将枝蔓两侧用土挤紧，防止覆盖物滑动。然后上方覆土，边覆土边拍实，防止漏风。

d. 取土沟的内壁应距离防寒土堆外沿至少50厘米，防止侧冻，以增加葡萄根桩四周根系的越冬安全系数。

e. 土壤结冻后，可在取土沟内灌封冻水，灌满沟，利用沟水结冰防止侧冻和提高防寒土堆内的土温。

（2）简化防寒

①CBG 保温软毡无土覆盖防寒。据哈尔滨东金现代农业股份有限公司冷棚葡萄种植园试验报道：

a. 材料。CBG 保温材料具有隔热、防潮、防鼠、抗老化、无污染等功能，其导热系数为 0.026～0.031（干土的导热系数为 0.69～0.72），保温效果近似于冷库保温材料聚氨酯发泡（导热系数为 0.021～0.023），相当于埋土保温效果的 25～30 倍，而且重量轻（每立方米只有 16 千克；干土每立方米为 1 640 千克）。使用方便、省工、省力、价格便宜（新购 6.5 元/米^2，可以连续使用 10 年，每年折旧使用费仅为 0.65 元/米^2）。

b. 方法。把 CBG 保温材料做成厚度为 3 厘米、宽度为 130 厘米、外附 0.05 厘米 PE 膜、长度视需要而定的长卷软毡，在严寒来临前覆盖在已下架的葡萄枝蔓上，软毡周边用少量园土盖严，以防漏风。在同样条件下，采取宽 130 厘米、厚 40 厘米的覆土防寒做对照。

c. 效果。该公司于 2004 年 11 月至 2005 年 4 月中旬，应用 CBG 保温软毡进行无土覆盖防寒，共做了 528 个冷棚（占地面积 600 亩），经过严冬考验，葡萄均安全越冬，其防寒效果均高于埋土防寒。生产实践证明，CBG 保温软毡作为我国北方葡萄大棚无土覆盖防寒，相当于覆土 40 厘米的防寒效果，是完全可行的（表 10-1）。而且由于重量轻、使用方便，省力、省工、省时，减少生产成本（每亩葡萄采用 CBG 软毡防寒比采用埋土防寒，10 年间每年节省防寒费用 33%，表 10-2），抢时做好葡萄防寒工作等优势。作者认为，它不仅适用于北方葡萄冷棚，而且只要适当改进还可以推广到北方露地葡萄栽培区无土覆盖防寒。

表 10-1　CBG 材料防寒与埋土防寒葡萄生长情况比较

调查内容	处理		CBG 材料防寒		埋土防寒	
		品种	红地球	里查马特	红地球	无核白鸡心
		棚数（个）	2	2	2	2
		总株数（株）	720	757	810	738
		总芽数（个）	36 684	33 597	18 159	27 581
调查日期	4.21	芽萌动数（个）	29 548	30 163	11 161	24 430
		比例（%）	80.6	89.8	61.3	89.3
	5.8	新梢长 2～4 厘米	30 889	31 667	12 987	23 484
		比例（%）	81.2	92.3	70.9	85.2
	5.16	新梢长 5～7 厘米	35 861	31 664	16 730	24 826
		比例（%）	99.1	92.3	92.2	90

②树叶无土覆盖防寒。冬季严寒多雪地区，可利用雪层保温的原理，对葡萄进行简化防寒。如吉林省葡农于葡萄下架后在枝蔓上覆一层旧农膜，再在膜上覆厚度 15 厘米的树叶，泼上水让其结冰把树叶固结成片，以防风把树叶刮跑。随着气温的降低，积雪也越来越厚，起到很好的保温防寒效果。

2. 冬季葡萄不下架区的越冬管理　我国年绝对低温平均值在－15℃线以南为葡萄不下架防寒区，葡萄在架上可露地越冬。但是，不等于放任自流，还必须根据园地的实际情况做好各项防范措施才能自然、安全越冬。主要措施有：

①靠近－15℃线南沿地区，红地球葡萄1～2年生幼树还是下架覆一层薄土越冬较好，否则越冬期间易产生"抽条"，第二年春出现大量枯梢，葡萄萌芽不整齐，萌芽率和成梢率都较低。第三年秋可以不下架，按常规越冬管理。

表 10-2　CBG 材料防寒与埋土防寒用工及投资比较（棚/亩）

	CBG 材料防寒		埋土防寒		比较
工作项目及用工量	覆 CBG 材料用工	0.2 工	覆薄膜用工	0.2 工	覆盖 CBG 材料比埋土防寒少用工 3.5 个。
			盖稻草用工	0.5 工	
	CBG 材料压边用工	0.2 工	埋土用工	3 工	
			整理地面用工	0.2 工	撤除 CBG 比埋土防寒少用工 2.3 个
	撤压边土用工	0.2 工	撤土用工	1.5 工	
			清草用工	1 工	
	揭 CBG 材料用工	0.2 工	撤膜用工	0.1 工	
	整理地面用工	0.2 工	整理地面用工	0.3 工	
合计	1.0 工		6.8 工		1：6.8
投资额（元）	CBG 材料费：（6.5 元/米²×268 米²/亩）÷10（年） 覆盖工资：18 元/工×1 工	174 元 18 元	材料费：薄膜 40 元/亩＋稻草 110 元/亩 覆盖工资：18 元/工×6.8 工	150 元/年 122.4 元/年	覆盖 CBG 材料比埋土防寒，每年少 80.4 元
合计	192.0 元/年		272.4 元		覆盖 CBG 材料比埋土防寒节约 33%

②冬春季风大干旱地区，应在园地主风垂直方向建立风障，降低风速防止风蚀园土。红地球葡萄自然落叶后要喷洒"抗旱剂"，在枝蔓上形成一层薄胶，暂时封闭皮孔，削弱枝蔓呼吸，减少水分养分消耗。入冬后，还要经常向地面和架上浇水或喷水，以提高园地空气温度，防止枝蔓"抽条"失水。

③冬雪多的地区，应顺葡萄行向的北侧挖沟贮雪、蓄水保温，有利于保护葡萄植株基部根系和提高枝芽萌发率。

④要经常巡逻检查园地，禁止放牧，发现鼠、兔窝洞要及时采取灌水、药熏驱逐。

⑤有条件时，应趁冬闲兴修水利，深翻改土，改造园地，为葡萄优质丰产、连年稳产打好基础。

各 论

GELUN

红 地 球 葡 萄

北京大孙各庄园区红地球葡萄生产综合栽培技术

徐海英[1]　张国军[1]　刘凤琴[2]　高瑞边[2]　董成祥[3]

（[1]北京市农林科学院林业果树研究所；[2]北京市顺义区园林绿化局；
[3]北京新特果业发展中心有限公司）

大孙各庄镇位于京郊顺义区东南部，东临平谷，南与河北省三河市接壤。气候温和，雨量充沛，水质清纯，自然资源丰富，素有"京郊粮仓"的美誉，被称之为潮白河畔的"绿色明珠"。

葡萄园区（彩图 B1）始建于 2000 年 3 月，占地面积 1 000 亩，辐射带动 1 万亩。其中高标准葡萄示范园 250 亩、高新葡萄苗木园 150 亩、观光采摘园 600 亩，高标准日光温室 10 栋，库容 50 吨葡萄保鲜库 11 个。新特优质葡萄采摘园有优良葡萄品种 36 个，年产鲜食葡萄 1 200 吨，优质葡萄苗木 360 万株，葡萄鲜储能力达 500 吨。该采摘园可以同时接纳 300 人以上的采摘活动，园内还建有 5 公里绿色葡萄长廊和供游人休息观赏的荷花池等休闲娱乐场地。

新特果业发展中心 2002 年荣获首届"大孙各庄杯"全国红地球葡萄擂台赛金奖，2002 年成为北京市果树协会定点观光果园，2003 年荣获"顺绿农"杯全国红提葡萄擂台赛金奖，2004 年荣获第三届中国优质葡萄擂台赛金奖。注册的"口头福"商标，树立品牌，以红色的印章图案作为标志，象征企业对广大消费者的承诺，同时突出中华民族传统偏爱的"福"字，寓意吉祥、幸福，简洁、醒目、有力。同时根据国内外有关情况，设计适合的产品包装和标签。

1. 葡萄园的建立

（1）栽植沟的准备　栽植沟深、宽各为 80～100 厘米，底层 20 厘米左右填入秸秆、草、树叶，然后填入 20～30 厘米表土，再将腐熟的有机肥料和表土混匀填入沟内，每亩施基肥 4 000～5 000 千克。填土要高出原来的地面，填完土后，再大水灌沟，使沟内的土沉实。

（2）苗木处理　定植前对苗木进行修根，剪去过长过细和有伤的根，剪留长度为15～20 厘米。然后采用多菌灵 1 200 倍液对苗木进行消毒、杀菌和浸泡 8～12 小时，让其充分吸水，捞出晾干水珠，再用 ABT 生根粉或萘乙酸 30 毫克/升浸根。

（3）苗木栽植　按株距 0.75～1.0 米、行距 4～6 米，于 4 月上中旬进行定点栽植。栽植深度以苗木的根颈部与地面相平为准，嫁接口要高于地面 2～3 厘米。将根系摆布均匀，填土一半时轻轻提苗，再仔细填土，与地面相平后踏实，最后灌透水。待水渗完后松土保墒，及时覆盖地膜，覆膜宽度 80～90 厘米，将苗木地上部分破膜外露，再用细土将苗木破孔处盖严。

（4）定植当年的管理

①除梢定枝。当新梢生长达3～4厘米后，选留1个健壮新梢培养主蔓，去掉其余所有新梢。在整个生长季内应反复多次抹除多余的新梢及砧木上的萌蘖。

②追肥。新梢长到30～35厘米时，在距苗30厘米处环状开沟，追施氮肥（尿素）每亩15～20千克，施肥后立即浇水，及时松土。20～30天后追第二次肥（多元复合肥），开沟适当外移。幼苗追肥要少施勤施，根据苗木生长势弱多施、强少施。

③搭架绑梢。当苗木新梢长到10～12片叶时开始绑梢，随长随绑。将新梢以35°左右的角度从地面倾斜引缚到篱架面上。绑缚用"马蹄扣"的方法。

④摘心。第一次摘心：当苗木长到1～1.2米时（6月底7月初）进行。顶端选留一个健壮副梢，继续延长生长，其余副梢留2～3片叶摘心，除芽断后。顶端的二次副梢留一片叶反复摘心，抹去其余的二次副梢。第二次摘心：当副梢延长枝长到60厘米左右时（8月下旬）进行。副梢处理同第一次摘心。第三次摘心：9月底至10月初，对枝蔓生长点进行全面摘心。

⑤病虫害防治。主要虫害有：绿盲椿象、葡萄瘿螨（毛毡病）、金龟子。主要病害有：黑痘病、白腐病、炭疽病、白粉病及霜霉病。防治方法详见总论第七章。

⑥冬季修剪。10月中旬至11月上旬进行冬季修剪。剪除所有的副梢，只留一个主蔓。主蔓剪留1～1.5米，要求剪口粗度≥0.8厘米，髓部小于截面积的1/3。清除落叶枯枝、杂草，烧毁或深埋。

⑦埋土防寒。埋土防寒在土壤上冻以前进行，11月上中旬之前完成。将枝蔓沿行向放平下架，从行间取土覆盖枝蔓。土壤要打碎，填土要严实，植株两侧及上部覆土厚度均要达到20～30厘米，并浇足防寒水。

2. 植株整形 大孙各庄葡萄园区为北京市定点、旅游观光采摘园，以水平小棚架为主，独龙干整形。

第一年定植：以株行距为0.75米×5米为例。当新梢生长达3～4厘米后，留1个健壮新梢培养主蔓，其余抹除。当新梢长到1～1.2米时进行第一次摘心，顶端留1个副梢，做延长头继续向上生长，其他副梢留2～3片叶摘心。当副梢延长枝长到60厘米左右时进行第二次摘心。冬季修剪时，剪除所有的副梢，只留1个主蔓。主蔓剪留1～1.5米，但要求剪口粗度≥0.8厘米，髓部小于截面积的1/3。

第二年，抹掉主蔓两侧从地面以上到50厘米之间的全部新梢，50厘米以上每隔20～25厘米留1个新梢。当主蔓新梢长到1.5米时进行摘心，结果枝在果穗以上留10～12片叶摘心，营养枝留13～15片叶摘心。冬季修剪时，主蔓剪口粗度应≥0.8厘米，长度根据成熟度剪留，不宜过长。所有一年生枝每隔20～25厘米留1个，留2～3个芽短截，培养结果枝组。

第三年，主蔓继续向前延伸，根据架面情况每个枝组留1～2个新梢，冬季修剪时，主蔓继续长留，保持剪口粗度应≥0.8厘米。在上年培养的每一个枝组上，选留靠近主蔓的枝条进行短截，剪留1～2个芽，剪除其他所有枝条，形成龙爪雏形。主蔓部分的剪枝方法同第二年，龙干整形基本完成，并进入盛果期。

3. 生长季节植株管理

（1）出土及上架

①紧线。在出土上架之前，对葡萄架进行整理，彻底清除前一年的绑缚材料，铅丝松了要拉紧、缺损的补换，为上架作准备。对于棚架葡萄，应沿棚架的每一道铅丝拉上草绳，起固定枝蔓的作用。

②出土。春季平均气温上升到10℃以上、当地山桃开花后应及时出土，4月上中旬完成。防寒土可以一次撤除，也可分两次撤除。

③扒翘皮。3年以上的大树出土后要及时剥除枝蔓上的老皮，并集中烧毁或深埋。

④打药。喷5波美度石硫合剂，杀死越冬虫、卵及病菌，喷药时要细致周到，不漏喷。

⑤上架。将主蔓以35°左右的角度从地面倾斜引出，倾斜方向与理土方向一致，绑缚到篱架面的第一道铅丝上，将新梢均匀摆布在架面上，轻拿轻放，避免碰落芽眼。先用绑绳将葡萄枝蔓拢住，留一活扣，然后用"马蹄扣"的方法，使绳子牢固地绑在铅丝上。

（2）夏季修剪

①抹芽与定枝。萌芽后至展叶初期进行抹芽，抹去主蔓两侧从地面到50厘米之间的所有萌发芽。当展叶4～5片，能分辨出有无花序时，抹去发育不良的基部隐芽、并生芽等，再抹去无生长空间的多余芽。在主蔓两侧50厘米以上，每隔15～20厘米选留1个健壮新梢，抹去其他新梢。

②复剪。复剪在伤流期以后进行（一般在4月下旬）。复剪分为三种情况：

第一种：当枝蔓上的顶端新梢（延长枝）生长健壮时，在此新梢前1厘米处剪截。

第二种：当枝蔓上的延长枝生长弱时，则在其下部选1个健壮新梢代替延长头，在此新梢前1厘米处剪截。

第三种：当枝蔓中部芽眼未萌发，上下两端都有健壮新梢而且间隔距离较大时，应选下部的健壮新梢作延长枝，在此新梢前1厘米处剪截。

③新梢引缚。当新梢生长到40～50厘米时进行第一次引缚，70～80厘米进行第二次引缚，随长随绑。

④新梢摘心。

主蔓延长枝：生长延长至1.2～1.5米长时摘心。

结果枝：在开花坐果后，果穗以上留10～12片叶及时摘心。

营养枝：有空间时尽量长放，但当架面上枝蔓过密没有伸长空间时，留13～15片叶摘心。

到8月中旬，对所有新梢进行摘心，摘除遮挡果实的老龄叶片，露出果穗，使果穗着色均匀。

⑤副梢处理。延长枝和营养枝：一次副梢留2～3片叶摘心，顶端副梢的二次副梢留1片叶反复摘心，抹去其余的二次副梢。

结果枝：抹去果穗以下的所有副梢，果穗以上的一次副梢留2～3片叶摘心，二次副梢留1片叶反复摘心。

4. 花果管理

（1）定穗　二年生的植株，长势稍强者留5～7个果穗，中等树势留3～4个果穗，长势稍弱的留 1～2 个果穗，极弱株不留果穗，每个结果枝上只留 1 个果穗。进入盛果期以后的大树按计划产量和果穗、果粒平均重确定留果穗数量，一般亩产量应控制不超过 1 500 千克。整个植株上叶果比保持在 40∶1 左右（40 片叶 1 个果穗）。

（2）疏花疏果

①疏整花序。分两次进行，第一次在花序展开后，根据植株的负载状况及时疏除过多过弱的小花序。第二次在未开花前进行，剪去花序上的副穗、掐去 1/4～1/3 的穗尖，采取留 2 去 1 的方法摘除花序上过多过密小分枝。

②疏果。果粒长到黄豆粒大小时进行。疏除小果、病果、伤果、畸形果及内膛果。根据果穗大小确定留果量，一般小穗留 40～60 粒，标准穗留 60～80 粒，最大不超过 100 粒，保证标准穗重为 700～1 000 克，最大不超过 1 200 克。疏果后，果穗上的果粒要均匀，紧密度中等。疏果时应避免划破果皮或蹭掉幼果表面的果粉。

③顺穗和抖穗。谢花后疏果前抖摇果穗，使受精不良的果粒尽早脱落，同时将所有葡萄果穗都顺到架面以下，呈下垂状，使其自然生长。

（3）果穗套袋

①套袋前的准备。a. 准备充足的葡萄专用袋，颜色为白色，透气、防水、透光。葡萄袋的长度为 35～40 厘米，宽 25～30 厘米。b. 对果穗进行消毒灭菌，杀菌剂应随用随配。待药液晾干后即可套袋，消毒后 2 天内完成套袋。

②套袋时间及方法。a. 套袋在疏果后进行，一般在 6 月下旬至 7 月上旬。b. 套袋方法：打开袋口，使袋内充满空气，将果穗套入袋内，将袋口折叠到穗梗或结果枝上，再用细铁丝扎紧。套完袋后，在太阳直射的果穗上再套上伞套，以防日灼。随时检查袋内情况，及时剪掉病果、日灼果。

5. 肥水管理

（1）施肥

①基肥。距植株 50 厘米处挖沟，沟深 40～50 厘米，宽 30～40 厘米，将每亩约 5 000 千克的有机粪肥的基肥填入沟内，然后再回填土，每亩施 5 000 千克左右。

②根部追肥。对于成龄树一般分为 5 次追施。距植株 30～40 厘米处多点式坑施。5 次追肥分别为：早春新梢萌发后，追施 1 次氮肥，每亩施尿素 25～30 千克。在开花前 7～10 天施 1 次复合肥，每株施 300～500 克，缺锌葡萄园可以加施硫酸锌，每株 50 克。6 月上中旬幼果期施 1 次以磷钾为主的复合肥，每株 250 克。7 月底 8 月初新梢开始成熟期施 1 次磷钾肥，每株 250 克。9 月上旬果实成熟前施 1 次以磷钾肥为主的复合肥，每株 200 克。

③根外追肥 10～15 天打 1 次叶面肥，根据植株生长情况确定追肥种类。开花前可喷施 0.3% 的硼砂，果实生长后期主要喷施磷钾肥或钾肥。根外追肥在上午 10∶00 之前或傍晚 4∶00 之后进行，根外追肥浓度见表 1。

表 1　葡萄根外追肥使用浓度

名称	浓度（%）	名称	浓度（%）
尿素	0.1～0.3	硫酸亚铁	0.2～0.5
过磷酸钙	3	硫酸镁	0.5～2.0

（续）

名称	浓度（%）	名称	浓度（%）
磷酸二氢钾	0.2～0.3	硫酸锰	0.2～0.3
钾盐	0.5	硫酸铵	0.05～0.1
草木灰	2	硫酸锌	0.01～0.02
硼酸	0.05～0.1	硼砂	0.3

（2）灌水　成龄葡萄园灌水应根据年降水量的多少灵活掌握灌水次数，可以结合施肥或根部追肥进行。关键灌水有 5 次，分别为：在苗木出土至萌发抽梢前，在施肥后灌水。在花前和花后间隔 10 天左右，各灌 1 次透水，花前结合施肥。当浆果生长至黄豆粒大时，结合施肥灌催果水，雨水少时，应每隔 10～15 天灌 1 次透水，以满足新梢和浆果生产的需要。果实采收后结合秋施基肥灌 1 次水。在下架埋土防寒时灌 1 次防冻水。

灌水以畦灌为主，提倡使用滴灌，灌水量应足以渗透至根系集中分布区域，保持土壤含水量生长前期达到田间最大持水量的 60%～70%，生长后期达到田间最大持水量的 60%～50%。

6. 冬季修剪　冬季修剪时间为 10 月中下旬，因红地球葡萄新梢易贪青，通常都带叶修剪，剪留枝条应充分成熟（完全木质化）。

（1）定植当年的修剪　主蔓剪口粗度应≥0.8 厘米，剪口芽应壮而饱满，其他枝蔓全部剪掉。

（2）二年生以上植株的修剪

①主蔓的修剪。主蔓延长枝应在充分成熟处剪截，成熟枝条颜色为红褐色，髓部小于截面积的 1/3。枝条的剪口粗度应≥0.8 厘米，剪口芽应壮而饱满。剪口应高于剪口芽 2 厘米，防止枝条下抽而影响芽的正常萌发。

②结果枝及营养枝的修剪。a. 从地面到 50 厘米高度，去掉主蔓两侧的全部枝条。b. 在主蔓 50 厘米以上，两侧自下而上每 20～25 厘米选留 1 个健壮的成熟一年生枝，留 2～3 个芽短截，其余的枝条从基部剪除。以后每年冬剪时在原选定母枝上选靠近主蔓的成熟新梢留 2～3 个芽短截。

③修剪完后，及时将剪下的枝蔓、树叶清除干净，烧毁或深埋。用 5 波美度石硫合剂对枝蔓进行消毒。

7. 病虫害防治　栽培中应重视病虫害的预防。主要病害有霜霉病、白粉病、炭疽病、白腐病、黑痘病、灰霉病、酸腐病和生理病害气灼病，主要虫害有葡萄瘿螨和绿盲椿象等，防治方法请参考总论第七章。

8. 埋土防寒　埋土防寒在每年土壤上冻以前进行，11 月上中旬之前完成。

将葡萄植株沿行向放倒，同一行植株应倒向同一方向。先在根颈部周围填土，垫成土枕，然后放平枝蔓、覆土。在行间取土，土壤要打碎，填土要严实，植株两侧及上部覆土厚度不应低于 20 厘米，宽 80～100 厘米，埋土后、上冻前灌足水。

9. 果实的采收和贮运

（1）采收　一般果实含糖量达到 16% 以上，颜色鲜红，种子变褐，可确定为成熟，北京地区通常为 9 月下旬至 10 月上旬。

采收前 15～20 天停止浇水，采摘时间应在早晨果面露水已干时进行，中午气温过高时停采。采摘时应从穗梗的基部将果穗剪下，剪下后要注意轻拿轻放，保护好果粉，同时剪除病粒、小粒、并进行分级，在阴凉处存放或立即进保鲜库进行预冷。

（2）包装、贮藏

①包装。包装盒要贴有葡萄品种、重量和产地以及与品牌相关标志。装箱应注意食品卫生，保证浆果无污染，不压碎，不失水。果箱要有通气孔，木箱底下及四壁都要衬垫瓦楞纸板，将果穗挨紧摆实，上盖 1 层油光薄纸，盖紧封严，以保证远途运输安全。

②保鲜贮藏。禁止使用葡萄催熟剂。

将葡萄装入内衬红地球葡萄专用保鲜袋的箱中，并尽快运入保鲜库，打开保鲜袋上口，在 -1℃条件下预冷 15～24 小时，并放入红地球葡萄专用保鲜剂和保鲜膜，立即封袋，以防果梗干缩。

葡萄最佳贮藏温度为 -1～0℃。

为保证库内温度均衡，葡萄箱要按品字形码垛并留好通风道，箱与墙留 10 厘米间距，距库顶要 50 厘米以上，地面要架高 10 厘米以上，并随时检查箱内果品变化，以确定产品上市时间。

北京市延庆县红地球葡萄有机栽培技术要点

张国军[1]　徐海英[1]　燕钢[2]　丁双六[2]

（[1] 北京市农林科学院林业果树研究所；[2] 北京市延庆县果品服务中心技术站）

1. 基本概况　延庆县地处北京市西北部，距北京市区 74 公里，是首都北京的西北大门。县域地处东经 $115°44'\sim116°34'$，北纬 $40°16'\sim40°47'$，是一个北、东、南三面环山，西临官厅水库的小盆地，即延怀盆地，延庆县位于盆地东部。是全国 4 大优质葡萄产区之一，栽培葡萄历史久远，产品质量优良。改革开放以来，历经 30 余年的发展，葡萄生产初具规模，葡萄产业经济效益、社会效益、生态效益不断提高，葡萄生产已逐渐成为延庆地区果品产业中的主导产业和优势产业。

年日照时数高达 2 727.3 小时，葡萄生长季日照充沛，而且昼夜温差大，8 月份昼夜温差 10.1℃，9 月份达 13.7℃，有利于葡萄果实中糖分积累。年降水量少，仅为 441.9 毫米，采前 1 个月降水量 51.2 毫米，水热系数 1.03，病虫害明显较轻，这为发展无公害、绿色和有机葡萄生产提供了重要的保证。夏季凉爽，最暖月 7 月份平均气温 23.3℃，能保证葡萄中酚类物质和芳香物质的形成。生产的葡萄质量优良，含糖量高（22%），含酸量适中（0.7%~1.0%），糖酸比 >20∶1，特别是酚类物质含量高，为优质葡萄奠定了可靠的物质基础。延庆县年 ≥10℃ 活动积温达 3 394.1℃，>10℃ 有效积温为 1 558℃，能够满足优质葡萄生长所需的积温量。

延庆县北山和南山山前坡地，其土壤主要属于碳酸盐褐土区，母质为洪积物及黄土母质，土壤类型有碳酸盐褐土、潮褐土、矿物质丰富、质地适中、疏松多孔，有利葡萄生长，其中北山山前适宜栽植葡萄的土地面积约 2 666 公顷，南山山前丘陵地面积为 666 公顷，总计约 3 300 公顷。

延庆县张山营镇前黑龙庙村有机葡萄生产，2006 年获得国家有机产认证。2008 年底，获得有机证的面积达 58.7 公顷，主要品种红地球。2008 年平均亩产 1 200 千克，收益1.2 万元，户均收入 3 万元，注册有"前龙"牌商标。

2. 葡萄建园

（1）栽前准备　按行距沿东西方向挖沟，一般沟宽、沟深为 80~100 厘米，最少也应保持在 70 厘米左右，在底层填入切碎的玉米秸秆，然后再将腐熟的有机肥料和表土混匀填入沟内，或者采用 1 层肥料 1 层土的方法填土。填土要高出原来的地面，以防栽植后灌水土面下沉。

（2）架形及株行距　延庆地区的红地球葡萄普遍采取小棚架栽培，以东西行向为主 4 米行距，每行葡萄设 2 排立柱，立柱高度为 1.8~2.0 米，立柱间距 5 米。垂直于行向的立柱顶端拉8～10号铁丝作横线，上每隔50厘米拉1道10～12号纵向铁丝，将整个小区棚面连接成一个水平面，2根立柱拉8～10号铁丝。延庆地区棚架葡萄一般以东西行向为主，葡萄主蔓由北向南爬。株距0.8～1.5米。

（3）栽种方法　采用三位一体栽植法，即根系蘸生根粉、地面（树盘）覆膜、植株套袋。栽前先用清水将苗木根系浸泡1天，栽植时对苗木进行剪枝和修根，剪去过长苗茎和细根，保留2芽和12厘米长的根系，然后用ABT生根粉、根宝等催根素水溶液浸泡30分钟，按要求进行栽植，栽植深度以苗木的根颈部与地面相平为准。栽植时根系应摆布均匀，填土一半时轻轻提苗，填土与地面相平后踏实，灌透水，渗透后，沿行覆黑色地膜，按株距扎孔，将苗茎露出膜外，两边用土压实，苗干套15厘米宽的薄膜袋，上封口，待幼叶长出后解袋。

（4）定植后的管理　新梢长至3～4厘米时，留2个健壮新梢，其余抹除。新梢长至30～35厘米时，距苗25厘米环状开沟追施氮肥（尿素）每亩10～15千克，施肥后立即灌水，并及时松土。20～30天追2次肥（多元复合肥）。棚架新梢长至2米以上摘心。顶端副梢留3～4片叶摘心，其余留1片叶反复摘心。8～9月份雨季高峰期可喷疫霜灵2次，重点预防霜霉病。越冬覆土厚度15～20厘米，并灌足冻水。

3. 葡萄枝蔓管理

（1）枝蔓出土　北京延庆地区一般在4月中下旬完成出土工作。幼树、弱树要适当推迟7～10天。出土后应抓紧时间上架，以免因上架晚造成芽眼膨大，上架时碰伤芽眼。

葡萄出土最好分次进行。第一次出土，只将埋在植株枝蔓两侧及上部的防寒土先小心清除掉，使枝蔓似露非露。第二次出土，先将枝蔓从防寒土中提起，并彻底清除全部防寒土。葡萄树干基部防寒土如果不出净，培土树干部位易产生不定根。

（2）扒除翘皮　多年生植株的枝蔓，每年会有1层老皮翘起，容易隐藏病虫，如介壳虫、红蜘蛛等在老翘皮下繁殖。因此，扒除老翘皮后，要集中烧毁或深埋。

（3）喷石硫合剂　由于越冬的枝蔓易带有上一年残留的病菌和害虫，因此扒除老翘皮后立即喷布一次3～5波美度石硫合剂，杀灭越冬病菌和害虫。如果树体芽眼已经膨大，喷布浓度应稍低些，为1～3波美度石硫合剂。

（4）上架绑蔓　葡萄出土后及时上架，将枝蔓沿上一年的生长方向和倾斜度绑缚在架上。上架时，要轻拿轻放，避免折伤、扭伤老蔓和碰落芽体。绑缚时用"猪蹄扣"，先将绳子在铁丝上系牢，然后扭成8字形，将枝蔓拢住，结上活扣，使枝蔓固定在活扣内，这样，可给枝蔓留出生长空间。近些年来，延庆地区开始使用绑蔓机，操作简单，节省劳动力，而且降低生产成本（每台绑蔓机能顶替5～6个工人1天的工作量）。

（5）清理根蘖　葡萄上架后，及时平整定植沟，以便浇水，同时铲除根蘖，清除嫁接口以上的不定根。由于品种接穗生根后，则砧木的根系往往会自然死亡，使植株变成自根苗，削弱了抗寒性和抗旱性。这项工作，即使在生长季也应经常检查，及时清除。

（6）抹芽定梢　葡萄抹芽与定梢在一定程度上决定着产量和品质。通常1条结果母枝上留2～4条新梢，其余的从基部抹除。抹芽时，一般抹除双芽中的无花穗芽或弱芽，1个芽眼只留1条梢。为确保产量，也可在新梢长至4～5片叶时，视其是否带花穗而决定其去留。

（7）新梢摘心　红地球葡萄结果枝在花后摘心，花穗以上留 8 片叶摘心；营养枝留 10～12 片叶摘心。副梢按 3—2—1 摘心。所谓 3—2—1 摘心法就是第一次副梢留 3 片叶摘心，二次副梢留 2 片叶摘心，3 次副梢即以后均留 1 片叶摘心。

（8）新梢引缚（绑蔓）　在新梢长至 30～40 厘米时，应把新梢绑在葡萄架上，注意均匀排布，合理利用架面，利于通风透光，延庆地区一般开花前后将中庸、强新梢弓弯绑蔓，缓和生长势力，促使 1～2 芽成花。随新梢的不断伸长，应该多次、不定期进行绑蔓。

4. 花果管理

（1）疏花序　当新梢出现花序后，能分辨出花序大小和好坏时，将发育不好的瘦弱、畸形及过多的花序除去。中、强结果枝一般每枝留 1 个花序，弱枝不留花序；留结果枝下部花序，疏去上部花序。

（2）花序整形和疏果　花序整形可使果穗紧凑、美观，同时可节约营养物质，在花前 1 周至始花期进行。花序整形首先是除去副穗；其次在主轴基部除去 2 个支轴；再掐去穗尖 1/5～1/4，然后每隔 2～3 个分支去掉 1 个。按照分穗的排列顺序，去掉第一、四、七、十个分穗及穗尖，每花序保留 6～8 个分穗。落花后 10～15 天，对过长的分穗剪除穗尖部分，每穗留果 80～100 个粒即可。疏果应在坐果稳定后，已经能分辨出果粒大小和好坏时就进行。

（3）果穗套袋　该措施是防病、防尘、防污染、防冰雹、防鸟兽的有效方法，可以大大提高果实的商品性。

当葡萄粒长到黄豆粒大小时进行全面套袋，最好选择疏水效果好蜡层薄的灭过菌的优质白色袋，原则上不要选择有色袋子，不要用旧袋子或废纸做的袋子。套袋前应对果穗全面喷洒杀菌（虫）剂，待药液完全干后套袋。套袋在盛花后 20～30 天进行，即疏果（摘粒）完成后立即进行。大概时间在 7 月上旬。套袋时要使幼穗处于袋体中央，在袋内悬空（防止袋体摩擦果面和日烧），袋口要扎紧，以免害虫爬入袋内危害果穗和防止纸袋被风吹落。

5. 肥水管理　延庆地区施基肥的时间还沿用传统的春施基肥，在土壤解冻后结合出土挖施肥沟。每年从定植沟向南扩施肥沟，沟宽 0.3～0.5 米，沟深 0.3～0.4 米。施肥为自制腐熟堆肥，或购买商品有机肥。每亩施量为 4 吨左右，过磷酸钙 50 千克，钾镁肥 70 千克。

追施速效肥。秋季已经施足基肥的园子，为了促进芽眼萌动和花序继续分化，可在气温达到并稳定在 10～12℃、芽眼开始膨大时，追施速效性商品肥。葡萄萌芽期也是葡萄植株花芽继续分化和新梢开始旺盛生长的时候，需要大量养分，在根基附近开挖深 15～20 厘米、宽 30 厘米的施肥沟，将肥混土后埋入沟内（或者挖施肥坑）。追肥用量按结果树每亩施用尿素 40～45 千克计算，追肥后要及时浇水。

6. 病虫害防治　延庆县前庙村有机葡萄生产中应用太阳能杀虫灯、动植物源农药、矿物源农药，其他认证的生物药等代替常规化学农药，来防治病虫害，有机生产主要以农业和物理防治为基础，生物防治为核心，按照病虫害的发生规律，科学使用有机生物药物，有效控制病虫害的发生。

延庆地区葡萄主要病害有霜霉病、灰霉病、白粉病、黑豆病、炭疽病、白腐病等，虫害很少发生，未影响葡萄正常生长。

①物理防治。利用夏季翻耕土壤，让日光暴晒来达到杀死线虫或各种病虫卵，利用太阳能杀虫灯诱杀。

②耕种防治。及时清园，清除病菌源；合理增施有机肥，补充矿物质，增强树体抗性；果实套袋防止果实直接受病虫危害，减少果实表面直接附着药斑。

③生物防治。保护各种害虫天敌，利用瓢虫、草蛉、寄生蜂来捕食各种害虫；按照每年病虫害发生时间和种类，用糖醋液吸引害虫，集中销毁。

④架设防雹、鸟网减轻冰雹危害和鸟害。

⑤有机农药防治。见表1。

表1　有机农药简表

生物药剂品种	稀释倍数	安全间隔期（天）	防治对象
百草1~3号	1 000	7	红蜘蛛、蚜虫等
苦参碱水剂	1 000	7	红蜘蛛、蚜虫等
波尔多液	1∶0.5∶240 1∶0.5∶200	7	防治各种病害
石硫合剂	0.2~0.3波美度 3~5波美度	7	生长期防治各种病害 萌芽前铲除剂
可湿性硫黄粉	300	15	多种病害
小苏打乳剂	0.5%碳酸氢钠＋0.5%~1% 植物油＋乳化剂	15	白粉病
康凯	1 000	7	霜霉病、白粉病、灰霉病
竹醋液	1 000	7	多种病害

7. 果实采收、包装及贮运

（1）采果前的管理

①去除老、嫩叶。在果实着色期把幼嫩的叶片剪除，有利于减少叶部病害（如霜霉病），而且这些幼嫩体光合作用产生的营养仅供自己成长，还不能为果实提供养分；同时剪除果穗下部光合功能已经开始退化的老叶，节约养分。

②适时解袋。根据市场要求如果9月份采收则采前1~2周进行解袋，解袋时间一般安排在阴天或者下午。如果在10月初采收，则采前当天解袋，延庆地区海拔高，日照充分，不解袋红地球也可正常着色。

③叶面施肥。葡萄生长后期需要大量的磷、钾元素，为了提高糖度和耐贮性，后期可结合喷药喷0.3%~0.5%磷酸二氢钾、3%~5%过磷酸钙、氨基酸钙或3%的草木灰浸出液等。

（2）果实采收

①采收时期。果实可溶性固形物达到16%以上时可确定为成熟。

②采收方法。采收前10天停止浇水，采摘时间应在早晨果面露水已干时开始，中午气温过高时停采。采摘时应从穗梗的基部将果穗剪下，要注意轻拿轻放，保护好果粉，采

后放在阴凉处或立即进保鲜库进行预冷。

（3）包装　包装盒要贴有葡萄品种、重量和产地的标志。装箱应注意食品卫生，保证浆果无污染，不压碎，不失水。果箱要有通气孔，木箱底下及四壁都要衬垫瓦楞纸板，将果穗挨紧摆实，上盖 1 层油光薄纸，盖紧封严，以保证远途运输安全。

（4）保鲜贮藏

①采收葡萄应充分成熟，可使用保鲜袋。

②将采收的葡萄装入适合红地球葡萄的内衬保鲜袋的箱中，并尽快运入保鲜库，打开保鲜袋上口在－1℃条件下预冷 15～24 小时，根据不同品种按照不同标准要求放入保鲜剂和保鲜膜，并立即封袋，以防果梗干缩。

③葡萄最佳贮藏温度为－1～0℃。

④为保证库内温度均衡，葡萄箱要按品字形码垛并留好通风道，箱与墙留 10 厘米间距，距库顶要 50 厘米以上，地面要架高 10 厘米以上，并随时检查箱内果品变化，以防病变并确定产品上市时间。

8. 冬季修剪

（1）**修剪时期**　一般在秋季落叶后埋土防寒前进行（10 月 15～30 日）。红地球葡萄由于生长量大，新梢易贪青，芽眼不抗旱霜，修剪晚了往往造成冻害，因此一定要带叶修剪。

（2）**留芽量**　冬剪留芽量过多，植株负载量大，新梢密集，通风透光不良，营养不足会引起落花落果。果穗果粒变小，品质差，成熟期延迟，枝条生长弱，成熟不良。留芽量过少，结果枝数量不够，架面空虚，也影响产量。所以，为了提高葡萄的产量，保证浆果的质量，必须每年根据葡萄枝蔓的生长势及架面宽度确定一个合理的留芽量。一般每平方米架面可容纳新梢 15～20 根，在这一基础上，再根据树势来加以增减。

（3）**修剪方法**　首先，剪除距地面 50 厘米以下的全部枝条；其次，在主蔓上按20～30 厘米距离留结果枝组，最好选留当年健壮充实的营养枝，剪截长度为 1～3 节。延长枝头长梢修剪。有光秃带的蔓段进行中长梢修剪。

（4）**更新修剪**　对结果部位上移或前移太快的枝蔓进行缩剪，利用它们基部或附近发生的成熟新梢来代替。延庆地区一般采用单枝更新，冬剪时对结果母枝进行短梢修剪，第二年春季在结果母枝所抽生的新梢中，用上部的结果，下部的疏去花序做预备枝，冬剪时去掉已结果的枝，对预备枝进行短梢修剪。

（5）**葡萄冬剪注意事项**

①保护剪口芽。葡萄的枝蔓组织疏松，髓部较大，水分、养分很容易流失，枝梢修剪时应在蔓口芽上 3～5 厘米处剪截，待残桩干枯后，再从基部将其剪去。剪口要光滑，防止破裂，以免影响芽的萌发。

②清除无用枝。修剪时要将枯死枝、病虫枝、无用的二次枝及徒长枝剪去。

③避免对口伤。在主蔓上疏枝时，应尽量避免造成对口伤，同时更要避免伤口连片，以免影响疏导组织的畅通。

④合理确定剪留长度。剪留的部分必须充分成熟，有空间的部位，枝蔓应适当长留，以尽快占满架面。采用龙干形整枝时株距小，结果母枝必须进行短梢修剪或极短梢修剪。

9. 埋土防寒

（1）埋土防寒时间　延庆县露地葡萄埋土防寒时期一般在 10 月底以前，带叶修剪后立即下架，先期将根茎部少量培土并密切注意天气变化，一定要在雨雪天气来临之前按防寒要求全部埋土，以避免遭受冻害。

（2）埋土防寒方法　延庆地区埋土防寒有两种方法：①地上全埋法即在地面上不挖沟进行埋土防寒，方法是修剪后将植株枝蔓顺行向下架，朝一个方向缓缓压倒在地面上，将枝蔓捆绑在一起呈一条直线，然后用细土覆盖严实。覆土厚度 30～50 厘米。②地下全埋法在葡萄行间挖深、宽各 30 厘米左右的小沟，然后将枝蔓压入沟内再行覆土，覆土厚度 30～50 厘米。

辽南红地球葡萄"三高"、"双调"栽培法

徐振祥　程慕芝　张金红

（瓦房店市农村经济服务中心）

辽宁省南部的辽东半岛地区，位于北纬 38°～42°、东经 121°13′～122°16′，是红地球葡萄露地栽培最适宜地区之一。年日照时数 2 500～2 800 小时，年平均气温在 8.4～10.5℃，年有效积温 3 600℃，无霜期 156～221 天，年平均降水量 450～650 毫米，其中 80% 的降水量集中在 6、7、8、9 四个月。

该区域内的熊岳南及瓦房店北是传统的葡萄栽培区域，现有露地葡萄面积 20 余万亩，保护地设施栽培面积 6 万余亩，其中红地球葡萄露地栽培面积 6 万亩左右，设施栽培面积 1.5 万亩左右。

红地球葡萄在辽南地区栽植已有 20 多年的历史，但又存在着"长势旺、易贪青、坐果多、果粒小、产量高、果味淡、着色不良"等现象。生产中表现"怕凉、怕冷、又怕冻，怕热、怕光、日烧病，怕湿多雨病害重，怕缺元素味不浓"等弊端。栽培中应把握"红地球葡萄对栽培环境的特殊适应性能，生长发育的特殊生理特征，商业品质的特殊感观要求"来选择地块，精心管理，方能取得理想的栽培效果。现将我们几年来提高栽植畦面、提高架面高度、提高结果部位等"三高栽培法"和上调增大果粒、下调平衡营养等"双调技术"的经验和做法，奉献给广大葡农，欢迎交流探讨。

1. 建园

（1）园址选择　红地球葡萄园应选择土层深厚的，有机质含量较高的壤土或沙壤土地块建园，其他土壤要进行换土改良，土壤的 pH 在 6.0～7.5，要有水源灌溉条件和良好排水条件，遇干能灌，遇涝能排。规划好田、路、渠、林（带）体系，尽量做好高标准建园。

（2）整地挖沟　地块确定后要进行土地整理，根据东西行向进行土地平整，达到全园基本平整；如果是坡地，行向要与等高线一致，以利于田间管理和灌溉。行距应以 4～5 米单行栽植的小棚架为主，也有间隔 8～10 米双行栽植对爬的大棚架。

栽植行确定后开挖定植沟，定植沟 0.8～1.2 米深，0.8～1.0 米宽，挖时要把表土和生土分开堆放，沟底填入农作物秸秆、杂草、锯末等，然后将充分腐熟的农家肥、土杂肥（发酵过的鸡粪、猪粪、牛粪）每亩 5 000 千克左右与沟土拌匀混合施入，有条件可加施氮、磷、钾、钙等化学肥料，最后将表土回填于沟内并要高于地面 0.5 米左右，灌水沉实后使葡萄栽植畦面略高于地表面，俗称为"黄河堤"栽培法。这项措施在埋土防寒时增加了一些难度，但对于红地球葡萄的生长发育、地温的提升、雨季的排涝、田间作业、病害

防治、后期的增糖着色具有诸多好处。"黄河堤"栽培法可结合挖定植沟时改良土壤、培肥地力来进行，也可在栽植后逐年进行。提高栽植畦面是笔者多年来宣传推广"三高"栽培法之一。

（3）选苗栽植和苗木处理　红地球葡萄有很多优点，但在生长管理中也存在很多弱点，就辽南地区而言，红地球葡萄栽植必须选择绿枝嫁接苗，这是栽植成功与否的关键措施之一。嫁接苗要用贝达作砧木，苗木亲和力好、根系多成活率高、抗逆性强、结果早、丰产性好、生产管理效果好。选苗时要选择根系好，苗木粗细均匀，芽眼饱满的，栽植前所有的根系都要剪短至12～15厘米，利于新伤口处促发新根，并用碧护（生根强壮剂）浸泡半小时左右。捞出后在黄泥浆中蘸一下，进行保水处理。

（4）苗木栽植　栽时要使苗木的嫁接口露出地面，要采取斜式栽植法（千万不要直立栽植），这样使根系处于地表15厘米左右，地温较高，有利于促发新根，提高成活率。栽后灌水沉实，地面覆黑色地膜，葡萄苗茎部套白色透明塑料袋，既增温又保湿，还防风吹、沙打和虫蚀，有利于早发芽、发壮芽；要根据袋内芽的长势情况及时破膜放风，适应一段时间后再完全撤掉上部的塑料袋。黑色地膜要在6月下旬气温和地温较高时去掉。

（5）建设葡萄架　红地球葡萄棚架的架材，用水泥柱做立杆，竹竿和木杆做横杆，钢丝线做拉线，棚架的后立柱高1.5米，前立柱高1.8～2.0米。红地球葡萄的棚架面一定要高于常规葡萄品种的架面，这是根据红地球葡萄的特点而决定的，架面高通风透光好，有利于葡萄的生长，有利于棚下作业，降低棚下空气湿度，减轻病害的发生程度，提高红地球架面高度是笔者宣传推广的"三高"栽培法之二。

2. 枝蔓管理

（1）定植苗枝蔓管理　红地球葡萄栽后要强化水肥管理，促使尽快达到当年栽植、二年见果、三年丰产的目的，栽后第一年要进行三次摘心（掐尖）处理。红地球葡萄提倡单株单蔓（也可一株双蔓），实行独龙干整形。栽植发芽后要在当年萌发的新梢中选留1个壮梢培养主蔓，长到80厘米时进行第一次摘心，摘心后长出很多副梢，选最顶端1个强壮副梢作主蔓延长枝培养，长至60厘米后进行第二次摘心，二次摘心后顶端副梢继续延长，长至40厘米后进行第三次摘心，三次摘心后萌发的顶端副梢待立秋后摘心，促进枝条木质化；三次摘心后发出的其他副梢均留2～3叶摘心。秋后修剪时主蔓剪截至完全木质化（枝条中间无空心状）止，要求剪截口直径大于1厘米，主蔓长度1.8米左右，主蔓上的副梢看芽眼饱满程度，在距地面50厘米以上的可选留3～5个做第二年的结果枝，每个留2～3个饱满芽，其余副梢去掉。

根据红地球葡萄的"怕冷、怕冻"特点和辽南地区秋季降温早、降温幅度大的气候条件，一定要实行"带叶修剪、带绿叶下架"，促使养分尽快回流，时间上要在下霜以前进行，避免初霜来临时受冻，这是辽南红地球葡萄生产管理上的一个重要环节，特别是一、二年生的幼树，一定要把握好这个时机，否则受冻植株第二年临近开花时容易出现整株死亡的现象（俗称带叶死）。出现这个现象的原因就是修剪晚，初霜冻早，将距地面10厘米左右的茎部冻伤而形成的。

（2）龙干形整形　红地球葡萄苗定植第一年通过"三次摘心法"培养的主蔓，称为

"龙干"。同一株苗，当年选出 2 个主蔓的叫"双龙干"，选出 1 个主蔓的叫"独龙干"。当年冬剪，龙干长度约 1.8 米，剪口下直径大于 1 厘米。

第二年春，龙干上离地 50 厘米以下不留新梢，50 厘米以上新梢全部保留，包括副芽上发出的新梢也留下。主蔓顶端 50 厘米以内的新梢，最好不让结果，以利延长枝健壮生长，加速整形进度；其他新梢按相隔 10～15 厘米两侧对称均匀分布结果枝和预备枝。冬剪时，主蔓延长枝剪口下直径仍然要求大于 1 厘米，剪截长度以延长枝熟度为依据，成熟到哪就剪到哪。结果母枝采用双枝更新修剪法。

第三年春，龙干继续延长，龙干上按 30 厘米左右间隔选留结果枝组，每个枝组上选留 2～3 个新梢，此时的主蔓延长枝实际上已成为结果母枝了，其上所萌发的新梢可以选留结果枝。冬剪时，通常情况下延长枝已布满架面，按主蔓正常长度剪截；结果枝组也基本到位，按照 1 米蔓段保留 3 个结果枝组均匀排列，每个枝组分布 1～3 个母枝剪留。至此，已完成龙干形树形。

（3）结果树枝蔓管理

①生长季枝蔓管理。葡萄的生长季枝蔓管理作业量大，持续时间长，技术要求高，对当年的产量及第二年的花芽的形成关系极大。

a. 抹芽、定枝。将已经萌动的弱芽、角度不正的芽抹掉，使 1 个芽眼只保留 1 个壮梢，同时要抹掉老蔓上无用的隐芽以及主干基部处萌蘖。定梢要在新梢长约 15 厘米左右，能看到花序大小时进行，根据架面情况和当年产量指标，在保留一定数量的结果枝，留足相对应的营养枝的同时，去掉过密过弱和主蔓一侧过多的枝条。

b. 新梢摘心。当年的新梢摘心，本着"延长枝不摘心、结果枝晚摘心、营养枝适时摘心"的原则进行。架面尚未布满以前，延长枝为了布满架面每年都要向前生长。根据红地球葡萄的生长特点，结果枝花前可以不摘心，长到十多片叶时再进行摘心。营养枝在 10～12 片叶时进行摘心。

c. 副梢处理。因副梢消耗营养大，扰乱树形，影响光合作用，由叶腋夏芽萌发的副梢要及时处理。结果枝的果穗以下副梢要全部抹掉，果穗以上的副梢留 1 片叶"绝后摘心"，最顶端留 1 个 3～4 叶长副梢反复进行摘心。营养枝上的副梢要根据架面的情况保留 3～4 个叶片进行摘心，以后产生的二次副梢也只留 1～2 个叶反复摘心，为节省劳动强度也可用手指甲掐腋芽进行"绝后摘心"。

d. 枝蔓绑缚。葡萄枝蔓要及时绑缚，对于着生位置不正的通过绑缚进行纠正，对于过于强壮争夺营养的要进行弓形绑缚或下垂式处理，以削弱长势。同时掐去卷须。

枝蔓的夏剪可以调节长势，充分利用棚架空间，同时保持架面良好的通风透光条件，降低病害发生的几率。红地球葡萄主蔓 70 厘米以下不留枝，1 米以下不留果，提高结果部位是笔者宣传推广的"三高"栽培法之三。

②冬季修剪。红地球葡萄植株怕冷、怕冻，而它的生长期又长、果实成熟期又晚，辽南地区葡萄无霜期仅 170 天左右，第一场轻霜通常发生在 9 月底至 10 月初，所以红地球葡萄必须带叶修剪，带叶防寒。

结果母枝主要采取"双枝更新"法修剪，对留用的枝条进行一长（留 4～8 芽）一短（留 2～3 芽）剪截，长梢作为明年的结果枝，尽可能的结果；短梢作为预备枝，明年选留

2 个健壮新梢，都不让结果（有果也得疏除）。明年冬剪时，将结果枝从基部疏除，对预备枝又实行一长一短修剪，以此类推，一年年重复。

3. 花果管理 红地球葡萄丰产性强，坐果率高，但也同时存在果穗过紧、果粒大小不一、着色不良、口味偏淡的问题，因此做好红地球葡萄的花果管理是生产优质高档果品，增加经济效益的关键措施之一（彩图 B2）。

（1）双调技术 近年来，辽南推广使用"双调果粒增大新技术"，有效地解决了红地球葡萄的果穗紧、果粒小、口味差的问题，在节省大量劳动力成本的同时提高了红地球葡萄的品质，使红地球葡萄果粒松散、着色均匀、硬度增加、可溶性固形物增多、耐储运、货架期长、商品价值大大提高。

"双调技术"主要指上调树势、穗形、增大果粒；下调土壤通透性、平衡营养。上调使用植物生长调节剂：奇宝、保美灵、碧护等，下调使用调理剂：绿原贝有机钙粉、甲壳素、海藻肥、生物肥等。

上调的主要环节是进行花序拉长，拉长主穗、伸展侧穗、松散果穗，在花前 10～14 天，花序 7～13 厘米长，使用美国奇宝（GA₃）30 000 倍液，对全株茎叶进行喷布；如果没有进行促萌处理，花穗不整齐，可分期分批单喷果穗（必须做好标记）；不论哪种办法都要同时加入氨基酸类高钙高钾叶面肥，补充营养。进行拉长果穗处理时，一定要记住"细喷片、小雾滴、烟雾状、轻喷快走不重复"的口诀，要坚决避免因对药浓度不准确、重复喷药，造成药量过大产生的毒副作用。

拉长措施使用不当，容易造成果穗生长变缓，果穗拉的太长，果粒变得稀稀拉拉的现象。如出现上述现象也不必担心，7 天后将恢复生长，果粒数如在 60 粒左右也不至于减产。

经过这样处理的果穗能自动把发育不健全、受精不良、位置不好的小粒、瘪粒、畸形粒疏除，减少后期人工疏粒的费用。这种方法的处理可能主穗拉的过长，但不要紧，后期生理落果结束时，用剪子剪掉主穗过长部分便可，省工省力。

应用双调技术有条件的应在春季出土后，伤流期结束时进行一次"促萌"，通过"促萌"使枝蔓的新梢整齐一致，花序长短一致，应用花序拉长技术效果更好。

"促萌"的时间应该是在芽球露绿时最合适，使用的药剂是奇宝 15 000 倍液加上保美灵 7 500 倍液，同时要加入氨基酸类高钙高钾叶面肥，正常亩用液量 15 千克左右，使用方法是要喷湿所有主蔓枝条，特别是芽球和芽基，进行"促萌"时不应加入任何防治病虫的农药，并且与石硫合剂等碱性药剂保持 1 周间隔期。

果穗花前经过拉长处理对花后的果粒增大技术应用创造了条件，花后的果粒增大技术应该在花后 10 天果粒火柴头大即脱帽期进行第一次增大处理，这期间正是果实的细胞分裂期，可以用保美灵 7 500 倍液加叶面肥对全部枝叶、果穗进行喷布，以喷湿叶面不滴水为度。

第二次果实增大处理应在第一次喷药后 10～15 天进行，此时果粒应在 10～12 毫米时效果最好，这次处理要用奇宝 10 000 倍加保美灵 7 500 倍，方法可采用重点喷或浸蘸果穗来进行，浸蘸时如能加入"碧护"强壮剂、"杜邦易保"或"福星"等杀菌剂、保护剂效果更佳。

如果时间允许也可在果粒直径 14~16 毫米时，按上述配方再进行 1 次处理，增大效果会更好，能有效地提高可溶性固形物的含量，增加果粉，使果实风味更浓，耐储耐运性更好。

处理完后进行果实套袋，同时强化树上树下的肥水管理和枝蔓处理以及病虫害的防治、保护功能叶片等工作。

（2）果实套袋　葡萄进行果实套袋可以降低农药对葡萄的污染，减轻日灼，增加对外界伤害的抵抗力，使葡萄内在品质提高，外观形象更好。红地球葡萄易感霜霉等病害，而常规的波尔多液又是防效较好的药剂，如不套袋，这种药剂无法应用。

红地球葡萄套袋要选择正规厂家生产的葡萄专用袋，套袋时间一般在 6 月上旬到 7 月下旬为最好（夏至与小暑之间），辽南地区春季风大，过早套袋容易被风吹落，太早又由于果粒皮薄梗细不耐袋内高温；太晚又达不到套袋目的。套袋应在气温不高的晴天或阴天进行，要避开上午 10 时至下午 14 时的高温时段。套袋时要将手伸入袋中，用食指分别撑开袋下角的两个气孔，然后手握成拳在袋内旋转后，将果袋从果穗下部轻轻向上套，千万不要用手指触碰果面，要使果穗自然居于果袋中央，套好袋后用果袋边自带的铁丝将果袋固定在穗轴上，千万不能放到结果母枝上。套完袋后要经常检查袋的位置是否牢固，并打开袋的底部抽查袋内果实情况。要结合整枝、绑缚、摘心等环节，理顺袋内果实，使之处于下垂状态，上部尽量多留叶片遮阴，防止阳光直射发生日烧日灼现象。

红地球葡萄果实袋通常在果实采收前 10~15 天去袋，首先把袋底部打开，让光照见果，1~2 天后再把袋底部纸向上卷起，露出果实进一步采光，如出现特别强的光照时可把已经卷起部分再放下去，适应一段时间后最后除去纸袋。如着色正常，也可以不摘袋，可根据销售方客户的要求带袋采收。

4. 土肥水管理

（1）土壤管理　土壤是植物的生存之本，土壤质地的好坏直接关系到红地球葡萄的产量和品质，要求土层深厚，保肥保水能力强，又要疏松，通透性良好，对不理想土壤要进行改良，通过增施有机肥、使用土壤调节剂，逐渐培肥地力，改善土壤环境。

我们对红地球葡萄的土壤管理是采取清耕制，通常是无雨就铲，降雨就搂，灌水后要及时搂 1 遍，保持土壤松散不板结。有条件的要在生长季采取地面覆草、铺膜等措施，以保持土壤湿度、土质松散，防止杂草。

（2）施肥　红地球葡萄对肥料的要求多于其他葡萄品种，生产中要施足有机肥料（亩施 5 000 千克），及时补充化学肥料，配合施用叶面肥料，要尽量做到有机肥、无机肥、生物肥、调理剂配合施用，是本文"双调技术"中下调土壤营养平衡的核心技术，这样才能为红地球葡萄的根际创造一个良好的生长环境，提供丰富均衡的营养条件，满足它的生长、发育需要，更好地发挥吸收、转化、输送功能。

红地球葡萄的追肥应抓住花前、生理落果后、第二膨大期三个关键环节，花前以氮肥为主，生理落果后以氮、钾、钙、磷为主，第二膨大期以磷、钾、钙为主。追肥量应根据土壤肥力和产量指标来确定，每次追肥每株葡萄不超过 100 克为宜，全年施肥量氮、钾、钙、磷的比例为 1 : 1.2 : 1 : 0.5。

施肥方法：农家肥要采取挖沟、深施、覆土的办法，追肥可在植株的两侧挖坑施入，也可结合灌水，使用冲施肥，不论采取哪种办法都应做到少量多次，避免伤根。

这里特别提出钙肥的应用，过去认为辽南地区土壤本身不缺钙，但由于有机肥施用量少，土地产出率高，灌溉淋容量大，加之氮、钾、磷使用超标，土壤缺钙是一个不争的事实和普遍现象。土壤缺钙时酸碱度失衡，酸性土壤酸性加剧，碱性土壤盐渍化加重，土壤板结不透气，微生物数量减少，通透性变差。

葡萄缺钙时根系生长受阻，毛细根减少，形成短粗的扫帚根。新梢生长点弯曲，长势慢。叶片颜色淡，枝条成熟晚，花芽不饱满。果实缺钙，单粒重轻，果面凹凸不平，果粉不匀，裂果严重。

给红地球葡萄补钙是管理红地球葡萄的关键措施，必须引起种植者的注意。常用钙肥有矿物质钙、化学合成的钙和有机钙三种，含量、使用方法和实际效果各不相同。笔者提倡使用有机钙肥，有机钙肥与根部亲和力好，易于吸收，不容易被土壤固定和随灌溉流失。笔者在大连地区推广应用中韩合资产的"绿原贝"有机钙粉土壤调理剂，这种肥料不但补钙，还调理土壤，效果很好，已广泛应用。叶面补钙是一个辅助措施，可以应用，但一定要选择含量可信、亲和力高、能转换利用的钙肥。笔者推广使用的是美国布兰特公司生产的"果蔬钙肥"，这种钙肥是螯合态的糖醇钙，可以通过叶面吸收，转移到果实里去，生产中应用的效果较为理想。

（3）灌水 红地球葡萄根系较浅，不抗旱又不耐涝，辽南地区雨季集中在 7、8 月份，春旱秋吊现象严重，早春要浇好催芽水，灌好果实膨大水是至关重要的，其他时间的灌水要根据自然降水，土壤干湿度来确定。生长季节要采取覆草、铺膜等保湿措施，有条件的要实行膜下滴灌。封冻水要视土壤干湿情况而定，如下架前有一次 10 毫米左右降水，可不必灌溉封冻水。

灌水方法一般采取畦灌和沟灌，近几年推广的膜下滴灌效果也很好，畦灌水渗后要搂 1 遍，沟灌水渗后要覆 1 层土，膜下滴灌也应根据需要定时有量。

另一个方面要做好雨后排水工作。除了抬高栽植畦面外，一定要做好田间排水沟渠疏通，避免田间积水导致根部因缺氧受损，或田间湿度过大，孳生病菌。必要时可采取抽水机强排积水，地面要及时翻土晾晒，尽快降低湿度。

5. 病虫害防治 红地球葡萄由于生长势旺，嫩梢多，叶片小而薄，抗病虫能力较其他品种弱，抓好病虫害防治工作是红地球葡萄栽培的关键，也是实现优质稳产的保障措施。

（1）黑痘病 葡萄黑痘病在辽南地区春季发生较早，主要侵染叶片、叶柄、果实、果梗、穗轴、卷须等幼嫩部分，每年春季 5 月上旬随着温度升高，产生病菌孢子，借雨水传播至萌发的枝条幼嫩芽部分，蔓延加害。高温多雨时感病严重，天气干旱时发病较轻，进入 6 月以后枝蔓组织老化时感病变轻。

防治方法主要是严格清扫果园，铲除焚烧深埋残枝败叶，减少病原菌。在葡萄出土后发芽前，喷洒 1 次 5 波美度石硫合剂。在展叶后至果实着色前，每隔 2 周喷洒 1 次石灰半量式波尔多液，在 2 次波尔多液之间加喷 1 次杜邦易保。重点要抓好花前花后 2 次用药。

（2）霜霉病 霜霉病是红地球葡萄最易感染、造成危害和损失最大的病害之一，主要危害叶片、嫩梢、花序等部分，严重时也危害果实。辽南地区春季发病一直到立秋仍有发生，降雨过多、露水太大、枝条郁密、管理粗放，会发病严重，甚至绝收。

防治方法：要严格清扫果园，铲除焚烧深埋残枝败叶，减少病原菌，出土后喷洒铲除剂，同时加强生长季节的田间管理，及时整枝、绑缚、夏剪，创造通风透光条件，雨季注意排水、降低湿度，同时注意增加有机肥，控制氮肥使用量，使养分平衡，长势均衡。花前花后要喷布1 000～1 200倍杜邦易保液，套袋前蘸穗时结合增大技术加入抑快净，套袋后要喷布200～240倍半量式波尔多液，间隔2周后再喷1次杜邦易保，间隔2周后再喷1次半量式波尔多液。如阴雨连绵，霜霉病大发生时喷洒治疗剂烯酰吗啉、抑快净、克露、乙膦铝、甲霜灵等杀菌剂。

（3）白腐病　白腐病是红地球葡萄主要果实病害，同时也危害新梢和叶片，辽南地区每年都有因白腐病控制不力造成损失，白腐病大流行的年份损失达60%，甚至绝收。病原菌以分生孢子器及菌丝体在植物的病残组织和地面表土中越冬，分生孢子在6月中下旬开始借风雨传播，从地面的果穗尖端或伤残组织入侵、加害、传播、流行。

防治方法是要强化栽培措施，提高结果部位，减少侵染机会，同时注意清扫果园，喷好铲除剂，并实行套袋栽培，及时整枝，保持良好的通风透光条件。药剂防治是要抓住花前花后和7、8月份降雨前后的关键时期，使用的药剂有杜邦福星、烯唑醇、易保、甲基托布津、白腐灵等杀菌剂。

6. 采收　红地球葡萄在辽南栽培，存在着色不匀称，成熟度不均衡的问题。因此采收时要根据客户要求，在保证风味质量的同时采取分期、分级多次采收的方法，要把握市场行情，区别用途（鲜食、加工、储存），选择采收时间，选好包装器材，先采一级果，停一段时间再采二级果，这样第一次采后有利于其余果实行着色成熟，增加产量、提高等级、多创效益。

7. 防寒越冬　红地球葡萄在辽南地区栽植必须带叶修剪、带叶下架培土防寒方能越冬。辽南地区一般情况下9月25日至10月5日为第一场轻霜，大约20天后有霜冻出现，应在10月初修剪后尽快下架，捆绑后顺栽植行摆好。根据气候变化，在10月末和11月初，盖上草帘、塑料布或保温被，保持枝蔓的水分并可防止霜冻损坏芽眼。

要求在11月15日左右埋土，取防寒土应该在距植株基部80厘米开外处，先将枝蔓覆盖塑料布和草帘并在其上覆土10厘米以上，或直接在枝蔓上覆土30厘米以上，防止冻坏根系。操作时不要折伤枝蔓，不要伤及芽眼。培土后应定期检查田间情况，避免因风吹、畜踩、人为等因素造成枝蔓裸露，发现应及时处置。近几年辽南已实行机械培土，效果很好。

当春季气温稳定在10℃左右，一般年份清明后应及时出土，笔者推广的是"快撤土、缓上架、喷药剂、补营养"的办法。撤土后葡萄蔓要在地面放一段时间，有利于平衡顶端优势，促进中下部芽眼萌发成枝，使新梢整齐一致。撤防寒土后要喷5波美度石硫合剂，杀灭枝蔓上残存的病菌和虫卵，然后根据气温变化适时上架，上架时要小心轻放，避免弄折枝蔓和碰伤芽眼。

葡萄上架后新梢萌发至开花坐果期，正是玉米田播后喷洒除草剂的时期，除草剂中的有害物质直接喷洒或飘移都会对葡萄枝叶果实造成伤害，使生长点坏死，叶片皱缩，卷须加长，果实产生黑色病斑，极易造成枝蔓死亡和大面积减产，笔者推广使用"碧护强壮剂"加"海绿素"缓解药害，恢复生长，效果很好，应推广使用。

近几年，农民在撤土后对枝蔓喷布 1 次"碧护强壮剂"加氨基酸类叶面肥，通过枝蔓气孔吸收后输送到芽眼和根部，促进生根和芽眼的进一步分化，增加抗逆性。对当年生长和提高坐果率有好处。

辽南红地球葡萄冷棚栽培技术

徐振祥

（大连瓦房店市李官镇人民政府）

保护地设施栽培是现代农业发展的一个标志，也是优质高效农业的必然选择，辽南地区的葡萄冷棚栽培规模也日益扩大，技术日趋完善，但是除"温、湿度控制"有特殊要求外，其他栽培技术与露地却有相似。

1. 棚室的建造　红地球葡萄冷棚是在蔬菜拱形塑料大棚的基础上设计建造的，冷棚的宽度和长度按地块条件、栽植形式、生产需要来确定，一般为 8～12 米宽，也有 15～20 米宽的棚；80～120 米长，个别也有 200 米长的。冷棚用水泥柱为支撑，用钢丝线（或木杆）为梁，以 10～15 厘米粗的竹竿和竹披为拱架，梁与拱架之间加 8～10 厘米长木方为缓冲垫，顶膜使用大连产紫光膜和其他同类棚膜，用尼龙绳为压线。为防止风灾可在棚膜上加 1 层防风网。冷棚以南北向为佳，南侧设有进出口。东西走向的地块也可以建冷棚，但北侧一行的长势稍逊于南侧一行。

近几年，辽南的冷棚也采用了钢筋架、钢管架以及水泥苦土混合材料加玻璃钢等作为骨架，虽然造价高一点，但坚固耐用（彩图 B3）。

2. 葡萄种植　葡萄栽植形式以 3～4 米小棚架为主，也有中间小棚架两边篱架、中间篱架两边小棚架等多种形式。栽植密度以 50～70 厘米 1 个主蔓较为适宜。

扣棚地块选好后，要先挖定植沟，定植沟宽 80 厘米、深 60 厘米，下部填装农作物秸秆，农家肥、复合肥和钙肥与园土混合后回填，并高出原地面 50 厘米左右，这样有利于提高地温，避免内涝，方便作业。在 5 月 1 日前后选苗栽植，一定要选择用贝达等抗寒砧木的嫁接苗，栽植方法和管理方法与露地栽植相同。栽后要强化管理，要培育深根壮蔓，当年新梢要长到 1.5 米以上，并且通过多次摘心使主蔓粗壮、枝蔓成熟、芽眼饱满，确保扣棚后正常生长和产量达标，如当年长势不理想冬天就不要扣棚，待第二年再扣棚。

3. 温湿度控制　红地球葡萄的冷棚种植，一般在 10 月初带绿叶修剪下架，11 月末培土防寒，12 月中旬扣棚，2 月 20 日前后棚内开始撒防寒土，撒防寒土要根据棚内土壤解冻情况和棚外温度分层逐步进行，撒土后葡萄要打 1 次光杆药，防病灭菌。为彻底解除休眠和增加营养应使用"单氰胺"或"荣芽"，喷"碧护强壮剂"加叶面肥补充营养。撒防寒土后的葡萄上要加盖防寒物和扣好小地拱，进行催芽，小地拱上面的膜要根据棚内温湿度变化进行覆盖和撒掉，上午 10 点前撒掉增温，中午高温时要覆盖保湿，夜晚一定要盖严保温。

红地球葡萄萌芽时，白天温度控制 15～25℃，花前白天温度控制在 22～28℃，花期白天温度控制在 28～30℃，坐果后白天温度要控制在 25～33℃，控制方法就是卷膜放风降温，温度过高容易突长，使花序变成卷须。当棚内夜温低于 0℃时，就应该采取增温措施（日平均温度在 3℃以下时，棚内凌晨 3 点最低温度将低于 0℃）。增温防冻方法有：提前喷施碧护强壮剂，栽植行灌水和枝蔓叶面喷水，用电灯和点燃液化气罐或增温燃烧块等措施。如发现枝蔓受冻后立即喷施 7 500 倍碧护强壮剂，可解除冻害，恢复生长。

当昼夜气温稳定在 20℃时可全天将棚膜底角卷起至中上部，顶部作为避雨棚使用。

红地球葡萄上架后畦面要覆盖地膜增温保湿，同时要采取措施提高地温，尽量使地温与棚温同步。提高地温的办法有：使用土壤调理剂，增加土壤通透性；应用生物反应堆技术等提高地温。

棚内空气相对湿度：萌芽期应达到 70％，花前应达到 80％，花期应达到 60％，坐果后应达到 80％左右。

4. 枝蔓和花果管理　冷棚种植的葡萄枝条容易徒长、较细弱，花芽分化的质量有差异，所以枝蔓管理要及时到位，抹芽、定枝、去副梢、除须、引缚都要一环接一环，环环相扣。当能判断和确认果穗时，就应定枝，要留够结果枝，留足营养枝，留好预备枝，每平方米架面要有 8～10 个新梢，结果枝与营养枝的比例为 1∶2，要通过整枝、定枝，使枝条在主蔓上均匀、对称排列。红地球葡萄在棚内种植开花前不摘心，开花后果穗下部的副梢摘除，果穗顶端留 9 片叶摘心，果穗前部的副梢留 1 片叶摘心，因棚内光合作用较差，要尽量多留叶片。

开花前叶面要喷布植物调节剂和强壮剂，选用碧护、PBO、矮壮素等，要补充"磷钾动力"、"海绿素"等营养剂，花序 7～13 厘米时（也就是开花前 10～14 天）要进行花序拉长，可选用奇宝、保美灵等喷或浸药序；坐果后 10～15 天要进行果穗增大处理，方法是浸蘸果穗，药液由奇宝、保美灵、碧护组成，为防止病虫害应加入杜邦易保、福星等杀菌剂（药液配置方法请参照产品说明书）。

生理落果结束后要进行果穗整形和定穗，整形主要是去穗尖，要按产量指标定穗重来确定留穗数，按质量标准定粒重来确定每穗的粒数。坐果后要不间断地进行疏粒，及时把特小粒、畸形粒、病虫伤害粒去掉，而后进行果实套袋。

5. 肥水管理　在采收后下架前施足基肥（有机肥为主）的基础条件下，要重施花前肥（氮肥为主），追好坐果肥（氮、磷、钙、钾），巧施膨果肥（磷、钾为主），补充叶面肥（钙和微量元素），施肥量要根据土壤状况、植株生长指标的需求来确定，要少量多次，避免伤根。

在灌足封冻水的基础上，萌芽前要灌 1 次透水，以后要根据土壤状况和植株生长需求浇好花前水，灌好坐果水，膨果后灌 1 次着色水，开花期和采收前不浇水要选用常温水和温度较高的深井水，有条件的采用蓄热式灌水。

6. 病虫害防治　红地球葡萄冷棚种植要注意防治由高温、高湿和通风不良造成的病害，冷棚里主要病害有灰霉病、霜霉病、炭疽病等病害，蓟马、盲蝽、螨类等虫害，在综合防治措施的基础上，要打好光杆药石硫合剂，以后要根据病害规律和发生的状况进行预防和治疗，控制病害，消灭虫害。建议使用杜邦福星、易保、抑快净、吡虫啉等安全性较好的农药，详见总论第七章。

7. 分批分级适时采收　根据红地球葡萄果实成熟状况及外观形象内在品质的实际以及客户的要求进行分级分批采收，既要考虑占市场、抢行情，又要确保产品质量，保持品种的风味，在力争效益最大化的同时，要尽量早采早结束，实现这个品种的持续稳产增效。

冷棚内红地球葡萄采收结束后，要再进行1次整形修剪，疏除多余枝蔓、过长枝蔓和病残枝蔓，整理好架面，保持通风透光。要撤掉棚膜，整理保持好棚架，及时进行施肥浇水，中耕松土，普遍打1次杀菌剂，补充叶面肥，利用撤膜后的光热资源，促进生长，恢复树势，促使花芽进一步分化形成，为下一年丰收打下基础。

辽西红地球葡萄病虫害防治的难点和特点

张立成[1]　金桂华[2]　张宝坤[3]

([1] 葫芦岛暖池葡萄专业合作社；[2] 辽宁农业科学院；
[3] 葫芦岛市南票区农村经济局)

辽宁西部沿渤海湾地区的锦州和葫芦岛两市，是我国红地球葡萄的发源地，1987 年沈阳农业大学首次从美国把红地球葡萄引进我国，就选择锦州市太和畜牧农场作为引种试验基地。尽管从这里向全国各地提供了红地球葡萄各种生物学特性和栽培技术数据，但是由于冬季寒冷、时间又长，葡萄生长期短，有效积温又低，是红地球葡萄生育进程的低限，而且年降水量稍多并集中在 7～9 月红地球葡萄生育期内，为葡萄真菌病发生发展创造了最有利的环境条件。所以，导致该地区栽种红地球葡萄 20 多年，经济效益始终很低，大部分葡农或多或少都赔钱，只有极少数能维持或略有盈余。追究原因，最根本的还在于葡萄病害严重，得不到好果，产量不能稳定，葡萄不耐贮运，销售受到局限，自然卖价不好，怎么不产生入不敷出呢？

然而，葫芦岛暖池塘葡萄产区，却出现了红地球葡萄优质丰产，连续多年每千克售价达到 8～10 元的典型——葫芦岛暖池葡萄专业合作社，就能把握红地球葡萄病虫害的发生发展规律，将病虫害限制在可控范围之内。

1. 辽西红地球葡萄病虫害防治的难点

（1）红地球葡萄抗病虫能力弱　红地球葡萄叶片光滑、嫩梢纤细、果皮稀薄，极易网逻真菌孢子和害虫刺吸；大部分真菌病害都能侵染，而且病害之间还能重叠，呈现多种病菌同时出现多种的症状，这就加大了防治的难度。

（2）当地气候、山林有利于葡萄病害和害虫的发生　当地年降水量 600 毫米的 70％以上集中在 7～9 月红地球葡萄生育期内，加之绝大部分葡萄园位于两峡一沟的沟溏平地，处于高温多湿环境中，利于真菌繁殖；而且，山林杂树为害虫提供栖息繁殖场所。

（3）葡萄病虫害种类繁多，发生发展规律深奥莫测，葡农缺乏认知知识　据有关专家调查，葫芦岛地区葡萄病害种类多达几十种，不仅最常见的真菌病有十多种，还有细菌性病害根瘤癌肿病，病毒性病害（扇叶病毒、黄斑病毒、栓皮病毒、斑点病毒、卷叶病毒、茎痘病毒等）、线虫病害和生理性病害（缺素症、日烧病、气灼病、水罐子病等）；葡萄害虫种类日渐增多，除叶蝉、介壳虫、金龟子、蚜虫、星毛虫、象甲、天蛾、粉虱、螨类之外，还有粮棉油作物上的如玉米螟、棉铃虫等也开始爬上葡萄树危害葡萄，甚至地上杂草害虫如浮尘子等也对葡萄果实产生威胁。具体表现在：

①不甚了解主要病虫越冬形态和越冬场所，很难做到有针对性的杀灭活动，病虫返春

继代危害的可能性就大，葡萄园病原菌和害虫的基数加大。

②病斑和虫食的形态区别比较困难，不易判断病害和害虫的种类。误诊情况时有发生，容易用错药，不仅没有防治效果，而且误时、费工、费钱，加大生产成本。

③对病虫发生发展规律认识不清，抓不住防治关键环节，防治效果大打折扣，延误精准防治时间，易造成病虫大发生，灾害扩大蔓延。

（4）很难精准用药　对农药性状和毒性了解不够，又缺乏当地农药防治试验经验，尤其当今农药市场相当混乱，伪品假药甚多，真伪难辨，葡农很大程度上"随着市场买药，跟着近邻用药"。其结果可想而知，"凭机遇，碰运气"。

2. 辽西红地球葡萄病虫害防治特点

（1）针对难点、寻找突破点

①针对红地球葡萄抗病性弱的特性，笔者采取提高抗逆性的栽培措施。如采用贝达抗寒砧木嫁苗定植建园，提高葡萄植株抗寒性能，减少树体冻伤，避免病虫乘虚而入造成危害；多施有机肥料，改善土壤理化性状，使葡萄植株生长发育协调、健康，增强抗病虫能力等。

②针对红地球葡萄生育期内雨水多，易发病的特点，我们采取高畦栽植、宽行穴栽、水平棚架、一字形或飞鸟形整形、让新梢前端下垂、栽植畦内覆膜、膜下滴灌等一系列通风透光、排水减湿、增强树势的措施，调节立地环境条件，抑制病虫发生，有利于葡萄向优质、稳产、安全方向发展。

③针对葡农缺乏对病虫和农药的认知实情，葫芦岛暖池葡萄专业合作社领导班子首先参加全国、省、市、区各级举办的有关会议、培训班，认真学习病虫害防治知识，引进新农药、新技术，在自己葡萄园做试验，对防治成功的经验进行归纳总结和推广。

（2）总结经验、做出规划

①防治经验。提高建园标准，强学科学管理，参与全国联防，引进一流农药，全社实行统一用药。

②防治做法。a. 新建园，水、电、路、架一定要先行，尽可能采取行向一致、株行距统一，架式架材统一，栽植方式统一。b. 凡是新品种、新技术、新工具，在实施之前都要进行培训，增加知识，统一认识。c. 参与全国葡萄病虫害防治协作网，从协作网统一进药，避免买假药误事，确保防治效果。d. 社员生产的红地球葡萄，由合作社统一选果等级标准、统一品牌纸箱包装、统一入库冷藏、统一签售合同。

③防治原则。a. 药剂防治必须"前狠后轻"，即发芽后至套袋前要集中药剂、集中人力、集中时间，狠狠的打。每次都要选择药力高、药效长、防效宽的3～4种药剂，既有防治真菌病的，又有防治害虫的，还有调节葡萄各器官生理潜能的 S-诱抗素，有时还要同时混加微量元素和氨基酸营养液。要求前期使用药剂覆盖面要宽，尽可能压低有害真菌基数和有害虫口密度，使其不发生或少发生，并促进葡萄生长和开花坐果。由于病虫前期得到有效控制，后期用药次数可以大大减少，既省药、省工、省钱，又减少污染，保证了食品安全。b. 药剂间要交替使用，同一药剂不能连续使用，以防产生抗药性。

治疗药剂真正的有效期只有3～5天，如果喷药后3～5天不见效，可以说此药在这个时期喷施没有疗效，必须立即换药。

（3）葫芦岛暖池葡萄专业合作社红地球葡萄病虫害防治规程

①规范性防治措施（表1）。

表1　红地球葡萄病虫害防治历表

时　期		措　施	备　注
发芽后至开花前	发芽前	石硫合剂（或铜制剂或其他）	绿盲蝽是必须预防的害虫嘧霉胺对付灰霉病有特效，一般这个时期使用3种以上杀菌剂和2种以上杀虫剂
	2～3叶	16%辛硫磷氰戊菊酯1 000倍液＋80%必备800倍液	
	花序分离	50%保倍福美双1 500倍＋40%嘧霉胺1 000倍液＋21%保倍硼2 000倍液	
	开花前	丽致1 200倍液或70%甲基硫菌灵800倍液＋21%保倍硼3 000倍液＋杀虫剂	
谢花后至套袋前	谢花后2～3天	42%喷富露800倍液＋21%保倍硼2 000倍液＋40%嘧霉胺1 000倍液＋锌钙氨基酸300倍液	缺锌的葡萄园应混加锌钙氨基酸300倍液2～3次蘸果穗或喷果穗
	谢花后8～10天	50%保倍福美双1 500倍液＋40%氯硅唑8 000倍液＋5%啶虫脒1 000倍液	套袋前使用2～3次药剂
	谢花后20天左右	42%喷富露600倍液	
	套袋前1～3天	50%保信福美双1 500倍液＋20%苯甲环唑2 000倍液＋97%抑霉唑4 000倍液＋杀虫剂	
套袋后至摘袋		50%保倍福美双1 500倍液	根据具体情况施药
		42%喷富露800倍液＋50%金科克4 000倍液	
		80%必备800倍液＋10%歼灭2 000倍液	
		铜制剂	
		铜制剂＋特殊内吸性药剂	
采收期		清理地面落果	不使用药剂
采收后		2～4次药剂，以铜制剂为主	重点保护叶片

②规范措施的解释、说明与调整。

a. 发芽前。于芽膨大时（展叶前）使用5波美度石硫合剂，目的是减少病原菌和害虫基数。喷洒时所有枝蔓、架材、田间杂物（桩、杂草等）都要均匀周到喷洒药液。

如遇到特殊情况，可以根据具体情况进行调整：遇到雨水多、发芽前枝蔓湿润时间长，应改用铜制剂（如1∶0.5∶100的波尔多液或80%必备300～500倍液）。对于病虫害比较复杂的葡萄园，改用80%必备300～500倍液。对于上年白腐病严重的葡萄园，可在施用石硫合剂前7天左右，加用1次50%福美双600倍液。埋土防寒时树干有损伤的葡萄树，可采用20%苯醚甲环唑2 000倍液处理伤口。

b. 发芽后至开花前。这个时期必须体现"前狠"的关键防治原则，一般主张使用3次药剂。

春雨连绵时期，雨停后（叶片干后）就可喷药，无论是保护性药剂还是内吸性药剂，喷药4小时保护膜和吸收作用即已完成，药效就可达到，再下雨就不需重新喷药。如果喷药后不足2～4小时，雨停后则需要补喷。

如果喷施的药液含有三唑类药剂，下雨后需要补喷时不能重复使用，防止三唑类药剂产生药害，但可以使用保护性药剂补喷。

有介壳虫的葡萄园，把16%辛硫磷·氰戊菊酯1 000倍液换成40%杀扑磷1 000倍液。

花序分离期如出现斑衣蜡蝉害虫危害，应在药剂中混加上述杀虫剂中的一种。

尽量避开花期施药，如遇特殊情况非得施药救治不可，最好选择晴天的下午用药，并使药液在天黑之前风干。

c. 谢花后至套袋前。这个时期是葡萄多发病、害虫大量发生期，是施药"前狠"的最为关键的时期，所以使用农药种类多、喷药次数多。

缺锌和钙的葡萄园，可在谢花后立即混合锌钙氨基酸300倍液，连续2次喷洒。

害虫较多的葡萄园，可在谢花后混合5%啶虫脒1 000倍液，预防绿盲蝽、叶蝉、透翅蛾和介壳虫。

发现有夜蛾类（如棉铃虫、甜菜夜蛾等）幼虫危害葡萄果穗时，杀虫剂可换成10%歼灭2 000倍液。

套袋前疏果到位后，必须马上施用97%抑霉唑4 000倍液蘸果穗消毒杀菌，然后套袋（用药1~3天内套袋）。

d. 套袋后至采收前。这个时期重点是保护新梢和叶片，用药以铜制剂为主，10~15天施1次药（雨水多时，7~8天1次药）。

上半年白腐病已发生且较严重的葡萄园，要在雨季来临前用50%福美双600倍液喷涂树干，并尽可能避免带水珠抹副梢。

发现霜霉病严重发生时，应立即混加或单独使用25%精甲霜灵2 000倍液，过4~5天后病害还未彻底被控制，再使用80%霜脲氰2 500倍液＋保护剂。

e. 采收后。这个时期就是保护新梢和叶片，用药以铜制剂为主，15天左右1次药，直到落叶。

如果有霜霉病发生，使用80%必备600倍液＋50%金科克3 000倍液（或80%霜脲氰2 500倍液）。

如果有天蛾、卷叶蛾等害虫出现，可混加80%敌百虫1 000倍液。

采收后保护叶片很重要，新梢的老熟、枝蔓和根系的营养积累，都需要健康叶片制造营养供应它们。所以，任何病斑、虫食侵染叶片，都是不可允许的。

f. 救灾性措施。花期出现烂花序，施用70%甲基硫菌灵800倍液（或丽致1 200倍液）＋50%凯泽2 000倍液，而后8天左右使用1次保护剂。

如果出现褐斑病大发生时，先使用50%保倍福美双1 500倍液＋20%苯醚甲环唑3 000倍液；4~5天后使用必备600倍液＋12.5%烯唑醇3 000倍液。

白腐病大发生时，首先应将已得病的病穗剪除，而后使用20%苯醚甲环唑2 000倍液（或40%氟硅唑4 000倍液）＋50%福美双1 500倍液，重点喷果穗；之后以42%喷富露600倍液＋50%福美双1 500倍液。

发现烂果病时，首先摘袋，使用50%保倍2 000倍液＋20%苯醚甲环唑2 000倍液＋97%抑霉唑4 000倍液蘸果穗，等药液风干后重新套上果穗袋。

发现酸腐病时，全园立即使用 10％歼灭 3 000 倍液＋80％必备 600 倍液，然后发现病穗一律剪除，并颗粒不掉收拾带出园外深埋；如田间有醋蝇存在，在无风的晴天全园使用 80％敌敌畏 300 倍液喷洒地面，待醋蝇全部死亡后，及时剪除烂穗和彻底清扫园地，带出园地深埋。

昌黎红地球葡萄栽培技术

项殿芳[1]　谢兆森[1]　耿学刚[2]　齐艳峰[2]　罗树祥[3]　杨永平[3]

（[1] 河北科技师范学院；[2] 秦皇岛市碣石葡萄产业协会；
[3] 昌黎县金田苗木有限公司）

1. 概述　昌黎地处华北平原东北部，西依燕山，东临渤海，地理坐标为东经 118°45′～119°20′、北纬 39°25′～39°47′。

昌黎属我国东部季风区、暖温带、半湿润大陆性气候。日照充足、四季分明，秋季延续时间长，无霜期长，水热系数小。年总日照时数 2 809.3 小时，大于 0℃间日照 2 137.3 小时，大于等于 10℃间日照 1 605.8 小时。年无霜期 186 天，大于、等于 0℃ 积温 4 231℃，大于、等于 10℃ 积温 3 814℃。昌黎优越的地理位置、独特的地貌特征、良好的土壤及气候生态条件，适宜葡萄种植，是我国鲜食和酿酒葡萄适宜栽培区域，素有"葡萄之乡"的美称。

昌黎葡萄栽培历史距今已有 300 余年。目前全县共有 358 个村进行了酿酒和鲜食葡萄种植，占行政村总数的 80%，现已形成以十里铺乡为中心的葡萄生产基地 4.5 万亩。主栽鲜食品种为玫瑰香、红地球、巨峰、龙眼。昌黎县 1990 年引入红地球，目前栽培面积 7 500 亩，平均亩产 2 000 千克，年总产量 1.5 万吨，每千克平均售价 7 元，总产值 1 亿元。

2. 建园特点

（1）园地选择　昌黎地区葡萄种植园地形多样，有平地、山地和坡地等。种植园土壤多为沙壤土或砾质土，土层深厚，呈微酸性至中性，灌溉水 pH 为 6.3。园地多选择在周围无污染源，生态和生产环境良好地点。种植园地势高，通风向阳，排灌方便，交通便利，形成集中、连片种植的分布格局。

（2）园地规划　种植园在建园时根据园地地形、风向、架式和小气候条件进行了科学规划，合理利用空间。该地种植园多呈长方形，栽植行多为南北行向，行距 4～5 米，株距 0.4～0.5 米。

（3）葡萄栽植　本地以春季栽植为主，当土温稳定至 10～15℃时便可栽植，一般在 4 月下旬。栽植前结合土壤深翻施入基肥，基肥以羊粪和农家肥为主，每亩施 5 吨左右。在深翻过的土地上挖定植沟，按所需行距挖宽、深为 0.8 米×0.8 米的沟。挑选合格健壮的 1 年生嫁接苗、扦插苗或营养钵苗，苗木基部粗度 0.5 厘米（直径）以上，有 3～5 个饱满芽。苗木枝蔓用 5 波美度石硫合剂消毒，根部用 50% 的辛硫磷 600 倍浸 15 分钟，以杀灭害虫。每亩栽 267～417 株。栽植时苗木根系均匀摆布，填土 50% 时轻轻提苗，再继续填土，与地面相平后踏实，最后浇定根水。

（4）**架式**　架式多采用棚篱架，架高 1.8～2 米，架面宽 4～5 米，每隔 2 米设 1 个水泥或花岗岩石立柱，架面上每隔 0.5 米横拉 1 道 14 号铁丝。立柱一般在苗木定植前设立。

3. 整形修剪

（1）**树形**　树形多采用独龙干形，主蔓间距 0.4～0.5 米，基部与架面有一定的倾斜度，尤其在近地面高 30 厘米左右的一段，与地面成 45°～55°角，以便于冬季埋土防寒。主蔓长度控制在 5 米左右，其上的结果母枝 20 个左右，结果母枝间隔 20～30 厘米，均匀分布在主蔓两侧。

（2）**整形**　定植当年每株留 1 个新梢作主蔓培养，其余新梢抹除。新梢于 6 月底摘心，前端留 1 个副梢延长生长，生长 1 米左右时第二次摘心，8 月中旬后反复摘心控制。新梢近地面 0.5 米以内不留副梢，0.5 米以上副梢留 2～3 片叶反复摘心控制，或对副梢采用绝后处理。冬季修剪时，主蔓剪留长度依长势而定，剪口粗度达到 1.0 厘米以上的健壮枝剪留 1.6～2.0 米，剪除副梢。第二年主蔓延长枝至 1.0 米左右时摘心，此后培养同第一年。主蔓距地面 0.5 米以下不留枝，以上间隔 20 厘米左右留 1 个新梢，花后 10 天左右主梢摘心，顶端留 1 个副梢，视空间大小摘心控制，其余副梢抹除。冬季修剪时，主蔓延长枝剪留长度视生长势而定，生长健壮的留 2 米左右，长势弱的适当短留，其上副梢剪除。主蔓上间隔 20～30 厘米选留健壮结果母枝，留 2～3 芽修剪。第三年整形过程同第二年，一般 3 年完成整形任务。

（3）**修剪**　冬季修剪时间一般从 10 月下旬开始持续到 11 月上旬，每平方米架面选留健壮结果母枝 8 个左右，结果母枝以短梢修剪为主，每个结果母枝留芽 2～3 个，每平方米留芽量在 16～24 个。红地球葡萄枝条木质疏松，修剪后水分容易从剪口流失，常引起剪口下部芽眼干枯或冻坏，为保护芽眼不受损坏，修剪时多在芽眼上方保留 3～4 厘米短橛。

4. 枝梢管理

（1）**抹芽定梢**　红地球葡萄萌芽率较高，抹芽和疏枝较早，这有利于减少树体养分的消耗。当大部分萌芽长到 0.3～0.5 厘米时开始抹芽。当新梢长到 15～20 厘米时，能辨别出有无花序时进行定梢，疏除无用新梢，通常在 5 月中旬进行。

（2）**主梢摘心**　红地球葡萄长势较旺，为了控制新梢生长，促进花芽分化和新梢成熟，及时对新梢进行摘心。为防止坐果过多，增加疏果工作量，一般花后 10 天幼果期主梢摘心。摘心时结果枝花序上边留 7～8 片叶；粗壮的营养枝留 8～12 片叶，中庸营养枝留 7～8 片叶。

（3）**副梢处理**　主梢摘心后除顶端留 1 个副梢外，其余副梢视需要决定去留，需要副梢枝叶对果穗进行遮阴的可留 2～3 芽摘心；果穗以下副梢抹除，果穗以上通常不再保留副梢了，可留 1 叶绝后摘心；营养枝、延长枝上需要保留部分副梢，其留用副梢视空间大小确定留用长度，空间较大多留叶片，空间较小留 2 片叶反复摘心。

（4）**新梢引缚**　从 5 月下旬开始至 6 月上旬对新梢绑缚，新梢引缚是一个经常性的工作，每年进行 3～4 次。随时剪除卷须，6 月上旬剪除枯枝、坏枝。葡萄生长到 7～8 月间，枝叶茂盛，易造成郁闭，在加强新梢引缚的同时，还需进行剪梢、摘叶处理。红地球葡萄营养生长旺盛，枝叶过多，影响通风透光，及时剪去过长枝条的先端部分，并疏去弱枝、老叶，改善通风透光条件。

5. 花果管理

（1）花穗整形与疏果　为了集中营养，提高果实品质，保证合理的负载量，应及时进行花穗整形和疏果。一般每个结果枝只留 1 个果穗，每个果穗留果 80～100 粒，幼树每株留 6 个左右的果穗，成龄树留 10～15 个果穗，多余的及早疏除。第一次在花序展现后，疏除过密、过小、过弱及位置不当的花序；第二次在花序展开尚未开花时，剪去花穗上的第一、第二个副穗，去掉花序上部靠穗轴的部分小穗，掐去过长的穗尖，在开花前 10 天前后，用奇宝每克对水 40 千克蘸穗以拉长花序，谢花后摇动果穗，使受精不良的果粒早落，并疏除小粒、畸形、病虫、碰伤、挤压或过密果，最终达到标准穗重 0.8～1 千克。在开花 10 天以后，即果实发育的幼果期（生理落果完成后），用赤霉素加细胞分裂素处理果穗，促进果粒膨大，一般 1 克奇宝加 2 毫升宝美灵加 15 千克水处理果穗。

（2）套袋　6 月下旬对果实套袋，套袋时间在上午 8～10 点，或下午 4 点后进行。多使用白色的葡萄果实专用袋，如白色聚丙烯农膜袋或漏斗形优质纸袋。套袋前 1～3 天喷杀菌剂，常用 50% 保倍 3 000 倍液＋20% 苯醚甲环唑 2 000 倍液＋50% 抑霉唑 3 000 倍，采用蘸果穗或喷果穗方式施用。套袋时在纸袋下部两角剪留 2 个透气放水小孔，先吹膨胀纸袋，使果穗悬在袋中央，再把袋口绑于穗梗基部。采果前 1 周除袋，成熟较晚的果穗带袋采收。

6. 土肥水管理

（1）土壤管理　春季葡萄出土上架后，结合清理园地进行 1 次土壤深翻，通常在定植沟内深翻 20～25 厘米，翻后将土打碎，整平地面，在定植沟两侧起好地埂。葡萄生长期，对园地进行 4 次左右的人工锄草。

（2）施肥　一般每年农家肥施用 2 次，第一次在开花前，5 月 10 日前后，每亩施入土羊粪 4 立方米左右，同时每亩施入氮、磷、钾含量各 15% 的复合肥（或磷酸二铵）60～75 千克。第二次在大幼果后、上色期前施入，7 月底前后，每亩土羊粪 4 立方米左右，同时每亩再施入高钾复合肥 100 千克左右。施用方法是：于树盘内取出一层表土，厚 3～4 厘米，近树干少取，远树干多取，先撒入复合肥，盖覆发酵好的土羊粪，最后覆回表土。施肥后浇水。常用的高钾复合肥史丹利和撒可富，钾的含量在 20% 左右。

追肥 1～4 次，开花后幼果膨大期，6 月中下旬至 7 月下旬，依长势追施 1～2 次氮、磷、钾含量各 15% 的复合肥每亩 75 千克。如果负载量大，上色后追施 1～2 次高钾复合肥，每亩 75 千克。

葡萄生长前期喷 2～3 次氨基酸叶面肥，以补充微量元素，后期喷 1～2 次 0.3%～0.5% 磷酸二氢钾等叶面肥。

（3）水分管理　红地球葡萄对水分需求量相对较多，具体的灌水时期为：葡萄发芽前后到开花前、果实膨大期、果实采收后、土壤结冻前。目前生产中采用的灌水方法多为漫灌法，少数条件较好的果园采用滴灌。7～8 月为本地雨季，要注意排水。

7. 病虫害防治　本地区红地球葡萄常见病虫害有：霜霉病、炭疽病、白腐病、黑痘病、酸腐病、灰霉病、绿盲蝽、金龟子等。生产上根据葡萄生长规律分 4 个不同时期进行防治。

发芽前一般使用 5 波美度的石硫合剂进行全园喷洒，尽量均匀，使枝蔓、棚架、田间杂物都被喷洒。

发芽后开花前共喷 3 次药：第一次在新梢 2～3 片叶期，5% 联苯菊酯 1 500＋80% 必备 800 液，如已经发生黑痘病的果园可再添加 40% 氟硅唑 8 000 倍液；第二次在花序分离期，一般使用 50% 保倍福美双 1 500 液＋40% 嘧霉胺 1 000 倍液＋21% 保倍硼 2 000 倍液；第三次在始花期，70% 甲基硫菌灵＋21% 保倍硼 3 000 倍液。

花谢后至套袋之前，一般喷 3 次药。第一次谢花后 2～3 天，万保露 800 液＋20% 苯醚甲环唑 3 000 倍液＋40% 嘧霉胺 1 000 倍液；第二次在谢花后 20 天左右，喷 50% 保倍福美双 1 500 倍液；第三次在套袋前 1～3 天，50% 保倍 3 000 倍液＋20% 苯醚甲环唑 2 000 倍液＋97% 抑霉唑 4 000 倍液。

套袋后以铜制剂为主，防治霜霉病和白腐病。

8. 果实采收及采后处理　红地球葡萄果实成熟度不一致，必须分批采收，其果实在架上时间越长，其品质越好，越耐贮运。采收多选择在一天中的 10 点以前或下午 4 点以后。用采果剪剪下果穗，然后剔除病伤、着色不佳的果粒。采收后对果穗立即进行分级，包装。采后可直接送入冷风库贮存。采收和贮藏时对果穗轻拿轻放，以免碰破果粒和擦掉果粉。

9. 葡萄枝蔓的越冬防寒

（1）埋土防寒　本地区一般在 11 月上、中旬开始埋土，多采用地下埋土防寒方式。具体防寒方法为：沿主蔓生长方向挖深 30～50 厘米，宽能放下枝蔓的沟，将捆好的枝蔓放在沟里覆土，覆土的宽、厚均在 30 厘米左右。同时，根部盖宽 1 米、厚 40 厘米的土，并拍实。

（2）出土上架　树液开始流动至芽眼膨大以前，撤除防寒土（3 月下旬开始出土，4 月上旬结束），并及时上架。由于该地春季干燥多风，为防止芽眼枯干，使芽眼萌发整齐，出土后将枝蔓在地上先放几天，等芽眼开始萌动时再把枝蔓上架并均匀绑在架面上。

内蒙古乌海地区红地球葡萄露地栽培技术

程玉琳[1]　沈传进[2]　王芳[2]

（[1] 内蒙古经济作物工作站；[2] 内蒙古乌海市农业产业化指导服务中心）

乌海市位于内蒙古自治区西南部，鄂尔多斯高原西部，乌兰布和沙漠的东南部，地理坐标为东经 106°48′～106°50′，北纬 39°52′～39°54′，平均海拔 1 150 米。处于北温带大陆性气候，半干旱、半荒漠气候带。年平均气温 9.5℃，年日照时数 3 227 小时，≥10℃年有效积温 3 666℃，昼夜温 13.5℃，无霜期 160～165 天，年平均降水 159.3 毫米，蒸发量 3 421 毫米，全年空气相对湿度 43%。土壤多为沙壤土、壤土和砾石土，土层深厚，一般均在 0.4～1 米；土壤 pH6.8～8。本地区为纯灌溉农业区，有充足地下水资源和优良的水质，非常适宜葡萄的生长，具有生产绿色食品的良好条件；被国内葡萄专家誉为"中国很有发展前途的葡萄栽培区"。在农业部编制的《中国葡萄优势区域发展规划》中，乌海被列为黄河中上游欧亚种葡萄优势栽培区。目前，全市红地球葡萄栽培面积 7 020 亩，年产量 800 万千克。

1. 建园

（1）园地规划　选择地势平坦、土层深厚、有机质含量高的沙壤土、pH 在 6.5～7.5 的地块建葡萄园。园址选定后，进行园、林、路、渠的综合规划：首先将园地按长方形的要求划分成若干作业小区；其次在园地主风垂直方向设 4～5 行主林带，与主林带垂直部位设 1～2 行副林带，主林带之间相距约 400～500 米，副林带之间相距约 200～300 米；园地道路通常设在林带的两侧，便于田间作业和物资运输；水渠设在道路的两侧，在林带的保护下可减少蒸发。

（2）挖定植沟　定植沟按行距 5～6 米定位，通常为东西走向，沟深宽各 1 米。挖沟时，表土和心土分别堆放两侧，回填土时先将表土与肥料拌匀入沟，再将心土与肥料拌匀置于沟的上部，然后往沟内灌水，以沉实沟中土，使沟中土面距地表 30 厘米，耙平待栽。

（3）苗木处理　将苗茎嫁接口以上剪留 2～3 芽，砧木根系剪留长度 12 厘米左右，霉烂的或损伤的根，坏到哪剪到哪。然后剪好的苗木用清水浸泡 4～8 小时，定植前再用 5 波美度石硫合剂进行消毒处理。

（4）苗木栽植　清明节后栽苗，先在定植沟内按计划株距（0.8～1.0 米）挖深宽各 30 厘米的栽植穴，将经过处理的优质苗木 1 穴 1 株进行栽植，然后浇透水，地上部苗茎用宽度 2～3 厘米的薄膜塑料筒套住直达地表埋土，以防苗木漏风失水干枯。

（5）搭葡萄架　乌海地区红地球葡萄多采用倾斜棚架，架后柱地上高 1.0～1.2 米，距葡萄植株 1 米；前柱高 2 米，前后柱之间相距 3～4 米，两柱顶端有 1 根长度

4～5 米木（竹）杆固定连接在一起，形成南低北高倾斜状横档；沿东西行向每间隔 4 米各栽 1 根后柱和前柱，组成另一排南低北高倾斜状横档；每行葡萄的所有横档上面，每间隔 0.4～0.5 米拉一道东西方向的 8 号铅线，组成葡萄倾斜式棚架架面，架面宽 4～4.5 米。

2. 整形与修剪 乌海地区红地球葡萄有两种树形，各有优缺点。

（1）双主蔓短侧蔓自然扇形整枝

①定植当年。发芽后从植株基部选留 2 个健壮新梢留作主蔓，6 月底进行第一次摘心，立秋前 1 周进行第二次摘心，副梢处理按"2、3、4 叶"法进行。冬季修剪到枝条充分成熟处，要求剪口下粗度 1 厘米以上。

②第二年。春天发芽后，每 1 主蔓上每隔 40 厘米左右选留 1 个新梢作为侧蔓或直接作结果母蔓。冬剪时，主蔓成熟到哪剪到哪，剪口下粗度 1.2 厘米以上，选留的侧蔓可根据其生长势强弱，采取中、短梢修剪。

③第三年。在每个主蔓上再分生侧蔓，使其在架面上呈扇形分布。第一道铁丝下除主蔓外，不留任何枝条。冬剪时，主蔓成熟到哪剪到哪，剪口下粗度 1.2 厘米以上，选留的侧蔓，固定结果部位，一般每年留 1 个结果母蔓和 1 个预备蔓，双枝更新。

（2）龙干形整枝

①定植当年。选留 1～2 个靠近地面的健壮新梢作主蔓培养。当长到 40 厘米左右时插杆引绑同时进行第一次摘心，顶端留 1 个副梢作延长蔓，生长至 1 米左右进行第二次摘心，对其上发出的二次副梢留 1～2 片叶反复摘心。冬剪长度依枝条成熟度和粗度确定，一般剪口下粗度在 1.2 厘米以上的留 1 米左右，0.6 厘米以下的留 2～4 芽平茬。

②第二年。出土上架后，主蔓先端留粗壮新梢作主蔓延长梢，并进行多次摘心（第一次摘心在 6 月底至 7 月初，以后每次间隔 10～15 天）。其他新梢处理：距地面 50 厘米以下的新梢连同老叶贴根去掉，50 厘米以上的新梢每隔 15～20 厘米留 1 个，其上的副梢留 2 叶反复摘心。冬季修剪时，主蔓剪口下粗度 1.2 厘米，留 1～1.5 米，所有新梢进行短梢修剪。

③第三年。延长梢按 30～40 厘米间隔选留结果枝组。花序出现后，壮枝和中等枝留 1 花穗，并在花序以上留 4～6 片叶摘心。结果枝果穗以下副梢全部抹去，顶端留 1～2 个副梢留 3～4 叶反复摘心，其余副梢均留单叶绝后摘心。营养枝长度达到 40 厘米左右时进行第一次摘心，顶端副梢留 3～4 叶反复摘心，其余副梢均留单叶绝后摘心。冬季修剪时，延长蔓剪口下粗度 1.2 厘米以上，留 1～1.5 米，其余枝蔓按短梢修剪。

（3）修剪

①秋剪。一般在霜降前后 1 周带叶修剪，中短梢修剪相结合，合理选择结果母枝，使每平方米达到 5～7 个枝，40 个左右芽为宜。主梢剪口粗度达到 1.2 厘米以上，副梢粗度达到 0.8 厘米以上的剪留 2 个芽，粗度不足的从基部疏除。进入盛果期以后，田间葡萄群体结构：每亩 133～167 株，留芽数 10 000 个，留枝数 8 000～9 000 个（其中果枝数 3 000 个），果穗数 2 000～2 500 个，叶面积指数 3 左右。

②夏剪

a. 抹芽、定枝。早春萌芽期，离地面 50 厘米以下部位所有枝芽（包括萌蘖）一律去掉，母枝上每个节位只留 1 个中庸或健壮的芽，抹去多余的不定芽、副芽、弱芽、无头芽等。5～6 叶期能分辨出花穗优劣时，抹去过强过弱及部分无花的枝芽，留下花穗好的中庸梢及部分无花的预备梢；延长梢按 20～30 厘米间隔选留结果枝组，使新梢之间保持 15 厘米的间距，结果枝与营养枝比例 2～3∶1 为宜。

b. 摘心与副梢处理。结果新梢在果穗以上留 10～13 叶摘心，发出的副梢，在果穗以下的贴根抹除；顶端保留 1～2 个长副梢，留 3～4 叶反复摘心；果穗以上副梢原则上"有空长留，无空短留或不留"，大部分留单叶绝后摘心。营养枝留 10 叶摘心，顶端保留 1 个副梢 3～4 叶反复摘心，其余副梢留单叶绝后摘心。延长梢长到 1 米时摘心，其后每长 50 厘米左右摘心 1 次，到了后期，不摘心让其自然下垂；延长枝上的顶端副梢留 3～4 叶反复摘心，其余副梢均留单叶绝后摘心。

3. 花序和果穗的管理

（1）疏花疏果与花序整形　当能辨出花序大小时，进行疏除花序工作。壮枝留 2 穗，中庸枝留 1 穗，弱枝不留穗作营养枝，每亩保留约 3 000 个花序。

花序整形于花蕾分离后于开花前进行，除去副穗、1/4～1/3 穗尖和部分较长的支穗尖，使以后的果穗呈圆锥形或圆柱形，对过大和过紧密的花序还要对所留的花序分枝实行隔 2 去 1 以利疏散果粒，每花穗留 12～14 个支穗，整个花序疏散均匀。谢花后从能分辨出果粒优劣开始疏果，疏除过大、过小、畸形、病虫、裂开、锈斑的果粒，每穗保留 60～80 个果粒，粒重 12 克以上，穗重 750 克左右为宜。

（2）果实套袋与去袋　套袋前，普浇 1 次水。果粒长到黄豆大小，喷 1 次 50% 复方多菌灵 600 倍液或甲基托布津 800 倍液，晾干后在 24 小时内套袋，选用透气性好和疏水性好的葡萄专用果袋。乌海地区套袋时间宜 6 月 20 日左右，在晴天上午 8∶30～10∶30 和下午 4∶30～6∶30 为宜。注意套袋当天气温不宜过高，忌雨后转晴立即套袋。套袋时，左手托住纸袋，右手撑开袋口（或用嘴吹开袋口）将纸袋完全撑开，打开底部的透气口，使袋整个鼓起，然后由下往上将整个果穗全部套入袋内，并放在袋内中央，防止紧贴纸壁。然后从袋口两侧向袋中央依次按"折扇"方式折叠袋口，用一侧的封丝紧紧扎住，用力宜轻，尽量不碰触、揉搓幼穗，不碰伤果柄。套袋果园要适当增加果穗上副梢叶片数量，并对部分副梢不绑缚，让其自由生长，在扩大光合作用面积的同时，增加对果实的遮盖面积。采前 10～15 天去袋，先把袋底打开通风见光锻炼，使果袋在果穗上部戴 1 个帽子，以防鸟害及日灼。去袋时间应在上午 10 点前和下午 4 点后或阴天进行，应避开高温天气，防止灼伤果粒。着色好的也可带袋采收。

4. 肥水管理

（1）施肥

①秋施基肥。果实采摘后至下架前，在定植沟两侧隔年扩沟深翻（离树 0.5 米以外，深 0.5 米以下）施基肥，每亩施优质土杂肥 4 000～5 000 千克，过磷酸钙 30～50 千克，多元复合肥 60 千克。

②春施追肥。萌芽前每亩追施尿素或二铵 20 千克，多元复合肥 20 千克；幼果期和枝条迅速生长期追施尿素和复合肥 1～2 次，用量同上；着色期至采收前，叶面要喷施钾肥（0.3%～0.5% 磷酸二氢钾），以增进果实着色和枝条木质化。

（2）灌溉

①花前根据土壤含水量酌情灌1~2次小水。开花期严禁灌水。

②坐果后10~20天内灌1~2次透水，至浆果膨大期每7~10天灌1次，保持土壤含水量在70%左右；着色期应控水，土壤干旱时要适时灌1~2次小水。

③浆果成熟期控制灌水，采前10~15天停止浇水。

④在土壤封冻前要漫灌1次封冻水。

5. 埋土防寒 霜冻以前将修剪后的枝蔓下架，按一个方向理顺枝蔓，捆绑。埋土前1周浇透水。采取2次埋土，第一次埋土一般在初霜前最低气温降至0℃时进行，厚度以盖住葡萄枝条为宜；当最低气温降至－3℃时进行第二次埋土，立冬前进行。对于一年生葡萄，当最低温度连续5天降至5℃时进行带叶修剪埋土。距葡萄根茎部1.5米以外取土，防寒土堆厚40厘米以上（漏沙地不少于60厘米）、土堆底部宽1.2米。

6. 生物危害和自然灾害的防治

（1）侵染性病害及防治技术 乌海葡萄产区红地球葡萄主要病害有白粉病、白腐病、霜霉病、根癌病等侵染性病害。预防途径主要是加强植物检疫，把病原菌拒之"门外"；清洁果园，不给病原菌繁殖生活基地；加强农业措施，提高葡萄植株抗病能力；保护生态良性循环，抑制葡萄病菌发展；最后喷药预防，将葡萄病原菌消灭在"萌发"之初。具体到某种病害的防治技术，详见本书总论第七章，本文讨论关系到乌海葡萄最为特殊的根瘤癌肿病（简称根癌病）。

葡萄根癌病防治技术：根癌病是细菌性病害，在土壤中越冬、传播，也可通过苗木、种条传播。所以首先要禁止从疫区引进苗木和种条；其次尽量避免人为造成树体伤口（如埋土防寒时压断枝蔓、出土时碰出伤口，生长季节扭伤、破皮等）。定植前，苗木用45%石硫合剂结晶30倍液浸泡消毒灭菌。栽培中发现葡萄枝蔓上（主要在主蔓上）有不规则瘤状物时，用锋利的切接刀刮除病瘤，直至露出无病的木质部，将切下的病组织集中烧毁，伤口涂抹药剂，再涂抹凡士林加以保护；并用2 000倍液的抗菌剂402灌注土壤进行消毒。伤口可涂抹以下药剂：冠瘿灵1 000倍液、29% AS超浓缩石硫合剂水剂400倍液、80%抗菌剂402乳油100倍液、1 000万单位72%农用链霉素可溶性粉剂3 500倍液等。刮治癌瘤一定要刮小、刮早、刮彻底，勤查勤刮，刮干净已变色的形成层，并深达木质部，每刮治1个癌瘤就要消毒1次刀具。对于嫁接苗，多数在嫁接伤口处发生癌瘤，因此，应避免嫁接伤口接触土壤，减少染病机会，嫁接工具使用前后要用酒精或石硫合剂原液消毒，以免人为传播。

（2）非侵染性病害及其防治 乌海红地球葡萄受多种非侵染性病害的威胁，主要有缺硼、缺铁、日烧、盐害等生理性病害，防治措施如下：

①缺硼。于花前采用硼砂或硼酸500倍液喷布叶面，花后10~15天再喷1次。

②缺铁。秋季多施有机肥，生长季叶面喷布0.5%硫酸亚铁＋0.15%柠檬酸溶液，也可用2%硫酸亚铁＋0.15%柠檬酸溶液与农家肥混匀根施。

③日烧。适当在果穗上部多留枝叶庇荫或实行果实套袋＋纸罩庇荫，防止阳光直射果面。

④盐害。多施有机肥，少施化肥；施化肥时避免与根系直接接触；发现盐害后应立即

灌大水洗根；盐碱性的土壤，可施醋酸等中和。

（3）**自然灾害及其防治**　乌海地区气候干旱、冬季严寒、无霜期稍短，冻、旱、雹灾害经常发生，对红地球葡萄生产构成威胁，要在选择园址、建园避灾和加强农业技术防灾等方面提出对策。

①冻害。不在风口、低洼地、纯沙地建园；建立园地防护林体系；加大葡萄防寒土堆规格，增加防寒有机物覆盖；葡萄埋土前灌足底水和土壤封冻后在取土沟灌冻水，防止土壤漏风；秋季带叶修剪，提前下架埋土防寒等。

②旱害。选择有水源地块建园；深挖栽植沟，把葡萄根系引向土壤深层，以利水分供给；建立园地防护林体系，减少蒸发和蒸腾；多施有机肥，改良土壤，增加土壤团粒结构，提高土壤容水量等。

③雹害。提倡设施栽培，在葡萄架上方设置防雹网，实行果实套袋等措施，对葡萄植株和果实进行保护。

内蒙古乌海地区红地球葡萄日光温室栽培技术

程玉琳[1]　王芳[2]　沈传进[2]

([1] 内蒙古经济作物工作站；[2] 内蒙古乌海市农业产业化指导服务中心)

1. 日光温室的结构　坐北朝南，东西延长。温室跨度 7～9 米，长度 70～90 米，高跨比以 0.5～0.7 最为理想。距前底角 1 米处的前屋面高度不低于 1.5 米，后屋面的水平投影相当于温室跨度的 1/5。前后排温室距离以高度×2+1.3 米为宜。半拱形日光温室前屋面的采光角，前底角 60°，从前底角开始，每米设 1 个切角，最高端的切角不小于 15°；根据冬至日太阳高度角，乌海地区日光温室的后屋面仰角应在 31°～33°。材料包括：三面砖结构墙体、无柱钢架，棚膜、草帘、压膜线、卡子等，辅助设施有 6～8 平方米作业间、灌溉系统、电动卷帘机、输电线路等。

2. 栽植技术

（1）架式

①篱架栽植。南北行单臂单层水平整枝，行株距 1.8～2 米×0.8～1 米，离东西墙和南边缘各 1 米。

②棚架栽植。东西行独龙干形整枝，按株距 0.6～0.8 米，离东西墙各 1 米，离南边缘 1.5 米栽苗。

（2）定植前的土壤准备　栽植沟深宽各 0.8 米，挖沟时将表土和心土分开堆放，沟内先填入 10 厘米秸秆，后填 10 厘米表土，再把腐熟有机肥 5 000 千克/亩与表土拌均匀、撒施 100～150 千克/亩过磷酸钙将定植沟填平，灌水沉实。

（3）定植技术　以定植点为中心，开挖浅穴，穴底呈馒头形，根系向四周舒展摆放在馒头形土堆上，四周填入表土踏实，栽后立即浇水。

3. 整形修剪技术

（1）单臂单层水平整枝　定植苗萌发后，选留 1 个健壮新梢培养成主蔓，待新梢长到 1.5 米左右时摘心，主蔓基部 60 厘米以下的副梢全部抹去，60 厘米以上的副梢留 2～4 叶摘心。冬季修剪时，将主蔓上的副梢全部剪去，只留 1 条主蔓于 1.2～1.5 米长、大于 1.2 厘米粗处剪截。翌年春将主蔓从南向北平绑在距地面高 50～60 厘米的第一道铁丝上，新梢萌发后，将主蔓基部 60 厘米以下的萌芽尽早抹去，60 厘米以上的则保留，留 4～5 个梢结果，并均匀地将其绑在架面上。第二年冬剪时，每个母枝基部留 2 芽短剪。第三年春，在每个结果母枝上留 1～2 个结果枝结果，冬剪时仍留相同数量的 2 节短结果母枝，下年结果，树形即告完成。以后重复第三年的方法继续培养，但在选留结果母枝时，应尽量选用靠近主蔓的健壮枝，以防结果部位上移。如下部结果枝较细，不得不留上部已结过的果枝作结果母枝时，则将下部较弱新梢剪留 1 芽作预备枝，让其形成 1 健壮新梢。待下年冬剪时，把上部已结过的果枝从基部疏除，将预备枝剪留 2 芽作结果母枝，供来年结果。

（2）**独龙干整枝**　定植苗萌发后，选留 1 个粗壮新梢培养成主蔓。待新梢长到 2.0～2.3 米时摘心，副梢长出后，除顶端 1 个副梢延长到 50 厘米左右再摘心外，距地面 70～80 厘米以下的副梢全部抹去，其余副梢可根据粗度作不同处理，粗的（0.7 厘米以上）留 4～5 节摘心，细的留 1～2 叶摘心，二次副梢也按以上方法进行处理。冬季修剪时，将主蔓上的副梢全部剪去，每株只保留 1 个长 2.0～2.3 米的健壮主蔓。第二年，将主蔓距地面 70～80 厘米以下的萌发芽眼全部抹去，从 80 厘米处开始，在主蔓上部两侧分别每隔两芽留 1 个结果枝结果，每个结果枝留 1 个果穗。冬剪时，在每个果枝的基部剪留 2 芽，作结果母枝，较弱的果枝剪留 1 芽，作预备枝，至此，树形基本完成。

4. 土、肥、水管理

（1）**土壤管理**　盐碱严重的土壤，开沟换土，客土定植；黏性重的土壤，定植前开沟施肥、换表土时，加入 1/3～1/2 河沙，并增施绿肥和有机肥。平时注意定植带和行间及时松土、除草，提高土壤的通气性。每年采果后，结合行间深翻，施入优质有机肥。

（2）**肥料管理**　在葡萄生长发育的过程中，只要前期植株生长正常，不缺肥、不徒长时可不追肥，直到果实膨大期，每隔 10 天左右连续喷施 0.3%磷酸二氢钾 3～5 次。如果前期有缺肥表现，则可及时追施硝铵或尿素（每株 25～50 克）或喷施 0.2%尿素 2～3 次（7～10 天 1 次），若徒长，则须控制氮肥和灌水。每年采果后，深耕施入优质有机肥 3 000～4 000 千克/亩。

（3）**水分管理**　促成栽培葡萄催芽开始后，灌 2～3 次水，土壤含水量达到 70%～80%，关闭棚室通风口，使棚内空气相对湿度保持在 90%以上。葡萄新梢旺长期，要严格控水，防止徒长利于花器分化，并及时通风换气排湿，使棚内空气相对湿度保持在 60%左右。开花期不需浇水，空气相对湿度保持在 50%～60%。果实膨大期，灌 1～2 次透水，使土壤含水量达到 70%～80%，棚内空气相对湿度保持在 70%左右。果实开始着色至采收前，停止灌水，棚内空气相对湿度保持在 60%左右。

5. 温、光、气的调控

（1）**温度管理**

①促成栽培。初霜冻到来之前（乌海地区 9 月下旬至 10 月上旬）盖膜，盖膜期间，棚内温度变化＞30℃时揭开部分薄膜放风；当棚内夜间气温可能降到 5℃以下时，要日落前盖帘，日出后揭帘。葡萄落叶后 1 周进行冬剪，此后设施上覆盖的草帘或棉被到翌年催芽前可不再揭开。葡萄休眠期温度控制在 0～2℃，保持地面不结冰，全棚拉 4～5 个帘短期升温到 4～5℃放帘。休眠期内如温度过低（设施内部最低温度达到－15℃以下），要及时进行预防（中午揭帘增温）和简易防寒。葡萄正常结束自然休眠后揭帘升温（不加温日光温室一般从 2 月中旬左右开始揭帘），第一周昼温在 15～20℃，夜温在 6～10℃；第 2 周昼温在 15～20℃，夜温升至 10～15℃；第 3 周昼温提升到 20～25℃，夜温保持在 13～15℃，一直维持到萌芽。葡萄新梢旺长期（萌芽后至开花），昼温在 25～28℃，夜温在 15℃左右，新梢长出 7 片叶后，白天采取通风换气使棚内温度保持在 25℃，不能超过

30℃。晚霜过后（乌海地区 5 月下旬至 6 月中旬），露地气温稳定在 20℃以上时揭膜，使棚内温度与露地气温基本一致。

②延晚栽培。葡萄休眠期间，用双层帘覆盖，待地温升高芽自然萌动后（保温好的温室在 4 月底、5 月初），开始用花帘升温，每隔 4～5 个草帘拉起 1 个草帘、不打开风口，室内温度白天调控在 15℃左右；3～5 天后，不打开风口，隔 2～3 个草帘拉起 1 个草帘，室内温度白天调控在 20℃左右；再过 3～5 日，每隔 1～2 个草帘拉起 1 个草帘，室内温度白天调控在 25℃左右，温度过高时打开上风口，展叶后白天必须拉起全部草帘，室内温度白天调控在 28℃左右，温度过高时提前打开上风口，打开上风口温度仍高时，中午从行间隔一段距离打开 1 个下风口形成气流循环降温。当外界夜温稳定在 20℃以上时，可揭去大部或全部覆膜，一直到秋天逐渐下降到 20℃以下时，要及时扣膜保温。当浆果已趋成熟、夜间温室内出现 5℃以下温度时，要及时盖草帘保温，以避免浆果受低温伤害。冬剪落叶后，温室进行全日覆盖草帘或棉被直到翌年 4 月底、5 月初再揭开。

（2）光照管理　采用透光性好的无滴膜，保持膜面清洁。白天随太阳东升揭帘，太阳西落盖帘，温室后部张挂反光幕，尽量增加光照度和时间。对留枝过密，影响果穗光照的营养枝应适当疏去一部分。

（3）气体调控　对于施氮和有机物分解产生的有害气体，主要通过白天通风换气进行调控。延晚栽培，可通过增施二氧化碳气肥，提高光合效率。

6. 病虫害防治

详见《内蒙古乌海地区红地球葡萄露地栽培技术特点》一文。

山东沂蒙山区红地球葡萄栽培技术

王咏梅[1]   徐志芳[2]   陈凤友[2]

([1] 山东省酿酒葡萄研究所；[2] 山东省沂源县果品产销服务中心)

1. 自然条件和栽培历史   沂源县属暖温带季风区域大陆性气候，四季分明。春季回暖迟而迅速，风大雨少。夏季湿热多雨。秋季凉爽，干燥少雨。冬季寒冷，雨雪稀少。因受山区地形影响，小气候特点明显。境内历年日照时数平均 2 592.7 小时，日照百分率为 59%。太阳辐射量年均 526.7 千焦/平方厘米。一年中，最热月为 7 月，月均温为 25.2℃，最冷月为 1 月，月均温－3.7℃。受地理方位和海拔高度影响，全县各地气温差异很大。西部海拔 600 米以上的低山地带，比东南部海拔 200 米的河谷地带，年均气温低 3.6℃。历年平均降水量 690.9 毫米。7、8 月份降水量最集中，占全年降水量的 51.7%。

新中国成立初期，沂源县广大农民在自留地和庭院种植葡萄，主要品种为玫瑰香、龙眼等，但由于受到传统观念和落后的生产关系的限制，发展一直缓慢。20 世纪 80 年代初期，随着农业、农村改革的深入，全县葡萄得到迅速发展，鲜食葡萄面积达到 11.3 万亩，葡萄成为我县农村除苹果以外的第二经济支柱，是全省最大的鲜食葡萄生产县，但是到 2003 年、2004 年由于受晚霜、风灾、冰雹等自然灾害的危害，鲜食葡萄面积急剧下降，到目前为止，我县现有葡萄面积 5 万亩，产量 9 000 万千克，其中以红地球葡萄为主的晚熟品种 2 万亩，产量 3 000 万千克。1997 年引进保护地栽培技术，并得到推广，同时引进推广了贮藏保鲜技术，实现了葡萄的周年供应。

2. 红地球葡萄建园

（1）园地选择   宜选土层深厚、肥沃、疏松的沙壤土和轻壤土，土壤 pH 6～7.5，地下水位在 2～3 米，水位过高应挖沟修台田栽植，同时要求交通方便，有水源条件。

（2）园地规划

①小区划分。根据地形和土地面积，将全园划分为若干个小区，平地栽植小区南北行向，行长 50～100 米为一作业段；山坡建园，要重视水土保持，修梯田栽植，小区长边与等高线平行。

②道路设计。大型葡萄园应设主道，主道宽 6～8 米，贯穿全园，外与公路相连，与各小区支路相通。小区支路宽 3～4 米，与葡萄行垂直。作业道路宽为 2～3 米，便于运输和机械化作业。全园道路所占面积不得超过总面积的 5%。

③排灌系统。要与道路规划相结合，一般在道路两侧设主渠、支渠和毛渠三级灌溉系统与排水系统；有条件可铺设地下管道，安装滴灌和喷灌系统。

④防护林设置。主林带应与主风向垂直，以乔灌木混合栽植疏林带为宜，树种为杨、

柳、榆和紫穗槐。

（3）葡萄栽植

①行向。平地采用小棚架，东西行向，枝蔓往北爬；若采用屋脊式棚架和篱架时，则应南北行向。山地葡萄的行向应按等高线方向，顺应坡势，葡萄枝蔓由坡下向坡上爬。

②栽植密度。山坡地、土壤瘠薄、水利条件差的适当密些；平地、土壤肥沃、有良好灌溉条件的适当稀些。小棚架式株距0.6米或1.2米，行距4～6米，每亩93～278株/亩。

③定植沟。土壤改良顺行向挖定植沟。定植沟深、宽各80～100厘米。把30厘米表土放沟一边，深层土放另一边，底层回填埋20厘米切碎的作物秸秆、麦草、落叶、锯末等混合底土填入沟底，每亩再施腐熟有机肥3～5吨和表土混合填入沟内，灌水下沉，待沟内表土呈干状栽苗。

④定植时间。一般在4月上旬前后。

⑤苗木处理。一年生冬贮苗，栽前要经过选苗、修剪、浸水、蘸浆等处理。

选苗：应选一等苗，即茎粗0.6厘米以上，具5个以上饱满芽，且有粗0.3厘米以上、长20厘米以上的侧根5条以上，而无病虫危害的健壮苗木。

修剪：苗茎约剪留3个饱满的芽眼，对侧根短截，剪留12～15厘米，剪出新伤口。

浸水：修剪后的苗木，放在清水中浸泡12～24小时。

沾浆：苗茎用5波美度石硫合剂或200倍福美砷液浸沾2～3分钟，消毒灭菌杀虫；苗根用鲜牛粪、黏土和水，以1∶2∶7的比例混合调匀成浆，将苗根沾浆后立即栽植。

⑥定植方法。栽植时，先按行株距挖深宽各30厘米的栽植穴，然后将苗放入穴内对准株行距离，疏展根系，边填土边踏实，并轻提苗使根系疏展和土壤紧密接触。栽植深度保持原根颈部与地面平，然后灌透水分，水渗后穴内撒层土，平整穴面覆地膜或湿增温提高成活率。

3. 树体管理

（1）架式和整形

①小棚架。生产中采用水平小棚架和倾斜小棚架两种。水平小棚架，前后柱地上部高均为2.0～2.2米；倾斜小棚架，前柱高1.6米，后柱高2米。两排棚架间通道宽1.5～2米，前柱距栽植点0.5米，与后柱的距离由行距减去通道宽来决定，以便于冬季下架埋土时取土。

②整形与修剪。选留1个壮梢作为主蔓直立生长，苗高1米以上摘心，顶芽延长梢长1.6～2米时引绑架面生长，剪去所有副梢。第二年在主蔓上每隔20～30厘米配置1个结果枝组，实行长、中、短梢修剪，使结果枝布满架面，形成独龙干形。两条龙干形的整形，在定植当年每株选留2个壮梢作主蔓培养，若只能选出1梢，则生长到距地面0.5米时摘心，选留上部2个副梢作主蔓，长到1.5～2米时摘心；冬剪时将主蔓先端的1个延长枝适当长放，其余枝短剪。第二年各主蔓上每隔20～30厘米培养1个结果枝组，采用中短梢修剪。

（2）生长期枝蔓管理

①枝蔓上架。每年春天4月5日前后，葡萄出土以后要在萌芽前抓紧上架。同时刮除

多年生老蔓上的翘皮集中烧毁，彻底清除防寒土，露出主蔓上的嫁接口并除去砧木上的萌蘖。

②枝蔓引绑。多年生蔓和结果母枝在春季上架时，用玉米棒皮、稻草、马蔺或塑料条等系成猪蹄扣引绑；新梢在长到 0.3 米时开始引绑。长势较弱或用于更新的新梢直立引绑；中庸结果新梢呈 45°角倾斜引绑；长势强的新梢水平引绑；强旺枝梢曲成 C、S、V 形引绑。

③抹芽与定梢。从芽眼普遍萌发见绿到新梢开始伸长展叶之前进行。第一次在萌芽后 10 天左右进行，将主干、主蔓基部 50 厘米以下的萌芽和三生芽、双生芽中的副芽抹除，留健壮大芽；以后每隔 5~7 天抹芽 1 次，新梢长 10~20 厘米时，选留有花序和粗壮的新梢，去掉过密枝和弱枝。母蔓上每隔 10~15 厘米留 1 个新梢，每平方米架面留 10~15 个新梢。结果枝与发育枝比 1∶3 以上。强树多留，弱树少留，架空多留，架密少留，叶和果穗比为 40~50∶1。

④摘心。是把生长的新梢嫩尖连同小于正常叶 1/3 以下的小叶一起摘掉。

a. 结果枝摘心。红地球葡萄开花前不摘心，长度达到 1 米左右或 8 月下旬才能摘心。

b. 发育枝摘心。计划培养为主蔓、侧蔓的发育枝，在其长度达到需要分枝的部位处摘心，用摘心口以下的副梢整形；对结果母枝上位的竞争枝影响到附近结果枝时，及时摘心；备作下年结果母枝的发育枝，留 10~15 片叶摘心。

⑤副梢处理。可据树龄、空间或劳动力选某种方法进行副梢处理。

a. 顶留侧除。顶部 1~2 个副梢留 4~6 片反复摘心，其余二次副梢和侧面副梢全抹除。

b. 顶留侧留。顶部 1 个副梢留 4~6 片叶摘心，其上发出的二次副梢和下部的侧面副梢均留 1~2 片叶反复摘心。

c. 留穗上副梢。果穗以上副梢留 1~2 片叶反复摘心，先端 1~2 个副梢留 3~4 片叶反复摘心，其余副梢全抹除。

d. 单叶绝后。新梢先端 1~2 个副梢留 4~6 叶反复摘心，其余副梢均留 1 片叶摘心，同时将各副梢叶腋芽完全掐除。红地球葡萄冬芽受过度摘心的刺激后极易暴发，所以单叶绝后摘心处理比较合适。

⑥除卷须和老叶。生长季及时除卷须；浆果成熟前 30 天除果穗下部老叶。

（3）冬季枝蔓修剪

①冬剪时期。在 10 月底至 11 月 10 日（或立冬前）进行，幼树应在早霜前带叶修剪、下架防寒。

②冬剪步骤。先看树龄、架式、树形、长势。1~2 年生树侧重整形，3 年后的树重点培养结果枝组。疏去病虫、衰弱、过密、萌蘖枝和需更新的侧蔓、结果枝组等。剪锯口要平，且不要靠母枝太近。最后，据树形、留芽量对一年生枝短截。剪口要高出枝条节部 3~4 厘米。

③枝蔓的更新。结果母枝更实行双枝更新和单枝更新。双枝更新：在枝蔓上每隔 20~30 厘米选留 1 个固定的结果枝组，冬剪时每个枝组留 2 个成熟枝条，上部枝条留 4~10 个芽修剪，下部枝条作为翌年预备枝留 2 个芽短截。单枝更新：选基部粗壮的 1 个新梢留

2～5 个芽短截，该梢以上的所有枝全部剪除。

衰老树更新采用基部萌发的新梢弯曲到地面进行压条，生根后切断后部枝条脱离母树。

（4）树体防寒

①树体抗寒性。红地球葡萄属欧亚种，抗寒性较欧美种巨峰差，根系在−5～−4℃，枝条芽眼低于−17～−16℃会受冻害。

②防寒方法。沿主蔓生长方向挖深 30～50 厘米宽能放下枝蔓的沟，将捆好的枝蔓放在沟里覆土，覆土的宽、厚均要在 50 厘米左右。同时，根部也要盖宽 1 米、厚 40 厘米的土，且要拍实拍严不透风。

4．花、果管理

（1）花穗整形及疏果

①留穗、留果标准。按盛果期每亩生产 1 500 千克葡萄要求，每平方米架面选留 3～4 穗，每穗 800 克，留果粒 60～80 粒。

②疏除时间和方法。第一次在花序展现后，疏除过密、过小、过弱及位置不当的花序；第二次在开花前，剪去穗轴基部第一、第二个副穗，去掉花序分枝顶部过长的部分小穗，掐去穗轴顶部过长的穗尖。花谢后摇动果穗，使受精不良的果粒早落，并疏除小粒、畸形、病虫、碰伤、挤压或过密果，最终达到标准穗重 800 克左右。

（2）果穗套袋

①套袋时间。在花后 20 天前后、果穗整形疏粒结束，果粒黄豆粒大小时进行，套袋摘袋宜在上午 8～10 时、下午 4 时后进行。

②果袋选择。宜选日本小林牌、中国台湾佳果牌或石家庄海河牌等 18 号（190 毫米×265 毫米）以上白色聚丙烯农膜袋或漏斗形优质纸袋。

③套袋程序

a. 喷药。套袋前先喷 1 次多菌灵等杀菌剂，有虫害的加喷杀虫剂。

b. 打通气孔。在袋下部两角剪留 2 个透气放水小孔，在袋上部打 1～2 个通气孔。

c. 套袋撕袋。先吹气将袋膨胀，再把袋口从果穗顶部套入往上拉，并绑于穗梗基部，使果穗悬在袋中央。采前 15～20 天，把纸袋下部撕破翘起，3～5 天后除袋。

（3）提高品质

①摘叶、转果穗。8 月下旬，果实开始着色期，将结果新梢基部果穗下的 3～4 片老叶剪除；着色期转动 2～3 次果穗，使每个果粒达到全红。

②铺反光膜。采前 1 个月在葡萄架下铺设反光膜，促进果穗着色。

5．土肥水管理

（1）土壤管理

①深耕。在采果后，结合秋施基肥进行，深耕深度 40～80 厘米。棚架栽培有深耕扩穴；篱架栽培用隔行轮耕。

②中耕除草。生长季据土壤板结或杂草情况进行 3～5 次人工或机械的中耕除草。

③药剂除草。使用专用喷雾器，用 10％草甘膦 250 倍液、40％阿特拉津（每公顷用药 3.0～7.5 升对水 750 千克）或 50％利谷隆可湿性粉剂（每公顷 750 克加水 60～90 千

克）加洗衣粉 0.2%～0.5%，在杂草长至 10 厘米时喷洒。

④土壤覆盖。2～3 月间，在葡萄行间，覆盖 20～30 厘米厚的麦草、稻草、玉米秆或地膜。草上面要压 1 层土。

⑤间作种草。可在距葡萄行 50～100 厘米处间作黄豆、甜瓜、大蒜、草莓或一年生牧草（夏秋翻耕）。

（2）施肥

①施肥原则

a. 确定主次。应以基肥为主，追肥为辅；农家肥为主，化肥为辅；根部施肥为主，根外施肥为辅。

b. 看树施肥。大树多施，小树少施；弱树多施，壮树少施，当年产量高的多施，当年产量低的少施。

c. 看地施肥。沙、薄地多施，肥沃地少施；绿肥、保水差的纯沙地应少量勤施。

②肥料种类、用量、时期。秋季采收后施基肥，每亩施优质有机肥 4～7 吨或优质粪肥 5 吨，过磷酸钙 50 千克，复合肥 30 千克。生长季节，根据需要进行根部追施化学肥料和叶片喷施化学肥料。

烟台地区红地球葡萄篱架栽培技术

唐美玲[1]　王学明[2]　王咏梅[3]

([1] 烟台市农业科学研究院；[2] 烟台市海阳市忠厚村；
[3] 山东省酿酒葡萄科学研究所)

烟台是全国著名的葡萄产区，地处山东半岛中部，属于暖温带季风型大陆性气候。由于海洋的调节作用，具有雨水充沛、空气湿润、气候温和的特点，冬无严寒，夏无酷暑。全市年均气温为 11.8℃（低于 −7.1℃ 天数每年 10 天左右，高于 35℃ 天数每年不超过 4 天，7、8 月平均气温 24℃ 左右）；年均降水量为 661.5 毫米（集中分布在 6 月下旬至 8 月底，降水量从 8 月底降少，利于中晚熟葡萄着色成熟）；全年无霜期 180 天以上，年均日照指数为 2 703 小时。总体来说葡萄生产季节气候条件变化缓和，日照充足、热量丰富、雨量适中、成熟季节雨量偏少、气候温和，日温差为 7.5～8.0℃，成熟过程维持时间长，利于葡萄色泽、风味发育，是优质的葡萄生产区域。

烟台地区红地球栽培始于 1996 年，最先是栖霞寨里村与海阳忠厚村兴起，随后遍布于烟台各地。但由于红地球属于易感病的欧亚种葡萄，栽培难于管理，一些没有管好的葡萄园逐渐被淘汰，但依然是烟台地区主栽的晚熟品种。目前比较成规模栽培的只有海阳发城镇、栖霞寨里镇、莱阳姜疃镇以及莱州柞村镇。效益最好以及管理水平最高的当属海阳发城镇忠厚村。下面就忠厚村红地球葡萄栽培管理技术作一综述。

1. 插条建园

（1）选择园地　尽可能设在交通便利、向阳通风、排灌方便、土层深厚、土壤肥沃、土质疏松的地方建园。

（2）确定株行距　以南北行向为好。一般沿海地区栽植红地球葡萄按行距 1.7 米，株距 0.6 米或者行距 2 米，株距 0.8 米，亩栽植 650 棵或 400 棵。

（3）挖好定植沟　秋天沿定植行按行距挖宽 0.6～0.8 米，深 0.8 米的定植沟，沟底填入切碎的玉米秸秆 20 厘米，然后再用混合好的表土与有机肥将沟填平，定植沟回填后要在封冻前及时大水浇灌，使定植沟土壤自然沉实，保持低于地面 15～20 厘米。

（4）架好立柱及钢丝　水泥柱规格行内中柱为厚、宽、高 6 厘米×12 厘米×190 厘米，立柱间距 6 米；边柱 10 厘米×12 厘米×220 厘米。一般行内中柱埋入土内 40 厘米左右，边柱由于承受拉力大，应埋 60～70 厘米或更深，另外还要用外拉法加以固定。即用钢丝绳向外倾斜 30°，另一端拴在坠石上埋入地下。在中柱上拉三道铁丝，第一道距地面 60 厘米，立柱顶端留出 10 厘米后，其余二道铁丝等距离即可。

（5）插条的剪截与处理　选择枝条充实、芽子饱满、无病虫害的一年生枝做插条

（粗度一般在 0.5 厘米以上），每根插条剪留 2～3 个芽，上剪口距顶芽 1 厘米以上平剪，下剪口骑下芽位斜剪（约 45°角），呈马蹄形剪口。剪好的插条在烟台地区有三种处理方式，每种方式成活率都达到 90% 以上：第一，将捆绑好的插条放在清水里浸泡至少 24 小时后，直接扦插；第二，将插条马蹄形剪口那端对齐，在 100 毫克/千克的 ABT1 号生根粉溶液中浸泡 5 分钟，插条浸泡深度为 2～4 厘米（每 1 克 ABT1 号生根粉可处理插条 4 000～5 000 根）；第三，为倒置催根方法：3 月底选择一背风向阳的地段挖 1 深 40 厘米、宽 120 厘米的催根床（长度可视插条的多少而定），将捆成捆的插条斜面茬口的一端朝上，在催根床上摆放整齐，用细沙覆实，开始灌足水（以后可视沙的干湿程度适时喷水），在床上部搭小拱棚升温，这样利于插条先生根，芽眼不萌发。经常检查，15～20 天后当白色愈伤组织长出后，进行扦插。

（6）整理扦插带　4 月底将定植沟灌 1 次透水，待插植沟内表层土壤略干、不发黏时进行整地，一般按 2 米行距要求将定植沟内土壤翻锄、耙细、整理做成宽度为 60 厘米的平畦，然后铺盖黑色地膜，膜的周边及中间用细土压实。覆膜 1～2 天后开始扦插，扦插时可按规定的株距（65～70 厘米）在膜上先用小木棍扎眼，插条应沿行向斜插，顶端芽眼朝阳，顶芽露出地面 1 厘米或与地膜相平。扦插后及时向插植穴内浇水，大约 0.25 千克，水略渗后即用湿细土将插孔以及插条压实。堆土对促进插条成活有良好的作用，尤其是春季干旱的烟台地区这项工作就更为重要，一直到芽眼萌发不用浇水。

2. 苗木管理

（1）整形修剪　采用多主蔓扇形整形，每株 6～8 个主蔓，其上直接着生结果新梢。第一年管理目的是培养树形，达到每株 2～3 个壮实主蔓。一般扦插后 15～20 天插条即可开始生根和萌动，对少数未萌动的可细心地扒开覆土进行检查，防止嫩芽被压杀，检查后要及时用细土再次覆盖。芽体萌发后，留 2～3 个旺盛新梢，其余抹除。新梢生长过程中及时倾斜绑缚，当新梢长到 60 厘米左右及时摘心，夏芽副梢全部抹除；当延长梢长到 1 米左右时再次摘心，萌发的副梢留 1 片叶绝后摘心。长势旺的新梢还可以留延长梢继续生长。

冬天修剪时间在霜降之后，所有延长梢在枝条长度 70～80 厘米，粗度一般是 0.7 厘米以上处剪截。修剪完将葡萄枝条下架捆绑，从行间开沟，向两边翻土，将枝条埋土防寒越冬，土层厚度为 10 厘米。

（2）肥水管理　葡萄萌发后，坚持前期勤浇浅灌，中期水分适度充足，后期控水的灌水原则。幼苗期严禁大水漫灌，水后及时用清水冲洗叶片上的泥土；7 月下旬以前根据土壤墒情，每隔半月灌水 1 次；8 月份以后及时控水不旱不浇，促进枝条成熟。

第一次施肥时间 6 月中旬（在第一次摘心之前，割麦子前后），葡萄行旁 20 厘米左右，开 15～20 厘米浅沟施复合肥 10～15 千克/亩，及时灌水；第二次施肥时间为 7 月中旬，同样的方式开浅沟施复合肥 15～20 千克/亩，及时灌水；同时可根外喷施 0.3% 磷酸二氢钾和叶面肥（20 天 1 次可以结合喷药进行）；第三次施肥在 9 月中旬，开深沟 30～40 厘米，亩施有机商品肥 500 千克，再加 5 千克过磷酸钙和 10 千克复合肥。

（3）病虫害防治　烟台地区葡萄苗期主要防治的虫害是绿盲蝽，病害主要是黑痘病和霜霉病。具体防治方法是：①葡萄展叶后（2～3 叶期），喷 2.5% 功夫乳油 2 500～

3 000 倍或者 5％吡虫啉乳油 2 000～3 000 倍，防治绿盲蝽和叶蝉，除了细致喷布葡萄苗以外，田边地头杂草也要喷药；②黑痘病。要早防，5 月中旬喷施 10％世高水分散粒剂 2 000倍或者 50％多菌灵 500 倍液；③霜霉病。第一次防治关键时期花前与花后各喷布 1 次内吸治疗性杀菌剂，如金雷、阿米西达、霜脲锰锌等。第二次防治关键时期是夏末秋初，一般在 8 月下旬之前，连续喷施两次内吸性治疗性药剂，用 40％乙膦铝可湿性粉剂 300 倍液或 25％甲霜灵 600 倍液细致喷布叶背和叶面。另外，也可从 6 月中旬开始每半月喷 1 次 200 倍等量式波尔多液。

3. 幼树管理

（1）新梢管理及冬季修剪　新梢管理技术：烟台地区直插建园的红地球葡萄第二年基本不让其结果，仍然是培养树形，达到每株 4～6 个主蔓。春天上架之后，每个母枝选留 2 个新梢，及时倾斜绑缚，达到 8～9 个成熟叶片后摘心（保证明年结果部位在第一道与第二道铁丝之间）；保留 1 个顶端延长梢继续向上生长，达到第二道铁丝高度后再次摘心，其余副梢都采取留一叶绝后摘心。

冬季修剪：第一次霜降后，在第一次摘心上面留 3～4 个芽修剪，副梢贴根疏除。然后下架防寒，方法同第一年。

（2）肥水管理及病虫害防治　浇水原则同第一年，根据天气状况，前期水分要充足，促进枝条旺盛生长；后期要适当控水，保证枝条充分成熟。4 月中下旬萌芽前后开浅沟施尿素 10～15 千克/亩，施后及时浇水；第二次 6 月中旬新梢旺盛生长期开浅沟施复合肥 20 千克/亩，施后及时浇水；第三次 9 月中下旬开深沟亩施农家肥 3 000 千克、过磷酸钙 100 千克和复合肥 20 千克。

病虫害防治同第一年，随着降雨量的变化，可酌情提前或推后喷施药剂防治。

4. 结果树管理

（1）枝梢管理　春季随着地温的回升，一般在清明节前后出土，出土时宜分两次进行，第一次把大部分土去掉（3 月 20 日左右），第二次全部清除（4 月 5 日前后）。葡萄新梢长到 10 厘米左右，花序明显后，开始抹芽定梢，原则是：留壮去弱，留花去空，留稀去密，留大去小，最后达到每株 6～8 个新梢，每平方米架面留新梢 10 个左右，一亩地留新梢 3 000～4 000 条，一定要在麦收前完成。

红地球葡萄结果枝一直到第三道铁丝摘心（1.8 米左右），超过铁丝后留 3～4 个叶片反复摘心，果穗以上最低不能少于 9 片成熟叶片，一般结果枝采用单枝更新法更新，两年更新一次。果穗以下的副梢一个不留，全部清除，果穗旁边及上面紧挨的副梢留 3～4 片叶摘心，防止日烧，其余副梢留 1 叶绝后摘心，这样叶果比基本可以达到 25：1。留作抚养枝的新梢一般是从主蔓上发出的，8～9 片叶时摘心，长到第三道铁丝留 3～4 叶摘心，留作明年的结果枝。

（2）花果管理　花果管理是红地球葡萄年年丰产优质的全年管理重点，也是用工最多的环节。

烟台地区红地球葡萄坐果很好，基本枝枝有果，不存在花芽分化节位高的问题，因此必须对红地球葡萄进行疏穗定果。疏穗在花序明显时进行，标准是：每株留 6～8 个花穗，最好留在第一道铁丝与第二道铁丝之间，每亩留花穗 2 500～3 000 个，多余花序全部去掉。开花之前对所留花序不整形，初花期进行 1 次大水漫灌，自行疏花。花后结合绑蔓，将果穗理顺到架下，同时抖穗摇落干瘪、受精不良的小粒。

当果粒绿豆粒大小时进行疏粒，去除病虫粒、畸形粒、小粒，使每穗留果 50～70 粒，这样可保证结果适量，果实大而整齐，平均果穗重 720 克，平均粒重 12 克，果粒纵、横径均为 2.5 厘米。疏完粒后，喷大生、霉多克杀菌剂，停药 1 天待药液干后再套袋（以红地球葡萄专用果袋为好），1 亩地大约需要 3 000 个左右纸袋。在采收前 1 周，将纸袋底部横向撕开口让袋内果实见光，利于着色上糖。

（3）土肥水管理

①土壤管理。葡萄出土上架后，葡萄垄上及时覆盖黑色地膜，行间利用旋耕犁进行合理中耕除草松土，前期耕深 10 厘米，后期耕深 5 厘米。进入着色期葡萄行间覆盖白色或银色地膜，进行控水保墒，促进葡萄着色增糖。

②施肥管理。基肥一般在葡萄采收完开深沟施入，亩施腐熟的农家肥 3 000～4 000 千克或者商品有机肥 500 千克与 100 千克过磷酸钙与 20 千克复合肥拌和入沟。土壤追肥一般随葡萄几个关键生长期进行：萌芽期（4 月中下旬）主要施用氮素肥料，如尿素或二铵 50～70 千克/亩；套袋后追施果实膨大肥（6 月下旬），主要施用复合肥（N：P：K＝15：15：15）50～100 千克/亩；葡萄着色期（8 月上旬）再追施 1 次施复合肥（（N：P：K＝15：15：15）50 千克/亩。

③水分管理。灌溉方式采用沟灌，出土后浇萌芽水、初花期利于疏花可浇 1 次小水（一般是不浇）、套袋后浇 1 次水（防日烧），以后如果天旱每 7～8 天浇 1 次小水，进入着色期后开始控水，越冬前浇封冻水。

5. 生物危害和自然灾害的防治

（1）霜霉病 防治措施：据病源的侵染特点，烟台地区有两个关键防治时期，花期前后和夏末秋初，除这两个时期重点喷药外，生长季的大部分时间里都要按照 10～15 天的间隔期定期喷药预防。可选择使用的预防药剂为 1：0.7：200 波尔多液、70％代森锰锌 600 倍液、25％阿米西达 2 000～3 000 倍液等。当病害发生以后可喷施治疗性杀菌剂，30％王铜悬浮剂 800 倍液、50％烯酰吗啉可湿性粉剂 2 500 倍液、80％三乙膦酸铝可湿性粉剂 600 倍液等交替使用。

（2）白腐病 防治措施：一是加强树体和地面管理，植株基部 40 厘米以下不留果穗，及时彻底清园，保证通风透光。二是喷药保护。开花前后交替喷施代森锰锌、达科宁等保护性药剂，重点是喷葡萄的中下部果穗。封穗前的治疗性药剂可采用 10％世高水分散粒剂 2 000 倍。果实停止生长后，采用三唑类杀菌剂。

（3）炭疽病 防治措施：一是清园，减少菌源；二是防止果实日灼；三是果穗套袋；四是喷药保护。防治关键时期为春季和雨后防治。春季出土上架以后喷施 5 波美度石硫合剂，开花前喷施 10％世高 1 500～2 000 倍液，以后可以采用阿米西达、多菌灵、70％甲基硫菌灵、代森锰锌以及波尔多液等交替喷施。进入果实着色期后可以采用 10％世高 2 000 倍、30％爱苗乳油 4 000 倍、70％甲基硫菌灵交替喷施。

（4）灰霉病 防治措施：一是清除田间病残体，减少越冬菌源，及时控制营养生长，防止枝叶郁闭；二是掌握花前、花后、封穗前是灰霉病的防治关键时期。喷施的药剂有：

开花前后，常用 800 倍的 70％甲基托布津或 500～800 倍的 50％多菌灵对花序和幼果喷药保护；其他如 50％乙烯菌核利可湿性粉剂或水分散粒剂 500 倍液、50％腐霉利可湿性粉剂 600 倍液、40％嘧霉胺 800～1 000 倍液、10％多抗霉素可湿性粉剂 600 倍液，或 3％多抗霉素可湿性粉剂 200 倍液、50％啶酰菌胺 1 500 倍液、50％已霉威＋多菌灵可湿性粉剂 600～800 倍液防治效果都可以。

（5）主要虫害 烟台地区红地球葡萄主要的害虫是绿盲蝽；以若虫和成虫刺吸为害嫩叶、花序和果实。幼叶被害处形成红褐色、针头大小的坏死点，随叶片的伸展长大，以小点为中心，扩展成圆形或不规则的孔洞；花蕾、花梗受害后则干枯脱落。

防治措施：一是经常清除园内外杂草，消灭虫源；二是葡萄展叶后，要立即喷药防治，可选用 10％吡虫啉 2 000 倍液＋2.5％敌杀死 2 500 倍液，或 3％啶虫脒 2 000 倍液＋2.5％三氟氯氰菊酯 2 500 倍液，或 35％硫丹 1 500 倍液＋4.5％高氯 1 500 倍液，交替使用，最好在傍晚喷药。

（6）鸟害 近年来，危害葡萄果实的鸟的种类和数量明显增加，直接影响葡萄产量和果实质量，而且导致病菌在被啄果实伤口处大量繁殖，造成酸腐病等病害的传播和蔓延。

试验表明没有一种驱鸟药效果好用。这几年试验的防鸟网效果还不错。防鸟网采用网眼宽 3 厘米，长度约为 200～300 米的绞丝网于果实始熟期进行全园覆盖（市场售价 32 元/千克，每亩大约用 12.5 千克），并以葡萄蔓和水泥柱为支撑将防鸟网固定，网架的周边垂下地面并用土压实，以防鸟类从旁边飞入。由于大部分鸟类对暗色分辨不清，因此应尽量采用白色尼龙网，不宜用黑色或绿色的尼龙网。

6. 果实采收 烟台地区红地球葡萄一般在 10 月上旬采收，当果实呈现出本品种特有的鲜红色泽、果穗内外颜色一致、果粒硬而有弹性、种子变为棕褐色、可溶性固形物达到 18％时为最佳采收期。采收应选择晴天上午 8～10 点或下午 4～7 点进行，不能在早晨有露水时和炎热中午采收，更不能在阴雨天采收。采收时用左手拇指和食指捏住穗梗，右手握住采果剪在穗梗基部靠近新梢处剪下，穗梗一般剪留 3～5 厘米。紧接着进行果穗整理，剔除病虫果粒，未成熟的小果粒并进行分级，一级果标准是：果穗穗形松散、平均穗重 750 克左右、果粒纵横经均为 2.5 厘米、果个平均大小 12 克、颜色均匀一致。装箱时要轻拿轻放，尽量避免擦去果霜，影响外观品质。包装果箱采用泡沫塑料盒，内包装应选用符合食品卫生标准的高压低密度聚乙烯（PE）或聚氯乙烯（PVC），薄膜厚度 0.03～0.05 毫米，袋的宽度长度应与外包装尺寸相匹配，便于扎口。每盒装 4 穗果，每穗果用带有孔眼的 PVC 软包装袋包装，上面应铺衬纸，便于吸湿。需要当地长期贮藏的葡萄，则采用木箱、带孔硬塑箱和纸板箱，切忌使用聚苯乙烯泡沫箱包装，它是一种隔热保温材料，不利于箱内外的冷热交换。

7. 葡萄枝蔓的越冬防寒 烟台地区篱架栽培的红地球葡萄一般需要地上埋土防寒。每年初霜修剪后，将根部周围垫上土枕，一是为了防止将蔓压倒时断裂，二是增加根部防寒作用。将下架的枝蔓压倒绑成捆，一株挨一株地顺行向排列成一条线，用开沟机从行中间开沟，将土翻向两边，再利用人工铲土整理，将葡萄枝蔓盖严，一般覆土厚度为 15～20 厘米，宽度为 60～80 厘米。

河南北部黄河冲积平原区红地球葡萄建园及树体管理技术

刘三军[1]　刘军[2]　孔庆山[1]

([1] 中国农业科学院郑州果树研究所；[2] 河南省宏力高科技农业发展有限公司)

1. 概述　本文介绍河南黄河冲积平原区最大的红地球葡萄种植基地——长垣县宏力集团葡萄园的栽培管理经验。

长垣县地处河南省东北部，属新乡市，东隔黄河与山东省东明县相望，西邻滑县，南与封丘、兰考毗连，北与滑县、濮阳县接壤，因"县有防垣"而得名。

长垣县为黄河冲积平原的一部分。境内无山，地势平坦低洼，海拔 57.3～69.7 米之间，黄河大堤连接太行堤呈东北——西南走向贯穿全境，将全县自然分为两部分：堤东为黄河滩区，地势西高东低，南高北低；堤西黄河冲积平原，区内地势平坦，少有缓坡。

长垣县属暖温带大陆性季风气候，四季分明。年降水量 800 毫米，季节性降水差异较大，春季多风少雨，夏季多雨较热，秋季气候凉爽，冬季较冷少雪。土层深厚，土质较好，农用价值较高。

为了响应国家农业种植结构调整的政策，2000 年初成立了以种植美国红提葡萄为主的河南省宏力高科技农业发展有限公司。当年从沈阳农业大学引进红地球葡萄绿枝嫁接苗试种，经过近几年的发展，公司现已建成 7 个葡萄种植园区，涉及长垣县 4 个乡镇，18 个村庄，种植面积 13 000 亩。公司现有资产 1 亿多元，农业工人 2 800 人，其中园艺技术人员 210 人，大多来自省内外的农业专科学院，高级农艺师 2 人、教授 1 人。公司采用农业企业化、农民工人化的管理模式，生产上通过果实套袋、果实采后分级等综合措施提高葡萄质量，公司生产的葡萄已通过"绿色食品"认证。同时，公司积极向其他配套产业发展，已分别建成 1 000 吨和 5 000 吨的 2 座保鲜冷库，年产量达 400 万只泡沫包装箱厂。

目前，河南省宏力高科技农业发展有限公司是我国较大的红地球葡萄种植基地之一。公司先后被授予"中国特色红提葡萄种植示范基地"和"中国果蔬无公害科技示范单位"等荣誉称号。2003 年 4 月份国务院副总理回良玉到公司考察，并对其经营模式给予了充分肯定。

2. 建园

（1）选址　长垣县为豫东黄河冲积平原地区，土壤类型多为沙壤土，光照充足，年有效积温 3 000℃以上。在葡萄园建园时，宜选择土壤疏松、富含有机质的沙壤土，pH6.5～7.5 的地域。

（2）栽植

①栽植时期。红地球葡萄苗在秋季落叶后到第二年春季萌芽前都可以栽植。秋栽尽可能早在落叶后进行，最晚要求在土壤结冻前完成。春栽可在土温达到7～10℃时进行，最迟不应晚于植株萌芽前。温室营养袋苗或绿枝扦插苗可在生长期带土移栽。

②栽植前的准备

a. 土壤准备。土壤的准备主要包括清除自然植被、土壤消毒、土地平整、深翻土壤和挖定植沟等。特别是以前栽过葡萄的园地，除了将老葡萄树根连根拔除外，要注意对土壤进行消毒。葡萄的栽植一定要按行距4米挖沟或按株距1米挖穴。定植沟一般要求宽60厘米，深60厘米。定植穴要求按60厘米见方进行挖掘。回垫土时，要把粪肥与土拌匀。

b. 苗木准备。苗木栽植前还要进行适当的修剪。地上部位的修剪应根据整形要求留芽；地下部分一般保留基层根，而把插条中上部所产生的根除去，有利于下层根的发育，增强抗旱抗寒能力。一般留15～26厘米短截，在剪口处促发新根。

c. 肥料的准备。葡萄定植前要施足底肥，在栽植前要准备好充分腐熟的厩肥或其他有机肥；一般每公顷的施肥量约为50 000千克，与土壤拌匀后入沟或穴。

d. 定植。先将表土和有机肥混合均匀，每株加入50～100克磷肥和速效性氮肥，然后将其填入穴中，踏实，并作成馒头状土堆，将苗木根系舒展放在土堆上。当填土超过根系时，轻轻将苗木抖动，使根系周围不留空隙。坑填满好后踩实，顺行开沟浇水，浇透。待水渗下后，在苗木四周培15～20厘米的土堆，以防水分蒸发。

扦插苗栽植深度一般以根颈处与地面平齐为宜。嫁接苗的接口要高出地10～15厘米，以防接穗品种生根。

（3）定植苗的管理　定植后的幼苗由于根系小，对土壤和环境条件反应比较敏感，所以要加强管理。

幼苗让其自行破土而出，力争不缺苗。当苗木长到5厘米时要逐步刨开土堆。根据棚架架式整形需要，每株只留1～2个健壮的新梢。待新梢长达20厘米左右时，将新梢绑缚到临时架材上，以免被风吹倒。

在生长过程中前期要及时灌水，中耕除草，结合灌水可追施尿素等速效氮肥，促进小苗加速生长；后期要控水，喷施0.2%磷酸二氢钾，加速新梢木质化。

（4）栽培架式　红地球葡萄为小棚架栽培，主要特点：架长4～7米，架面后部高1.5～1.6米，架前高度为2.0～2.2米，架面距地面平均高度一般为1.8～2.0米，与地面倾斜或平行于地面。栽培的株行距一般为1米×4米，亩栽植株数167株。独龙干或双龙干整形。小棚架栽培利于红地球葡萄的早期丰产，方便于棚下作业及合理利用土地，易于枝蔓更新、保持树势和产量的稳定。

小棚架的架材主要有立柱、横梁、钢丝、顶柱等部分组成。

小棚架的架式构成：按照行向，每4米设1排立柱，由边柱、顶柱和中柱组成。每行两端均设2根边柱，两边柱间距1.5米，起固定整个棚架的作用。顶柱上端顶在外边柱的上部，下端顶在内边柱的下部；每隔4～6米设中柱，每亩设立中柱为40～26根。立柱地面高度一致，一般为2～2.2米。整个小区边柱与边柱顶部由钢丝绳组成架面边梁，中柱与中柱顶部由直径 2.2 毫米钢丝组成横梁；每行葡萄由直径为 1.4 毫米左右的纵向钢丝构成架面，棚架面呈水平状或倾斜状。架材的立柱、顶柱和中柱材料可以选用水泥柱、钢管、木柱等。

3. 整形修剪

（1）树形及整形技术特点　在长垣县，红地球葡萄的树形是棚架的龙干形树形。根据植株的主蔓数量，分为独龙干、双龙干或多龙干等种类，采用独龙干树形的较为多见，少部分采用双龙干树形。龙干在架面上的间距为 0.5～1.0 米。

龙干形树形的整形技术特点：对当年定植的苗木，留 1～2 个健壮的新梢，将其引缚向上，其余的新梢全部抹去。主梢（未来的龙干）上的副梢，基部 30 厘米以内的全部抹去，上部的副梢留 2～4 片叶摘心，所有的 2 次副梢均留 1～3 片叶摘心。当主梢生长至 2 米以上时，对其进行摘心，以促进枝条的充分成熟；枝条剪口的粗度保持在 1 厘米左右为宜，一般当年可以剪留 1.5～2.5 米。第二年，上年修剪留下的长枝本身就是良好的结果枝，即可结果；冬季修剪时，除顶端延长枝仍然长留，使龙干继续在棚面上延伸外，其余的一年生枝条一律留 1～2 芽短截。以后逐年的修剪手法基本与第二年相同，这样，到第三年冬季修剪后，就可完成了龙干形的整形，并进入了结果盛期。

（2）结果母枝的培养与更新　在进行结果母枝培养过程中，注意植株生长势和修剪方法的关系。特别是幼树整形期间的植株，要以整形为主。

在进行结果母枝培养过程中，要选好主蔓和侧蔓，并要求在延长枝粗度 0.8 厘米左右的成熟节位进行剪截。在小棚架栽培中，第一年主要利用棚架的龙干进行结果，一般延长头以长梢修剪为主；三年生时进行结果枝组的培养，主蔓上每间隔 30 厘米左右选留 1 个枝组，利用单枝更新或双枝更新的方法进行结果母枝的更新，形成"龙爪"状的结果枝组。

（3）冬季修剪技术

①冬季修剪的步骤。冬剪步骤可用四个字概括即：一"看"、二"疏"、三"截"、四"查"，具体的做法为：

看：即修剪前的调查分析。要看品种、看树形、看架式、看树势、看与邻株之间的关系，大体确定修剪量的标准。

疏：指疏去病虫枝、细弱枝、枯枝、过密枝、需局部更新的衰弱主侧蔓以及无利用价值的萌蘖枝。

截：根据修剪量的标准，确定适当的母枝留量，对一年生枝进行短截程度。

查：经修剪后，检查一下是否有漏剪、错剪。

总之，看是前提，做到心中有数，防止无目的修剪。疏是手法，调整架面空间。截是加工，决定每个枝条的留芽量。查是结尾。

②修剪方法。修剪时选择生长健壮、成熟度高、基部芽眼饱满、靠近主蔓的一年生枝作为明年的结果母枝。结果母枝的剪留长度主要根据剪口的粗度来进行。剪口平均直径大于等于 0.6 厘米的结果母枝留 5 个芽短截，剪口平均直径小于 0.6 厘米的结果母枝留 2 个芽短截。结果母枝异侧距离为 15 厘米左右，尽量均匀排布在主蔓两侧。

主蔓距地面 80 厘米（垂直距离）以下不留结果母枝。主蔓延长蔓剪留长度不超过

120 厘米，剪口粗度在 1 厘米以上。如果延长蔓整体粗度达不到 1 厘米，则保留 30 厘米左右长，剪至饱满芽处或用下部的结果母枝代替。

对于枝蔓已爬满架的葡萄，主蔓延长蔓实行"小更新"，即选留下部的健壮新梢作为延长蔓，将原延长蔓换掉。修剪后棚架葡萄前后行要留出 100 厘米的光道。

4. 枝蔓管理技术

（1）枝蔓的引缚　当年新梢生长到 40 厘米时，将其引缚在架面的钢丝上。

无论是骨干枝蔓或是新梢的引缚形式均可分为三种：垂直引缚、倾斜引缚和水平引缚，这三种引缚形式的效应和作用有所不同。垂直引缚：树液流动旺盛，生长强、消耗多、积累少，抽发的新梢粗而节间长，甚至徒长；倾斜引缚：枝条发育中强，节间稍短，对开花有利；水平引缚：有利于缓和生长势，新梢发育均匀。要求枝条分布均匀，对长结果母枝引缚成水平或弧形，以缓和生长势。

（2）抹芽和定枝　抹芽和定枝是进一步调整冬季修剪量于一个合理的水平上。为了避免结果部位的迅速外移，使结果部位靠近主蔓，抹芽和定枝要尽可能利用靠近母枝基部的芽和枝。留用枝芽的部位必须有生长空间，留向外、向上生长的枝芽。

枝条平行引缚时，枝距为 6～10 厘米，下垂新梢的留枝密度可以适当加大。

（3）摘心和副梢处理

①结果枝摘心。红地球葡萄结果枝可以不摘心或晚摘心，当结果枝先端自由下垂或斜生时，可以不摘心；当结果枝较直立时，可以利用花期分散营养减少坐果之利，免去坐果过多而疏果的麻烦，待坐果稳定后再摘心或将直立枝压斜不摘心。

②发育枝摘心。对发育枝摘心主要考虑如下情况，决定其摘心的时期和程度。

a. 骨干枝蔓的培养。对准备培养为主蔓、侧蔓的发育枝，当其长度达到需要分枝的部位时即可摘心，以用摘心口下的副梢适应整形要求。

b. 竞争枝。对结果母枝上的发育枝，当其生长过旺，影响到附近结果枝的生长时，可以进行不同程度的摘心，以控制生长。

c. 预备枝。对准备留做下一年结果母枝的发育枝，让其自由生长，只有当生长到架面无法容纳时，才对其摘心，以限制其延长生长；同时，也能促进留下的枝芽健壮充实。而对上年预备枝上长出的新梢，无论结果与否，都应该推迟摘心或不摘心，使其充分的生长发育。

③副梢的处理。副梢处理的方法很多，通常采用的形式有以下几种：

a. 主梢摘心后，顶端留 1 个（生长势极强的可以留 2 个）副梢延长生长，约留 4～6 片叶摘心，其上发出的二次副梢仅留先端 1 个，留 3～5 片叶摘心，其余的二次副梢均除去。以后先端发出 3 次以上的各次副梢仅留 1～2 片叶摘心，或者完全除去。花序或果穗以下副梢全部疏除。其余副梢留 1 叶"绝后摘心"。

b. 副梢的单叶绝后摘心处理。主梢摘心后，对副梢留 1 叶摘心的同时将该叶的腋芽完全掐除，使其丧失发生二次副梢的能力。这样由副梢上所留下的 1 片叶的生长很强，几乎能够接近主梢叶片的大小。因此，可以增加有效光合叶面积，但是比较费工。

c. 剪梢和摘老叶。剪梢是将新梢顶端过长部分剪去 30 厘米以上，其目的在于改善植株内部和下部的光照和通风条件，促使新梢和果穗能够更好更快的成熟，但必须保持正常生长和结果所必需的叶片数量。摘叶一般是在7月份摘去果穗以下光合效率很低的老叶片，以使果穗自由悬垂，减少碰撞，保持果粉完好，有利于提高果实的外观品质。

5. 采收前后的树体管理技术

（1）采收前管理　采收前的管理技术主要是架面调整和促进果穗着色。架面调整主要为打开果穗附近的光路促进果穗及早上色，调整过后枝条与叶片均匀分布在架面上形成一个平面，具体方法如下：

①不再保留新发的二次副梢，对架面上过长的"串门"营养枝进行回缩。

②去除果穗周围已经黄化无功能的老叶片和过度遮阴的枝梢，为果穗打开光路。

③选择晴天下午或无露水的阴天，将果袋底边撕开，果袋两侧自下向上撕裂口约1/2左右，保证下雨不淋穗，且果穗中下部能见到光。

④对于撕开袋口的果穗应立即去除病果，并重点防鸟，直至采完果。

⑤已有1/3左右果穗着色度达到70%以上，在去袋后10天内能进行采果要求的（通体粉红色），可以去除果袋或将果袋两侧完全撕开托至果柄上方呈伞状，利于进一步充分着色。

（2）采收及采收后管理

①对上好色的葡萄进行分期分批及时采收，直到树体条件营养不能再上色时，进行普采（彩图B4）。

②普采结束后，将园区内所有果穗全部清除，并及时喷药，以利于降低病源基数和今后的病害防治。

6. 冬季防寒技术

（1）清园　冬剪后对全园进行彻底清理，将剪下的枯枝、落叶、病穗和病果等集中处理或清出园外，以减少越冬病源和害虫。

（2）埋土　葡萄冬剪后下架埋土防寒，埋土时先垫土枕，然后再覆土埋蔓。取土部位应在距葡萄根颈1米以外，要求防寒土堆厚度10厘米以上，宽度60~80厘米，要将枝蔓埋严，防止抽干。

（3）地面覆膜　对于不埋土防寒的葡萄地块（试验地除外），采用地面覆塑料薄膜的方式来防寒越冬。覆膜前根据土壤墒情或浇水或不浇水，并将距葡萄两侧各80厘米范围以内的地面整平，然后覆膜。薄膜尽量靠近葡萄根部，最后还要对葡萄根颈部埋防寒土高约30厘米。

附表　宏力高科技农业发展有限公司红地球葡萄周年管理历

物候期	生产措施	技术要点
休眠期 （3月上中旬）	1. 葡萄出土 2. 剥除翘皮 3. 上架、绑蔓 4. 涂干 5. 喷铲除剂 6. 追催芽肥、浇水 7. 中耕	1. 出土上架以不伤树体为重。2. 剥翘皮、涂干和喷铲除剂是病虫害防治关键，要做细。3. 本时期浇水量要大

（续）

物候期	生产措施	技术要点
萌芽期至展叶期 （3 月下旬至 4 月上旬）	1. 抹芽 2. 定梢 3. 喷药及叶面补肥	1. 抹芽根据萌芽的整齐情况和用工量分 2～3 次做，第三次与定梢结合进行。2. 本时期用药是防治黑痘病、绿盲蝽等病虫害的关键时期。3. 定梢时要兼顾花序量
新梢生长期 （4 月中旬至 5 月上旬）	1. 追花前肥、浇水 2. 中耕松土 3. 叶面补肥 4. 去双穗 5. 喷药 6. 花序整形	1. 除壮枝外，双穗全部去除。2. 花前 10 天左右使用拉长剂。3. 及时进行叶面补施硼、铁等肥。4. 本时期喷药以防治黑痘病、霜霉病、炭疽病、灰霉病等果实病害为主。5. 花序整形在拉长效果出来后及时进行
开花期 （5 月中旬）	1. 新梢绑缚 2. 新梢摘心 3. 追肥浇水	1. 对过长新梢及时摘心。2. 新梢基部半木质化时进行绑缚。3. 本次浇水旨在降低坐果率，减轻疏果工作量
坐果期至果实第一次膨大期 （5 月下旬至 6 月中旬）	1. 叶面、果面补肥 2. 定穗 3. 顺穗 4. 疏果 5. 喷药 6. 套袋	1. 及时进行叶面和果面的钙、镁等肥的补给。2. 在坐果情况清楚后及时定穗（亩产 1 500 千克）和顺穗。3. 疏果至 60～100 粒为佳，分枝上每厘米 1 粒果粒效果最好。4. 本时期 3 遍防治果穗病虫害的药最为关键，尤其套袋前的果穗用药能蘸则不喷。5. 套袋尽量将果穗套至果袋中间，袋口扎紧。6. 本时期有 3～7 天的果实敏感期，尽量不触摸果粒和避开低温时间打药。7. 增大叶量预防日烧
硬核期 （6 月下旬）	1. 疏果 2. 喷药 3. 套袋	硬核期即为封穗期，尽量在此期前将疏果工作干完，至少要完成疏分枝任务
转色期至果实第二次膨大期 （7 月上旬至 8 月中旬）	1. 喷药及叶面补肥 2. 枝蔓管理 3. 追转色肥、浇水 4. 打老叶、转果袋 5. 撑鸟网 6. 旋地、除草	1. 转色肥以钾肥为主，施入量跟土壤肥力和负载量直接相关。2. 本时期以防治霜霉病等叶部病害为主。3. 配合防病和着色及时调整架面叶量。4. 酸腐病的防治防鸟是关键
果实成熟期 （8 月下旬至 10 月上旬）	1. 去袋 2. 采收 3. 清园	1. 去袋早晚根据采收计划有序进行。2. 严格按照采收要求进行分级。3. 及时清园是下一年病虫害有效防治的关键，要远离园区或深埋
采收后至生理落叶期 （10 月中旬至 11 月上中旬）	1. 叶面补肥 2. 施基肥 3. 浇封冻水	1. 施基肥与及时灌水紧密配合。2. 叶面补肥用于快速补充树体养分
休眠期 （11 月下旬至翌年 2 月下旬）	1. 冬剪 2. 清园 3. 喷铲除剂 4. 下架防寒 5. 整修架材	1. 根据下年产量和当年枝梢成熟情况安排冬剪方案。2. 彻底将枝蔓叶片掩埋或焚烧。3. 铲除剂根据天气情况进行安排：多雨以铜制剂为主、干旱以硫制剂为主。4. 下架防寒时树体安全是重点

郑州农科所红地球葡萄花果管理技术

刘三军[1]　段罗顺[2]　蒯传化[1]　孔庆山[1]

([1] 中国农业科学院郑州果树研究所；[2] 郑州市农林科学研究所)

红地球葡萄是大粒、大穗型品种，要达到高产优质的要求，使果穗美观、果粒大小均一、色泽鲜艳，除加强栽培管理技术措施以外，还必须进行花序和果实的科学管理。2001年以来，在中国农业科学院郑州果树研究所的技术指导下，郑州市农科所葡萄园进行了花果管理技术的试验，摸索出具有地方特点的红地球葡萄的花果管理技术。该项技术主要包括：花序修剪及果穗整理、果实套袋、生长调节剂的应用技术、环割（剥）技术以及加强提高果实品质的处理技术等。

1. 花序修剪和果穗整理　在郑州地区，红地球葡萄亩产量一般控制在 2 000～2 500 千克，即每亩留果穗 2 000～3 000 个。葡萄花序修剪分 2 次进行，第一次在花序展开之后，这时要根据植株的负载量状况，及时疏除过多和弱小的花序，原则上保留 1 枝 1 穗，强旺枝可留 2 穗；第二次在开花前进行，主要疏除花序上的副穗和花序先端的 1/4 或 1/3。

果穗整理在生理落果后进行，主要疏除基部 1～2 个较大分穗和稀疏轴上的分穗（隔 2 去 1），并且要求每个果穗只留 80～100 个果粒，使果实数量减少，以增加果粒重量，保证每果粒重量在 12 克以上，单穗重在 1 000 克左右。使整个穗形，紧而不挤，松而不散。对夹在铁丝上和枝条中间的果穗，顺到架面上呈下垂状，使其自然正常生长。

2. 果穗套袋　葡萄套袋一般在果穗整理后进行。套袋前，先进行园地灌水，土壤干爽后喷 1 次杀菌剂，如多菌灵、甲基托布津等广谱性杀菌剂，待药液干后即可进行套袋。葡萄袋一般采用红地球葡萄专用纸袋，纸袋的长度为 35～40 厘米，宽 20～25 厘米，袋子三面密封或黏合，下方留 2 个透气孔。套袋时将纸袋涨开，小心地将果穗套进袋内，然后，将袋口小心地绑在果柄着生的结果枝上。套袋时间要避开中午高温时段，上午 10 时前及下午 4 时后为套袋最佳时段。

套袋后，每隔 30～45 天叶面喷布 1 次 0.2% 倍硝酸钙＋300 倍硼砂＋300 倍磷酸二氢钾＋0.5% 尿素，以促进果实发育和防止裂果现象的发生。

在采收前 10 天内进行去袋。

3. 生长调节剂的应用　红地球葡萄果粒较大，如果加上生长调节剂的使用，将会对果实发育起到更加良好作用，会使葡萄果粒大小均匀，商品性更好。目前，生产上应用植物生长调节剂的最为典型的例子，就是奇宝的应用，使用方法如下：

（1）拉长穗轴

①使用时间。开花前 10～14 天，花序 7～10 厘米长时喷布葡萄植株，重点是花序。

②使用浓度。奇宝 40 000 倍液，即每包加水 40 千克＋必加 2 000 倍＋多收液 500 倍或高磷及微量元素的营养液混合。

③使用效果。a. 穗轴果柄拉长，为颗粒增大准备空间，使果粒松散，解决了果穗过紧"外经里不红"、"外熟里还生"和容易导致灰霉、炭疽病菌滋生的问题。b. 剔除不良花朵，药物疏花疏果，以使每标准穗（600～1 100 克）留有 50～100 个果粒，重点解决果穗美观整齐的问题。c. 减少病菌潜伏危害，进而减少农药使用，降低生产成本。

（2）增大果粒 红地球葡萄增大颗粒需分 4 次用药喷布葡萄植株或浸蘸果穗。

①第一次处理。花完全谢后，颗粒直径 3～4 毫米（即火柴头大）时进行。此时颗粒细胞骤变开始，如果前期开花不整齐的话，使用奇宝会导致大小粒，可采用保美灵 7 500 倍＋多收液 500 倍或含氮磷钾及微量元素的营养液＋必加 2 000 倍；如果前期开花整齐的话，可单用奇宝 1.5 万～2 万倍液（即 1 包奇宝加水 15～20 千克），喷布葡萄植株，重点是果穗。

②第二次处理。第一次之后 7 天，生理落果完毕，颗粒直径 4～6 毫米（如绿豆大）时进行。此时细胞急剧分裂，用保美灵 7 500 倍＋奇宝 10 000 倍＋必加 2 000 倍＋多收液 500 倍或含氮磷钾及微量元素的营养液，（此次奇宝浓度不可再高）喷布植株，重点是果穗。

此时为红地球葡萄生长进入最旺盛关键期，细胞活动很活跃，养分很快向颗粒集中，叶面可能变黄，所以此时叶面补充多收液或含氮磷钾及微量元素的营养液尤为重要，2～3 天内最好专门再喷 1 次多收液 500 倍，同时也是土壤追施葡萄膨大肥的关键施用期，随施氮、磷、钾肥的同时增施土壤调理剂调活土壤，起到下劲上使的作用。

③第三次处理。当葡萄颗粒横径在 12 毫米大时，使用保美灵 7 500 倍＋奇宝 10 000 倍＋必加 2 000 倍混合，只浸果穗。此时浸穗后一定要配合叶面喷施多收液 500 倍或营养液 1～2 次，如能追施磷钾肥，效果更佳。并且，此后每隔 5～10 天植株喷 1 次多收液 500 倍，直到采收。

④第四次处理。距上次浸穗 1 周后颗粒 14～16 毫米大时，只用奇宝 7 500～10 000 倍＋必加 2 000 倍混合，只浸果穗。

4. 环割（剥）技术 环剥可以显著提高葡萄坐果率，增大果粒，促进浆果成熟。对结果枝环剥随目的不同，环拨时间也不同。为了改善花器官营养，提高坐果率，应在花前 5～6 天环剥；增大果粒，宜在花后幼果迅速膨大期进行；浆果提前成熟，应在 7 月中旬以前进行。

结果枝环剥部位应在花序或果穗下的节间或结果母枝上进行，一般环剥宽度为 3～5 毫米，过宽环剥口不易愈合，枝条不能成熟，影响越冬和下年产量；过窄则起不到环剥阻止碳素营养下流的作用。环剥的最晚时间在郑州地区不能迟于 7 月中旬，否则环剥口不能愈合。环剥应在旺壮枝条上进行，树势弱、细枝条不能环剥。环剥后应加强植株地上地下管理，提高树体的生长势和抗病性，巩固环剥效果。

5. 提高葡萄含糖量的技术

（1）利用光呼吸抑制剂 葡萄属于高光呼吸型的植物，适当抑制叶片的光呼吸，可以显著地提高葡萄果实中的含糖量。一般使用的光呼吸抑制剂是亚硫酸氢钠，使用亚硫酸氢钠还可以提高果实品质、产量和果穗的整齐度。使用方法是：在果实膨大后，每隔 10 天全株喷布 1 次 300 毫克/千克的光呼吸抑制剂，一般连续喷布 2～3 次即可收到明显的效果。亚硫酸氢钠可以与其他农药、叶面肥混合使用，但不能与除草剂混合使用。喷施时间以露水干后的早上 8～11 时或下午 3～6 时为宜。

（2）喷布调节磷　调节磷可以显著提高葡萄果实含糖量，还有抑制副梢生长的作用。一般在浆果成熟前 1 个月使用浓度为 500～1 000 毫克/千克整株喷布 1 次即可。

6. 提高葡萄果实的耐贮藏性　葡萄喷施钙肥，对提高葡萄品质、抗病性和耐贮藏性有重要的作用。使用的肥料为硝酸钙等，一般在采前分两次进行：第一次在 8 月上、中旬，使用浓度为 1‰左右；第二次在采收前 10 天，使用浓度为 1‰～1.5‰。

7. 重点预防葡萄生理性病害　葡萄日烧病、酸腐病是郑州市红地球葡萄主要发生的生理性病害，在生产上应注意加强综合管理，以综合管理技术降低病害的发生。

葡萄日烧病又名葡萄日灼病、葡萄缩果病等。防止果穗暴晒是预防对发生日烧病的根本。果穗附近要多留叶片遮阴，以防果穗直接暴露于阳光下；在无果穗的部位，应将多余的叶片摘掉，以免过多的向果实争夺水分。进行果穗套袋，并在纸袋上部"打伞"可避免日烧。此外，注意果园通风，雨后排水，增施有机肥等都在某种意义起到预防日烧病发生和发展的作用。

葡萄酸腐病的防治：增强红地球葡萄园的通透性，避免果粒机械损伤，合理水肥管理等农业综合技术的实施等均可以减少葡萄酸腐病的发生。其他管理技术与葡萄日灼病的管理技术一致。

8. 红地球葡萄采收及果实分级标准　对上好色的葡萄进行分期分批及时采收，直到树体营养条件不能再上色时，进行一次性普采（表 1）。

表 1　郑州市红地球葡萄果实分级及包装标准

项目＼级别	特级	一级	二级	三级
成熟度	1. 上色均匀，内外一致 2. 果粒不脱落，无挤压裂损			
无以下现象	1. 腐烂，霉病，赤红斑点，黑痘，日灼等病害 2. 虫害或鸟鼠类等引起的损伤 3. 机械伤害 4. 果粒上有明显药点、灰尘			1. 果面允许有少量不影响整体美观的斑点
果穗	1. 穗美观，圆锥形 2. 穗重 250 克以上 3. 果穗中等松散 4. 整穗着色度达到 85%以上	1. 穗美观，圆锥形 2. 穗重 200 克以上 3. 果穗中等紧密，松散适度 4. 整穗着色度达到 85%以上	1. 果穗圆锥形，较整齐 2. 穗重 200 克以上 3. 果穗较松散或较紧密 4. 整穗着色度达到 85%以上	穗重 200 克以上

（续）

项目＼级别	特级	一级	二级	三级
果粒	1. 果皮色泽鲜红，果粉完整 2. 果粒横径 27 毫米以上，可溶性固形物含量 16％以上 3. 每穗中一级果粒不能超过 10％，不能有无核小圆果和绿色果粒	1. 果皮色泽鲜红，果粉完整 2. 果粒横径 25～27 毫米以上，可溶性固形物含量 16％以上 3. 每穗中二级果粒数不得超过 10％，不能有无核小圆果和绿色果粒	1. 果皮色泽鲜红或紫红，果粉完整 2. 果粒横径 23～25 毫米以上，可溶性固形物含量 15％以上 3. 每穗中小粒不得超过 15％，不能有无核小圆果和绿色果粒	1. 果粉完整，单粒着色度达到 50％以上 2. 不能有无核小圆果和绿色果粒
包装标准	1. 带梗包装，包装要整齐，箱面平整 2. 每箱中果穗完整，整齐一致，箱间做填充的小穗其果粒不少于 5 粒，数量不多于 2 穗，且尽量放在四角或下面 3. 装箱时穗梗向下，不裸露于外，装箱均匀，整齐			

豫西地区红地球葡萄露地优质栽培技术

李灿[1]　丁米田[1]　于绍成[2]　刘三军[3]

([1] 洛阳市林业科学研究所；[2] 洛阳琦梦科技生态有限公司；[3] 郑州果树研究所)

洛阳地区为大陆性、季节性、多样性的气候特征。年降水量 600 毫米，秋季较多，为 175.7 毫米，占全年的 26%。年最高温度 44.4℃，最冷月平均温度为 0.2℃。无霜日数 184～224 天，初霜 10 月下旬至 11 月上旬，末霜 3 月下旬至 4 月初。全年日照 2 083～2 246 小时，≥10℃的累加日照 218 天，活动积温 4 673℃。

红地球葡萄由于皮薄，容易日灼，不抗寒、不抗病，在洛阳地区露地栽培有一定难度，栽培失败者不少。洛阳琦梦生态科技有限公司经过对红地球葡萄 12 年的栽培实践，摸索出了一套可供本地区葡农参考的栽培措施，病虫害防治和提高产品质量方面。

1. 建园　按行距开挖定植沟，沟宽 80 厘米、深 80 厘米，表土放一边，底土放一边，每亩施入作物秸秆和有机农家肥 5 000～8 000 千克、过磷酸钙 100 千克与表土混匀后回填、浇透水，沉实后待栽。定植株距 1 米，行距 3～3.5 米。于 3 月上旬栽植，栽植时对苗木根系进行修剪，并放入清水浸泡 12～24 小时，并用 1 000 倍甲基托布津药液蘸根后栽植。栽后浇足水并封小土堆，用农膜覆盖树盘，用以提高成活率。

2. 整形修剪

（1）架式　洛阳地区栽培红地球葡萄采用倾斜式小棚架，架面长一般与行距相同，架根高 1.5 米，架梢高 1.8～2.2 米。南北行向或东西行向。篱架部分拉二道丝。

（2）整形　采用单龙干整形，从地表 80 厘米以上主蔓两侧每隔 30 厘米左右留 1 个结果枝组，每株保持 10～13 个结果枝组。

（3）冬季修剪　冬季修剪采用双枝更新，预备枝留 1～2 芽剪，结果母枝留 3～4 芽剪。在空间小的地方，大多采用单枝更新，母枝剪留 3～4 芽。

（4）夏季修剪

①定枝。当能看清花序时开始定枝，枝距 8～10 厘米，每个结果母枝留 1 个结果枝。结果枝与营养枝比为 2：1。每亩留枝量是 4 000～5 000 条，留果穗 2 500～3 000 个。

②摘心。红地球葡萄开花前不能摘心，否则结果枝坐果过多给疏果工作带来麻烦。通常结果枝摘心在开花后进行，在果穗以上 10～12 片叶摘心，以后，果穗以下出来的副梢全部抹掉，先端 2 个副梢留 4～5 片叶反复摘心，中间的副梢留 2 片叶摘心。营养枝在花后留 10 片摘心，所有副梢留 3～4 叶反复摘心。适当推迟摘心除副梢时间，可以减轻日灼的危害。

3. 花果管理

（1）花序修剪 剪去副穗和 1/4 穗尖，使果穗紧凑美观。每穗留果粒 60～80 个，大穗还可更多点。

（2）拉长花序 于花序分离期，用奇宝 40 000 倍液蘸穗，可以拉长花序，为果粒膨大留出穗轴空间，避免果穗过紧，不利于果粒全面着色。

（3）沾药与套袋 用农药蘸穗杀菌消毒后套上透气性好的纸袋，袋的上端要扎牢。并在其上覆盖旧报纸，防止日灼发生。

4. 土肥水管理 基肥在果实采收后施入，施肥量是，经发酵的鸡粪每亩施入 4～5 立方米、硫酸钾复合肥 50 千克、过磷酸钙 50 千克。追肥分 4 次施入，每亩用量是萌芽肥：尿素 20 千克，花前：二铵 50 千克，果实膨大期：二铵 50 千克＋钾肥 40 千克，着色期：钾肥 40 千克。每次追肥都要结合浇催芽水，花前水，催果水，着色期停止浇水，秋施基肥后要灌足水，冬眠期间也要根据土壤和气候干燥情况及时补水。

5. 病虫害防治 该项技术是豫西红地球葡萄栽培成功的关键所在，必须引起足够的重视，要在做好"综合防治"的基础上，做到"重视预防"、"前狠后轻"的防治策略，丝毫不能放松警惕，力争把病原菌基数和虫口密度压到最低程度。

（1）萌芽期 在芽萌而未发，鳞片开裂而未曾露绿的阶段用药会恰到好处。用 500 倍高浓缩清园剂（30％矿物油石硫微乳剂）全面喷防 1 遍，起到杀菌、杀虫、防晚霜的作用。

（2）2～3 叶期 用 80％必备 400 倍＋歼灭 2 000 倍或 2.5％联苯菊酯 1 500 倍液喷雾，防治各种病虫害。

（3）花蕾分离期 可用 25％吡唑醚菌脂 2 000 倍＋硼钼锌钙 1 000 倍。如是上年哪种病害较重，应调整用药，加上针对性内吸特效药。

（4）开花前 2～3 天 可以用 70％丽致 800～1 200 倍＋20％多聚硼酸钠（保倍硼）2 000～3 000 倍（或硼钼锌钙 1 000 倍）加上针对性特效药。

（5）谢花后到套袋前 先用 78％科博 600 倍（或 80％喷克 800 倍）＋10％世高 1 500 倍。再过 8～10 天，用 80％喷克 800 倍（或易保 1 200 倍）。套袋前用 50％保倍 3 000 倍液＋10％世高 2 000 倍＋40％嘧霉胺 600 倍＋10％歼灭 2 000 倍蘸穗，药水干后套袋。

（6）套袋后至封穗 以 80％必备 400 倍、30％王铜 800 倍、1∶1∶200 的波尔多液交替使用。间隔 10～15 天用药 1 遍。其间如发现白腐病可用 10％世高 1 000 倍蘸果穗；如果发现酸腐病剪去病果及果梗运到远处深埋，并用 10％歼灭 3 000 倍＋80％必备 400 倍＋50％灭蝇胺 3 000 倍蘸穗，水干后换上新袋。

（7）转色前后 用 50％保倍福美双 1 500 倍液＋10％歼灭 3 000 倍（40％辛硫磷 1 000 倍）防治酸腐病（如上年没有酸腐病可省去歼灭等杀虫药）。如果霜霉病重可加 50％科克 3 000 倍。

（8）采收后 以 30％王铜悬浮剂和波尔多液为主，每半月 1 遍，保护叶片。如果霜霉病重时可加 25％瑞毒霉 2 500 倍或 90％乙膦铝 800 倍或霜脲氰 1 500 倍防治。

6. 日灼防治 2009 年，洛阳个别园子红地球葡萄日灼较重。防治措施如下：①适当增加前期叶幕面积，推迟夏剪时间（6月下旬开始）。留枝量增加到每平方米 10～12 个。②适时灌水，保证在套袋后果穗不干旱，避免果实水分反渗透流入叶片。③果园尽量间作少量花生、绿肥等低矮作物，减少裸露土壤面积，可以有效地降低地表温度，并避免地面反射光源造成的高温危害。④套双层袋子，套袋要早，袋透气口要开大点，或套上下边开口的塑料袋。

山西临汾市红地球葡萄栽培技术

唐晓萍[1]　贾中雄[2]　李晓梅[1]　杨颖[2]

([1] 山西省农科院果树研究所;[2] 山西省临汾市果桑站)

1. 概述　山西省葡萄栽培历史悠久,清徐葡萄种植有 2 000 多年的栽培史。早在 20世纪 50 年代清徐就已成为全国著名葡萄产区之一。通过多年来的发展山西省逐步形成了三大栽培区域,其中晋南地区为红地球葡萄优势栽培区,晋中、吕梁为多品种的分散经营区,太原市郊为龙眼、巨峰葡萄老产区。

山西省红地球葡萄栽植面积约 20 万亩,临汾市是山西省红地球葡萄的主栽区,1997年就引进红地球葡萄栽培,目前全市栽植面积约 7.27 万亩,主要分布在曲沃、尧都区、翼城、洪洞等平川区,其中曲沃和尧都区栽植面积最为集中,约 6 万余亩。临汾市红地球葡萄栽培面积大,栽培管理技术成熟,经济效益显著,一般为 8 000~15 000 元/亩,最高20 000 元/亩,多年平均亩效益在 10 000 元以上,是当地农业的主导产业。例如尧都区土门镇亢村,2010 年葡萄面积 2 000 亩,总产 250 万千克,收入 1 250 余万元,仅此一项葡萄户人均收入达 7 900 余元。该村 2007 年 220 余户葡农成立了"尧都区隆富葡萄专业合作社",实施物资供应、技术服务、操作管理、产品销售"四统一",制定了"无公害葡萄标准化生产技术规程",实施了"三培、三优、三防、一膨、一拉"新技术,为山西省红地球葡萄规范化栽培树立了榜样。

临汾市地处黄土高原,土地平坦,土质肥沃,土壤多为壤土,中性偏碱,pH8.0~8.3,能灌能排,土壤保水性能好,便于耕作管理,为红地球葡萄生产提供良好土壤条件。同时具有典型西北地区的气候特征,光照、热量充足,适于红地球葡萄生长发育。以临汾市曲沃县为例,曲沃县位于山西省晋南盆地中段平川区,地理位置东经 111°24′~111°37′,北纬 35°23′~35°51′。海拔高度 450~700 米,年平均气温 12℃,年≥10℃的有效积温4 200℃,年平均日照时数 2 416 小时,无霜期 190~200 天。属干旱半干旱地区,年均降雨量 526 毫米,8、9、10 三个月降雨量,月均不超过 50 厘米。昼夜温差 10~15℃,有利于果实糖分积累、着色和浆果中酚类与芳香物质的充分发育,具有发展葡萄生产得天独厚的气候条件。

2. 建园

(1) 园地　临汾市红地球葡萄种植区基本上选择在地势平坦、土壤疏松、水源便利、通风良好、光照充足、交通便利的地块建园。采用以农户经营为基础,面积大小不一,由葡萄专业合作社统一进行产业化服务。

(2) 架式　临汾地区栽培红地球葡萄普遍采用篱架,架高 2 米,株行距 0.8 米×2.5

米，南北行向。如受条件限制，必须东西行向栽培可适当加大行距。架材选用水泥柱和铁丝。水泥柱长2.5米，埋入土中50厘米，地面以上留2米，立柱间距5米。从距地面1米处向上架设铁丝，每隔50厘米一道，共架3道铁丝。

（3）定植　按行距规划挖定植沟，沟宽、深各80厘米，挖沟时表土堆放一边，底土堆放另一边。回垫土时，沟底可先铺1层秸秆，每亩施入充分腐熟有机肥3 000～4 000千克、过磷酸钙100千克，与表土混匀后回填，然后浇透水，沉实后待栽。

定植密度遵循"宽行密株"的原则，就是果农所说的"宁可行里密，不可密了行"。株距0.8米，行距2.5米，每亩栽植333株。

定植时间为春季土壤彻底解冻后，地温达到5～10℃，一般年份在3月上旬开始栽植。栽前要求对苗木根系修剪，剪留长度12厘米左右，然后放入清水浸泡12～24小时，使苗木充分吸水，再用70%甲基托布津1 000倍液蘸根后，挖穴栽苗。栽后浇足水并封小土堆，然后用地膜覆盖树盘。春天定植的苗木萌芽后，选1健壮新梢进行主蔓培养，其余萌芽抹除，当新梢长到1.5米左右时摘心，控制营养生长，促进主蔓充实成熟。萌发副梢留1～2片叶反复摘心，并抠除二次副梢上的腋芽，防止再生。

3. 整形修剪

（1）**整形**　采用独龙干树形。整形时从地表50厘米处开始选留结果枝组。在主蔓两侧每隔15厘米左右留1个结果枝，每株留10个为宜。当地农民总结经验为：

龙干形，真正好，一个龙干，十个爪；

冬剪留枝整十个，春天长出二十梢；

十个结果十个备，年年结果年年好。

所有新梢全不绑，发芽以后自然长；

不只节省劳动力，关键增强光利用；

极性不强梢低头，果穗太阳晒不着。

果穗长在最强处，枝蔓下垂生长小；

营养分配很合理，光合产物浪费少；

此形最适红地球，抑制旺长产量高。

（2）**冬季修剪**　修剪的目的是调节生长与结果的关系，使架面枝蔓均匀分布，通风透光，防止结果部位外移，达到更新复壮和连年丰产的目的。在秋季叶片霜打或完全脱落后进行。

第一年冬季修剪，剪除所有主蔓副梢，只剩1条主蔓（独龙光杆）。根据主蔓粗度决定剪留长度，径粗1厘米以上的，留1.5米剪截；径粗0.8～1厘米的，留1米剪截；径粗0.5～0.8厘米的，留0.6米剪截；径粗不足0.5厘米及弱苗，一律留3～5芽平茬修剪。第二年冬季修剪时，根据树体生长情况，选3～4个结果母枝，每个结果母枝留3～4芽剪截，结果母枝相距15厘米左右，延长头留6～8芽剪截。第三年冬季修剪时，根据树体生长情况，选5～7个健壮结果母枝，每个结果母枝留3～4芽剪截，延长头留6～8芽剪截。独龙干树形经2～3年培养成形。

进入盛果期树冬剪，健壮结果树采用极短梢修剪、单枝更新法。中庸及偏弱树采取双枝更新法修剪，疏除当年结果枝，对当年预备枝留2～3芽剪截，作为下一年的结果母枝。

修剪时注意剪口离芽体应稍高，以节间中间偏上为宜，防止抽芽。翌年在能看清花序时开始定枝，抹除弱枝，选留1健壮结果枝和预备枝。结果枝在先端，预备枝在后部，可有效控制结果部位外移。判断树势强弱农谚："春看叶片绿不绿，夏看梢头勾不勾，秋看叶片厚不厚，冬看枝条细和粗"。

（3）夏季修剪　红地球葡萄应适当推迟夏季修剪时间，以减轻日灼的发生。夏季管理时把每个主蔓上架固定，其余枝梢一律不绑，自然下垂。结果枝开花前不摘心，开花坐果后枝梢长至略木质化，长势变弱时再剪，剪口在枝梢上部接近木质化部位，一次堵死，可减少副芽萌发，降低营养无效消耗。萌发的副芽，果穗以下副梢全部抹掉，果穗以上副梢留1叶"绝后摘心"，最顶端副梢留3～4叶反复摘心。预备枝在定枝时就抹掉花序，不摘心使其无限生长，副梢处理同结果母枝。当生长到一定高度，预备枝自然下垂长势减弱，枝蔓生长缓和，这样可遮盖架面葡萄，减少日灼；并能增加光合面积，增强树势，是省工增效的主要措施。

4. 花果管理

（1）拉长花序轴　葡萄芽长至2～4厘米时，用噻苯隆（益果灵）500倍＋奇宝50 000倍液，于太阳落山时细致喷芽，拉长花序。第二天早上及时喷1次清水或浇水。喷芽的好处在于穗柄、果柄不发硬，可以避免果实成熟后装箱时因果柄发硬而造成脱粒。

（2）花序整形和疏花疏果　根据目标产量控制负载量。以每亩产量2 000千克，栽植333株的葡萄园为例，每株产量为6千克左右，每株需留大穗4～5个，小穗6～7，单穗重800～1 500克。结合定枝，1个结果枝留1个果穗。疏花序时可适当多留，等坐果后每亩留1 700～2 000个果穗，多余果穗全部疏除，坚决不留二次果。谢花后，果粒长至绿豆粒大小、果穗伸长后，进行果穗整形，剪去果穗上部的副穗，掐除穗尖的1/4，使果穗呈圆锥形或圆柱形，且大小一致，穗形美观。分期疏除长势不良的小果粒、畸形果粒及过紧的果粒，疏后小果穗留果40～50粒，中果穗留果50～60粒，大果穗留果60～80粒，果粒分布均匀互不挤压。

（3）膨大处理　当果粒长至黄豆粒大小时，用噻苯隆（益果灵）500倍细致喷穗，促进果实膨大。技术的关键是改蘸为喷，克服了浸蘸液多次蘸穗后液体污染果面，导致果面不干净的问题。喷穗要做到"一喷两抖"，"一喷"即果面均匀喷1次益果灵；"两抖"即喷前抖掉易脱落的果粒，喷后抖掉果粒上多余的药液，使果粒受药均匀，避免个别果粒上积存药液过多出现畸形果，同时保持果面干净。

（4）果实套袋　当地于6月下旬至7月上旬，果粒长至酸枣大小时进行套袋，7月10日前必须套完。果袋选用白色木浆单层纸袋，果袋规格360～380毫米×280～300毫米。套袋时，先用手将纸袋撑圆尽量打开底部通气孔，由下向上将果穗套进袋中，然后将袋口从两边收缩到一起，集中于穗柄上，用细铁丝将袋口扎紧，最好在袋上"打伞"加遮盖物（如旧报纸）。套袋时要避开雨后及炎热天气，防止果实发生日灼。套袋前要重点对果穗喷施1次杀菌剂，药干后进行套袋，要做到随喷随套，当天喷的当天套完。

（5）摘袋　摘袋在采果前10～12天进行，不要将纸袋一次摘除，应先把袋底打开，

2 天后将袋去除，摘袋时应避开中午强光高温时间，以避免果实发生日灼。去袋后摘除果穗附近的遮光叶片，并及时翻转果穗，促进果实均匀着色。

5. 土肥水管理

（1）土壤管理　红地球葡萄适宜在肥沃的沙壤土地块栽培。土壤过沙，土质瘠薄，不易保肥保水。土壤过黏，土壤通透性差，影响根系生长发育。盐碱地种植葡萄成活率低。在不适宜的土壤上种植红地球葡萄都必须进行土壤改良，达到红地球葡萄适宜的土壤环境条件。

（2）施肥

①基肥。基肥可以秋季带果时施入或采果后及时施肥，以农家肥为主，化学肥料为辅。农家肥施入前应充分腐熟，每亩用量 4 000～5 000 千克，配合使用复合肥、尿素（或碳铵）。农家肥肥源不足的果园，可选用高品质的生物有机无机复混肥，以补充土壤有机质含量。施肥方法常采用沟施，在定植沟两侧 50 厘米以外，隔年交替挖沟施入，沟宽 30 厘米，深 30～40 厘米。有机肥、无机肥与土混合，1 层粪 1 层土，最上面用土填平，施肥后及时灌水。结合冬季埋土，有条件的地方，在行间取土沟内铺入玉米秸秆，翌春出土时回填，对改善土壤理化性质，增加土壤有机质含量非常重要。

②追肥

a. 土壤追肥。第一次追肥，一般芽体在出土前已开始萌动，萌芽前追肥可结合出土进行，宜早不宜迟。出土前在取土沟内靠近植株一侧施入肥料，每亩追施尿素 25 千克，18% 有机无机复混肥 200 千克。也可在葡萄出土上架平整好地后，在距植株 50 厘米处挖沟施入化学肥料。

第二次追肥，谢花后 10～15 天果实细胞迅速分裂期（幼果黄豆粒大小时），每亩追施 30% 有机无机复混肥 40 千克（N：P_2O_5：K_2O，13：5：12，氨基酸≥6%，有机质≥10%，腐殖酸≥8%）或 18% 有机无机复混肥 80 千克，以促进果实膨大。

第三次追肥，套袋后浆果着色开始，每亩追施 30% 有机无机复混肥 80 千克，配硫酸钾 50 千克。

b. 叶面喷肥。在红地球葡萄的生育期，要根据植株长势适量喷布液体肥料，弥补营养不足。新梢生长期喷布 0.2% 尿素液 1 次；开花期喷布 0.2% 硼砂 1 次；浆果膨大期喷布 0.2% 尿素和 0.2% 磷酸二氢钾 2～3 次，每次相隔 15 天左右；浆果着色期喷布 0.3%～0.4% 硫酸钾或 0.2%～0.3% 磷酸二氢钾 1～2 次。

（3）水分管理　红地球葡萄生长势较强，易徒长，合理控水是红地球葡萄栽培的关键技术之一。"水肥果园饱，还得用的巧"。视土壤墒情，全年宜灌溉 4 次，第一次是噻苯隆喷芽后次日浇水，即萌芽水；第二次是噻苯隆喷果或蘸穗后浇水，即果实膨大水；第三次是果实采收后，结合秋施基肥灌水；第四次是埋土后入冬前灌 1 次透水，即越冬水。每次灌水要求水分能浸透到根系分布层，水湿润深度要达到 40～60 厘米。在红地球葡萄生育过程中，田间持水量宜保持在 50%～70%。

6. 病虫害防治　葡萄病虫害防治的原则是以防为主，综合防治，最大限度地减少化学药剂的使用，有效控制病虫害的发生，降低生产成本，提高果实品质。主要化学防治方法见表 1，并请参考本书总论第七章。

表 1　曲沃县红地球葡萄病虫害化学防治表（补充）

时期	药剂种类和使用浓度	防治对象
萌芽前 （3 月 20 日至 4 月初）	5 波美度石硫合剂	树体消毒
	1.5%噻霉铜乳剂 600～800 倍液	树体消毒，杀菌清园
	4.5%高效氯氰菊酯 1 000 倍液	绿盲蝽
	40%杀扑磷 1 000 倍液	介壳虫
开花前	阿米西达 1 500 倍液＋施加乐 1 000 倍液	灰霉病
开花后	40%杀扑磷 1 000 倍液	灰霉病及其他病
套袋前 （6 月下旬至 7 月初）	40%杀扑磷 1 000 倍液或福星 1 000 倍液＋施加乐 800 倍液	黑痘病、白腐病等
套袋后	必备、科博、喷克、石灰、半量式波尔液	霜霉病、褐斑病等叶部病害

7. 果实采收　在气候和生产条件允许的情况下，尽可能推迟采收时间，这样可明显提高果实的含糖量，增加着色。同时采收前应做好采收计划和准备工作，如天气、人力、采收工具和运输设备等。宜选择晴朗、气温较低的天气进行采收，阴雨天、雾天、有露水或烈日暴晒的中午不宜采收，以免影响果穗质量，采收前严禁灌水，以防发生裂果。

红地球葡萄充分成熟后，颗粒着色均匀，颜色鲜红，果核变硬，含糖量达到 16%～18%，果粉明显。宜选择充分成熟、果粒大小整齐、着色好、果皮蜡质厚、组织充实、大小适中的果穗进行分期分批采收。

采收时最好用果剪在靠近新梢基部将果穗柄剪下，并对果穗进行修整，去除病果、畸形果和裂果，分级包装，进入市场或预冷入库。尽量避免用手触摸浆果、擦掉果粉、碰破果皮，以保持果穗美观。

8. 埋土防寒与出土

（1）埋土防寒　霜降后开始对红地球葡萄进行修剪并下架埋土防寒，立冬前结束。为了便于下架埋土，从幼树起绑蔓时应斜绑，角度 20°～30°，既能削弱顶端优势，又便于下架埋土。埋土时在葡萄树旁挖 20～30 厘米深的浅沟，葡萄下架后顺行摆入沟中，从远离根部 50 厘米的行间进行取土，埋土厚度 30～40 厘米，等自然结冰时灌透水。灌水不可太早，否则遇高温天气，土壤湿度大，会造成枝蔓腐烂。据调查，红地球葡萄冬季埋土时，直接下架埋土，并在取土沟中浇水的园子，由于葡萄枝蔓高于地面，处于干土中，容易失水抽干，造成春季死苗严重；开沟挖槽埋土，然后灌透水的园子，春季基本无死苗现象。

（2）出土　红地球葡萄出土时间应综合考虑气候、物候期、树龄、种植面积和地形地貌五方面因素。一般冬季寒冷、雨雪多、春暖的年份宜早，冬暖、雪少、春寒的年份宜迟；一般当地农民以"杏树开花，葡萄上架"确定出土时间，而红地球葡萄应略推迟一点，掌握"杏树落花，红提上架"，即有零星杏花花瓣开始脱落时出土为宜。成龄大树、壮树树体营养积累多，萌芽早，出土宜早，小树、弱树出土宜迟；种植面积大、劳动力紧缺的葡萄园宜早，面积小的葡萄园宜迟；葡萄园位于背风向阳的宜早，其他位置的园宜迟。

红地球葡萄出土应注意不能过早，过早容易使枝条抽干和瞎芽，尤其是幼树、弱树一定要适当晚出土但出土也不能过迟，过迟树液流动，芽体在土中已萌发，尤其是带穗花的芽萌芽比较早，出土晚时难免伤芽，影响产量。除此之外，出土时应小心操作，避免树体遭受机械损伤导致伤流而削弱树势。

陕西关中平原东部红地球葡萄栽培技术

王西平[1]　王录俊[2]　陈渭萍[3]　王健[4]　樊晓峰[5]　郭春会[1]

([1] 西北农林科技大学园艺学院；[2] 渭南市临渭区渭北葡萄产业园；
[3] 渭南市临渭区科技局；[4] 渭南市临渭区农业局)

1. 概述　渭南市临渭区地处陕西关中平原东部，地势平坦，土壤肥沃，土质疏松，气候温和，年均温 13.6℃，≥10℃ 的年活动积温 4 480℃，年无霜期 210 天，年降水量 558 毫米，年日照时数 2 276.4 小时，海拔 430 米，渠井双灌，自然条件适合红地球葡萄栽培。经过短短十多年的发展，由 1998 年的不足 1 万亩发展到如今的 13 万亩，年总产量达到 14 万吨，产值达到 4.6 亿元左右，葡萄已成为当地果业的第一大产业和农民发家致富的一项主导产业。

2. 园地规划及建园

（1）园地规划　红地球葡萄园应选择在土层深厚、土壤肥沃、pH 为 7 左右的微碱或微酸性土壤，交通便利、通风良好、光照充足、有灌溉及排水设施、远离有污染源的地块。大型葡萄园将整个园区划分为若干个生产小区，依地势、地形划分。小区面积为 5～20 亩为宜，以便于管理和耕作。在园中央设立主干路，宽约 4～6 米，贯穿全园。在小区间及园区的四周设立支路与主干路相连，路宽约 2.5～3.5 米，以便作业。

（2）排灌系统规划　红地球葡萄园要有良好的灌溉水源，如河、渠、井、水库或蓄水池等，并配有支渠、斗渠等配水系统，配水系统要与道路相配合。有条件的可采用滴灌或管道灌溉等节水灌溉设施。在地势低洼地带要有排水系统，以防果园积水。

（3）苗木选择与处理　苗木繁殖材料首先应来源于无公害葡萄生产基地；其次，选择无污染区、无病虫检疫对象及病虫害严重发生的苗木；第三，苗木品种纯正，根系发达（有 6～8 条长度为 15～20 厘米的侧根，具有较多的须根），苗茎基部直径在 0.8 厘米以上，上部有 4～6 个饱满芽。栽前对苗木的根系进行修剪，剪除过长和有伤的根系，使根长度保留在 15～20 厘米即可。栽植前在清水中浸泡 1 昼夜，并进行苗木消毒，常用消毒液有 3～5 波美度石硫合剂或 1%～2% 硫酸铜溶液。

（4）栽植时间　秋栽或春栽均可，以秋栽最好。秋栽从葡萄落叶后至地冻前均可栽植，秋栽越早越好，在冬前可以发生新根，第二年葡萄枝条粗度和枝量均比春栽为好；春栽以地解冻后至芽萌动前为好，陕西关中地区大约在 3 月中下旬，不能太早。

（5）苗木定植　挖宽 0.8～1.0 米、深 0.8～1.0 米的定植坑或定植沟，要把耕作层熟土和下部的生土分开放置，填埋时将有机肥、作物秸秆等和耕作层熟土混匀后填埋，以改良土壤，不用生土，生土散于行间慢慢熟化。定植葡萄苗木前，要浇透水，使填土沉实。Y 形架株行距以 1.0～1.2 米×3～3.5 米为宜，亩栽植 150～222 株；棚架株行距以 0.7～1 米×4～4.5 米为宜，亩栽植 167～238 株。苗木栽植深度以苗木根颈部与地面相平为准，嫁接口要高于地面 4～5 厘米，根系要摆布均匀、舒展，填土一半时轻轻提苗，再填土至地面平后踏实，最后浇水。

（6）幼园间作套种　葡萄幼树期可进行间作，间作物要求非葡萄病虫共同寄主，不与葡萄生长发育关键期争肥水的低矮作物，如花生、豆类、中草药及草莓等，不影响通风透光。间作时，与葡萄植株保持一定的距离，需留出 1 米以上的通风带。为提高土壤的肥力可种植绿肥植物。

（7）树盘及行间覆盖　新建园栽植后一定要树盘覆盖地膜，以便提温、保墒，提高成活率和当年生长量。第二年后可进行行间覆盖，覆盖包括覆盖杂草、秸秆和地膜。覆草在春季施肥、灌水后进行。覆草材料可用麦秸、麦糠、玉米秸、锯末等，覆盖在冠下及行间，厚度 10～30 厘米，上面压少量土，连覆 3～4 年后浅翻 1 次。

3. 整形修剪

（1）架型结构　红地球葡萄因在关中平原大部分地方需冬季下架埋土防寒，树形最好采用单杆单臂 Y 形架型（彩图 B5、彩图 B6）。Y 形架的行距 2.8～3.0 米，株距 1～1.5 米，葡萄主杆高 0.9～1.1 米。栽埋 2.8～3 米的支柱（水泥桩），支柱高出地面 1.7 米，在支柱顶端架 1 根 1.4～1.6 米的长横担，在支柱上距地面高 0.9～1.1 米处拉第一道钢丝，在长横担与第一道钢丝中间再架 1 根 0.9～1.1 米长的短横担，两个横担两端各拉 1 道钢丝，整个架面共有 3 层 5 道钢丝，这样就构成 Y 形架。

（2）单杆单臂 Y 形架整形技术要点

第一年，栽植当年春季萌芽后，选留 1 个健壮新梢作主蔓直立生长。高 1.5 米左右或立秋前后摘心，促使及时加粗老化。冬剪时剪去先端未充分老化和直径小于 0.5 厘米的细弱节段，所有副梢一律剪除。

第二年，春季萌芽前将主蔓向一个方向倾斜 45°绑在第一道钢丝上，其余部分（单臂）呈水平状绑在第一道钢丝上。春季抹芽定枝时，在水平单臂上每 12～15 厘米留 1 个新梢。随着新梢的生长左右相间绑在横担两端的钢丝上，高度超过顶端钢丝时或立秋后进行摘心。冬剪时，在水平单臂上每 15～20 厘米留 1 个结果母枝，每个结果母枝采用短梢（2～4 芽）或中长梢（5～8 芽）进行修剪。若预留单臂长度不够时，利用延长枝补充。至此，单杆单臂 Y 形架已完全形成。

第三年，春季萌芽后，随着新梢的生长，左右相间绑在横档两端的钢丝上，高度超过顶端钢丝时或在立秋前后进行摘心。

（3）冬季修剪　冬剪主要是结果母枝的更新，多采用单枝更新和双枝更新相结合，长、中、短梢修剪相结合，控制负载量。单枝更新：对上年结果母枝形成的 2 个新梢在冬剪时 1 个留中长梢（5～8 芽剪）结果，秋后剪除；另 1 个留短梢剪（2～4 芽剪），再形成 1 个中长梢和 1 个短梢，如此往复进行。双枝更新：在结果枝组上剪留 1 长 1 短的 2 个枝，长枝作为结果母枝，秋后重剪，留作下一年的营养枝；短枝不结果作为营养枝，留作下一年的结果母枝，如此往复进行，可保持旺盛的结果能力。经冬剪后，一般每平方米架面留结果母枝 4～5 个，留芽眼数为 15～20 个。

4. 枝梢管理 红地球葡萄在树体展叶后，根据定产指标，坚持"五留和五不留"的原则及时抹芽定梢，即"留早不留晚"指留萌芽早的壮梢，不留萌发晚的弱芽弱梢；"留壮不留弱"指留胖花芽和粗壮新梢，不留弱花芽和细弱枝；"留花不留空"指留下有花序的新梢，不留无花序的新梢；"留下不留上"指留靠近母枝基部的新梢，不留远离母枝基部的新梢；"留顺不留夹"指留有生长空间的新梢和顺直的新梢，不留生长空间小和夹在铁丝和架杆中间的新梢。注意对土壤肥沃、肥水充足、树势强旺、架面较大的应多留，否则少留。

新梢长到 20～30 厘米时，及时绑缚，使之摆布均匀，有利于通风透光。绑缚时一律采用"猪蹄口"形式。对强旺梢，可采用"扭、拉、弓"形式进行控制旺长，可先在基部扭伤后绑平；对中庸偏旺枝可拉平绑缚；对生长中庸偏弱枝和细弱枝可直接拉平或向上绑缚。

对无花的营养枝在花前或花后留 12～14 片叶摘心，结果枝在花后留 8～10 片叶摘心。顶端副梢留 2～3 片叶反复摘心，其余副梢留 1～2 片叶反复摘心，果穗以下不留副梢。1～2 年生幼树叶片不足的可适当多留副梢叶片，果穗上部紧邻处可培养 1～2 个长副梢遮阴，以防日灼。在花后 7～10 天及后期果实膨大前喷生长抑制剂，以控制新梢的旺长，促进果实的膨大。

5. 花果管理

（1）疏花稀果 通过花序整形、疏花序、疏果粒等办法严格限制产量，调节合理负载，成龄园亩产量控制在 2 000 千克以下，以确保葡萄品质。疏花序应本着弱梢不留花序，中梢留 1 个，特别强旺梢留 2 个的原则进行。先疏除过密、过小、过弱的花序，再在花序展开尚未开花时，剪去花穗上的第一、二个副穗，掐去过长的穗尖。当开花穗长 10～15 厘米时，用 3～5 毫克/千克浓度的美国"奇宝"醮花拉长花穗。疏果粒一般在花后 20 天（落花落果后）左右进行，先疏除小果、畸形果、病虫果、碰伤果，再疏除中部过密挤压的正常果粒。初果期 2 年生树每个结果枝只留 1 个果穗，每株留 6～8 个果穗；3 年生树株留果穗 10～12 穗，4～5 年生以上树株留 13～14 穗，盛果期树株产最多不超过 15 千克，亩产控制在 2 000 千克左右。

（2）果实套袋 红地球葡萄选用白色透明专用纸袋，在 6 月中、下旬进行，避开雨后的高温天气，经过 2～3 天，使果实稍微适应高温环境后再套袋。一般选用 275 毫米×360 毫米及 260 毫米×330 毫米两种类型。套袋前，全园喷布 1 次杀菌剂，结合防病加入杀虫剂和钙肥，防治虫害发生和补充果实关键时期所需的钙，防止裂果。在采收前 10～15 天除袋。除袋时，为了避免高温伤害，不要将纸袋一次性摘除，先把袋底的下半部打开，锻炼 3～4 天后除去纸袋。除袋时间宜在阴天或晴天上午 10 时前和下午 4 时后进行。

6. 肥水管理

（1）施肥技术

①施肥原则。红地球葡萄施肥原则为平衡施肥或配方施肥。施肥以有机肥为主，使土壤有机质含量达到 1.2% 以上；巧施化肥，生长后期严格控制氮肥，生长季节根据需要喷施叶面肥。

②施肥方法。红地球葡萄一年需要多次施肥。一般果实采收后开深沟施基肥，亩施腐熟有机肥 4 000～5 000 千克，并与氮、磷、钾复合肥 20～30 千克混合施用。萌芽前追肥

以氮、磷为主，亩施 40～50 千克；果实膨大期和转色期追肥以钾、磷为主，亩施 30～40 千克。微量元素缺乏地区，依据缺素的症状增加追肥的种类。追肥方法可以开浅沟根施，也可以叶面喷施，最后一次叶面施肥应距采收期 20 天以上。施肥量的确定是葡萄平衡施肥的关键，葡萄对氮、磷、钾的吸收比例一般约为 1：1：1.5，施肥量依据地力、树龄、树势和产量不同，一般情况下，参考每产 100 千克果实一年需施纯氮 0.25～0.75 千克，纯磷 0.25～0.75 千克，纯钾 0.35～1.1 千克标准进行平衡施肥。

（2）灌水时期　红地球葡萄园每年应灌水 3～4 次，灌水时期分别为萌芽期、花后、套袋前和入冬前。花期和浆果成熟期应控制灌水，以防落花落果和降低果实品质。多雨及地下水位较高地区，在雨季要及时排水。

7. 主要病虫害防治　必须贯彻"预防为主、综合防治"的植保方针。以农业防治为基础，提倡生物防治，按照病虫害的发生规律科学使用化学防治技术，有效控制病虫危害。秋冬季和初春，及时采取剪除病虫枝、清除枯枝落叶、病僵果、刮除树干翘裂皮、深翻树盘等清园措施，减少果园初侵染菌源。采用果实套袋措施、合理间作、地面秸秆覆盖、配方施肥、节水灌溉、适当稀植、加强夏季管理、避免树冠郁蔽等措施抑制病虫害发生。可使用生物农药、矿物源农药和低毒有机合成农药，限制使用中低毒化学农药，禁止使用剧毒、高毒、高残留农药。允许使用的农药，每种每年最多使用 1～2 次，防止产生抗药性，最后一次施药距采收期间隔应在 15～20 天以上。限制使用的农药，每年每种最多使用 1 次，施药距采收间隔应在 30 天以上。坚持农药的正确使用，严格按使用浓度用药，施药力求均匀周到。提倡使用雾化良好的喷药机械，以提高农药的施用效果和防止药害。主要病虫害无公害周年防治技术如表 1。

表 1　渭南市临渭区红地球葡萄主要病虫害无公害周年防治历

物候期	防治对象	防治措施	说明
萌芽前（出土上架至发芽前）（3月中下旬）	黑痘病、白粉病、炭疽病、霜霉病、毛毡病、介壳虫等	全园喷洒 3～5 波美度石硫合剂	杀灭各种越冬菌源和虫源
新梢及花序展露期（4月上中旬）	黑痘病、毛毡病、绿盲蝽、炭疽病	杀虫液剂：3% 啶虫脒乳油 2 000 倍液	此时是绿盲蝽、斑衣蜡蝉发生危害期，也是防治毛毡病的关键期，根据情况使用 1 次杀虫、杀螨剂。对上一年白粉病严重的园，使用 1 次农抗 120；上一年黑痘病严重的园区，使用 1 次波尔多液；上一年黑痘病、白粉病严重的果园，使用 1 次烯唑醇
		杀菌剂：1：0.5：200 波尔多液或 2% 农抗 120 水剂 200 倍液加 10% 吡虫啉 2 000 倍液或敌灭 3 000 倍液	
花序分离至开花前（4月下至5月中旬）	黑痘病、灰霉病、毛毡病、穗轴褐枯病	50% 多菌灵 600 倍液、70% 甲基硫菌灵 800 倍液、78% 科博 600～800 倍液、40% 嘧霉胺 600～1 000 倍液	此期是防治病害的关键时期。一般用 2 次药：花序分离期使用多菌灵或甲基硫菌灵，开花前使用科博
落花后（5月下至6月上旬）	黑痘病、霜霉病、炭疽病、白腐病、穗轴褐枯病、毛毡病	80% 代森锰锌 800 倍液+70% 甲基硫菌灵 800 倍液或 10% 苯醚甲环唑粉 2 500～3 000 倍液	全株喷洒 1～2 次，再有针对地对果穗进行喷洒

（续）

物候期	防治对象	防治措施	说明
小幼果期（套袋前）（6月中下旬）	黑痘病、霜霉病、炭疽病、白腐病、穗轴褐枯病	78%科博600倍液、1∶0.5～0.7∶200 波尔多液；80%必备400倍液＋80%乙膦铝800倍液、10%苯醚甲环唑粉2 500～3 000倍液、40%氟硅唑乳油8 000倍液	套袋前必须使用1次强力杀菌剂，杀死依附在果穗上的各种病原菌。在雨水多的年份，必须连续使用，即落花后首先用1次80%代森锰锌800倍液＋15%霜脲氰1 000倍液（或烯酰吗啉或甲霜灵或乙膦铝），6～8天后使用科博，然后使用戴挫霉处理果穗后套袋
幼果期（7月上中旬）	霜霉病、炭疽病、黑痘病、房枯病、白粉病	78%科博600倍液、1∶0.5～0.7∶200 波尔多液；80%必备400倍液＋80%乙膦铝800倍液、50%烯酰吗啉2 500～3 000倍液	套袋后，立即喷1次科博，之后喷1～2次1∶0.5～0.7∶200 波尔多液，10天后再喷1次甲霜灵等。在雨水多的年份，注意防治黑痘病；在干旱年份，注意防治白粉病
封穗期（7月下旬至8月中旬）	霜霉病、炭疽病、白粉病	使用1∶0.5～0.7∶200 波尔多液，10天1次	可以用下列药剂代替波尔多液：50%退菌特600～800倍液；50%福美双600～700倍液；80%必备400倍液，发现霜霉病用代森锰锌＋霜脲氰（或烯酰吗啉或甲霜灵或乙膦铝等）；发现黑痘病用代森锰锌＋烯唑醇或甲基硫菌灵或多菌灵等
转色期（8月下旬至9月上旬）	霜霉病、酸腐病、炭疽病、房枯病、褐斑病	80%必备400倍液＋10%吡虫啉2 000倍液；80%必备400倍液＋25%甲霜灵600倍液（或烯酰吗啉或霜脲氰或乙膦铝）；1∶0.5～0.7∶200 波尔多液	使用2～3次农药。10天1次。第一次使用必备＋吡虫啉；第二次使用保护杀菌剂＋霜霉病内吸治疗剂（保护性杀菌剂有必备、代森锰锌、代森锌、百菌清等；霜霉病的内吸杀菌剂有甲霜灵、烯酰吗啉、霜脲氰、乙膦铝、霜霉威等）第三次用药为铜制剂。如波尔多液或必备等。袋内如发现灰霉病，应去袋摘除病果，之后再喷25%戴挫霉1 000倍液或40%嘧霉胺800倍液，重点喷果，之后再套袋
成熟期（9月中下旬）	霜霉病、炭疽病、灰霉病、黑痘病	1∶0.5～0.7∶200 倍波尔多液；80%代森锰锌800倍液＋70%甲基硫菌灵1 000～1 200倍液	在去袋前，使用铜制剂加以保护，也可用福美双、百菌清、代森锌等。在去袋后，可用80%代森锰锌800倍液＋70%甲基硫菌灵1 000倍液或多菌灵或戴挫霉等
采收后至落叶前（9月下旬至11月上旬）	霜霉病、炭疽病、黑痘病、白粉病	采收后，立即喷1次1∶0.5～0.7∶200 波尔多液；15天后再喷1次	重点防治霜霉病。使用波尔多液要连用2次。也可使用80%必备、农抗120、代森锰锌、代森锌等药剂

8. 采收、采后处理及贮藏 红地球葡萄在陕西关中地区一般于9月下旬成熟，要求是80%果粒着鲜红至深红色泽，成熟一致，充分成熟果粒≥85%（彩图B7）。对剪下的果穗再次作整理，剪除遗留的伤粒、病粒、青粒、小粒，在低温条件下进行分级和包装，按果穗的重量、果粒大小整齐度、松紧度、色泽分三级装箱。一次性放入内衬有PVC保鲜袋的包装箱内，严禁倒箱。红地球葡萄在箱内排列整齐，主梗朝下，穗尖朝上，果穗放入果箱中不宜放置过多过厚，一般单层斜放，每箱重量要一致。同一批货物的包装件应装入等级和成熟度一致的葡萄。装运时做到轻装、轻卸。运输工具清洁、卫生、无污染。公

路汽车运输时应预冷，车体外包装棉被保温，并避免日晒雨淋；铁路或水路长途运输时应使用冷藏车或冷藏集装箱，注意防冻和通风散热。红地球葡萄临时存放必须在阴凉、通风、清洁、卫生的地方进行，严防日晒、雨淋、冻害及有毒物和病虫害污染。长期贮藏保鲜，应在恒温库中进行，库内堆码应保证气流均匀地通过，出售时应基本保证红地球葡萄果实原有的色、味、形。红地球葡萄贮藏的最佳温度为−1～0℃，温度变幅不能超过0.5℃，出库时，应先放入缓冲间内2～3小时后再出库，以防葡萄出现结露现象。

9. 枝蔓的越冬埋土防寒　冬季最低气温低于−12℃的地区，红地球葡萄需要埋土防寒，地冻前（陕西关中一般在12月上中旬）将红地球葡萄枝蔓压倒埋入土中越冬，一般覆土厚度不少于25厘米。从海拔高度400米起，海拔每升高100米，埋土厚度增加5厘米。第二年在树液开始流动至芽萌动时（一般在当地杏花开放前），将枝蔓从防寒土中分步逐渐扒出，然后上架。陕西关中地区4年以上的大树一般较难埋土，在控制产量，加强综合管理的基础上可不埋土，大部分年份不会受冻。

10. 避雨栽培　红地球葡萄避雨栽培是有效降低投资成本和大幅提高果品质量的关键技术。避雨栽培是生长季节在葡萄架上搭建塑料拱形棚，避免雨水直接滴撒在叶片和果实上，从而减少叶片和果实的染病机会，大幅度降低喷施农药的次数和喷药量，是生产绿色食品和有机食品的有效途径，有条件的葡萄园应尽快采用。

（1）避雨棚的搭建　搭建塑料拱形棚的原则是全部遮盖葡萄枝叶并能抵抗大风，棚间留0.5～1米的通风带。

①老葡萄园改造。在现有葡萄园的水泥桩上续接0.5米的立柱，两行水泥桩顶部与行垂直固定1道竹竿或者较粗的钢丝，在水泥桩续接的立柱顶顺行绷1道钢丝，行间的竹竿或者钢丝上绷2道（间距0.5～1米）钢丝，在钢丝上每隔1米左右绑1道2.5～3米竹片。竹片上覆盖4～6丝的农膜并固定。

②新建葡萄园。对于新建的葡萄园，建议规划3～3.5米的行距，可直接预置2.8～3米的水泥桩，两行水泥桩顶部与行垂直固定1道竹竿或者较粗的钢丝，在水泥桩续接的立柱顶顺行绷1道钢丝，行间的竹竿或者钢丝上绷两道（间距1米）钢丝，在钢丝上每隔1米左右绑1道2.5～3米竹片。竹片上覆盖4～6丝的农膜并固定。

（2）避雨栽培管理　葡萄园搭建避雨设施后，一般每年在开花前（5月上旬）盖膜，落叶前（约10月下旬）将膜卷起或者去掉，以防冬季下雪把棚压垮造成损失；避雨设施栽培的葡萄园日常管理和露地栽培基本一致。主要是防病用药次数和用药量大幅降低，一般20～30天喷1次杀菌药即可，虫害的防治应根据田间观察，灵活掌握，但要注意对白粉病、红蜘蛛等干燥环境下易发的病虫害的防治；避雨栽培设施能有效地降低葡萄叶、果染病率，但对光照稍有影响。建议果农适当疏果，合理负载，同时加强果园的肥水管理，尤其是叶面多喷施磷、钾肥，提高果实品质，达到稳产、优质、高效的良性循环。

陕西合阳县无公害红地球葡萄生产技术

王西平[1]　郭春会[1]　王亚俊[2]

（[1] 西北农林科技大学园艺学院；[2] 陕西省合阳县果业局）

1. 概述　合阳具有良好的地域资源优势，全县海拔（在 342～1 543.2 米）高度适宜，土地资源丰富，土层深厚，气候条件优越，适宜于多种水果生长。经有关专家论证，并在县南、中、北部经过 5 年的栽植，得出合阳县 500～800 米海拔是发展红提葡萄的最佳区域。2003 年 10 月合阳县被认定为全国优质无公害农产品（葡萄）生产基地，组成了以西农大和省葡萄协会的专家教授为核心的专业技术服务团，制订完善了红提葡萄无公害标准化生产、绿色食品生产技术规程，形成了一整套适合合阳县的技术规范。

2. 葡萄园的建立

（1）园址选择　无公害葡萄园的选地要求较为严格。尽可能设在交通方便，地势开阔平坦，有良好清洁的灌溉水源，地下水位在 1.2 米以下，排水良好，土层较厚，土质肥沃疏松，透水性和保水性良好，pH 在 6～8 的平地和向阳坡地，并远离有毒气体和污水的工矿区。

（2）葡萄园的规划

①划分栽植区。根据地形、地块、坡向和坡度划分若干小区，有利于管理灌溉和机械作业。

②道路系统。根据园地总面积的大小和地形地势，决定道路等级，主道应贯穿全园中心部分。面积小可设 1 条，面积大可纵横交叉，把全园分割成几个大区。支道设在小区边界，一般与主道垂直。

③灌溉系统。灌溉系统要由主灌渠、支渠和灌水沟三级组成。各灌渠的高程差可按 0.5％ 比降。即主渠道于支渠，支渠高于灌水沟，使水能在渠道中自流灌溉。

（3）葡萄架式

①篱架。多采用 V 形整形。行距 2.5～3.0 米，株距 1.0～1.5 米，主干高 0.8～1.0 米，南北行栽植。架高 1.5～2.0 米，支柱高出地面 1.7 米，支柱顶端架 1 根 1.5～1.7 米的长横担，在长横担与第一道钢丝中间再架一根 0.8～0.9 米长的短横担，两个横担的两端各拉 1 道钢丝。整个架面共有 3 层 5 道钢丝，就构成 V 形架。每株单蔓，每亩约 260 株。

②棚架。在架柱上设横杆并拉钢线，使架面与地面平行或略为倾斜，形似荫棚，故称棚架。小棚架：架面 4～5 米，架根高 1.3～1.5 米，架梢高 2.0～2.2 米，每隔 3～4 米设置立枝，在立柱上架设横杆或钢丝，呈倾斜式架面。由架根到架梢每隔 0.5 米顺行向拉 1

道铁丝。株距 0.5～1.0 米，行距 4～5 米，每亩 110～330 株。

（4）土壤准备与改良

①土壤准备。按行距挖好栽植沟，栽植沟的深度和宽度均为 0.6～0.8 米，土质好的可稍浅些、窄些，土质不好的则需加深加宽。挖沟前先按行距定线，坡地葡萄园应按等高线先修筑水平梯田和排灌水渠，后在距梯田面下沿 0.5 米挖沟。

②土壤改良。挖沟时将表土放在一面，心土放在另一面。回填土时，先在沟底填 1 层 20～30 厘米厚的有机物（玉米秸秆、杂草等），再回填表土，然后填心土。回填土要加入农家肥，即 1 层粪肥 1 层土，或肥土混合填入，亩施农家肥 5 000 千克，回填土的高度一般平畦栽培的应高出畦面 10～20 厘米，低畦栽植回填土与沟面平，经灌水沉实后深 20 厘米即可。

（5）苗木准备和定植

①苗木准备。合格的葡萄苗应具备 7～8 条以上，直径 2～3 毫米的侧根和较多的须根，苗木直径在 5 毫米以上并完全木质化，有 2 个以上饱满芽。若是嫁接苗，最好应用贝达砧木，嫁接口完全愈合无裂缝。

栽前对苗木进行适当修整，剪去枯桩，根系剪留 15 厘米左右，放清水里浸泡 12～24 小时。苗茎部用 5 波美度石硫合剂浸泡 3～5 分钟后用清水冲洗。栽植时苗木根系应沾泥浆，泥浆由 1 份土加 1 份腐熟厩肥，再加水 8～10 份调成。

②定植。葡萄定植最理想的时期是 3 月下旬，土温稳定在 12℃ 以上，栽时按株距在定植沟中挖定植穴，穴的直径 25～30 厘米左右，深度根据根干长度而定，一般 30 厘米左右。栽植深度以原苗根际与栽植沟面平齐为适宜。栽后灌 1 次透水。水渗后覆地膜并培土将全部用土埋上。培土高度以超过最上 1 个芽眼 2 厘米为宜，以防芽眼抽干。嫁接苗因苗木较高，可以套上塑料袋保湿，待芽眼开始膨大即将萌发时，再撤除塑料袋，同时注意清除砧木段的萌蘖。

3. 土肥水管理

（1）土壤管理

①深翻改土。幼龄葡萄园栽后 3 年进行，成龄葡萄每隔 3 年进行 1 次。深翻要在采收后秋季进行，也可结合秋施基肥完成，从幼龄园开始在定植沟两侧隔年轮换深翻扩沟，挖宽 40～50 厘米，深 50 厘米，结合施入有机肥（有农肥、秸秆等），深翻后充分灌水，达到改土目的。

②早春深翻畦面。早春葡萄出土上架后，结合清理畦面，进行深翻畦面，深度 15～20 厘米，翻土打碎、搂平，深翻也要结合施肥进行。

③行间管理。坚持上不争光，下不争肥的原则。定植后 1～3 年间种矮科作物，如豆料作物（花生、大豆等），瓜类作物（西瓜、香瓜等），当年收获，不妨碍葡萄越冬防寒。间作物距葡萄定植点要达到 70 厘米以上，以防遮光。间作物的管理首先要满足葡萄的要求，随着年龄增长，葡萄枝蔓的延长，要逐年缩减间作物宽度，直至葡萄枝蔓布满架面后，行间再以清耕为主。

（2）施肥

①施基肥。施基肥时期为葡萄采收后或早秋（9 月下旬至 10 月上旬）。以农家肥（畜

禽粪、厩肥等）为主，施肥量按结果量 3 倍计算。沟施：距树干 0.5 米左右向外挖深、宽约 40 厘米沟施入、填平。畦施：在畦面挖去 1 层表土铺上肥料，翻入土中，施后复原表土并灌水。

②追施化肥。根据果园土壤和植株营养诊断结果，实行配方施肥，并注意抓住关键时期。催芽肥：早春葡萄出土后结合深翻畦面，在植株周围施用氮肥，适量配比磷钾肥。催果肥：落花后浆果膨大期施肥，以磷钾肥为主，适量配比氮。催熟肥：葡萄浆果着色时进行叶面喷肥，每隔 7～10 天连续喷布磷酸二氢钾等磷钾肥 2～3 次。施用微肥：花前 1 周喷施 0.3% 硼砂水溶液。采收前 1 个月喷施 0.3% 氯化钙水溶液，提高耐贮性。生物有机肥料：既可做基肥也可作为追肥，亩施肥量为 100 千克，于早春一次性施入地下。根据树势发育状况，可采取叶面喷施微肥，以弥补微量元素不足。

（3）灌水

①催芽水。葡萄出土上架后，灌 1 次透水，灌水量以葡萄枝蔓剪口出现伤流为度。

②催花水。开花前 10 天左右灌水，提高坐果率。

③催果水。落花后幼果膨大期（幼果黄豆粒大小时）灌水，促进果粒迅速膨大。

④封冻水。葡萄采收下架防寒前，一般浇水 1～2 次，有利于安全越冬。

（4）节水灌溉与水肥配施

①适时适量灌水。抓住葡萄需水的关键时期灌水，在葡萄根系分布的密集区（一般土深 60 厘米，距植株 1 米范围内），1 次灌水，使土壤含水量达到田间最大持水量的 80% 以上。

②安装滴灌、渗灌等灌水设备。既能提高水温，有利葡萄生长，又能节水。

③水肥配施。利用滴灌、渗灌和小管出流的贮水设备，将肥料按施肥量溶入贮水池，随水滴（渗）入土中。既能节水节肥，又能快速发挥肥效。

4. 枝蔓管理

（1）抹芽定枝 春季萌芽时，对不留新梢部位，如主蔓基部 60 厘米以下的萌芽一次性抹掉。结果母枝保留主芽去除副芽。定枝是确定结果母枝上结果枝和预备枝的位置和数量，一般每平方米留 12～14 个新梢，结果枝与发育枝的比例为 7：3，结果枝留在结果母枝的先端，预备枝留在结果母枝的基部。

（2）新梢摘心 结果新梢于开花前 3～5 天保留 12～14 片叶摘心，摘除小于正常叶片 1/3 的幼叶嫩梢。营养新梢待长到 7～8 叶时摘去嫩尖带 1 片小叶。8 月中旬以前对主蔓延长梢摘心，摘去 3～4 片梢尖幼叶。

（3）副梢处理

①结果新梢上的副梢处理。果穗以下副梢从基部抹除。顶端保留 1～2 个副梢留 3～5 叶反复摘心，其余副梢留 2～3 叶反复摘心。

②营养梢上的副梢处理。顶端留 1～2 个副梢留 4～6 叶摘心，之后产生的二次、三次副梢，只保留前端 1 个副梢留 2～3 叶反复摘心，其余副梢留 2～3 叶反复摘心。

5. 整形修剪

（1）整形 篱架 V 形整形，树形独龙干，株距 1～1.5 米。第一年栽苗选留 1 个壮梢培养主蔓，当苗高稍超过第一道铁丝达到 1.2～1.5 米长时，主梢摘心，二次梢选留 1

个壮梢，继续培养使其直立生长，其余副梢留2～3叶摘心。距地表50～60厘米开始培养结果枝组主蔓上直接着生结果枝。结果枝组在龙干上的间距20～30厘米。小棚架3年延长枝爬满架面，以后随时摘心控制延伸。

（2）冬季修剪　冬季修剪的时期：11月中旬开始至12月上、中旬结束。第一年冬剪时，主蔓上的副梢全部疏除，长势强的超过0.8厘米粗的二次梢可以3～4芽短截，主蔓剪口粗度0.8～1厘米，成熟良好，整株树高1.5米左右，第二年即可挂果。

正确确定结果母枝剪留长度依据：一是视枝条生长情况而异。粗壮枝条适当长留（2～4芽），中庸细弱枝适当短留（1～2芽）。二是视枝条着生部位而异，空间大的部位和顶端延长枝要适当长留，下部枝条要短留。三是视不同树形而异，篱架V形整枝，采用中、短梢综合修剪。四是视品种而异，欧亚种生长旺，花芽着生节位高，采用中梢修剪为主；欧美杂交种，生长中庸，适于短梢和超短梢修剪。

篱架V形整形，架面由2根横担，5根铁丝组成，第一道铁丝距地面1米，第一道横担距地面1.4米，长0.9米。第二道横担距地面1.8～2米，长1.6米。单蔓整枝，主蔓与地面夹角45°，主蔓长2米，在第一道铁丝处绑成T形，1米以下不培养枝组，1米以上每隔20～30厘米培养1个枝组，行中短梢修剪。新梢绑缚在横担两端的铁丝上，形成V形。

（3）培养结果枝组

①定植后至主蔓布满架前，以整形为主，尽量多留枝条，填补架面，为大量结果创造条件。每米蔓段留枝组5～6个。每年春季萌芽后，嫩梢长到能见到花序时，按20厘米的间距在主蔓上配置结果枝组。枝条过密处，夏剪时可疏除部分细弱枝；枝条过稀处，夏剪时早摘心，促其分枝培养成枝组。

②进入盛果期后，整形任务基本完成，枝组培养和更新同时并举。以后每年冬剪时采取单枝更新法或双枝更新法对母枝进行修剪，以保持结果枝组生长健壮。

③进入衰老期后，枝组要大量更新。逐渐收缩枝组，剪去上位枝芽，多留下位枝芽，让母枝尽量往下位移；发现潜伏芽新梢多保留，并培养成新枝组。

6. 花果管理

（1）疏花序　调整产量，合理负载。控产标准：欧美杂交种每亩1 750千克；欧亚种每亩控制在1 500千克。叶果比标准：大果穗品种（500克以上）每穗果要有成叶25～30片，中果穗品种（300克以上）要有成叶15～20片。疏花序从花序分离时开始，中庸枝留1穗，细弱枝不留穗。

（2）花穗拉长　拉长主穗、伸展侧（副）穗。红提，花穗长达7～14厘米时（开花前5～7天），以奇宝40 000倍（1包药加水40千克）+多收液600～800倍（25毫升/15千克水）。始花期可混入保美灵20 000倍液（1包药加水40千克）。

（3）修花穗　对果穗较大、副穗明显的红地球品种，副穗应及早剪去，并掐去穗长1/4或1/5的穗尖，保持花序长20厘米左右为主，不超过25厘米。

（4）稀果粒　在果粒黄豆粒大小时将过多的果粒疏去，主要疏去发育不良的小粒、畸形粒和过密果粒。小果穗留50～60粒以上，中果穗60～80粒，大果穗80～100粒。平均粒重12克左右，保证小穗重500克左右，中穗重750克左右，大穗重1 000克左右。

成熟采收时疏掉裂果、小粒及绿果，使果粒大小整齐，外形美观，达到优质标准。

（5）**顺果穗** 果粒进入膨大期前，将夹着枝梢的果穗（骑马穗），周边易受挤压的果穗按自然位置将其理顺垂于架下，同时摘除影响果穗的枝梢、叶片、卷须等，使果穗整齐美观。

（6）**套袋** 套袋能使果实色泽艳丽，防止污染，保护果穗，延长贮藏。套袋于落花后15～20天进行，套袋前用保护性杀菌剂（大生M-45 800倍液或科博500倍液）细致喷布1次果穗，药干后及时套袋。

7. 病虫害防治技术 无公害葡萄病虫害防治的指导思想是：全面贯彻"预防为主，综合防治"的植保方针，以改善果园生态环境，加强栽培管理为基础，优先选用农业措施、人工防治、物理防治和生物防治等措施，有选择地使用化学农药，禁止使用剧毒、高毒、高残留的农药，最大限度地减少农药用量和减少农药残留，将病虫害控制在经济阈值以下，详见年防治历（表1）。

表1 年病虫防治历表

时期		措施	说明
	发芽前	石硫合剂（或铜制剂或其他）	
	2～3叶（4月上中旬）	10%歼灭3 000倍液+80%必备800倍液	
发芽后至开花前	花序分离（5月上中旬）	1 500倍液+40%嘧霉胺1 000倍液+百汇硼2 000倍液	一般使用2次杀菌剂1次杀虫剂
	开花前（5月中旬）	70%甲基硫菌灵800倍液+速乐硼3 000倍液（+杀虫剂）	
谢花后至套袋前	谢花后2～3天（5月下旬）	42%喷富露800倍液+20%苯醚甲环唑3 000倍液+40%嘧霉胺1 000倍液	根据套袋时间，使用2～3次药剂。套袋前处理果穗。缺锌的果园可以加用锌钙氨基酸300倍液2～3次
	谢花后8～10天	50%保福100倍液+40%氟硅唑8 000倍液	
	谢花后20天左右	42%喷富露600倍液	
	套袋前1～3天	50%保倍3 000倍液+20%苯醚甲环唑2 000倍液+22.2%戴挫霉1 200倍液（或凯泽1 500倍液）（+杀虫剂）	套袋前处理果穗（涮果穗或喷果穗）
	套袋后至摘袋前	50%保福1 500倍液；42%喷富露800倍液+50%金科克4 000倍液；80%必备800倍液+10%歼灭2 000倍液；铜制剂；铜制剂（+特殊内吸性药剂）	根据具体情况使用药剂
	采收期	不摘袋的不施用药剂	不使用药剂
	采收后	1～4次药剂，以铜制剂为主	根据采收期确定

8. 采收、包装和贮藏

（1）**采收** 葡萄浆果成熟标准，外观标准：表现出品种的固有色泽、硬度、果粉等；内含物标准：表现出品种固有的含糖、含酸量以及香味。

葡萄是非呼吸跃变型果实，拟贮藏的葡萄尽量适当晚采，使之提高糖分，增加耐贮性；用于长期贮存的葡萄，采收前10～15天不要灌水，更不能使用激素，促熟着色。用于贮藏的葡萄须放在库外，预冷 1 个晚上，再在早晨入库。

采收前，先将果穗上的烂粒、小青粒剪掉，22.2% 戴挫霉喷穗后当天采摘。采收时用手指捏住穗梗，用疏果剪剪留穗梗 3～5 厘米，采果时间最好在晴朗的上午或傍晚。

（2）包装　包装容器必须达到清洁、无毒、无异味。保鲜袋达到无毒无污染。外包装设计有品牌、品种、重量等标志。

（3）贮藏

①清库清毒。葡萄入库前要严格清扫库房，用二氧化硫熏蒸杀菌，防止病菌和有毒物质对葡萄浆果的再污染。

②鲜贮。使用安全无毒无污染的保鲜剂，浆果入库前要先预冷，使库温降到 0～1℃。

③装货。如纸箱包装，地上要用砖垫木枝，以防纸箱潮湿。如木箱或泡沫箱，可以只垫砖，装货时按葡萄等级码垛，高低要根据包装箱的承受能力而定。要留有散热、通风和检查的通道。

9. 越冬防寒

（1）**埋土防寒时间**　葡萄埋土防寒时间总的要求是适时晚剪、晚埋，使植株留有充分的后熟阶段，枝梢的营养物质继续回流植株内贮藏。但红地球葡萄"怕冷"，不能等待霜打落叶后再埋土，必须提前带叶修剪，尤其幼树应应带叶先埋少量土防早霜，在气温下降接近零度，土壤尚未结冻前埋土，要求一次埋完，合阳地区在 11 月 5 日至 11 月 25 日（小雪前后）。

（2）**防寒方法**　葡萄修剪后，将枝蔓顺着行向下架，1 株压 1 株把主蔓理直，然后分段把枝蔓绑好。并在主蔓茎部垫枕（土或草把），防止主蔓茎部受压断裂。覆盖物和土堆的宽度和厚度。宽度应是当地冻土厚度的 1.8 倍，厚度为地表到 -5℃ 的土层深度。所以合阳地区葡萄防寒土堆的宽度为 1.2 米，厚度为 30 厘米较为安全。如果采用抗寒砧木贝达，防寒土堆的宽度和厚度可减少 1/3。

防寒物（秸秆、草等）先放于枝蔓两侧，将枝蔓挤紧，然后在枝蔓上 1 捆挨 1 捆盖平，上部盖土，防寒土要拍实封严。

10. 出土上架　葡萄出土最佳时间是当地桃花盛开期，要一次性撤除防寒物，并及时灌水，枝蔓上架绑缚。

陕西榆林沙地红地球葡萄栽培技术

王西平[1]　郭春会[1]　强建才[2]

（[1] 西北农林科技大学园艺学院；[2] 陕西省榆林市农业学校）

1. 概述　榆林市地处陕西省北端，年均温度 8.0℃，极端低温−32.7℃，≥10℃年有效积温 3 206.6℃，气候比较寒冷。过去，有些专家、学者认为榆林无霜期较短，积温偏低，不宜栽培红地球葡萄等晚熟品种。1996 年，榆林农业学校率先开始在榆林沙区试栽。2003 年，榆林长城葡萄研究所在榆林市榆阳区榆阳镇刘官寨村沙地上建立了 3 公顷红地球葡萄示范园。十几年的栽培试验与生产实践表明，沙地太阳辐射强，光照时间长，昼夜温差特别大，热效应好，红地球葡萄不仅能够适应当地的土壤、气候条件，可以正常生长发育，安全越冬。而且表现为早果、丰产，穗大、粒大，果粒均匀，成熟一致，色泽鲜艳，果肉硬脆，风味浓郁，品质优良，不易裂果，极耐贮运，商品率高，货架期长，病害较轻，是经济效益最高的一个品种。定植后第二年普遍开始结果，第三、四年进入盛果期（高接树一般第二年进入盛果期），亩产量 1 500～2 000 千克，穗重 1 108.2 克，单果重 13.51 克，可溶性固形物含量 16.5%。园内售价每千克 10 元，高者达 16～20 元，亩产值超过 10 000 元，甚至达到 20 000～30 000 元。

针对榆林市沙区的土壤与气候特点，经过多年的试验研究和生产实践，形成了一套丰产、优质、高效、适用的栽培技术。

2. 建园与土壤改良

（1）建园　选择具有灌溉条件的开阔平地、向阳台地建园，不宜在山顶、背阴坡、洼地、狭窄河川及沟谷地建园，盐碱地和地下水位较高的地方亦不宜建园。建园时要营造防护林。以河流、池塘作为水源，或就地打井直接抽水灌溉。

（2）土壤改良　榆林市北部葡萄园大多建在沙地，为了改良土壤，提高保水、保肥、保温性能，防止风蚀，建园前要进行开沟换土和地表垫土。沟深、宽一般为 100 厘米，将黏土与沙按 1∶1 的比例混合后回填，地表垫土 10 厘米左右，同时施入足量的青肥、畜禽粪和化肥。每亩施入杂草、秸秆、树枝、柠条、沙柳、紫穗槐等青肥 500 千克（干重），纯鸡粪 4 立方米（或纯牛粪 6 立方米），过磷酸钙 100 千克，碳酸氢铵 15 千克（或尿素 5 千克）。青肥压入底部，畜禽粪、化肥分 2～3 层施入中、下部。上层施入少量肥料即可，以免烧伤根系。施肥与回填同步进行。回填过程中，分层踏实。回填后灌水沉实，使定植沟面低于地平面 20 厘米左右。这样，既有助于防止根系冻害，又可以提高抗旱能力，并能减少冬季埋土工作量。

3. 定植　定植行向以南北方向为宜。株行距 0.6 米×4 米，每亩定植 278 株。春季萌芽前（4月中下旬）定植，苗木剪留3~4芽，根系舒展，地上部统一向南倾斜30°左右，以便于将来下架、埋土。定植后及时浇水，过1~2天后在定植沟表面覆盖地膜（将苗木露出膜外），以利于保温，促进生根。苗木覆土、覆盖报纸或扣纸杯，可以有效地防止金龟子、阿拉善舌象等虫害和晚霜冻害。5月中下旬，若出现霜冻，还要注意提前采取临时性防御措施。塑料薄膜小拱棚覆盖可以延长防霜时间，提高预防效果，而且能提早萌芽、生长，增加生长量，提早枝条木质化，对于防止秋冬冻害，促进第二年结果，具有重要意义。

为了提高植株耐寒性，增强长势，提高产量与品质，最好栽植嫁接苗，常用砧木为贝达、山河1号和山河2号。

4. 架式　目前，榆林地区红地球葡萄主要架式为篱棚架。架材为混凝土立柱和铁丝。柱高2.5米，地下埋50厘米，地面以上200厘米，边长12厘米。边柱高2.8~3米。两根钢筋在立柱顶端伸出5厘米左右，以防横向顶丝滑落。在立柱同侧的相应部位设置4个6号钢筋弯钩，用于搭载纵向铁丝。立柱间距为6米，每亩需29根。在植株东侧沿行向栽立，距离葡萄植株90厘米左右，以便于埋土、覆膜或覆盖小拱棚。篱壁面高1.8米，沿行向拉4道铁丝，第一道铁丝距地面60厘米，第一、二、三、四道铁丝之间相距40厘米，第四道铁丝距柱顶20厘米。棚面宽2.5米纵向拉5道铁丝，间隔50厘米，所有柱顶上东西方向横拉铁丝，用以承载棚面上的纵向铁丝。棚面距地面2米，篱壁面与棚面转折区之间高差20厘米，以免枝蔓折伤、折断。铁丝规格为10~12号。

5. 整形修剪

（1）整形　树型以独龙干形为主，双龙干形为辅。独龙干树形成形后主蔓长5米左右，主蔓下部向南倾斜，与地面夹角20°~30°，中部直立延伸。到达棚面后，主蔓全部向东延伸（本地以西北风为主，棚架向东延伸可以抵御风害）。从主蔓基部以上100厘米（距地面垂直距离60厘米）处开始培养枝组，枝组间距一般20~30厘米，一个主蔓上着生16个左右枝组。每一枝组上面留1个结果母枝或预备枝（少数可留2个），即1~2个新梢，整株共有24个左右新梢，结果枝与营养枝之比约为1:2。

定植当年，1株只留1个新梢，培养成为主蔓，其他全部抹除，以便集中养分供应主蔓生长。5月下旬至6月上旬，主蔓新梢长40~50厘米时，开始引缚上架。具体方法是：在主蔓附近斜插1根细木棍或竹竿，向架面方向倾斜，上端搭在第二道铁丝上面（距地面1米），绑扎固定。将主蔓绑在上面，使其向架面方向延伸。以后陆续绑到架面各道铁丝上面。也可直接用专用绑扎绳把主蔓新梢吊在第二道铁丝上。绑蔓时，要留有余地，防止缢伤。

主蔓一次枝长到1.5~1.8米时摘心，二次枝延长头抹除或留2~4叶摘心，三次枝延长头抹除。在生长过程中，将主蔓一次枝距地面40厘米范围内的副梢全部抹除，中上部二次枝副梢全部留2叶摘心，多次副梢一概不留。如果不及时控制副梢，影响主蔓木质化。定植当年冬剪时，视主蔓粗度与本质化程度确定剪留长度。木质化程度较高的健壮主蔓，一般剪留1.2~1.5米，副梢一般疏除。若有几个健壮副梢，可以在主蔓中上部保留1~2个，剪留1~2芽。

（2）夏剪　夏季修剪的主要内容是抹芽、除萌、摘心、副梢处理和去卷须。春季萌芽、新梢生长初期（4月下旬至5月上中旬），根据芽的质量、新梢长势和花序情况，按照15～20厘米的间距抹芽、除萌、定梢。在生长过程中，将果穗（花序）以下的副梢全部抹除，中上部留1～2叶摘心，3～4次副梢全部抹除。果枝留13叶左右摘心，端部2个副梢保留5～6叶摘心，2次副梢不留。营养枝适当留短一些，中壮枝8叶摘心，细弱枝13叶摘心，有利于改善通风透光条件，提高木质化程度，降低花芽分化节位。主蔓延长头在成形之前留1.2～2.0米摘心，副梢延长头留10～30厘米摘心，其他副梢留2～4叶摘心。成形后，延长头按照营养枝或果枝对待。在果实日灼严重的地区和篱壁面外侧，要注意多留副梢枝叶，用来遮盖果穗，防止日灼。对于长势强壮的营养枝，生长中期在基部拧梢，使其呈水平或下垂状态，有利于控制长势，防止枝叶郁蔽，降低花芽分化节位。在新梢生长过程中，随时掐除卷须，减少营养消耗，防止缠绕。延长头和果枝要适时绑蔓。果枝以斜向上绑缚为主。成龄树营养枝一般不需绑蔓。

（3）冬剪 冬季修剪在10月中下旬进行（也可推迟到11月上旬）。幼树与初果期树冬剪的重点是促进主蔓延伸，培养、配备结果枝组。成龄树重点是调整枝、芽量，更新复壮，防止结果部位外移、上移。初果期树主蔓延长头剪留100～150厘米，成形后主蔓延长头剪留长度与结果母枝相同，主蔓偏长或延长头衰弱后要及时回缩换头。初果期树在主蔓基部以上100厘米处开始保留、培养永久性结果枝组，间距20～30厘米，最好左右相间排列。以短梢修剪为主，剪留2～4节（4～14厘米），多余枝条一般疏除。成龄树修剪的主要措施包括：疏除基部、下部萌蘖和过密枝蔓、纤弱枝、未木质化枝、徒长枝，回缩衰弱、较长枝组，调整枝组数量与密度，选择间距、位置、长势合适的枝条作为结果母枝或预备枝。本地区红地球葡萄花芽着生节位较低，基部第一、二节所发新梢果枝率高（60%左右），可采用短梢修剪，宜剪留2～4芽（2～12厘米）。不过，考虑到本地区冬季冻害和春季晚霜冻比较严重，冬剪时要多留枝芽，一般剪留4～8芽（10～45厘米），长、中、短梢修剪相结合，比例大体上为2：2：3。到春季萌芽、新梢生长初期（4月下旬至5月上旬），通过抹芽、除萌、回缩，去掉多余萌芽与新梢。

6. 花果管理

（1）定穗与花序整形 红地球葡萄花芽容易形成，果枝率高，结果系数高，加上二次枝结果能力强，很容易出现结果过量的现象。因此，要按照优质、大果、壮树的要求，严格定穗、限产、控制负栽量。在栽植密度为0.6米×4米的情况下，除部分缺株和结果较少的弱小株、小年树，正常植株平均单株保留20多个新梢，果枝占1/3，每1果枝留1穗果，单穗重1 000克左右，株产8千克左右，每亩产量1 500～2 000千克。在抹芽、除萌、定梢的基础上，对于多余花序要在开花前分两次疏除，第一次在始花前2周（5月下旬），花序长10～15厘米时进行，第二次在始花前几天（5月底至6月初），花序长20～30厘米时进行。疏除弱小、畸形花序，保留较大、匀称、舒展、序轴较粗、形状规则、发育较快的花序。1个果枝一般只留1个花序，弱枝一般不留果。不过，在花序不足、分布不匀的情况下，中壮枝可留2个花序，弱枝也可留1个花序。在疏除花序的同时，掐掉副穗和花序上的卷须，使穗形紧凑、美观，并可减少营养消耗，防止缠绕。在第二次疏除花序（定穗）时，同时进行果穗（花序）整形。主要有三项内容，一是将序尖掐去3～6厘米（约1/5），二是将花序较大分枝的端部掐去2～4厘米（约1/4），三是间疏部分过密花序分枝（1 序可疏 2～4 个）。疏除花序分枝操作简便、省工，效果与疏果无明显区别。花序整形可以使果穗大小适中，松紧适度，丰满美观，同时，有助于果实膨大，果粒均匀，着色一致。

（2）拉长花序　为了促进花序伸长，增大果穗，为大穗、大果奠定基础，同时减少疏果（或疏除花序分枝）工作量，必须"拉长"花序。本地花序拉长宜在 5 月下旬进行，约为始花（5％开）前 12～14 天，发育较早的花序长 8～10 厘米，处于分离初期。如果过早，花序对药剂过于敏感，会出现卷曲等畸形现象；过晚，花序不敏感，拉长效果不明显。主要药剂有奇宝（美国产）和赤霉素（中国产）。比较而言，奇宝药效稳定，作用显著，而赤霉素则效果较差。奇宝用量极少，作用极大，稍有不慎，就有可能导致失败。经过几年的试验，1 克（1 包）奇宝粉剂（20％）对水 40～45 千克，最为合适，切莫随意加大浓度。通常用奇宝溶液喷布花序，要求均匀周到。对于长势较弱的植株，也可整株喷雾，既拉长花序，又促进新梢、叶片生长。红地球葡萄花序本身较大，一般拉长 20％～30％即可。

（3）果粒膨大处理　果实大小是红地球葡萄商品品质的主要标志之一，果实较大的产品具有很强的市场竞争力。因此，果实膨大处理是红地球葡萄管理的一项重要措施。膨大的主要手段是浸蘸或喷布果穗，主要药剂有吡效隆、奇宝和保美林。过去，常将吡效隆与赤霉素混合使用。生产中发现赤霉素作用不稳定，效果不显著，因此，单独采用吡效隆比较合适。具体办法是：在盛花后 14～16 天（6 月下旬），果实黄豆粒大小（横径 0.6 厘米）时蘸穗。将一支 0.1％的吡效隆溶液（10 毫升）直接溶入 1.5～2 千克水即可。用吡效隆蘸穗，只进行 1 次。吡效隆不仅有助于果实膨大，而且能提早着色，提早成熟。奇宝一般与保美林配合使用，通常蘸穗 2 次。第一次在盛花后 22～24 天（6 月下旬或 6 月底）、约 8 成果实横径达到 1～1.2 厘米时进行，将 3 克（3 包）奇宝粉剂和 4 毫升（2 袋）保美林液体同时溶入 30 千克水，浸蘸果穗。应该注意的是，幼果期使用奇宝，有可能使种子退化，减少种子数量，导致部分果实出现无核现象，反而使果实变小。为了慎重起见，一是适当延迟处理，二是第一次只用保美林，浓度稍高一些（5 000 倍），即 1 袋（2 毫升）保美林溶液溶入 10 千克水，蘸穗。第二次在盛花后 29～34 天（7 月上旬），即第一次蘸穗后 7～10 天进行，奇宝与保美林混合使用，浓度与第一次相同。蘸穗过程中，同时理顺果穗，使其呈自然下垂状态，以便于果穗生长、发育和套袋、采收。

（4）果穗套袋　果实膨大处理后，要及时套袋（7 月上旬）。红地球葡萄果穗大，宜用大型纸袋（35.5 厘米×26.5 厘米）。套袋前，及时对果穗喷布多菌灵、甲基托布津等杀菌剂，重点防治白腐病。套袋要避开中午炎热时段。要注意把袋口扎紧、压实，同时防止损伤穗轴与枝叶。套袋可以防止病虫害、农药污染，减轻鸟害、冰雹损失，还可以避免着色过深，使果面光洁、艳丽，大幅度提高商品价值。套袋初期，果实容易发生日灼现象，低龄树、小树、弱树在高温、干旱情况下尤其严重，对此，要予以足够的重视。一是尽量早套袋，二是用枝叶遮盖果穗，三是将纸袋两底角撑开或撕开袋底，四是注意浇水，五是防止地面裸露。此外，还可在纸袋上面覆"打伞"盖纸罩。本地光照强烈，容易着色，采前不必去袋，可连纸袋一起采收。

7. 土、肥、水管理　沙地土壤瘠薄，保肥、保水能力弱，尤其要注重土、肥、水管理。在换土的基础上，土壤及地面管理的主要内容：一是在春季（4月下旬至5月上旬）出土后修整栽植沟畦面，平整行间地面；二是经常清理溜入栽植沟的土壤及浇水时冲入沟内的淤土，防止沟面逐年升高；三是行间不提倡间作，采用清耕法，每年锄草4～5次，以利于改善通风状况，减轻病害。

红地球葡萄要实现壮树、丰产、优质、大粒的目标，应适当多施肥，尤其是有机肥。基肥尽可能早施，宜在9月份施入，以利于肥料腐熟分解、断根愈合、发生新根，增加树体贮藏养分。成龄树亩施纯鸡粪1～2立方米或纯牛粪2～3立方米，过磷酸钙50～100千克，碳酸氢铵50千克，硫酸钾30～50千克。同时，将园内杂草一并施入。若在冬剪时施肥，还应将落叶和修剪下的枝蔓一起施入。基肥采用条沟或穴状施肥，深50～60厘米，距离主蔓基部50～60厘米。全年追肥4次，分别在萌芽期（4月下旬至5月初）、开花前（5月中下旬）、坐果后（6月中旬）和果实第二次迅速膨大期（7月下旬至8月上旬）。前期以氮肥为主，中后期以磷钾肥为主，速效有机肥与化肥结合施用。第一、二、三次，亩每次施入人粪尿0.5～1立方米或碳酸氢铵50千克，第四次，亩施入人粪尿0.5～1立方米，过磷酸钙50千克，硫酸钾30千克。人粪尿一般随水浇灌，化肥挖穴施入。秋季压蔓后，千万不可浇灌人粪尿，以免烧伤，甚至整株死亡。在土壤施肥的同时，要注重叶面喷肥。春季萌芽后到秋季落叶前，结合喷药每月喷施2～3次。前期以尿素、硼砂、多聚硼、硫酸锌、硫酸亚铁为主，中后期以磷酸二氢钾、鸡粪浸出液、柴灰浸出液、叶面宝、爱多收、稀土微肥、腐殖酸肥为主。

沙地葡萄园土壤保水性能较差，容易干旱，除降雨外，一年需浇水12～20次。特别是盛夏、高温、缺雨季节（6～7月），每周需浇水1次。浇水的重点时期是对水分敏感的萌芽期（4月下旬至5月上旬）、新梢旺长期（7月下旬至8月上旬）、果实第一次膨大期（6月中下旬）和第二次迅速膨大期（7月下旬至8月上旬），每一时期需浇水1～3次。春季（4月）出土前及出土后在行间、行内浇水2～3次，可以降低地温，延迟发芽或延缓发芽进程，减轻或避免晚霜冻。夏末秋初要控制浇水，以防霜霉病蔓延，以利于枝芽充实。秋季埋土前（11月上中旬）浇水，可以提高土壤含水量及热容量，提高土壤保温性能。

8. 病虫害防治和自然灾害预防

（1）病虫害防治 红地球葡萄在气候较为干燥、光照充足的沙地栽培，病害明显较轻。常见病害有白腐病、霜霉病和根癌病。白腐病主要危害果实，一般从6月下旬开始发病。该病比较容易防治，发病前后，喷布1～2次多菌灵、甲基托布津（重点是果穗），可以从根本上控制该病的发生。

霜霉病于7月份开始发病，8月份为盛发期，主要危害叶片。从6月下旬开始，10～15天喷1次波尔多液，基本上可以控制其发生。雨季则5～10天喷1次甲霜灵、乙膦铝、恶霜灵、爱诺三喜、烯酰吗啉、霉多克等药剂，要交替使用，以防产生抗药性。

根癌病一般从6月下旬至7月上旬开始发病，近年有加重趋势，重点在于加强预防。出土后（5月上旬）喷布1次2波美度石硫合剂，5月中旬至8月底喷布3～4次2 000倍的72%链霉素或0.3波美度石硫合剂。

榆林地区红地球葡萄虫害较少，萌芽期间，有多种金龟子和阿拉善舌象为害芽子与新梢，生长季节偶尔有十星叶甲为害叶片，果实成熟季节有白星花青金龟子和长脚胡蜂为害果实，可采用喷药或诱杀等办法予以防治，药剂以敌百虫为主。

（2）自然灾害预防　主要自然灾害是春、秋霜冻，冬季冻害，冰雹和大风。定植当年或嫁接当年，特别要注意预防秋季早霜冻，主要措施有两条：一是加强综合管理，促进枝条木质化；二是在初霜前（9月下旬至10月中旬）带叶埋土，厚5厘米左右，只埋枝条中、下部，将上部露出。实践证明：带叶埋土是一项行之有效的措施，不仅可以避免早霜冻，也不会发生霉沤现象，部分多半木质化的枝条还可以进一步逐渐木质化，安全越冬，并能显著提高第二年产量。

春季出土后至新梢旺盛生长这一段时间（4月下旬至5月下旬）发生的晚霜冻危害相当大，必须加强防范：第一，冬剪时多留枝芽，实际留芽量为理论数的2～3倍；第二，延迟定梢、定穗，前期多留新梢和花序；第三，出土前行间灌水，降低地温，延迟发芽；第四，适当延迟出土，可推迟到发芽初、中期（4月25～30日）出土；第五，出土时枝蔓上面留一部分覆土，使枝蔓呈似露非露状态；第六，出土后在枝蔓上面覆盖杂草、秸秆、草帘子、编织袋等；第七，在霜冻发生的前1天及夜间灌水；第八，在霜冻发生夜间向枝蔓喷水、喷雾；第九，采用小拱棚覆盖。具体方法步骤是：枝蔓出土后暂不上架，匍匐于栽植沟内，沿行向在栽植沟上面设立小拱棚支架（通常采用2米长的6号钢筋，间距1～2米），底部跨度85厘米，中部高55厘米。于霜冻来临前1天，覆盖宽幅薄膜（0.04毫米×2 000毫米），两侧用土压实、压严。霜冻过后再向一侧揭开、收拢，每隔1～2米压1锹土，以免因高温烧伤枝芽。以后再出现霜冻时，覆盖亦方便、省工。晚霜结束后，收存薄膜和钢筋，进行枝蔓上架、绑蔓工作。

自根树根系耐寒力差，严寒冬季往往容易受冻，幼龄树尤其如此。要加大埋土的宽度与厚度，注意覆盖保温材料。嫁接树根系耐寒力强，在正常埋土情况下，能够安全越冬。遭受冰雹的树、因霜霉病等病害导致早期落叶的树、结果过量的树，耐寒力显著下降，亦要加强冬季防寒措施。冰雹虽然发生次数不多，但往往会造成惨重的损失，采用棚架、篱棚架及果实套袋，防效显著。不过，要从根本上解决问题，一是发射炮弹驱散冰雹，二是覆盖防雹网，三是实行政策性农业灾害保险。本地大风较为频繁，阵风可达8～10级，甚至12级，不仅损伤新梢、叶片、花序、果穗，还会吹翻枝蔓，刮倒支架，造成巨大损失。防止风灾，一是要选择合适地块建园，二是营造防护林，三是针对本地西北风为主的特点，让架面（棚面）向东或东南方向延伸。此外，要求支架牢固结实，并要时常加固维修。

9. 越冬防寒　红地球葡萄幼树应带叶修剪、带叶下架，提前在根颈部位埋土，以防"冷害"和早霜危害。应在秋季土壤冻结前（10月下旬至11月上中旬）埋土防寒越冬。本地常年极端低温为−27℃，埋土厚度以35厘米为宜。过薄，会导致冻害；过厚，会增加埋土用工量，况且行间取土太多会造成两侧根系冻害。采用垄状埋土法，土垄顶宽100～120厘米，底宽160～180厘米。枝蔓上面覆盖杂草、树叶、作物秸秆（稻草、糜草等），土垄表面覆盖宽幅地膜（0.008毫米×2 000毫米）可以显著增强防寒效果。在秋季土壤湿度过大的情况，盖膜要慎重，以防枝芽霉沤。行间覆盖薄膜或杂草、秸秆，不仅能够减轻冻害，而且可以防止风蚀。自根树、幼树要增加埋土厚度，达到50厘米左右。另外，埋土前要灌足封冻水。

　　春季出土在发芽初中期（4月下旬）进行，以便最大限度地降低晚霜冻风险。面积较大的葡萄园，出土分两步进行，以便于劳力安排。第一次在4月中下旬，出土时保留土垄中央20～30厘米宽的覆土，将两侧土挖出，深达栽植沟表面。第二次在4月下旬至5月初将中间部分全部挖出，只在枝蔓上面保留少量覆土，使枝蔓呈似露非露状态，这种办法可以收到意想不到的防霜效果。出土后，发芽速度明显减慢，枝蔓上面的部分覆土可以发挥1周左右的防霜作用。出土后10天左右浇2～3次水，能够降低土壤温度，减缓发芽进程，同时能提高土壤与空气湿度，亦能起到一定的防霜作用。霜冻比较严重的葡萄园，要覆盖小拱棚，直到5月中下旬晚霜结束后才能上架。

红地球葡萄在甘肃天水高海拔山旱地节水栽培技术

常德昌[1] 顾军[1] 秦安泰[2] 张守江[1]

([1] 甘肃省天水市果树研究所；[2] 甘肃省天水市麦积区果品产业局)

1. 概况 目前，全市葡萄栽培面积达 6 万多亩，其中红地球葡萄发展面积 1 万多亩，年产红地球葡萄 1 500 万千克，产值 8 700 多万元。据统计，葡萄产区农民人均纯收入的 75% 来自于葡萄收入，直接受益农民达到 30 万人，其中 1/5 为红地球葡萄的贡献。

天水市位于甘肃省东南部，在北纬 34°05′～35°10′，东经 104°34′～106°43′。境内海拔高度 748.5～3 120.4 米。处于暖温带半湿润半干旱气候的过度地带，气候条件优越，冬无严寒，夏无酷暑，雨量适中，热量充沛；年均气温 10.9℃，最高气温 35℃，最低气温－19℃，大于或等于 10℃ 的年有效积温 2 222.5～3 536.9℃，年日照时数 1 900～2 368 小时，无霜期 141～220 天，昼夜温差大，适宜于多种作物生长；正常年份降雨量473.1～606.5 毫米，周年降水分布不均，7、8、9 三个月降水量占全年降水量的 60% 左右。红地球葡萄大多集中在麦积山区，山高沟深，坡地建园，干旱时有发生，是制约本市林果业生产的主要灾害性气候之一。

2. 红地球葡萄的栽培表现 该品种在天水地区 3 月 30 日至 4 月 2 日萌芽，5 月 25～30 日开花，8 月底开始着色，9 月下旬果实成熟，从萌芽到果实成熟 170 天左右，果实生育期 110 天左右，正常年份 11 月下旬自然落叶。在山旱地条件下，采用三十字 V 形架，单干单臂水平整枝，株行距 1 米×2 米，双苗定植，定植后第二年可结果，第三年即进入丰产期。每穗留果 70～80 粒，穗重 800～950 克，平均粒重达 12 克，最大可达 23 克，果粒鲜红色，可溶性固形物 17.5%～19.2%，糖分含量高，品质极佳。露地延迟至 11 月中旬采收，与 9 月下旬采收上市比较，市场售价翻倍，例如试验区内师赵村一处 400 米^2 果园 2007—2009 年 3 年平均年产值 2.38 万元，折合每亩产值 3.97 万元（果品离园批发价计），取得了非常好的经济效益。

3. 建园特点 选择背风向阳，光照充足，土层深厚，交通便利，远离工矿区无污染的区域建园。

定植前一年秋季，间隔 2 米，东西行向（有利于防止日烧）挖栽植沟，沟深 80 厘米、宽 100 厘米，回填时均匀拌入有机肥，有机肥用量 6 000 千克/亩，回填后保持地面平整，浇足封冻水。第二年春季 3 月下旬定植，选用一级的苗木，将苗木适当修剪根系后，在清水中浸泡 24 小时，栽植前根系蘸泥浆。在栽植沟中间，间距 1 米挖直径 40 厘米、深 30 厘米定植穴，每穴 2 株，精细定植，并灌足定植水，待定植水完全下渗后，覆土整平，顺行向在苗木两边覆 80 厘米宽的地膜，以提高地温，保持土壤墒情。

定植后，沿行向间隔 6 米栽 1 根高 2.3 米的水泥立柱，入土深度 30 厘米，在水泥立柱上，距地面 40 厘米以上，均匀架设横担，自下而上横担长度为 50 厘米、80 厘米、100 厘米，在每个横担两端顺行向拉 2 道铁丝。

4. 整形修剪与枝梢管理　采用三十字 V 形架，单干单臂水平整枝。定植后第一年，每株留 1 个新梢，向上生长超过第一层铁丝后，绑缚在第一层铁丝上，新梢生长超过 80 厘米后，倾斜 45°向上绑缚在第二、三层铁丝，同穴的另 1 株新梢相反方向绑缚另侧的铁丝上，8 月初未长到第三层铁丝的枝蔓，及时摘心，促进枝蔓成熟，副梢留 2 叶反复摘心。冬季修剪，将枝蔓留 80 厘米作单臂，水平绑缚在第一层铁丝上，其余剪除。第二年，在单臂上每 15～20 厘米留 1 新梢，尽量留带果穗的新梢，新梢竖直向上均匀绑缚在两侧的铁丝上，果穗以下副梢抹除，果穗以上副梢留 1 叶绝后摘心，新梢长过第三层铁丝后封顶。冬季修剪在单臂上均匀选留结果母枝和更新枝，结果母枝和更新枝比例为 1∶1.5，结果母枝留 4～5 芽，更新枝留 1～2 芽，结果母枝间距 35 厘米左右。第三年，每个结果母枝上着生 1～2 个带果穗新梢，每新梢留 1 穗果；更新枝上着生 1 个新梢，不留果穗。果穗以下副梢抹除，果穗以上副梢留 1 叶绝后摘心，注意保持新梢间距 15～20 厘米，新梢长过第三屋铁丝后封顶，冬季修剪同第二年。

4 月上旬抹芽 1 次，抹除主干、单臂上萌蘖，抹除结果母枝、更新枝上的副芽。5 月上旬定产、定梢。初冬修剪时，剪除枯桩病枝，刮除老翘皮，接蜡封闭剪锯口。

5. 花果管理　5 月中下旬，在定梢的同时，每亩限产 2 000 千克。每株平均留 5 个果穗。副穗分离后，摘除卷须及第一、二副穗，掐除过长穗尖。初结果树为获得更高早期产量，可只摘除卷须，掐穗尖，适当疏果粒整穗，可留大穗。花前结合病虫防治，喷布硼肥及高效腐殖酸类微量元素液料。为提高坐果或整理穗形使用生长调节剂时，需经试验后谨慎使用。果实坐定，黄豆粒大小时，果穗自上而下，按“7、7、7、6、6、5、5、5、4、4、3、3、3、2、2、2、1、1”法疏果粒整穗，拉开果粒间距。喷布防治果实病害保护性药剂后套袋，后期检查袋内发现灰霉病穗，尽早剪除，穗轴发生白腐病，及时涂药和喷药防治。

6. 节水技术与土肥水管理

（1）节水技术

①全膜覆盖。幼树园实行瓜、菜间作，行内覆膜；结果园春夏季全膜覆盖，秋季揭膜清耕，中耕除草 3～4 次，每年秋季落叶前结合施基肥深翻 1 次。

②兴建雨水集流窖。天水的气候特点是春夏干旱，秋季多雨，所以，山旱地红地球葡萄园应在离果园较近路旁或沟边，每亩建 30 立方米雨水集流窖 1 个，秋季多雨季节和春夏季雨天及时向窖内补水。干旱或追肥时，采用“穴贮肥水”的方法，每穴每次灌水 10 千克。浆果转色后，要控制水分，以增加葡萄果实含糖量，提高品质。

③“穴贮肥水”抗旱技术。覆膜前，垂直行向距树干 50 厘米处，每株挖直径 30 厘米、深 40 厘米的圆坑 1 个，坑内填入有机肥、杂草、麦草或玉米秸等，充分踩实后，浇透水，也可用人粪尿或沼液、化肥的混合肥水浇灌后覆盖地膜，并使穴处稍低于地面，中间扎 1 小孔，用瓦片盖住，集纳雨水。追肥时局部揭膜，施肥后再盖好地膜。最后 2 次追肥在揭膜后进行，顺行向开 15 厘米深的小沟施入。

④PVC 膜袋贮水缓慢滴渗抗旱技术。用 40 厘米×70 厘米 PVC 塑料薄膜袋，在天气干旱时，装水扎口后倒立于每两株间，放置处作成深 0.2 米、直径 0.25 米水袋放置穴，并细致拣去穴内尖锐物，防止扎破水袋。干旱季节，使用雨水集流窖的贮水或用拖拉机拉水，装袋放置，让袋内贮放的水，从扎口处缓慢滴渗到树盘土壤中（从扎口处慢滴，对扎口时的扎绳绑扎的松紧度要求较高，如不易把握，可直接从塑料薄膜袋底部扎 1 个小孔），在水源紧缺，灌溉困难的地块可有效抵御干旱，同时也能避免大水漫灌对水资源的浪费，且不会破坏根际土壤的通透性。该项技术方法简单，易于操作，袋内贮水滴渗完后，如仍无有效降雨，可方便向袋内补水，以提高抗旱效果。在水源缺少山地干旱区，适用性好，推广潜力很大。

另外，还可以采用秸秆覆盖、全园覆沙，使用保水剂和保水有机肥等简单易行的旱作节水技术。

（2）土肥水管理　结果园秋施基肥以腐熟农家有机肥为主，平衡 N、P、K 肥料，配合微量元素肥料，可每亩施鸡粪 3 000 千克，过磷酸钙 150 千克，硫酸钾 40 千克，多元微肥 10 千克，根据土壤肥沃状况、上年度树体长势、施肥种类适当增减用量，调换种类。春夏季追肥，萌芽期施尿素 30 千克，开花坐果后施尿素 20 千克＋磷酸二铵 30 千克，浆果膨大期追肥 2 次，前一次施尿素 20 千克＋磷酸二铵 30 千克，后 1 次施磷酸氢铵 20 千克＋硫酸钾 30 千克，转色后施硫酸钾 30 千克。结合病虫害防治，叶面喷施高效腐殖酸类微肥 3～4 次。

7. 病虫害的防控　天水地区红地球葡萄病害主要有霜霉病、灰霉病、白腐病，部分年份有黑痘病、穗轴褐枯病、大小褐斑病、白粉病等发生，管理不当的园会发生缺铁性黄化和果实日烧，病害发生较轻；虫害主要有葡萄透翅蛾、斑衣蜡蝉、日本双棘长蠹，种类较少，较易防治。红地球葡萄病虫害防治策略，一是要树立病害综合防治和用药安全的理念，以霜霉病的防治为根本，抓好果实病害灰霉病、白腐病的防治，兼顾其他病害及虫害的防治；二是要以保护剂为基础，治疗剂为保障，交替轮换用药。具体防治措施如下：

（1）休眠期　剪除病枝、残穗，彻底清扫果园落叶、枯枝，刮除老翘皮，集中烧毁或深埋，降低果园病虫基数，幼树园埋土前喷施 5 波美度石硫合剂。

（2）萌芽前　防治日本双棘长蠹，喷施 4.5％高效氯氰菊酯和 80％敌敌畏 1 000 倍液各 1 次，或喷施 4.5％高效氯氰菊酯和 80％敌敌畏复配剂 1 000 倍液 2 次。

（3）萌芽期　喷施 5 波美度石硫合剂或多硫化钡，铲除各种越冬病虫。

（4）展叶至开花前　防治灰霉病、黑痘病、斑衣蜡蝉。喷施 78％科博 800 倍＋灭扫利 2 000～2 500 倍液＋速乐硼 2 000 倍液，或 80％大生 800 倍液＋4.5％高效氯氰菊酯 1 000倍液＋2 000 倍硼肥。春季多雨年份 3～4 叶期多喷施 1 次 80％喷克 600～800 倍液，或 80％必备 400 倍液。

（5）开花后　防治黑痘病和穗轴褐枯病，喷施 68.7％杜邦易保 600～800 倍液，或78％科博 600～800 倍液，此期不要使用波尔多液，以免影响坐果和果实品质。

（6）幼果期　小幼果期，防治重点为黑痘病、穗轴褐枯病、兼顾霜霉病、褐斑病、白粉病。喷施必备 800～1 000 倍液，或 68.7％杜邦易保 600～800 倍液。6 月下旬，防治重点为霜霉病，喷施 1∶0.5∶200 波尔多液，或喷施 80％喷克 800 倍液＋50％烯酰吗啉

2 500～3 000 倍液。大幼果期，重点防治霜霉病、白腐病，喷施 50％福美双 1 500 倍液＋40％氟硅唑 12 000 倍液，套袋前选用 80％喷克 800 倍液＋40％氟硅唑 12 000 倍液＋15％嘧霉胺 1 000 倍液，10～15 天用药 1 次，此期可选用四螨嗪、哒螨灵、歼灭、阿维菌素、吡虫啉等杀虫杀螨剂防治葡萄透翅蛾、斑衣蜡蝉、葡萄短须螨等。

（7）着色至成熟期 防治霜霉病、褐斑病、白腐病、灰霉病。自果粒开始着色，几种病害将同期发生，使用 1∶0.5∶200 波尔多液，50％福美双 1 500 倍液＋50％烯酰吗啉 2 500～3 000 倍液，15％嘧霉胺 1 000 倍液＋80％喷克 800 倍液等，轮换用药，10～15 天 1 次，白腐病易在穗轴上发病，可在穗轴上涂抹 50％福美双 1 500 倍液提前预防，用 40％氟硅唑 8 000 倍液涂抹治疗，成熟前 1 月停用福美双。

（8）缺铁性黄化 用 0.2％硫酸亚铁＋硼肥＋醋酸＋0.2％尿素，或 0.2％EDTA-Fe＋800 倍害立平液防治。缺铁加缺锌性黄化，用 0.2％硫酸亚铁＋0.2％硫酸锌＋硼肥＋醋酸＋0.2％尿素防治。

（9）日烧病 为防止果穗直接暴晒在阳光之下产生果实日烧病，可实行果穗套袋＋袋罩，果穗上方多保留副梢枝叶遮阴。

8. 越冬措施 在天水地区红地球葡萄栽植后第一、二年，土壤封冻前，喷施 5 波美度石硫合剂，简易埋土，埋土厚度 10 厘米左右，防止冬季抽条。第二年 3 月上旬，出土上架。盛果期后加强树体综合管理，提高贮藏营养水平，促使枝蔓充分老熟，并用接蜡封闭剪锯口，可不埋土越冬。

甘肃"河西走廊"高海拔区红地球葡萄延后栽培技术

常永义

（甘肃农业大学）

甘肃农业大学设施葡萄课题组在海拔 1 000～2 800 米、年平均温度－1.8～9.6℃的西北地区历经多年研究，在冬季室外－25℃的条件下，日光温室内无须人工加温，通过综合栽培技术应用和环境、产期调控，延长葡萄各阶段生长发育期，成功实施"红地球"葡萄大面积延后栽培，获得优质稳产、丰产、高效的可喜成果，不仅把葡萄浆果成熟期或采收延后到 12 月至翌年 2 月，而且创造了西北高寒山区元旦、春节"棚外飘雪花，棚内吃葡萄"的自然景观，创造了甘肃河西走廊农田亩产值超 8 万元的高效记录。在科学管理下，日光温室延后栽培的"红地球"葡萄经济寿命在 15 年以上，达到一次种植长期受益，是西北干旱地区农业的"阳光产业"，其政治意义、生态效益、经济效果等不可估量。

设施葡萄延后栽培的优势：一是通过设施保护，栽培环境人工调控，可在露地不能种植红地球葡萄的地区，在人为创造的环境条件下，通过设施保护地扩大经济栽培区域。二是防止自然灾害，露地栽培易受自然条件的限制，生长期积温、冰雹、降水、霜冻、低温、病虫害、干旱等不能经济生产的地区通过设施保护地能安全生产。三是产期调节，葡萄日光温室促成栽培一般可提早成熟 40～60 天；延后栽培可推迟采收 80～120 天；冬季鲜果直采上市、经济效益十分突出。四是调节劳力，日光温室延后栽培主要产期为冬季，可变冬闲为冬忙，不仅充分发挥土地、阳光资源潜能，而且改变了北方农民几千年"猫冬"习惯，实现了民勤家富、人兴村旺的和谐社会。

设施葡萄延后栽培的主体是以日光温室为主，在北方冬季阳光较充足的地区，通过日光温室调控对光、热、水、气等环境生态因子和应用延后综合栽培技术；使高寒冷凉地区日光温室内葡萄也无须人工辅助加热，在冬季正常生长，鲜果调控在元旦、春节采收上市。由于果实发育期长，在人工控制环境下生长，品质极优，经济效益很高。西北地区光照资源丰富，荒漠、荒滩面积大；通过非整地利用，产业化发展日光温室为主的设施葡萄延后栽培，既提高了土地利用率，增加了农民收入，又不减少粮食生产面积；坚持果树"上山下滩"的发展方向，是解决我国未来由农业土地短少造成粮食危机的重要出路。

1. 建园

（1）园址选择 红地球葡萄延后栽培对建园地址选择非常严格，在甘肃河西走廊敦煌、酒泉、张掖、金昌、武威等市，应选海拔 1 000～2 800 米，年光照 2 600～3 300 小时，12 月至翌年 1 月一般没有连续 3 天降雪或深度阴天；在年平均温度－1.8～9℃的区域均可修建日光温室（不同区域温室结构不同）种植葡萄。

选地形开阔，东、南、西三面无高大树木或山坡遮阳，地下水位在 1.5 米以下；土壤要疏松肥沃，无盐碱化和其他污染；有灌水或雨水积蓄条件、排水良好的山台地或荒漠区修建日光温室。日光温室坐北面南，东西为长边方向。可依据当地 12 月底气温、光照条件，偏东或偏西 3°～8°。同时还要注意日光温室的选址，要尽量选择交通方便，便于管理的地方，以利于产品的销售和日常温室管理。

（2）日光温室建造（图 1）

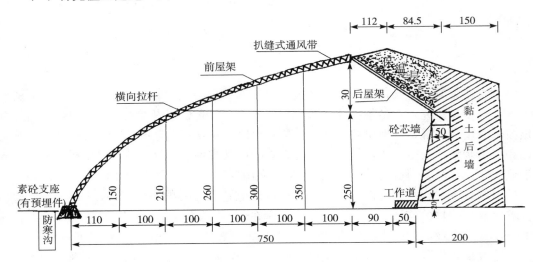

图 1　张掖市葡萄日光温室剖面示意图（单位：厘米）

注：温室长度 65 米、棚间距 10 米。墙体厚度：底厚 2 米，顶厚 1.5 米。后坡仰角 41°，后屋架长 2.5 米，脊高 3.8 米。工作道：宽 0.5 米，高 0.2 米。温室跨度 7.5 米，棚内净宽 7 米。后坡投影宽 1.4 米。通道开设在离后墙内侧 0.2 米的侧墙上，道口外修耳房，耳房面向南开门

①选址定位。日光温室是一项投入较高的半永久性设施，温室建造方位选择坐北向南，东西向为长边，根据当地冬季主风向和需要提高夜温、还是晨温选择偏东或偏西 3°～8°。山地依水平走向而定，但最大也不应偏出 15°。统一规划连片种植的产业化园区，一般地势要平坦或北高南低的地势较好；设计配送水源，距离要近、水质良好；交通和用电方便等。

②温室长度及前后间距。温室东西长以 60～70 米为宜，前后排温室之间的距离以中脊高度和冬至日 10～14 时不遮阴为准，一般在 7～9 米。

③跨度、高度及前后坡投影比。温室跨度、高度及前后坡投影之比例，关系到温室的采光量和保温能力。跨度 7.5 米，中脊高度 3.8 米，前后坡投影比例为 6.1：1.4，即前坡 6.1 米，后坡 1.4 米。按上述要求修建的温室前屋面角 32.5°左右，采光较好；又由于后坡较长，保温性也强。

④后墙高、仰角与椽长。仰角为 38°～40°，中脊高 3.8 米，后墙高 2.5 米左右，脊高与后墙高之差为 1.3 米左右，后屋面坡长 2.0 米左右，椽长墙内担入 0.6 米，共为 2.6 米。

⑤墙体厚度。墙体集承载、蓄热、保温于一体，所以选材既要性能好，又要根据经济

条件。一般就地起土打墙，有条件的也可建异质多功能复合墙，如石砌外墙、夯实草泥或黏土内墙；或红砖外墙，空心砖内墙或中间夹蓄热填料等。黏土墙体厚度，墙体上部要求超过当地最大冻土层厚度再加 30 厘米；施工中要采取熟土留床，生土筑墙的办法进行，后墙筑好后，从内侧修整留 0.7～0.8 米宽为人行道。

⑥后坡覆盖材料。后坡不仅起着蓄热、保温的重要作用，其骨架还支撑着覆盖物、草帘和生产活动所形成的重力，并要抗风压、雪压，所以要坚固、轻、暖。骨架要坚固，用钢管做骨架时，后屋面钢管间隔 1 米，其上每 0.15 米横拉 1 道铁丝，固定在侧墙外坠石上，脊部加上三角铁脊檩与前坡焊为一体，在墙顶支点处需设上、下底面 20 厘米×20 厘米、高 10 厘米、中间有小坑的砼块。覆盖物要轻、暖、严，依次可用塑料膜、玉米秆捆、麦草捆、碎草或炉渣、草泥等分层填充封固，既保证中部厚度达到 70～80 厘米，又不压坏骨架。

⑦前屋面拱形及覆盖材料。前屋面是温室的采光部位，覆盖着栽培床的绝大部分。其采光率大小，除与屋面角有关外，拱形结构的关系也很大。抛物线形坡面承载能力强、塑膜易于绷平固定，透光较匀，便于室内外农事操作。

跨度 7.5 米温室拱杆的预制方法是：先分南北划 1 条 7.5 米长横线，南起每隔 0.5 米取 1 点，共 13 点。在通过各点的垂线上依次以 0、1.06、1.49、1.83、2.11、2.36、2.59、2.79、2.99、3.17、3.34、3.5、3.8 米为高取一列新点，连接新点即成抛物线。另在北端，以后墙高 2.5 米取 1 点，过点划直线与抛物线相连。按图做成模型后，将 7 米钢管的预制成拱形，前后屋面钢管形成 126°内角。安装时，下部焊接在 50 厘米见方、中间有铁制预埋件的砼支座上。杆上每 0.4 米横拉 1 道铁丝（要特别注意拉好离前脚 0.5～1 米处的铁丝），固定在侧墙外的坠石上。铁丝与拱杆要固定紧，使前坡连为一体。铁丝上每 0.6 米绑 1 根撑膜竹竿，以保护棚膜。

透明覆盖材料，国内目前以醋酸乙烯无滴棚膜为好，可用 1～2 年。在货源不足时，也可用聚氯乙烯无滴膜，一般使用 1 季，最多用 1 年。

保温覆盖材料，以化纤棉被、毛被、毡混加防雨布等材料为好，应用草帘质量要好，厚度达到 4 厘米以上，间隙紧密，覆盖后从棚内看不到光斑。严冬季节、雨雪天，上部加盖旧塑料膜。

⑧通道及耳房。在温室设施严密的情况下，只有通道口可随时开闭。设置不好，容易在严冬季节的恶劣天气里造成道口附近温度过低，葡萄早衰或遭受冻害。因此，在侧墙一侧通道口或靠近侧墙的后墙上开门，外面修建与墙体连成一体的耳房（管理房），同时做为缓冲房，可避免冬季冷风直灌，减轻门口附近的葡萄遭受冷害。门口冬季挂棉门帘。耳房大小根据需要，但房门口与墙体门呈垂直，并避开冬季主风向。

⑨通风口与防寒沟。通风口是为了换气、排湿和降温，但要注意防寒、防病虫。经验证明，实行扒缝通风的效果较好，即在扣膜时，用两块膜，下部膜覆到屋脊预留上风口处，上部一条膜覆住 0.6～0.8 米的通风口，上部膜一边固定在后坡上，另一边将下片膜重叠压住 0.2～0.3 米（膜上均需拉上压膜线），两边固定在侧墙上，通风时扒缝或松开压膜线拉开。

在冬季寒冷的地区，棚内栽培床与棚外地面近平的日光温室，冬季夜间土壤横向散热较多，地温日变化大，并且土壤含水率越高，热导率越高。在前屋面外沿东西向挖 0.4 米宽，1.0 米深的防寒沟，先铺上塑料，填上干燥的碎草、落叶、炉渣等压实，再用膜包住防水，最后用土封住起垄，阻止前沿地温下降，也可采用苯板（厚 10 厘米）垂直于地面放入防寒沟中，起到绝热保地温不下降的作用。

⑩内设蓄水池。水池通常修在靠近门的山墙旁，蓄水量为 10～15 立方米的水池，用混凝土浇铸，水池设置为地上式，池底高出栽培床面 0.5 米，安装管道以利自压灌溉。也可建成地下式，用小型水泵抽取进行节灌溉。

（3）挖栽植沟　为了增加红地球葡萄早期产量，应加大栽植密度，植株对土壤要求较高。扎实做好开沟改土施肥工作，是丰产优质的基础。特别是黏重或沙性漏水漏肥的土壤，以及利用戈壁、沙漠等荒地更需做好土壤改良的基础性工作。

开沟：立架为南北走向，沟深、宽各 80 厘米，相邻两条沟的中心距离为 1.8～2.0 米；棚架为东西走向，一般沿温室南边挖 1 条栽植沟，或距北墙 1.5～2 米处再挖第二条栽植沟，沟深、宽各 1 米。挖定植沟时将表土与生土分开放置，沟开好后，暴晒 5～10 天。

回填施肥：沟内不要填入生土。沟底填入 10 厘米秸秆或杂草、树叶等；然后用熟土、沙子、有机肥各占 1/3 拌匀后回填到与地面平时，定植沟内撒 1 层过磷酸钙（亩施 150 千克）。然后起垄，顺沟灌 1 次透水，使垄内土壤沉实。沉实后，修整成宽 70～80 厘米，高 10～15 厘米垄面。

（4）苗木栽植

①苗木选择。选择枝条成熟度好、直径在 0.5 厘米以上、有 3～5 个饱满芽、根系发达的抗寒砧嫁接苗。

②栽植时间。早春栽植，可在前一年夏秋季开沟施肥，等秋冬茬蔬菜采收后定植；秋栽，可在 11 月上、中旬设施内进行定植栽浅埋土越冬。

③苗木处理。栽前将苗根系在清水浸泡 6～8 小时（有条件用 ABT 生根粉低浓度水溶液中短时浸一下），栽前剪去过长根系，保留 10～12 厘米。

④苗木栽植。南北行向按株行距 0.8 米×2 米，东西行向按株距 0.6 米，在定植垄上打点放线挖定植穴，留小土堆并踩实呈馒头状。将苗直立放馒头形土面上部，向四面舒展根系，用沙土回填、踏实，忌栽苗过深。如棚内墒情好，苗穴点浇小水后覆地膜；如棚内墒情差，在行间浇 1 次浅水后覆膜。放下棚面草帘遮阴，保持垄内土壤较高温度，棚内有较高的空气湿度，是提高栽植成活率的关键。

（5）栽后棚内温、湿度管理　定植后分四个阶段用拉草帘进行温度管理。栽植后第一个 5 天：全部放帘，白天温度控制在 10～12℃，夜间 5～7℃；第二个 5 天：隔 3～5 帘拉 1 帘，白天将温度控制在 13～15℃，夜间 7～9℃；第三个 5 天：拉 1 帘放 2～3 帘，白天将温度控制在 16～20℃，夜间 10℃；第四个 5 天：拉 1 帘放 1 帘，白天将温度控制在 21～25℃，夜间 10～12℃；此时，正常情况下，应全部发芽，3～5 天就会展叶。展叶后，必须充分见光，白天全部拉开草帘，温度控制在 25～28℃，如温度超过 28℃既拉开上风口通风降温。

在夜间棚外温度连续 1 周稳定在 15℃以上时，可夜间不关闭上、下风口，适应一段时间后，既可在阴天或下午揭去棚膜改为露地生长（取膜前 1 天在行间浇 1 次水）。

2. 夏季枝梢管理

（1）抹芽、定梢　定植当年，苗木生长到 10 厘米左右时开始抹芽，到 20 厘米左右时进行定梢，每株选留一个壮梢做主干或主蔓，其余芽抹除。设施内 2～3 年生结果株抹芽要早，一般在新梢生长到 5 厘米时，抹除萌发的并生芽、弱芽及过密芽（原则是：去弱留强，去上留下，去斜留直）；同时根据产量进行定梢。避免留枝过多，导致架面过分密集、通风透光差、无效叶片多，并给病害发生创造有利条件，同时也影响果实的品质。

（2）绑蔓、除卷须　当主梢长到 50 厘米左右时进行绑蔓，卷须应在绑蔓时随时去除。当主梢长到 1.3 米时，将主梢 80 厘米以上部分向南水平绑到第一道铁丝上，剩余的50 厘米进行摘心。在主梢 80 厘米处抽出的另一个枝条长到 50 厘米时，再向北水平绑到第一道铁丝上，并进行摘心，双臂已形成。双臂上水平生长的枝条在 5 片叶时进行摘心，并将水平生长的枝条全部引缚到第二、三道铁丝上。

（3）摘心　由于红地球葡萄属于坐果率高，果穗紧凑的品种，摘心度要轻。一年生苗主梢摘心以粗度和时间而定，原则上直径 1 厘米或以上的主梢第一次摘心长度在 130～140 厘米时；直径 0.8 厘米左右的新梢第一次摘心长度在 100～130 厘米；直径 0.5 厘米左右的新梢第一次摘心长度在 60 厘米。结果枝的新梢进行花前摘心；营养枝按粗度和叶数摘心，强枝留 8～10 片叶、中庸枝留 5～7 片叶、弱枝留 3～4 片叶摘心。

（4）副梢管理　幼龄结果枝上的副梢，果穗以下留 1 片叶摘心，并采用一次性根除法（即绝后摘心法），除去一次副梢上的夏芽使二次副梢不能萌发。1 年生营养枝长到 80 厘米时，将下部所有的副梢留 1 片叶进行"绝后"摘心，双臂上的枝条长出的副梢留 3 片叶反复摘心。2～3 年生结果枝上的副梢，果穗上下各留 1 片叶"绝后"摘心。主梢摘心后，顶部萌发的 2 个副梢留 5 片叶摘心，之后 2～3 次副梢留 2 片叶反复摘心处理。

3. 花果管理

（1）疏花定穗　按负载量和平均单穗重，确定每株留穗数，疏去多余的花序。如树势强健、土质条件好、有机肥料充足、当地有效积温较高、无霜期长可适当提高产量，使果实推迟成熟。此类地区的日光温室，幼树第一次挂果的亩产量应控制在 500 千克以内；一般栽植后 3 年进入盛果期，产量可控制在 2 000 千克/亩。反之积温短、土质差、有机肥料不足的地区，盛果期产量也只能控制在 1 500 千克/亩；留果偏多会严重导致果实变小、品质下降，并且枝蔓成熟差，越冬发芽率低，影响翌年结果。

（2）果穗整理　果穗的优良程度一方面取决于对树势的培育与管理，另一方面取决于疏果工作的好坏。如果不加控制，红地球葡萄的果穗一般都会超过 1.5 千克，果粒则会在 10 克以下，并形成大量的大小粒和内部着色不良的产品，大大降低了其商品性。生产上主要措施是：树势强壮的，每株留 8 个果穗；树势中庸的，每株留 6 个果穗；树势较弱的，每株留 4 个果穗；每个结果枝留 1 个果穗。单穗重应控制在 1 000 克以内，这样在生产管理措施到位的前提下，果粒单重就可达 12 克以上，色泽鲜艳，品质优良。一般在花前 5～7 天做好顺穗的同时，除去靠穗轴基部的 2～3 个副穗；花前 3～5 天根据果穗大小掐去 1/4～1/3 的穗尖，这是提高坐果和生产大果的关键措施之一。花后果粒直径在 0.5～1 厘米时，疏除小果，调整果粒间距使全穗果粒分布均匀。定果时大穗保持 70～80 粒、中穗 50～60 粒、小穗 30～40 粒。

（3）果实套袋 经过套袋的果穗病虫害明显减少，果粒着色适量，克服了因海拔高，紫外线强及生长期长而导致的着色过重发紫的问题，同时果粉保存完好，果面洁净，能充分体现出红地球葡萄品种的特有自然美。此外，能有效防止农药和其他有害物质对果实的污染。

果实套袋时间在不同立地条件下差异很大，一般在果粒直径达到 1 厘米（约蚕豆大小）到初着色时进行。套袋时要剪除病果、畸形果、小果粒、伤害果进行定果，并对全穗喷 1 次广谱性杀菌剂，晾晒 24 小时后即可进行套袋；选择红地球葡萄专用纸袋。套袋后要在纸袋上方"打伞"，加盖 1 层伞状纸罩，防止袋内温度过高引起日灼。

套袋时，要充分吹气打开口袋，将果穗套入，上口绑缚在坚韧的穗梗上，下部的通风口必须充分张开。套袋后定期随机检查袋内果实生长发育及有无病害。除袋时间，一般在采前 10～15 天进行，先将袋下部打开向上反卷成灯罩状使果实逐渐适应光照，3～5 天后全部取除。在冬季光照充足，果穗能在袋内良好着色的地区，可以不去袋，保持果面良好的果粉，带袋采收。

4. 土、肥、水管理

（1）土壤改良 北方大部分地区土壤偏碱性或黄土塬地区土质较黏重；另外，利用多年种植蔬菜的日光温室种植葡萄，由于长期大量施用化肥，土壤中矿物质积累多，土壤多呈盐渍化。这对葡萄的正常生长极为不利，定植前必须进行土壤改良。主要措施如下：

①盐碱大的土壤，开沟换土，客土定植。

②黏性较重的土壤，定植前开沟施肥、换表土时，加入 1/3～1/2 河沙，并增施绿肥和有机肥。

③深耕可以改变土壤的通透性，促进有机物的腐烂和分解。深耕结合施肥可提高地力，为根系生长创造良好的条件，促进新根生长，改善葡萄植株的吸收能力和营养状况，增强树势，提高树体的抗病能力。生产上通常把深耕与秋、冬果园施基肥结合起来进行。深耕的次数不宜频繁，3 年内进行 2 次为宜。

④中耕除草。日光温室内高温多湿的环境条件下，杂草生长迅速，葡萄生长期须进行多次中耕，以防止杂草滋生，保持土壤疏松通透，促进地表干燥。中耕的次数在生长期前宜勤，可以通过改善土壤条件，增加根的吸收功能，促进植株的迅速生长，新梢生长的后期要适当减少中耕的次数，促使新梢及时停止生长。生长期葡萄的须根在近地表处分布较多，中耕宜浅，以免伤根，引起伤流，一般不要超过 4 厘米。

（2）施肥、灌水 灌水可以与施肥结合起来进行。施肥要根据红地球葡萄萌芽至开花需要大量的氮素营养，浆果发育和花芽分化需要大量的磷、钾、锌元素，果实成熟时需要钙素营养，秋后需要补充一定的氮素营养的生长发育特点，进行合理、及时、充分的供给。全年可以进行四次施肥，前几次为追肥，最后一次为基肥。

温室葡萄的水分管理原则是：生长前期要保证充足的土壤水分含量，促进萌芽生长；花期适当控水促进开花、坐果；果实生长期要保证葡萄用水的需要，促进果粒膨大；果实变软着色时要停止灌水，控制土壤水分，以提高浆果含糖量，加速着色和成熟，防止裂果，提高果实品质。封冻前浇 1 次透水，以防越冬时枝条抽干。

①根际追肥。当年栽植的幼树，第一次追肥在苗高 20～30 厘米时，结合灌水在距植株 20 厘米左右处株施尿素 10 克左右；第二次追肥在第一次追肥后 15～20 天，结合灌水在距植株 30 厘米左右处株施尿素 20 克左右，第三次在第二次追肥后 15～20 天，将尿素和磷酸二铵等量混合，结合灌水在距植株 30 厘米左右处株施。设施内两年生以上植株（包括第二年）：芽膨大时每株开浅槽沟施尿素 50 克；7 月中～8 月中旬，连续两次结合灌水，株施复合肥 100 克。9 月初在当地常年早霜出现前，浇水追 1 次磷钾复合肥或磷钾混合肥，2～3 天后上棚覆膜。以后依据叶色、叶片衰老程度、果实着色、发育情况确定追肥种类和次数。

②根外追肥。一般在 7 月份，结合叶面喷药防病，加入 0.2%～0.3% 的尿素；8 月以后，结合叶面喷药防病，间隔 10 天，喷 1 次 0.2%～0.3% 的磷酸二氢钾，连喷 3～4 次。

③基肥。在 11 月下旬或采收后在距植株一侧 40～50 厘米处开挖宽 30 厘米、深 60 厘米的施肥沟，随挖随施有机肥（混合的鸡粪、羊粪、猪粪、农家肥均可）、绿肥或高温发酵的堆肥并混合施入 200 千克过磷酸钙/亩，碱性土壤可增施 10 千克/亩农用硫酸亚铁，施后立即顺沟浇 1 次小水并注意及时通风降低棚内空气湿度和有害气体。施肥时要注意：一是有机肥必须腐熟后方可施用，以免温室内施肥后发酵烧伤葡萄根系和产生有毒气体。二是在温室内追肥应以复合肥沟施为主，不应追施碳酸氢铵、硝酸铵等速效氮肥，以免产生有毒气体。如果在温室葡萄生长的前期追施尿素、硝酸铵肥料时应注意少量沟施和放风排气。三是在温室葡萄生产中，一般不在土壤中追施氯化铵和氯化钾，以免氯离子残留在土壤中，引起土壤盐碱化，毒害葡萄。四是追肥后应立即灌水，以免肥料烧伤根系。

④灌水。每次浇水要求水分能浸透根系分布层，一般要求达到 40～60 厘米深。日光温室以滴灌的节水技术最为适宜，既节约水量，又不影响土壤结构。如将化肥溶解在水中顺滴灌滴入土壤，更有保土、保肥、省工、省水的作用。其次定植带沟灌，忌全棚大水漫灌。前期升温后每次灌水均结合追肥，但肥量要小；特别注意后期覆盖棚膜后，要适度控水，补水以小水为好，采果后要灌 1 次较大的越冬水。

⑤排水。秋季多雨地区，设施内外均要预先做好排水沟，防止在上棚膜前大量降水造成栽培带内积水，引起苗木窒息死亡或生理障碍。

5. 温、湿度、光照及气体调控

（1）温度调控

①气温。每年 9 月下旬早霜来临前覆盖棚膜，通过揭盖保温帘（被）调控室内的温度。日光温室内的温度受外界影响，气温变化幅度极大。温度变化取决于太阳出没时间、天气状况及卷放帘时间早晚等因素。日出后揭开盖帘，阳光射入室内，温度迅速上升，下午 2 点左右达到最高温，以后随光线减弱外界气温下降而降低，4 点以后迅速降温。温室是密闭空间，温室内的温度变化与外界自然条件下的温度变化不同。晴朗的白天，温室内经常出现高温，如不采取通风换气等降温措施，从上午 9 点到下午 3 点左右，气温往往高于 30℃ 以上，寒冷季节室内外温差可达 40～50℃。夜间气温也较外界高 20℃ 左右，昼夜温差较大。生产中，在白天高温期必须采取通风换气等降温措施把温度控制在 30℃ 以下，夜间温度保持在 12～15℃。阴天的白天光线较弱，室内温度偏低，室内外温差较小。雨

雪天，在不揭草帘、不通风的密闭状态下，室温低而且日变化很小。

②土壤温度。土壤散热途径多，升温缓慢，在开始升温后，往往气温已达到生育要求，但地温不够，使葡萄迟迟不萌动。因此，提升地温就是当务之急，要控制灌水、勤松土、覆地膜等，逐步提高温室土壤温度。冬季外界温度低，温室土壤从中间到边缘水平温度梯度大。在大型温室里，从中间到边缘的降温梯度可达 0.5℃/米；小型温室，上层土壤的降温梯度可达 3.0℃/米。据观测，1 月份温室地温南北方向差异较大，以中部偏北最高，比南、北两端 0.5 米处分别高 7℃ 和 5℃ 左右。而且由于土壤的辐射和热传导作用，覆盖面积越大，土壤保温效果越好。土温的日变化最高温在 14 点以后，最低温在早晨日出前后，昼夜温差较气温小。由于日光温室能大幅度地提高冬春季节的温室气温，从而使葡萄有效生育期得到明显延长。

③越冬休眠期温度控制。休眠期棚内温度控制在 0～2℃，保持地面不结冰既可。冬季隔 10 天左右检查 1 次。如温度过低，全棚拉 3～5 个帘短期升温到 4～5℃ 既可放帘。

④越冬后温度控制。越冬期全天覆盖草帘一直到自然萌芽后开始升温。发芽前 10～15 天再喷施 1 次石硫合剂。萌芽初期开始缓慢升温，第一周白天 10～15℃、夜间 5～8℃；第二周白天 15～20℃、夜间 8～10℃；第三周白天 20～25℃、夜间 10～12℃；第四周白天 25～28℃、夜间 12～15℃；第五周后进入正常管理。

（2）湿度调控 秋季扣棚后，此时外界白天气温还较高，棚内空气湿度急剧增高。要注意调整果实二次膨大与空气湿度高易发病的矛盾。灌水时采用小水浅灌，将空气相对湿度调控在 55%～65%。

①换气。温室湿度过大时，要及时通风换气，将湿气排出室外，换入外界干燥空气。通风换气时排到室外既是湿空气，也是热空气；而从室外进来的既是干空气，也是冷空气。换气的结果必然是湿度降低，温度也随之下降。通常在 9 时 30 分即室温上升到 25℃以上时就要逐渐打开通风口，如果在 12 时至 15 时时间段内温度超过 35℃，相对湿度超过 65%，还要打开温室下边的棚膜，以降温降湿。关闭放风口的时间应根据第二天早晨温室温度情况来确定。从有效积累糖分看，早晨温室温度能保持到 10℃ 就可以。值得注意的是，换气量和换气时间都应严格掌握，如果在早晨高湿时换气，室温本来就很低，再通风换气造成降温，葡萄就要受害。

②地膜覆盖。温室内覆地膜，可使覆盖地面蒸发大大减少，从而达到保持土壤水分，降低空气湿度的目的。还可以减少灌水次数，保持土壤温度，效果很好。地膜覆盖一般在温室升温前后灌 1 次透水后进行，株间行间全部用地膜覆盖严密，接缝用土压好。有条件的地方结合膜下采用滴灌或渗灌间断地小定额供水，给作物根部创造一个良好的水分、养分和空气条件，室内湿度很小，病害轻。

（3）光照调控 葡萄是喜光植物，为增加室内光照，棚膜应选用无滴膜，并保持棚面清洁。一般 2 年换 1 次膜，在室外温度最高的时候进行。有条件的地区要每年换 1 次膜，这样更能保证果实的质量。在不影响温度的情况下，要时常打开通风窗通风换气。对留枝过密，影响果穗光照的幼嫩新梢适当疏去一部分，以改善葡萄果穗周边的光照条件。有条件的葡萄园还可采用补光灯、北墙粘贴反光膜、地面铺设反光膜等措施增加室内光照。

（4）气体调控

①二氧化碳浓度。冬季日光温室葡萄通过增施 CO_2，可提高光合效率。大气中二氧化碳的含量通常是 0.03%，虽然能保证葡萄正常发育，但若人工增施二氧化碳，则会获得更高产量。据测定，当二氧化碳浓度 300 厘米³/米³ 时，光合率为 10～20 毫克 CO_2/（分米²·小时）；当二氧化碳浓度 1 000 厘米³/米³ 时，光合率为 50～90 毫克 CO_2/（分米²·小时）。温室栽培，特别是在寒冷季节，气窗密闭，通风很少，室内二氧化碳含量较高，这是因为土壤中有机物的分解以及葡萄本身呼吸作用产生二氧化碳的结果，尤其在铺有酿热物、大量施用有机肥的情况下，其二氧化碳浓度更高。白天太阳出来以后，随着光合作用的进行，其二氧化碳含量逐渐减少，而且往往低于外界大气；但随着温度上升，气窗开启，通过空气交换后又接近大气含量。温室通风从下午 16 时密闭以后，其二氧化碳浓度不断增加，18 时是 600 厘米³/米³、22 时以后则达 1 000 厘米³/米³，这个浓度一直保持到次日清晨揭草帘前；揭草帘以后，随着光合作用的进行，二氧化碳浓度又急剧下降。一旦开窗换气后，很快与大气平衡，到了中午浓度又会下降，低于大气浓度。但若遇低温阴雨，开窗很少，这种低浓度状态时间就会更长。

②二氧化碳的作用。从二氧化碳浓度日变化看出，二氧化碳浓度与光合作用要求正好相反。早晨二氧化碳浓度较高，但光线弱，温度低，光合速率低；中午前后二氧化碳浓度低，而光合速率较高。二氧化碳浓度对光合作用的进行有明显的限制作用。可见温室中增施二氧化碳，能提高群体的光合速率，提高产量。一般来讲，二氧化碳的效果与温度、光照条件有关，光的强度越大，二氧化碳浓度越高，作物的同化量就越多。但浓度过高会引起气孔开度减小而使气孔阻力增大，阻止扩散到叶内，净光合速率不再增加，二氧化碳浓度达到饱和点。

③二氧化碳的施用方法。施用二氧化碳，一般有直接施用法和间接施用法。间接施用法是增施有机肥料，不仅可以增加土壤营养，同时有机肥料分解时所产生的二氧化碳，可增加室内二氧化碳的含量。

a. 液态二氧化碳施用方法。容积 40 升钢瓶可装液态二氧化碳 25 千克，两罐气对每亩温室来说，可使用 25～30 天。将装有液态二氧化碳的钢瓶放在温室中间，在减压阀的出口装上内径 8 毫米，壁厚 0.8～1.2 毫米的聚氯乙烯塑料管，再将塑料管架到温室拱架上，距温室顶 10～20 厘米为宜，再在管路上隔 1～1.5 米钻 1 直径 0.8～1.2 毫米的放气孔，气流经温室顶反射到全室内均匀分布。

b. 固态二氧化碳（干冰）施用方法。将计算好用量的干冰，用报纸包好或放在水中设法使其慢慢气化，可在所需要地点产生二氧化碳。但要注意其气化时消耗周围的热量，使温度降低，或在水中一次大量溶解时会造成危险。

c. 碳酸氢铵加硫酸生成二氧化碳施肥方法。（二氧化碳作为气肥，硫酸铵可作为土壤肥料），为使每亩温室二氧化碳达到 1 100 立方厘米/米，需浓硫酸 2.05 千克，碳酸氢铵 3.47 千克。浓硫酸先用非金属容器加水稀释成 5 倍液，一次稀释 3～5 天用酸量。将稀释后的硫酸按每亩 10 个容器分装，放置高度 1.2 米左右。每天将一日用量的碳酸氢铵分 10 份放入装稀硫酸的容器中，放入的速度不宜过快，全部放入以不低于 15 分钟为宜，10 个容器可巡回放入。

d. 二氧化碳施肥时期。每天日出后半小时开始，间断补充。光照度不同，二氧化碳施用浓度应有差异，如晴天为 1 000 立方厘米/米，阴天应为 500 立方厘米/米。当温室内二氧化碳浓度自然增多时，增施二氧化碳逐步减少，以防二氧化碳浓度过高加速植株老化或中毒。12 月下旬后外界气温低，棚内葡萄多数叶片基本衰老，光合能力下降，此时棚内补充 CO_2 已无多大意义。

e. 有害气体。因为温室密闭，施氮和有机物分解产生的有害气体发生后多在室内聚集，浓度很高，如不采取相应措施，则会造成人和树体受害。温室中有害气体主要有如下几种：

氨气：温室内施用尿素，尿素分解产生的氨气，如果超过 5 立方厘米/米，对作物就有危害作用。尿素施后第三、四天产生氨最多，作物受害最重，其特征是先呈水浸状，接着变成褐色，最后枯死，尤其叶缘部分，更易发生。温室施堆肥多也易受氨害，因为有机质本身分解也会产生氨气。土壤中形成大量的氨后，进一步使土壤碱化，严重影响有益菌类硝酸菌的活动。防止氨害的措施是，氮肥施用量不宜过多，结合灌水少量施入，施用尿素后立即覆土，也可以与过磷酸钙等酸性肥料混用，并充分灌水，可抑制氨害的发生，氨味过重时应及时开窗换气。

亚硝酸气（NO_2）：氨害的发生在施肥后 1 周内，如果在施肥后 1 个月左右受害，则多因为亚硝酸气所致。症状表现多在叶面，严重时除了叶脉以外，叶肉部分全体漂白、枯死，这种气体可以通过气孔或水孔进入组织侵入细胞。因为施氮肥在温度适宜时，经 2~3 天发生氨气，氨气进一步分解产生 NO_2 气，这种气体多在施肥后 1 个月左右产生。一般情况下，变成亚硝酸气后很快成为硝酸被植物所吸收，但若施肥过多，一时转变不成硝酸，亚硝酸气则在土壤中集积，葡萄就会受害。亚硝酸气体超过 2 微升/升时，葡萄就会表现受害症状。亚硝酸气的危害，较多发生于施用大量氮肥的沙质土壤中。国外报道，室内露水的 pH，可以预测亚硝酸气体的发生，这种气体未发生时，露水呈中性，发生后pH 下降，其限界点依作物种类而不同。

防止方法：一是施肥种类要选择，如尿素尽量减少在温室中使用，其他肥料也不要撒在土表，要同土壤混合或者施后覆土，肥料要分批分次施入，一次施肥不要过多。提高土壤 pH，有防止亚硝酸气化的作用。

6. 病虫害防治 红地球葡萄在日光温室栽培表现虫害少，病害严重，在设施延后栽培中，覆膜后日光温室内湿度大、通风差，容易发生病害。栽植的第一年因病害轻一般不采取措施；植株从进入第二年旺盛生长期开始，早中期会发生白粉病，后期会发生霜霉病、白粉病和灰霉病等多种真菌性病害。除通过控制灌水、及时通风、降低棚内空气湿度和加强夏剪，减少采前枝叶密度、叶幕厚度等栽培措施，降低发病的环境条件外，特别要注意利用生物和无残留化学药剂预防病害。每年冬季落叶 2 周后和升温发芽前 3 周各喷施3 波美度石硫合剂 1 次，并彻底清扫落叶、残枝，集中烧掉。生长季节针对发生的病虫害正确识别，及时轮换用药，防止产生抗药性。请参考总论第七章。

7. 产期调控

（1）设施红地球葡萄产期定向 根据市场需求预确定采收期，根据预定采收期和当地条件确定温室内应采用的光、热、水、肥、气调控和综合管理技术。一般年平均 7~

8℃的半干旱区产期可控制在 12 月中至翌年元月中旬；年平均 3~6℃的半干旱冷凉地区，产期可控制在 1 月中至 2 月中旬；年平均−1~2℃的高寒冷凉地区，产期可控制在 1 月底至 2 月下旬（表 1）。

表 1　设施红地球葡萄产期调控

年均温度（℃）	升温	花期	最晚采收	降温	休眠期
8.4~9.5	5 月上	6 月下	12 月下	12 月下	1 月至 4 月底
7.0~8.4	5 月上	6 月下	1 月下	1 月上	2 月至 5 月中
4.5~7.0	5 月中	7 月中	2 月上	1 月下	2 月至 5 月上
2.0~4.5	5 月中	7 月中	2 月中	2 月中	1 月至 4 月底
−1.0~2.0	5 月中	7 月中	2 月底	2 月底	2 月至 5 月上

（2）设施红地球葡萄质量标准　延后栽培由于生育期长，果实发育充分，在做好综合调控的条件下，可溶性固形物含量一般均能达 20％以上，内在品质极优。外观品质易受大气候和设施小环境及管理水平的影响。因此，人工综合调控技术十分重要，在特定大环境下科学的人工综合调控技术能显著改善外观品质。标准化栽培和适宜的调控技术可使日光温室延后生产的"红地球"葡萄达到穗形美观、色泽艳丽、果穗大小适中、果粒大而整齐，可溶性固形物含量在 20％以上。

8. 冬季修剪　植株叶片全部呈黄色或脱落后，根据确定的树形进行冬剪或覆盖草帘越冬，在春季解除自然休眠前进行修剪。冬剪主要采用双枝更新和单枝更新，中、短梢混合修剪。红地球葡萄花芽分化较其他品种容易，冬季修剪应根据树势状况采取不同的修剪方式，树势较弱的应采用单枝更新法，树势较强的采用双枝更新法。同时也可以根据架面情况因地制宜地同时应用两种方式修剪。盛果期植株根据树体结果部位上移和多年生蔓光秃情况及时进行局部或部分主蔓回缩、更新。

（1）单枝更新　在一个枝条上同时培养结果枝和预备枝。春季萌芽后让结果枝上部抽生的枝条结果，将靠近基部抽生的枝条疏去花序培养成预备枝，冬剪时去掉上部已结过果的枝条，而将基部发育好的预备枝作为新的结果母枝，以后每年均按此方法剪留结果枝和预备枝。

（2）双枝更新　选择 2 个相近的枝条为 1 组，上部健壮的用中梢修剪，留作结果母枝，下部的枝条留 2 个芽短剪，作为预备枝。预备枝不结果，要充分发育，抽生成健壮的来年结果母枝。下年冬剪时，把上部已结过果的枝条从基部剪掉，对预备枝上的 2 个枝条，上部枝作结果母枝留 5 个芽修剪，下部枝留 2 个芽短剪，作为下一年的预备枝，以后每年如此进行修剪。

冬剪应特别注意，短截一年生枝条时最好在芽眼上方 2~3 厘米处剪截，减轻下部芽眼干枯的程度。此外，疏除大枝时，要注意分期（年）进行，不要一年中过多的造成机械伤口，并尽量避免在枝干同侧造成连续多个伤口。

新疆北疆红地球葡萄栽培技术

田勇[1]　　曾庆伟[2]　　田志宏[3]

（[1] 中国农业科学院果树研究所；[2] 国家农产品保鲜工程技术研究中心；
[3] 新疆新纪元高新农业股份有限公司）

新疆北疆，严格说是从乌鲁木齐以西，直到最西端的伊犁等广大疆土，通称北疆。而本文指的范围是博乐州和伊犁哈萨克自治州，其地理位置大约为东经 81°～86°、北纬 44°～46°，极端最低温度为 -32℃和 -29℃，≥10℃有效积温为 3 400℃和 3 640℃，年日照时数为 3 650 小时和 3 800 小时，年降水量为 210 毫米和 310 毫米；前者的土壤多为荒漠戈壁开垦区（沙土），后者则为沙土、沙壤土，还有耕地灰钙土，局部地区还有盐碱滩等。上述生态环境条件，必然会给红地球葡萄栽培带来利与弊。

1. 北疆为红地球葡萄提供产业发展良好的生态社会条件　在北疆种植红地球葡萄，曾一度是葡萄界争论的焦点。但许多开拓者和广大种植者的实践证明，在北疆不仅可以种植红地球葡萄，而且已经成为新疆乃至全国主要红地球葡萄生产基地。突出表现为以下几个特点：

第一，北疆的一些适宜地区，光热资源充足，为红地球葡萄生长发育、优质丰产，提供了极其有利的物候条件。北疆为我国西北地区的干旱地带，年降水量只有 200～300 毫米（隶属灌溉农业区），日照时数长，昼夜温差大，有效积温高有利于葡萄正常生长、发育和营养物质的积累，从而能更好地提高果实的品质，促进花芽分化和形成，增强果实的耐贮性。

第二，北疆的疆土辽阔（约 40 万平方公里），土地资源丰富，尤其是可开垦的土地面积很大，为葡萄产业化基地的拓宽，提供了极其有利的条件，特别是伊犁哈萨克自治州内的伊犁河水利工程的开发，南北两道渠的修建，可为伊犁 8 县 1 市再增加 500 万亩土地的灌溉面积，同时也为伊犁河谷红地球葡萄适宜栽培区域的发展，创造了极为有利的条件。

第三，北疆不仅是新疆农业发展区之一，也是最重要的牧业发展区。养牛和养羊业的发展，为农业尤其是葡萄产业的发展开辟了广阔的有机肥资源，为发展安全食品和有机葡萄，奠定了基础。

第四，北疆不仅为红地球葡萄产业发展提供了得天独厚的物候条件，而且在适宜发展区内，还有比现有红地球葡萄种植面积多千百倍的荒漠、戈壁，有待开发利用。按照我国现代化农业发展的模式，北疆不久将成为"优质高效农业"、"生态主体农业"、"生物有机农业"、"设施精准农业"、"观光旅游农业"优选地之一，并也将成为"有机葡萄"发展的主要基地。

第五，随着国家对"十二五"规划全面落实和"开发大西北，支援新疆经济建设"新高潮的到来以及与周边国家"边境贸易"的逐步发展,这也为北疆红地球葡萄产业的发展提供了良好的外部环境和发展机遇。

当然,北疆发展红地球葡萄也并非已达到十全十美的景地,还存在不少问题和缺陷。还有冷害(特别是倒春寒)、冻害、干旱、日灼、盐害等自然灾害;还有劳力不足、葡农文化素质不高、新技术普及缓慢、果品市场和交通不够发达,经济基础比较薄弱等诸多社会因素,需要逐步改善和有待解决。

2. 红地球葡萄建园特点 北疆的红地球葡萄露地栽培,90%以上的葡萄园,均采用水平式小棚架栽培,东西走向,行距为 3.5~4.5 米(大多数为 4 米);株距多为 0.6~0.8 米;亩定植株数为 210~280 株(3 150~3 900 株/公顷);采用独龙干修剪方法,少数采用篱架栽培,采用"双干"和"扇形"修剪。

北疆红地球葡萄多采用挖沟定植法,通常的定植沟挖成宽 0.6~0.8 米,深 0.8~1.0 米。但在新开垦的戈壁滩土地上定植,则要挖成宽 0.8~1.0 米,深为 1.0~1.2 米;而在荒漠的粉沙土上定植,则要挖成宽 0.4~0.6 米,深 0.5~0.6 米。定植沟的下层,一般要铺秸秆,施农家肥,上层施腐熟的有机肥作为基肥。

鉴于北疆地区的特殊气候条件和多含高盐碱的土壤,在红地球葡萄栽植上,突出表现以下三个特点:

①露地栽培的葡萄园,必须选择具有较强抗逆性的砧木培育成的嫁接苗,进行定植,才能获得优质丰产。这里提到的抗逆性,主要指砧木具有较强的抗寒、抗旱、抗盐碱、抗风沙等能力(图 1)。

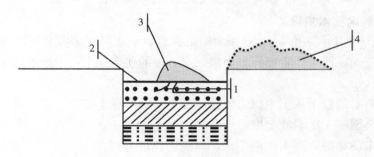

图 1 深沟浅栽定植法
1. 苗木定植位置 2. 地膜 3. 苗木顶部覆细土 4. 挡风土坡(北面)

②为了预防春季风砂的袭击,北疆地区栽植红地球葡萄通常多采用"深沟浅栽的方法进行定植,来预防风砂对嫩芽嫩枝叶的危害。

③北疆(包括伊犁地区的霍城、伊宁、新源等)春、夏、秋季气候干旱,降雨量较少,而冬季降雪量很大。春暖解冻之时,大量雪水渗入土壤中,使其土壤的持水量达到 30%以上。当地群众利用这种好墒情,定植红地球葡萄苗木不浇水,直至苗木长出新梢嫩叶后,才浇第一次水。这种栽植方法叫节水埋土阿芽定植法。具体做法如下:

a. 定植沟必须在秋末冬初大地未封冻前挖好,有利于冬季贮雪、蓄水和春季快速定植。定植沟深挖到 70~80 厘米,宽 80~100 厘米,沟内使用的农家肥和回填土沉实后应低于地面 20~30 厘米。

b. 苗木在春季解冻栽植时间愈早愈好，可以充分利用春天的光热条件，促使根芽早萌动，早生长，从而延长葡萄生长发育周期。

c. 在土壤有适宜的墒情时，苗木立即定植。定植时苗木的顶芽上盖 7～8 厘米厚的湿土，上覆地膜，促使地温不断提高，加快萌芽和生根的时间。

d. 为了充分利用春季向阳面的光热条件，在东西向定植沟北面隆起高 20～30 厘米的土垄，既可挡风，又可增加沟南坡的光和热。苗木摆放在定植沟内要有 25° 的倾斜度，即苗木顶芽向北倾斜，苗根向南倾斜（图 2）。

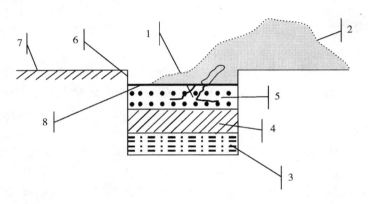

图 2　节水埋土闷芽定植法

1. 葡萄定植方法　2. 埋土位置及深度　3. 定植沟底部铺秸秆　4. 有机肥和熟土混合层
5. 熟土定植层　6. 定植沟栽植最低面距地面高度（15～20 厘米）　7. 未动土层　8. 地膜

3. 结果树栽培技术规程

（1）出土（4 月中下旬）　春季大地解冻后，土壤温度逐步上升到 10℃ 以上，结果树的根系开始活动。此时的主要标志为根、干、枝的伤流到来，生产管理工作主要有以下几个方面：

①将埋土防寒的枝干从土中扒出放在地面上，不要急于上架，以防倒春寒的危害。平整防寒土后，全园喷 1 次 5 波美度石硫合剂。

②枝蔓尚未萌芽前，浇 1 次催芽水，以浇透浇足为宜。

③在萌芽初期（脱绒期），再喷施 1 次 3～5 波美度石硫合剂。

④为防倒春寒，枝蔓虽已萌芽，但需等到倒春寒过去后才能上架绑缚。

（2）抹芽定枝期（5 月上中旬）　葡萄树上架后至展叶期。此时的主要管理工作是抹芽定枝。抹芽定枝的原则有以下几个方面：

①要根据结果树的架形确定留芽留枝的数量。

②要根据树龄来确定留芽留枝的数量。

③要根据产量确定留芽留枝的数量。

④要根据树势强弱确定留芽留枝的数量。

⑤要根据当地的物候条件确定留芽留枝的数量。

（3）疏花疏果期（5 月下旬至 6 月上中旬）　从 5 月下旬花序完全展开，到开花结果后的幼果期，均是疏花疏果的时期。疏花疏果的目的主要是为了提高果品质量，增加商品果率；使结果树健壮生长，达到年年优质丰产；增强树体的抗逆性（抗寒、抗旱、抗病）；延长植株的寿命等。

疏花疏果的方法很多，在抹芽定枝时，抹去多余的嫩枝和带花序的新枝，就已经开始了疏花疏果。疏花疏果是一项费农时的工作，进入丰产期的葡萄园，按常规进行疏花疏果，尤其是疏单粒，每亩要花费 8～10 个工作日。因此研究一种新的疏花疏果的方法，是广大葡萄种植者向往已久的。有人试图用灌水和化学方法进行疏花疏果，均未获得成功。北疆乃至整个新疆地区的红地球葡萄种植区，因特殊的物候条件，葡萄树容易形成花芽，疏花疏果的用工量太大，因不能及时完成该项工作而造成果品质量下降和形成大小年的状况。为此，我们提出了"疏花疏果三步法"，已在生产中得到认可。

所谓"疏花疏果三步法"，简单来说就是去副穗、掐穗尖、疏支穗。去副穗要在花序分离期就要进行，去的时间愈早，做的越彻底越好；掐穗尖应在花穗全部展开，个别花穗已经开始开花，效果最好；疏支穗应在落花后 10～15 天进行，它是疏花疏果最后一道工序，也是穗形大小和每穗果粒留多少的一项决定性措施，通常情况下疏支穗后，每穗应保留 6～8 个支穗，果粒数量为 60～80 粒，这样每穗果重为 800～1 000 克，平均单粒重达12 克以上，成为国际商贸市场上流通的一级果标准。

（4）结果树的修剪技术　由于红地球葡萄生长在北疆这种特殊的物候条件下，它的修剪技术就与东部诸省湿润地区有许多不同：第一，冬秋季休眠期的修剪。北疆红地球葡萄多采用短梢修剪，甚至超短梢修剪。而东部诸省多采用短梢或中梢修剪，以确保留住花芽。第二，东部诸省湿润地区为了确保花芽的形成，采取了多种架形树形修剪，如小棚架、Ｖ型架、高冠垂、高冠大棚架等，不敢采用篱架，否则不容易形成花芽，产量很低。但在北疆，不论采用哪种架型，特别是篱架，照样能形成花芽，产量很高。

北疆红地球葡萄与我国其他产区的红地球葡萄相同之处是，葡萄生长期的修剪几乎贯穿到整个生长期。具体技术如下：

①在葡萄的生长期，一开始就要抹去主干基部的枝条，以利于通风透光。不同架型，抹去的高度有所不同。Ｖ型架抹去的高度为 30～40 厘米；独龙干小棚架抹去的高度为50～60 厘米；高冠垂架型，则要抹去 100～160 厘米的高度。

②主蔓头的摘心。主蔓头的重摘心，视其生长势强弱而定长短，同时也要根据留的架面而定。主蔓头重摘心出来的副梢留 2 片叶反复摘心。主蔓枝上每个节间出来的副梢，应留 1 片叶绝后摘心。

③结果枝摘心。通常情况下，红地球葡萄的结果部位应在结果枝的 3～6 片叶腋内（个别也有在 7～8 片叶腋内的）。因此，结果枝应采取重摘心，应在结果部位向上留 4～7片。摘心处长出的副梢留 2～3 片叶反复摘心。

④营养枝的摘心。营养枝是当年制造营养，第二年结果的主要枝条。营养枝应从基部算起，在 7～9 片叶处，进行重摘心。摘心处的副梢留 2 片叶反复摘心，其余各节间的副梢留 1 片叶绝后摘心。

⑤副梢的处理。结果枝部位以下的副梢应全部抹去，促使枝梢基部通风透光，副梢叶片保留多少和多茬副梢去留，取决于整个结果树的叶果和枝果比。应引起足够的重视。

结果树的叶果比应为 40～60（叶）：1（果穗），也就是说红地球葡萄每结 1 穗果，需要有 40～60 片叶制造营养，才能满足它的需求。而美国、澳大利亚、南非、智利等国家种植的红地球葡萄，1 穗果实往往要有 80～100 个叶片供给营养。

结果树的枝果比，分为幼树结果的枝果比（2∶1）；成年结果树的枝果比（1∶1 或 1∶0.5）。

副梢在结果树上数量甚多，副梢及副梢产生的叶片更多，按照副梢形成的不同时间，人们把它们统称为二代叶、三代叶、四代叶等。众所周知，葡萄的叶片，从展叶开始制造营养到长大成叶达到制造营养最高值，大约经历 45～50 天，一直到失去制造营养的功能，只有 60～70 天的时间，在这个时间内，叶片被称为功能叶。随着叶龄的增大，功能叶丧失制造营养能力的就越多，只能靠副梢上的叶片来接替它们制造营养。这就是夏季修剪需要保留更多副梢叶片的主要理由。结果树在正常生长发育的情况下，只要留足 2～3 代副梢叶片就能够创造出更多的树体贮藏营养。

（5）结果树施肥技术　红地球葡萄在任何栽培环境条件下都需要各种营养，来供给它生长发育，开花结果。这些营养按其有效成分划分，应分为大量元素（N、P、K）、中量元素（Ca、Mg、Zn 等）和微量元素（Fe、S、Na、Cu、Mn 等）。若按肥料性质来划分，又可分为有机肥（如有机质、有机氮磷钾、有机钙镁锌铁等）、无机肥（各种化肥）和生物菌肥三大类。

按照北疆可种植红地球葡萄土壤的理化性状和测土配方施肥的原则，红地球葡萄结果树在一年的生长发育的周期中，所需各种肥料的种类及配比应是：萌芽至开花前，使用氮磷钾的比例为 2∶1∶0.5；落花后至果实膨大期，使用氮磷钾的比例为 1∶1.5∶1；果实着色期至成熟期，使用氮磷钾的比例 0.5∶1∶2。

鉴于上述情况，我们认为，北疆红地球葡萄的发展和产业化生产，应不断的革新技术，改变过去落后的施肥技术，做到以有机肥为主，尽量不施化肥，结合节水灌溉，多施有机冲施肥。具体做法如下：

①结果树的秋施肥。以生物菌肥和生物有机精肥为主，结合改良土壤，增施秸秆肥。秋施肥的时间不应放在葡萄落叶后使用，而应提前到采果前施完。

②结果树葡萄的追肥，应使用有机冲施肥。使用这种水肥，应根据葡萄不同物候期所需养分，进行调配。结合节水灌溉（滴灌、龙泉灌）的方式，把营养直接送到葡萄根系周围。

③提倡使用生物有机精肥。这种肥料是把有机肥精制原料内加入，通过螯合技术把无机营养转化成有机营养的有效营养而合成的速效性肥料，对于提高葡萄的质量，增加果实含糖量，起到决定性作用。

4. 葡萄病虫害防治　红地球葡萄病虫害防治要始终坚持"以防为主，综合防治"的方针，认真做好预测预报工作，杜绝使用剧毒农药，最大限度减少使用化学农药的次数。

附表　北疆红地球葡萄病虫害防治历表

防治时期	防治对象	防治方法	其他农业技术措施
萌芽期（出土上架至芽变绿之前）	杀灭越冬的病原菌和害虫，如白粉病、灰霉病、白腐病等，短须螨、介壳虫、毛毡病（壁虱类）等	喷洒 3～5 波美度石硫合剂	配合使用有机冲施肥杀灭在土壤中越冬的病原菌和害虫

（续）

防治时期	防治对象	防治方法	其他农业技术措施
展叶期（展出 3～4 片绿叶）	防治黑痘病、灰霉病和毛毡病等	喷洒嘧霉胺（40%）1 000 倍液或 2% 的阿维菌素 3 000 倍液或 300 倍苦参碱液	预防因倒春寒引起的新梢冷害
花序分离期至开花前	主要防治灰霉病和穗轴褐枯病、白腐病及黄化病	喷洒阿米西达 2 000～3 000 倍液加 50% 的保倍 3 000 倍液	结合追施多元素速效肥（尤其是铁锌）防治黄化病
落花后至幼果期	根据病原基数进行预防，防治对象为白腐病、霜霉病，继续防治黄化病，防治日灼	50% 金科克 4 500 倍液加保倍 3 000 倍液	根施氨基酸锌钙铁治疗黄化病，对向阳的果穗进行遮阴（打伞）或用叶片遮盖
果实第一次膨大期至封穗期	主要防治霜霉病，果穗酸腐病、白腐病及虫害	喷洒 80% 的必备 800 倍液加 50% 金科克 3 000 倍液、97% 的抑霉唑 4 000 倍液、歼灭 3 000 倍液	结合果实套袋，把防治重点转到枝梢上
果实第二次膨大期至果实成熟期	主要防治白粉病、霜霉病和叶斑病等叶梢病害	喷布碱皂混合液 1 次（0.2%～0.3% 食用碱加 0.1% 肥皂），20% 的苯醚甲环唑 3 000 倍液	结合追施果实第二次膨大肥，每隔 15 天喷 1 次 0.2% 磷酸二氢钾，提高植株的抗病性
果实成熟期至采收期	清除果实病害，深埋烧毁	结合采前 7～10 天整理果穗，将剔除的病烂果粒移出果园	

新疆北疆塑料日光温室葡萄栽培技术

田勇[1]　曾庆伟[2]　田志宏[3]

([1] 中国农业科学院果树研究所；[2] 国家农产品保鲜工程技术研究中心；
[3] 新疆新纪元高新农业股份有限公司)

北疆伊犁、博乐、乌鲁木齐等地区的设施葡萄，主要是塑料日光温室。这些地区所建的塑料日光温室大棚，规格、形状基本相同，并且低于地面0.8米。

1. 塑料日光温室大棚建设的场所选择和规格　上述这些地区采用塑料日光温室大棚栽培葡萄，多选择在平地上或向阳的山坡地。每个大棚的大小为：长60～90米，宽8～10米，棚顶最高处为4～5米，最低处为1.4～1.7米，大棚的墙多用土干打垒打成，三面墙的厚度一般为3～4米（最厚达到6米以上）；大棚走向为东西向，并向西偏5°角；棚底低于地表面0.7～0.8米。少数大棚的三面墙由砖砌成，墙厚度0.8～1.0米，墙中间加保温层，棚底与地面相同。

塑料日光温室大棚的棚面多用0.10～0.12毫米厚的聚乙烯或聚氯乙烯覆盖，为使用方便，塑料膜按要求切成上、中、下三层使用。冬季防寒使用草帘或棉被覆盖。

2. 塑料日光温室大棚的管理　塑料日光温室大棚的管理，始终围绕着光照、温度和湿度三个基本条件及三者相互关系的作用，在不停地调整中进行着。

（1）光照条件　塑料日光温室大棚在建设和使用中，都要特别重视光的采集和利用。日光的作用主要是为塑料大棚提供热能和光合生产营养。

但是，塑料日光温室大棚采集到的日光，绝对不是太阳的直射光，而是被棚膜过滤过的"日光"。这种"日光"中的紫外光和红外光被塑料膜过滤掉了20％～30％；这种"日光"参与植物的光合作用与直射的日光相比，有一定差异。由于各地的日照时数不同，可采集的日光数量差异甚大，因此，利用塑料日光温室大棚种植的葡萄，即使是同一个品种，与露地相比，所获得的产量和质量均有很大差异。例如北京市郊区露地栽培的红地球葡萄与伊犁地区露地栽培的红地球葡萄质量有差异；而采用塑料日光温室大棚栽培，北京与伊犁相比，不仅产量相差甚大，而且质量相差更大。

（2）温度条件　温度是塑料日光温室大棚种植葡萄的主要条件之二。葡萄不同品种和同一个品种不同砧木，在葡萄的不同物候期所需温度均有较大的区别（表1、表2）。

（3）空气相对湿度和土壤的供水需求　在葡萄的生长季节塑料日光温室大棚内的相对湿度，应尽量控制在60％以下。棚内温度高，湿度大，会造成葡萄徒长，并推迟成熟期。

表1　不同品种和不同砧木在日光温室大棚内所需温度

品种	物候期 温度(℃)	萌芽期 最低	萌芽期 适宜	开花期 最低	开花期 适宜	果实膨大期 最低	果实膨大期 适宜	成熟及采收期 最低	成熟及采收期 适宜
红地球	自根	12~13	20~24	12~13	20~25	18~20	24~28	8~9	24~30
	贝达	7.6~8	20~24	12~13	20~25	18~20	24~28	8~9	24~30
夏黑	自根	11~12	20~26	10~11	20~25	16~20	24~30	18~20	24~32
	贝达	7.6~8	20~26	10~11	20~25	16~20	24~30	18~20	24~32
金手指	自根	11~12	20~25	10~12	20~25	15~20	24~30	16~20	24~32
	贝达	7.6~8	20~25	10~12	20~25	15~20	24~30	16~20	24~32
巨峰	自根	12~13	20~25	13~14	20~24	15~20	24~30	12~14	20~28
	贝达	7.6~8	20~25	13~14	20~24	15~20	24~30	10~13	20~28

表2　塑料日光温室大棚内不同品种和同一品种不同砧木对延迟成熟所需温度条件

品种	物候期 温度(℃)	萌动期 (6月初至7月上旬) 最低	萌动期 适宜	开花及幼果期 (7月中旬至8月上旬) 最低	开花及幼果期 适宜	果实膨大期 (8月中旬至10月中旬) 最低	果实膨大期 适宜	果实成熟期至采收期 (10月下旬至1月上旬) 最低	果实成熟期至采收期 适宜
红地球	自根	13~15	20~24	15~16	20~25	10~15	25~30	6~8	16~22
	贝达	8~10	20~24	15~16	20~25	10~15	25~30	6~8	16~22
克瑞森无核	自根	14~16	22~24	15~17	20~25	14~16	24~30	6~8	16~20
	贝达	8~10	22~24	13~16	20~25	14~16	24~30	6~8	16~20

温度低，湿度大，又会引发低温真菌病害，如灰霉病等。但空气相对湿度过低（20%），加上棚温过高，又会诱发白粉病大量发生。控制棚内的湿度有多种方法，如用滴灌加覆膜，地面铺草等。

葡萄生长发育过程的不同物候期，对水的需求量差异甚大。通常来说，从葡萄的萌芽期（伤流期）开始，土壤的持水量应达到25%以上，开花期停止灌水，并保持稳定的持水量20%左右。到了果实膨大期（直到成熟期前），葡萄需要充足的水分，以便促使果实迅速膨大。但到了成熟前的10~15天，葡萄应停止灌水，以利于提高果实的含糖量，增加果实的耐贮性。

对大棚内延迟采收的葡萄，进入成熟和延迟采收的时期内，要逐渐减少灌水量，使其能达到维持正常生命活动为标准。对于提早成熟栽培的葡萄，应在采摘后，结合施肥立即灌水，以利于恢复树势和花芽分化。

3. 塑料日光温室大棚葡萄栽培技术　大棚葡萄栽培，是由人们无法完全控制的大环境，进入到人们完全控制的小环境来，在这种小环境内，人们完全可以施展各种栽培技术，达到预期目标。

①随着塑料日光温室大棚栽培技术的不断创新和迅速发展，大棚栽植葡萄的密度由原来的稀植，逐渐向密植发展，甚至向高密植发展。定植方向由原来的东西行改向南北行。由原来的小棚架，改为篱架、T形架，V形架，倒T形架等；由原来的单枝更新、双枝

更新，改变成"一年生枝条轮流结果"等。

②采用 V 形修剪法在大棚内栽植，采用南北行向，行距为 1.8～2.4 米，株距为 0.3～0.6 米。若采用 1.8 米行距，0.3～0.4 米的株距，每次可定植 925～1 233 株；若采用 2.4 米的行株，0.3～0.4 米的株距，每次可定植 695～926 株。

不论是 1.8 米还是 2.4 米的行距，均由单行变成 V 形双行，每株树由单一休眠枝弯曲后，生出 4～6 个枝条，其中 3 个枝条作为结果枝，另外 2～3 枝条作为营养枝。冬季休眠修剪时，每一根营养枝作为明年的结果母枝，其他枝条全部剪掉。

③高密度的栽培方式，需要大肥大水才能获得优质高产。大棚葡萄每次的施肥量，应根据定植株数，土壤的理化性能而定。通常情况下，每年使用底肥（基肥）应达到 4～5 吨。追肥每年至少 3 次，应以水肥中的冲施有机肥为主。第一次在萌芽期，第二次在果实膨大期，第三次在果实着色期。另外在花芽分化期和枝条木质化期间应增施磷、钙、钾肥，以叶面喷施、根外追肥为主，使用的肥料种类有：磷酸二氢钾、氨基酸钙、黄腐酸钾等

宁夏回族自治区红地球葡萄露地栽培技术

李玉鼎[1]　梁玉文[2]　罗全勋[3]

([1] 宁夏大学；[2] 宁夏农林科学院；[3] 宁夏银川市心连心葡萄服务有限公司)

宁夏回族自治区地处祖国西北、黄河中上游，总面积 6.64 万平方公里。贺兰山耸立北部，是银川平原天然屏障；六盘山雄踞南端，是西北地区重要的水源涵养林区，黄土高原上的绿岛；罗山傲然独立于中部，苍翠巍峨被誉为"瀚海明珠"。黄河西入北出过境 397 公里，灌溉之利养育了宁夏平原。宁夏被誉为"塞上江南"。

宁夏红地球葡萄主要栽种在贺兰山东麓各市、县及吴忠市红寺堡区等，同属于中温带干旱气候区，降雨量少、蒸发强烈、空气干燥、气候温和、日照充足、昼夜温差大，为典型大陆性气候。贺兰山东麓及吴忠市红寺堡区都属于国家葡萄酒地理标志产区，也是红地球葡萄品种适宜栽培区。宁夏南部各县由于海拔高、温度较低、积温不足，红地球葡萄不能露地栽培，近后设施葡萄延后栽培兴起，但目前面积较少。红地球葡萄主要栽培区，有利于葡萄生长发育的生态条件是：①气温条件，葡萄生长季节（4～10 月）大于 10℃ 的活动积温为 3 300℃ 以上，加之当地积温增效作用（夜间温度低，积温有效性强），具有发展晚熟葡萄品种的优越条件。②降水条件，贺东地区及红寺堡区，平均降水量仅有 193.4 毫米，但有便利的引黄灌溉条件，可以在 4～10 月生长期内及时得到灌溉。葡萄成熟期间降雨量少，不仅有利于葡萄品质的提高，同时也减少病虫害的发生，是天然的绿色果品区。③光照条件，光能资源丰富，日照时间长，全年日照时数达 3 000 小时左右，由于海拔高、紫外线强，陆地栽培的红地球葡萄呈紫黑色。④土壤条件，葡萄种植区土壤多为灰钙土（淡灰钙土）、灌淤土和风沙土，灰钙土（淡灰钙土）和风沙土土质多为沙性、质地疏松、富含钙质，通水通气性能强，使葡萄具有较高的质量。在灌淤土上种植的红地球葡萄，由于土壤比较肥沃，产量较高。因此，在评价红地球葡萄优质生态区的指标上，贺东及红寺堡地区的某些生态条件甚至优于许多世界著名的葡萄产区。

贺兰山东麓气候特点可概括为：春暖快、夏热短、秋凉早、冬寒长。由于受周围沙漠气候的影响，气温变化剧烈，生态优势突出，气候劣势也十分明显。宁夏红地球葡萄栽培 10 余年来，也证明了这一点。由于对灾害性气候因素的忽视，对周期性的冬季冻害，早、晚霜冻，土壤瘠薄等认识不足，建园初始没有采取相应的预防性规避措施，致使葡萄栽培自然灾害接连不断。只有正确认识当地生态条件的利与弊，趋利避害，才能步入一条持续稳定发展之路。

1. 葡萄园建园特点

（1）土壤准备　土壤准备是为葡萄根系创造一个深厚而疏松、肥沃的生长环境，必须深翻、施肥、改良土壤。

宁夏葡萄基地主要土壤类型为灰钙土、风沙土和灌淤土；特别是灰钙土和风沙土地区，灰钙土成土母质以洪积冲积物为主，土壤质地偏沙、混有大小不等的鹅卵石，土壤颗粒对营养元素的吸收作用较小，土壤氮、磷、钾及微量元素容易流失而缺乏。风沙土在我国土壤分类中属于初育土，土壤发育、成土作用极其微弱，剖面无明显发生层次，没有成土过程。风沙土通体为沙土，而且90%以上（有的高达99%）是粒径在0.05～0.25毫米的细沙，色调较浅，经过风力分选，颗粒组成十分均匀，粗沙、粉粒和黏粒都很少。风沙土持水能力很小，灌溉和降雨后，由于重力作用水很快下渗、淋入深层。风沙土有效水范围很小，土壤水分常年接近或达到风沙土凋萎湿度。

在灰钙土和风沙土地区必须重视葡萄建园质量，重视富含纤维素及碳水化合物的能量型有机质及富含蛋白质等营养型有机质的施入。

①挖沟、施肥、换土。葡萄建园采用平地栽植是造成葡萄根系年年不同程度受冻的直接原因。沟栽法：即将葡萄幼苗种植在深20～30厘米的浅沟中，使葡萄的主要根系分布在土温高于-5～-4℃的土层内；这是迄今预防葡萄根系冻害最有效的方法。沟栽法另一作用是葡萄枝蔓埋压在地面以下的浅沟中，早春的变温对其影响较小，葡萄可以较晚出土、躲避早期晚霜。沟栽法改变大水漫灌为沟灌，可以节约用水一半以上。

栽植沟应与行向一致，并与葡萄架式相关。篱架以南北行向为宜，棚架以东西行向更好。采用挖宽、深各0.8～1.0米的带状沟，亩施有机肥（羊粪、牛粪、鸡粪等）10立方米以上，并加入玉米秸秆20立方米。首先将玉米秸秆粉碎，与有机肥混合（最好加入适量的氮、磷、钾肥）。将混合肥料均匀地撒在准备开沟的地表上，作为挖沟的标记，再使用大型拖拉机（最好是链轨车）携带打埂器，将行间地表10～20厘米熟土合垄在有机肥料上，作为表土置换挖出的心土，并使用挖掘机依次将肥料与表土挖起，填入已挖好的邻沟中，挖出的深层土壤放在行间。在挖掘过程中有机肥与表土能充分混合。栽植沟内的生土将换成肥沃的土壤和肥料。贺兰山东麓为山前洪积与冲积平原，未开垦土地的表土层只有20厘米厚，其下都是沙石层。建园时除将表土层合拢外，亦可采取将有机肥和粉碎的作物秸秆均匀地撒在行间的土壤表层，使用挖掘机依次将肥料与20厘米左右表土挖起，一起填入已挖好的邻沟中，挖出的深层土壤放在行间。在挖掘过程中有机肥与表土能充分混合，栽植沟内的生土换成肥沃的表土和肥料。

平整土地时，应尽量维护原生态的地貌和植被，采用滴灌方式可以不平整土地，随坡就势。葡萄建园采用宽行密株的方法，葡萄行间尽量保留原生植被，维护原生态和生物多样性。

②灌水。入冬以前将已经挖好的定植沟灌水渗实，定植沟填土时应与原始地面持平，灌水后可使定植沟沟面下降20～30厘米，定植沟渗实、平整，达到沟栽法要求。春季挖沟，应在土壤消冻后及早进行，并灌水实落，准备定植。

（2）葡萄栽植

①栽植时期。春季栽植：当根层土壤温度达到7～10℃时，一年生苗开始栽植，通常在每年4月15日左右开始，4月底结束。栽植时间还要依灌溉水的情况而定。亦有采用深秋栽植的，但秋季栽植增加了埋土与出土的用工。营养袋苗晚春栽植，葡萄成年树移栽

秋季较好。

②苗木准备。实践证明，解决葡萄冬季根系冻害的根本措施是采用抗寒嫁接苗栽培，是冬季埋土防寒区葡萄栽培的方向。目前常用的抗寒砧木为贝达，以绿枝嫁接苗最好，苗木质量要求一等苗，嫁接口高度不低于 20 厘米，接口愈合良好，嫁接口以上 10 厘米处直径 0.5 厘米以上，具有 3～5 个饱满芽。根系具有直径大于 0.2 厘米粗度侧根 6 条以上，无检疫性病虫害。

在土壤质地比较黏重的地段，地势低洼区，地下水位高，土壤 pH 偏高，盐分较重的园区，采用贝达作砧的嫁接苗，葡萄叶片易缺铁黄化，不如自根苗适应性强。而贺兰山东麓地区葡萄园多采用营养袋（钵）苗建园十分普遍，因为营养袋苗价格便宜，但应注意以下几个问题：

a. 关于营养土的配制。采用土、沙、有机肥混合配制而成，配制比例为 1～2∶2∶1，或 3∶3∶2，混合均匀。土必须是熟化的肥活土壤（即田间耕作层表土）。沙是粒径＞0.01 毫米的物理性沙粒，其通透性好，有利于根系生长；粒径＜0.01 毫米极微小的风积细沙，通透性和黏合性都很差，幼苗生长不良，叶小茎细，而且栽植撕袋时土团极易散开，缓苗时间很长，苗木栽植成活率低下。肥料宜用腐熟的羊粪、马粪类，禁用未腐熟的生粪。营养土必须提前配制准备就绪。

b. 关于营养袋的规格。葡萄营养袋有两种：一是聚乙烯薄膜袋，由吹塑机生产，价格低，但只能一次性使，不便回收，易引起田间白色污染，且袋口不易展开，不易往里填土，工作效率较低；二是黑色再生塑料杯，价格稍高，可回收多次循环使用，且往杯中装土容易，工作效率较高，受葡农欢迎。以杯高 12 厘米、杯径 6 厘米的规格较为适用，每平方米可摆放 440 个，60 米长的普通日光温棚可育营养袋葡萄苗木 13.9 万株。

c. 营养袋苗的棚内管理。在杯内生长时间还是比较长的，光靠杯内营养土的营养显然是不够的，需要多次进行叶面喷施 N、P、K 肥，加速苗木生长，要求 5 月底栽植前达到 5 叶 1 心。温棚内光照、温度、湿度条件与外界差异很大，幼苗移栽前需经炼苗是通过通风、拉苫、揭膜循序渐进的，全光照（去膜揭苫）炼苗时间不应少于 10 天。幼苗通风炼苗的时间不够，是造成移植大田后幼苗叶片发生青干的主要原因。全光照炼苗，能将生根不好的劣质弱苗晒死，避免假活苗移栽大田后出现死苗，造成新建园缺苗断株。

d. 营养袋苗的栽植时期。在贺兰山东麓地区葡萄营养袋苗的栽植时期取决于当地晚霜冻稳定通过的时间和营养袋苗的苗龄。东麓地区晚霜冻通常在每年 5 月上、中旬结束。为避免晚霜冻危害，营养袋苗的栽植时期一般都安排在 5 月中旬，6 月初栽植结束。从插条催根后装袋、上苗床，到出圃定植，其间经过 35～45 天，即幼苗长成 4～5 片叶时，为最佳栽植时期，栽苗后几乎不缓苗或缓苗期很短。保证葡萄幼苗有 120 天以上的生长发育期，以利于新梢充分成熟。据多年观察，葡萄营养袋苗叶片数达到 4～5 片叶时，其多数幼根先端已长至塑料袋的内壁，少许幼根开始沿内壁环绕生长；幼苗叶片数长至 6 片叶以上时，根系缠绕迅速；达到 8 片叶时，内壁缠绕的幼根长度最长可达 8 厘米以上，幼根褐变老化，且许多根系通过营养钵的底孔钻入地下，出圃时易扯断。苗龄过长还会造成基部叶片枯黄、生长点萎缩。

（3）营养袋苗的移栽技术　首先要细致整地，按行距开沟、施足底肥、回填土；再按株距挖栽植穴、施肥、覆细土；将营养袋苗带土团取出，置于栽植穴中心，回填压实，使苗根颈原土印与栽植畦面相持平；然后做畦埂，灌水。

①营养袋苗的田间管理。营养袋苗，栽植成活率一般可达到95％以上。在贺兰山东麓地区，营养袋苗定植后，经过短期缓苗，即进入迅速生长期。田间管理必须加速幼苗的前期生长，前几次灌水后，应仔细检查是否有泥浆、粪、草等污染叶片，压倒幼苗，应及时清理，并用清水（喷雾器）冲洗叶片。采用少量多次追施速效性肥料的方法，前期以氮肥为主、中后期以磷、钾肥为主，并加强中耕除草、病虫害防治，促进生长。进入雨季后应及时去除地膜，并移出园外、防止塑料薄膜污染。为促进枝条成熟、主副梢应多次摘心，从8月中下旬开始，应连续不断地摘除幼苗所有的生长点，抑制加长生长、促进主干成熟。为防范幼苗根颈晚秋受冻，在早霜来临之前根颈部应培土防冻。

②栽植技术（一年生嫁接苗）。苗木修根：首先整理苗木根系，将幼根剪留15厘米左右长，避免栽植时根系窝卷、缠绕。再将苗茎上除主蔓培养枝以外旁侧枝一律贴根疏除，并剪留2～3个饱满芽。

苗木浸泡：将修整好的幼苗，20株1捆，浸泡在清水中12小时以上。

苗木消毒：将清水浸泡好的苗木放在3～5波美度石硫合剂或5％硫酸铜溶液浸泡10分钟。

蘸泥浆：将消毒过的苗木清水漂洗后，根系蘸泥浆（按比例加入生根粉或新鲜牛粪），放入塑料袋内运到田间栽植，避免幼苗根系长期裸露、暴晒失水。

栽植技术：首先在栽植沟内按规定株距打点，挖长、宽、深各30厘米的栽植穴，穴内撒少量腐熟有机肥（口肥），并在栽植穴内做直径20厘米的小土堆；栽植时将苗木根系向四周展开，放在小土堆上，然后埋土、踏实。栽后及时灌水，地表发白时，加盖地膜，然后将从地膜穿出的苗茎培土保墒，苗木芽眼萌发后及时将土堆清除。

2. 肥、水管理

（1）浇水 全年共需浇催芽水、催条水、催果水、催熟水、冬水等5～8次。一般为20～30天1次，伏天（干旱）15～20天1次。采收前20天停止灌水，以提高浆果品质。

（2）施肥 基肥，葡萄采收后立即施基肥，以有机肥为主，加入适量植物秸秆及氮、磷、钾复合肥。采用条状沟、穴施等方法，施肥深度40厘米左右，尽量深施到葡萄主要根系分布区域的外围。每2～3年施一侧，轮换进行。施肥时肥料应与表土混合后填入施肥沟穴内，然后灌水。

土壤追肥，葡萄出土后、萌芽前施催芽肥，以氮素化肥为主，施肥量应参照土壤营养诊断和叶分析。为减少化肥流失，施用时应与有机肥拌和一同施入。同样，葡萄发芽后、开花前、果实膨大期、着色期施追肥，应根据土壤和植株的养分盈亏、决定是否施化肥及施肥量。

叶面追肥，应结合药剂防治加入氮、磷、钾速效肥；特别是采收后、追施叶面肥，提高树体贮藏营养，有利于葡萄植株越冬。

3. 整形与修剪 整形方式与葡萄架式有关，采用篱架时，南北行向，枝蔓向东延伸；采用小棚架时，东西行向，枝蔓向南延伸（避开西北风）。株行距为0.8～1.0米×4.0～6.0米。为便于秋冬防寒，应采用龙干型树形，主干倾斜式上架。

树形：龙干型。整形要点，第一年只留一个新梢，第二、三年仍采取单轴延长，只留结果母枝不留侧蔓。主干基部倾斜上架。

冬季修剪：采用长、短梢混合修剪，双枝更新。短梢修剪，留2～4芽眼；长梢剪留5～8节。结果母枝间距15～20厘米；延长枝在粗度大于0.8厘米处剪截，最长剪留不超过1.0米。

夏季修剪：抹芽、定枝，5月上中旬，抹去弱芽（枝）、双芽（枝）、密集芽（枝）。保留壮枝，延长枝选留生长势最强的新梢。开花前结果枝不摘心，采用弓形绑蔓、控制新梢长势，避免副梢反复摘心、费时费工。

4. 花果管理

（1）产量调控 通过疏花序、花序整形、疏除果粒等措施调节产量。成龄园每亩产量控制在1 500千克左右。

定花穗：5月中下旬进行，中庸枝和强旺枝留一穗（梢长30厘米以上），弱枝不留穗（梢长小于30厘米），延长枝强旺者留1穗果，生长势中庸或偏弱不留果。结果枝与营养枝之比0.8左右。

（2）使用果穗拉长剂、果粒膨大剂 红地球葡萄开花前10～14天（花穗长7～10毫米）用葡萄果穗拉长剂A 30 000倍液或用葡萄果穗拉长剂B 150 000倍液进行喷雾，能有效地拉长果穗。过迟或花期不宜使用，否则会出现严重的果实大小粒现象。

红地球葡萄年发育有两个高峰期，坐果后到7月9日为第一膨大高峰期，7月10日到8月3日为缓慢膨大阶段，8月4～14日（根据当年的物候期不同，可提前或滞后3～5天）为第二膨大高峰期。8月14日到采摘为缓慢膨大阶段，9月1日以后基本停止膨大。经膨大剂处理后红地球葡萄发育的两个高峰期不明显，处理后有一个短暂的发育滞缓期，过后一直处于加速生长阶段，停止生长期比对照推迟5～7天。

红地球葡萄果径在1.4～1.7厘米时用膨大剂A 10 000倍液或膨大剂B 50 000倍液处理可有效增大果实粒径到2.5～3.0厘米。果粒膨大剂使用1次即可。果穗拉长剂和膨大剂是一种植物生长调节剂，只有在树体强壮的前提下才能达到膨大的目的，而弱树使用效果差。

（3）花序整形 5月下旬开花前进行，剪去第一副穗、剪去穗尖1/4穗长，并间隔均匀疏除部分花序分枝。亦可采用简易花序整形法，即保留第一副穗、也不疏除分枝、只剪去整个花序长度的1/2即可。

（4）疏除果粒 6月中旬坐果稳定后，理顺果穗、疏除小粒、病粒、畸形粒。

（5）果穗套袋 套袋不仅能降低果粒日灼危害，而且能改善果粒色泽、降低农药残留和鸟雀危害。套袋时间为6月下旬疏果后进行，果袋选用葡萄专用袋。套袋前针对果穗喷洒杀菌剂，每隔10～15天调查1次果穗状况，尽量保留果穗周围的叶片，减少日灼危害。摘袋时间视果粒着色情况而定。先揭开着色不良的果穗，着色完全的果穗可在采摘前2天解袋。

5. 采收

（1）采收期 红地球葡萄适宜采收期应在可溶性固形物必须达到16%以上，并且具有该品种应有的色泽（套袋果穗果粒呈紫红色，不套袋果穗、果粒呈紫黑色），着色果粒应达到95%左右。贺兰山东麓地区红地球葡萄采收一般在9月下旬后，近年有采收提前的趋势。

（2）采收方法 将果穗从穗柄基部剪下，剔出病粒、畸形粒、小粒等，轻拿轻放，单层摆放，保护果粉，避免挤压、造成裂果。

采收前 20 天，停止灌水和一切药剂防治。

6. 病虫害防治

（1）主要病虫害种类 主要真菌病害有：霜霉病、灰霉病、白粉病、穗轴褐枯病；细菌病害有：根癌病；病毒病有：卷叶病毒、扇叶病毒。主要虫（螨）害有：叶蝉、红蜘蛛、金龟子。

（2）病虫害防治原则 预防为主，综合防治。以农业防治为基础，提倡生物防治，按照病虫害的发生规律、选择使用化学药剂，进行化学防治。农药使用应符合绿色食品农药使用准则（NY/T 393）。

（3）植物检疫 贺兰山东麓和吴忠市红寺堡地区都是葡萄栽培新区，葡萄检疫非常重要。必须按照国家规定的有关植物检疫制度对种苗、种条等进行严格检疫。

（4）农业防治 葡萄园秋季修剪后应清除残枝、落叶，减少病虫源。夏季修剪剪下的新梢要及时清理出行间，或用于牲畜饲草，或堆腐发酵用做有机肥。加强土、肥、水管理，增强树势、提高树体抗病能力，适时进行田间中耕、除草。加强生长期树体管理，避免树冠郁蔽，使之通风透光。采用果实套袋，提高果品质量。

（5）化学防治

①化学防治准则。预防与治疗相结合。使用化学药剂应对症下药，适时用药，注重药剂的轮换使用和合理混用；按照规定的浓度、使用次数和安全间隔期要求使用。每种有机化学农药在葡萄生长期只允许连续使用 2 次。对化学农药的使用情况进行严格、及时、准确地记录。

②防治方法。休眠期化学防治：葡萄埋土之前和出土后未萌芽时，全园各喷洒 1 次 3～5 波美度石硫合剂，出土后若已萌芽，喷 0.3～0.5 波美度石硫合剂；预防各种病虫害，降低病虫源基数。

生长期化学防治：葡萄开花前（5 月下旬）和开花后（6 月中下旬）各喷洒 1 次波尔多液或科博、必备等预防性农药。治疗性农药视降雨情况和病害预报及时喷洒治疗葡萄霜霉病、灰霉病、白粉病等农药。叶蝉防治可在成虫期树上挂黄板粘杀，效果很好。红蜘蛛使用石硫合剂防治。金龟子可用人工捕杀和糖醋液诱杀。

7. 植物生长调节剂和除草剂的使用 葡萄园使用植物生长调节剂和除草剂，必须严格按照 NY/T 393 的规定执行。赤霉素只能使用 2 次，其他植物生长调节剂禁止使用。葡萄园和四周围 4 000 米范围内严禁喷洒含有 2，4-D 成分的除草剂，其他除草剂也禁止在葡萄行内使用，行间除草时应压低喷头、避免药液漂移到葡萄树上。

8. 灾害性天气预防 宁夏葡萄基地主要灾害性天气有：葡萄冬季冻害，早、晚霜冻及冰雹。葡萄冻害主要有 3 种，即枝芽冻害、根颈冻害和根系冻害；其中根颈冻害主要发生在晚秋（早霜），根系冻害发生在冬季，而枝芽冻害发生较频繁，晚秋、冬季、早春（晚霜）均可发生，但危害程度仍以根系冻害为最重。

（1）冬季葡萄根系冻害预防 贺东地区冬季葡萄根系冻害周期性发生。必须采用抗寒嫁接苗和沟栽法栽培预防。应用"沟栽法"建园，科学方法埋土和增强树势（合理负载、加强病虫防治）、提高树体抗寒能力等综合措施预防葡萄冬季冻害。

科学方法埋土：银川地区最大冻土深度，稳定在49～66厘米（只有2008年冬季达到85厘米），冻土深度比20世纪80年代浅了40～50厘米。贺东地区冬季并不十分寒冷，2001—2010年葡萄主要根系分布层的土壤温度在距地面20厘米深的土层内，最低温度低于－4℃（欧亚种葡萄根系受冻临界温度）的年份有6年，20厘米深度的土层内（包括取土沟横向纵深），葡萄根系极易受到伤害。40厘米以下的土壤温度无论从冬季旬平均地温还是最低地温值，都稳定在－2.0℃以上，葡萄根系即使处于冻土之中，仍然能够安全越冬。所以，只要措施得当，葡萄根系冬季冻害可以避免。

综观常规葡萄埋土过程，存在葡萄枝蔓上埋压的土堆过厚，葡萄行间取土沟距离植株过近、取土过多、致使葡萄两侧根系受冻，这是葡萄根系冬季受害的主要原因。葡萄行间取土、距离主干一侧不能少于60厘米，以防葡萄两侧根系受冻（风沙土导热性强、土温变化剧烈、易透风，比其他土壤类型更容易受冻，取土距离应更远一些）。贺东地区葡萄枝蔓上埋压的土堆厚度大致应在20厘米左右，埋压的土堆过高、过厚，行间取土过多，葡萄冻害反而加重，群众形象地称："头上戴着棉帽子，下面穿着短裤子，上面不冻、下面冻"。为减少埋压土堆高度，应采取顺风倾斜式的主干或主蔓，采用沟栽法建园将葡萄枝蔓全部埋压在沟中。

为避免因树体贮藏营养不足而降低越冬能力和对翌年生长发育的不良影响，葡萄采收后，应立即进行土壤和根外追肥，保持土壤的疏松状态，促进根系的生长与吸收功能；并加强病虫害防治，保护叶片、促进贮藏营养的积累。

（2）葡萄根系受冻后的补救措施

①加强受冻葡萄树的综合管理。对受冻较轻的树体，及时施催芽肥，灌催芽水，为树势恢复提供充足的肥水。灌水后，行内及时中耕除草，提高地温，促发新根、新芽。展叶后及时喷布叶面肥。受冻树应疏部分果穗，减轻树体负担，做好病虫害防治工作，促进树势恢复和优果生产。贺兰山东麓及红寺堡区秋末冬初气温不太稳定，容易发生骤寒，使锻炼不足的葡萄根颈、芽眼受冻；因此，应适当提早带叶修剪、提前下架埋土防寒。根据多年的实践经验，宁夏葡萄产区埋土结束期不应晚于11月上中旬。埋土前必须灌足冬水。灌淤土由于质地黏重，灌水后需晾晒1周左右才能埋土，沙壤土也需要晾晒3天左右。

依据2009年的经验，积雪下带雪埋土，不会对沙壤地葡萄树体造成伤害。但土壤黏重地段带雪埋土，使土壤湿度过大，春天普遍发生捂芽现象，应适当提早出土。俗称："冬水灌不灌，产量差一半"，冬水固然对葡萄越冬和翌年产量有重要影响，但在来不及灌溉的情况下，只要及时埋土、至少不会发生树体冻害。

②对于新栽园死株率在30%～40%的园地要补栽。晚秋或翌年早春，移植缺株达一半以上的地块，进行归拢补栽，以达到树龄一致，园相整齐。实在不适宜再补植的地块，应更换适宜品种重栽。

③对受冻、干枯的幼树枝蔓应及早回缩到已萌芽的部位或基部，减少枝干水分蒸发，促进萌发新枝，并加强田间管理。若主蔓受冻（形成层、木质部变黑），应及早回缩到基部，以减少枝干水分蒸发，促进萌蘖发生。

（3）早、晚霜冻预防　早霜冻主要危害葡萄幼树，可采用"前促后控"措施，促进葡萄幼树前期生长、控制后期生长，及早摘心，抑制营养生长。幼树栽植后要加强田间管理，地下施肥、叶面喷肥一直进行到 7 月下旬；进入 8 月要控水控肥（叶面追肥继续），8 月中旬开始对尚未停止生长的新梢、摘除所有生长点，抑制新梢加长生长。并在霜冻来临之前、9 月初将幼树基部（10～20 厘米）叶片摘掉，使阳光能直射主蔓，加速枝干成熟老化。9 月中旬开始幼苗基部培土，保护主蔓，预防早霜对根茎的冻害。

晚霜冻是宁夏目前最严重的自然灾害，实践证明，霜前及时灌水是比较有效地减轻霜冻危害的措施，沙壤土早春葡萄出土前灌水，可降低防寒土堆内的温度 1～2℃，并持续约 1 周，延迟萌芽约 4 天；但受水源和时间限制，大面积葡萄园霜前来不及灌水。果园熏烟，对辐射霜冻有一定效果，但很难抵御强降温造成的危害，尤其是大面积葡萄园、熏烟效果甚微。春天葡萄出土后，暂时不上架，覆盖材料放在行间，遇有晚霜冻，再重新覆盖，霜冻过后再揭开。

（4）冰雹预防　冰雹灾害有相对固定的雹线，葡萄建园应避开冰雹路线。若必须建园，应在园区葡萄架上方建立防雹网，此一项措施需增加投资 1 000 元/亩（可连续使用 5 年以上）。

宁夏阴阳结合型日光温室葡萄促早与延后栽培技术

李玉鼎[1] 梁玉文[2] 罗全勋[3]

([1] 宁夏大学；[2] 宁夏农林科学院；[3] 银川市心连心葡萄服务有限公司)

阴阳结合型日光温室可将红地球等葡萄品种促早与延后栽培结合在一栋日光温室内；温室阳面（南面）促早栽培，阴面（北面）延后栽培。建立阴、阳结合型日光温室葡萄栽培新技术体系，即延长了葡萄的供应期，又取得了显著的经济效益。

1. 阴、阳结合型日光温室的结构 阴、阳结合型日光温室的结构为土墙钢木架结构，温室东西长 85 米。阳棚南北宽 8.0 米（面积 680 平方米），土墙高 3.3 米，墙体基部厚度 2.6 米，上部厚度 1.0 米，钢架搭建安装在后墙的混凝土垫层上，后屋面长 1.5 米，竹夹板支撑，炉渣填充，草泥封面。钢架间距 3 米，3 道穿管，钢架中间加 3 道实心竹竿，形成桁架间距为 0.75 米的龙骨支撑体系。钢架主梁为直径 3.3 厘米钢管，副梁为直径 12 毫米元钢，斜拉梁为直径 8 毫米元钢，拉梁间距为 30 厘米，主梁和副梁间距 15 厘米。前屋面采光面和地面夹角 60°，肩角 41°，腰角 25°，顶角 17°；温室棚面覆盖材料为 EVA 高光塑料棚膜，保温材料为稻草帘和蒲草帘，厚度 5 厘米。配备电动卷帘设备。

阴棚利用日光温室后墙，钢架直接搭建安装在后墙上，无后屋面。东西长 85 米，南北宽 6.5 米（面积 0.83 亩），采光面和地面夹角 60°，肩角 40°，腰角 20°；覆盖材料和保温材料同阳面温室。配备电动卷帘设备。

2. 阳面日光温室促早栽培关键技术

（1）观察葡萄花芽分化规律，确立长梢修剪和倒 L 树形 在葡萄促早栽培的冬春季覆膜期间，由于设施内日照时间短，光照度低，CO_2 浓度不足等影响，葡萄制造的光合产物明显减少，营养积累不足，致使新梢基部冬芽分化不良，花芽分化节位上移，形成高节位花芽分化，故短梢修剪导致设施促早栽培葡萄翌年产量低，甚至绝产。

冬剪前，通过葡萄冬芽切片显微镜下观察（彩图 B8），确定结果母枝上冬芽出现花序原基集中的节位，以此作为制定冬剪方案的依据。红地球葡萄结果母枝粗度在 0.7～1.2 厘米之间，从 7～9 节开始出现花序原基；因此结果母枝剪留长度应确定在 10 节以上，才能保证有足够的花芽。但结果母枝剪留长度超过 10 节，容易造成树形紊乱。采用倒 L 树形，即保证了稳定的产量，树形又规范整齐（彩图 B9）。每年在 6 月上旬撤除棚膜，采收后进行清理修剪，对预备枝留 3～4 芽短截，使其在全光照下生长发育，作为翌年的结果母枝，周而复始。

（2）温室内育苗与嫁接技术的改进和创新

①倒插催根技术。设施内葡萄倒插催根快速育苗技术，即利用早春温室内地温低（20

厘米处的土温在 10℃ 以下），倒插的插条芽眼不易萌发；而温室内地上温度较高，容易形成愈合组织和根源基。倒插催根技术不耗电，不需添置催根设备（电热温床），经济、方便、安全且成苗率高。温室育苗、幼苗生长发育时期长，第二年即可适量结果。

②"软对硬"嫁接技术。绿枝砧木嫁接硬枝芽，即"软对硬"嫁接法，是温室内新的嫁接育苗方法，它避免了春季硬枝砧木嫁接时，接口易产生伤流，从而降低嫁接成活率的弊端。绿枝嫁接法（接穗与砧木同为绿枝）要求接穗与砧木必须同时达到半木质化才能嫁接，嫁接的时间短，在无霜期较短的地区，绿枝嫁接苗的枝蔓往往不能充分成熟。"软对硬"嫁接法，方法简单易操作，速度快，嫁接成活率高（可达到 99%）；嫁接苗当年就能挂果，第二年即可丰产，是果农快速增收的好方法。

"软对硬"嫁接技术亦可应用于不结果的强旺植株上，在营养枝达到半木质化时、将冷库保存的接穗（芽眼必须是花芽）及时进行嫁接，当年即可获得一定的产量。

③应用中间砧，缓和营养生长势技术　红地球，奥古斯特等品种在促早栽培中表现树体生长势强旺，节间长，夏芽副梢生长快，花芽分化不良，连续丰产能力差，营养生长与生殖生长不协调。红地球品种（基砧采用奥古斯特），中间砧分别为维多利亚、粉红亚都蜜、金田蜜、赤霞珠、梅鹿辄等。4 月初，基砧为绿枝，中间砧为硬枝（冷库贮藏），采用绿枝嫁接硬枝的方法培养中间砧苗；6 月中旬在中间砧萌发的新梢上嫁接红地球品种。所有中间砧组合，红地球品种的节间长度都明显小于红地球自根苗，表现出芽眼间距变短，植株矮化，减缓了生长势，成花容易。

3. 阴面日光温室促早及延后栽培关键技术

（1）阴面日光温室促早栽培技术　阴面日光温室促早栽培，选择品种有奥古斯特、维多利亚等早熟葡萄品种；果实成熟期控制在阳面温室促早栽培的葡萄已经下市，露地葡萄尚未成熟的 7 月份。其关键技术是：每年 3 月初阴面温室开始升温，葡萄萌芽前只拉苫，不打风口，以提高室温，促进萌芽，温度控制在 10～25℃，相对湿度 75%～85%。葡萄萌芽后开始打风口，换气，调湿，温度 15～25℃，最高室温不超过 28℃，最低温度控制在 10℃ 以上。开花期相对湿度 50%～60%，湿度过高时葡萄行间铺黑色地膜或粉碎秸秆。奥古斯特、维多利亚、巨玫瑰等品种初花期在 4 月 26～28 日。待 5 月初晚霜冻过后，撤除棚膜成露地生长。7 月上旬葡萄开始成熟。

（2）阴面日光温室延后栽培技术

①低温胁迫推迟葡萄萌芽期。冬季葡萄休眠期适当打开棚膜的上下风口，每天适量地面浇水，形成 15 厘米左右冰层，冰层上面铺盖麦壳或粉碎的秸秆起保护作用。早春室外气温开始升高，室内冰层逐渐融化，此时采取反拉苫的办法，即傍晚气温开始降低时，拉起草苫，打开上风口；早晨放下草苫，关闭上风口，周而复始。进入 5 月中旬，继续反拉苫，晚间打开温室上、下风口，白天关闭风口，延长温室内冰层融化时间。葡萄开始萌芽时去掉棚膜，进入露地管理阶段。低温胁迫使延后栽培葡萄萌芽期比露地晚 40 天，6 月上旬红地球葡萄始花。

②雨季之前盖棚膜，防雨、降湿、防病。8 月上中旬，当地进入多雨季节，盖上棚膜，并打开上、下风口，进行避雨栽培。温室内湿度较低，葡萄病害少，除波尔多液保护外，不喷有机农药，培育天然的绿色食品。

③秋冬季保温、保湿、补光、延长绿叶期。晚秋大气温度逐渐下降，压实下风口，依靠开合上风口进行温度调控。温室内安装植物补光灯，6米1盏，每盏灯210瓦。每天早晚补光2小时，12月以后每天补光4小时。温度控制在20～5℃，夜间温度不低于5℃，湿度维持在70%，湿度过大时行间覆盖白色地膜。保护好叶片，利用副梢叶，延长绿叶期，及时摘除基部黄叶。

4. 品种选择及栽植密度　促早栽培选择的品种有：红旗特早玫瑰、6-12、乍娜、奥古斯特、维多利亚及红地球。延后栽培的品种主要是红地球。阴、阳结合型日光温室葡萄栽培皆采用篱架、宽窄行方式，宽行1.2米，窄行0.5米，栽植密度1 570株/亩，为高密度栽植。

5. 肥水管理　基肥：每年、每个棚（680平方米），施有机肥8立方米并混入过磷酸钙50千克，粉碎秸秆6立方米，即生产1千克葡萄施3千克有机肥。开沟、穴施、地面撒施深翻，轮换进行，施肥后立即灌水。

追肥：每年追肥4次，即萌芽前：株施复合肥、尿素各50克，沟施后灌水。开花前：追施少量氮、磷、钾肥，用量为年施用量的1/5左右。膨果肥：果粒绿豆大小时，随水施入沼渣或腐熟鸡粪2立方米，硫酸钾三元复合肥25千克加尿素15千克。上色肥：随水施入沼渣或腐熟鸡粪2立方米，硫酸钾15千克。

CO_2气肥：利用山东农业大学CO_2气肥秸秆反应堆技术，萌芽生长初期施CO_2气肥，每天释放3小时，以后释放6小时。

叶面追肥：葡萄上色前每周喷1次沼液（稀释2倍）。

6. 夏季修剪，整穗、疏果与病虫害防治　树体管理以夏剪为主、冬剪为辅。树形采用倒L形和"1长1短"，"2长1短（上下反正爬）"修剪技术。这种树形和长梢修剪方式，具有足够的花芽留量，并使萌发的新梢都在同一水平上，克服了顶端优势，有利于均衡生长和结果。

每株留3～4个新梢（其中结果枝2～3个），果穗以上6片叶摘心（红地球不摘心），夏芽副梢萌发后，顶端第一、二副梢留3～4片叶摘心，其余副梢绝后摘心。秋季保持顶端副梢延长生长，始终有新绿叶产生。

每个结果枝只留1穗果，花序长7～10厘米时用赤霉素处理拉长果穗（1克奇宝加50千克水）。开花前剪掉副穗及花序1/3～1/2，坐果稳定后每穗定果60粒左右。成熟时单穗重<0.5千克，红地球果粒重12克，可溶性固形物含量≥16%；促早品种单穗重0.4～0.5千克，果粒重8克，可溶性固形物含量≥14%。

葡萄病虫害防治：重视农业基础防治，贯彻葡萄病害防重于治的原则；夏剪、冬剪的新梢和枝蔓及落叶全部及时清理出温室烧毁或深埋。药剂防治，只允许使用石硫合剂和波尔多液；在葡萄接近萌芽时树体淋洗式仔细喷洒1次5波美度石硫合剂，地面同时消毒；波尔多液1年喷布2次，叶面多次喷洒沼液，多年来温室内未发生葡萄病害流行。

7. 成本及经济效益　当地建设一栋土墙钢木架结构日光温室，投资需2.8万元；在日光温室的背面，利用温室的后墙再建造一栋面向北的阴面温室，构成阴、阳结合型日光温室只需再增加1.8万元。

阳面温室促早栽培鲜果上市时间在5月上旬至6月中旬，每栋产量2 500千克，平均售价 8~16 元/千克，平均产值 3 万元。

　　阴面日光温室促早栽培每年 7 月葡萄开始成熟上市，此时当地露地早熟品种尚未成熟，市场缺少新鲜葡萄；葡萄售价 8~10 元/千克，每栋产量 2 000 千克，产值 2 万元左右。

　　延后栽培的葡萄品种主要是红地球，葡萄上市时间在 11 月下旬至 12 月下旬。此时市场上只有冷库贮藏的葡萄，每栋产量 2 000 千克，批发价 20~24 元/千克，产值 4 万元以上。

　　8. 小结　阴、阳结合型日光温室葡萄栽培新技术体系的建立与实践，有效地利用了温室之间的空闲地，成倍地提高了土地利用率，降低了温室建造成本。阴、阳结合型日光温室配套栽培技术的应用，取得了显著的经济效益，提高了果农的收入，创出了一条致富之路；阴、阳结合型日光温室是今后宁夏设施葡萄栽培的主要发展方向。

川西亚热带气候区红地球葡萄遮雨栽培技术

刘晓[1]　张飒[2]

([1] 四川省农业科学院园艺所；[2] 西昌市农业局经作站)

1. 概述　西昌及安宁河流域位于四川省的西南部，是一个低纬度高海拔的河谷平原地区，整个流域都处在攀西特色农业开发区的核心地带。由于成昆铁路与 108 国道贯穿全境，青山机场距离西昌城区也仅 13.5 公里，因此交通十分便利，地理位置好。同时区内自然资源丰富，特别是矿产和水电资源优势突出，近年来开发进度不断加快，因此带动了当地社会总体发展水平和经济发展水平的提高，促进了当地各类物资特别是一些具有地方特色的优质农产品消费能力和消费水平的增长。

西昌地区具有十分独特的气候资源和光热资源，主要的特点包括：①冬暖夏凉，四季如春。夏秋季节，受西南和东南暖湿气团影响，降水集中，盛夏不热；冬春时节，受到极地气团影响，西风南支干暖气流控制高空，气候温暖。当地最热的 7 月份平均气温为 22.5℃，最冷的 1 月为 9.5℃，年温差只有 13.0℃，是全国年温差最小的地方之一，四季当中冬夏季节几乎不明显；②日照充足，昼夜温差大。西昌地区纬度低，海拔高，太阳高度角大，全年日照时数约为 2 432 小时，是四川盆地内光照时数的 2 倍。由于晴日多，白天太阳辐射强，地面急剧升温，而到了夜晚，晴空辐射使热量迅速散失，气温下降快，致使昼夜温差大。按月平均气温测算，月平均昼夜温差最大月为 13.6℃，最小月平均昼夜温差为 8.3℃，对农作物提高单位面积产量十分有利；③降雨集中，干湿季分明。5～9 月，是雨季，又称夏半年，全年当中约 93% 的雨水在这期间降落，此间由于夜间温度低，下夜雨的时候比较多；10 月至翌年 5 月，是旱季，又称冬半年，期间受气团环流影响，经常在午后刮风。

西昌地区全年平均温度 17.2℃，≥10℃有效积温 5 330℃，无霜期 330 天，年降水量 1 079 毫米，年蒸发量 1 945 毫米，年平均空气湿度 61%，其中雨季空气湿度为 73%～75%，旱季为 43%～45%。

西昌及安宁河河谷地区海拔高度 1 560 米左右，土壤分布主要以水稻土、冲积土和紫色洪积土为主，多年以来主要的农作物为水稻、小麦、蔬菜及花卉等，是川西南典型的农耕地区，境内拥有安宁河干流、雅砻江干流和 20 多条支流以及蓄水量达到 3.2 亿立方米的淡水湖邛海，因此西昌周边地区自产水充裕，外来水富足，土壤灌溉条件便利，农作物栽培风险比较小。

自 20 世纪 80 年代中期开始，西昌地区开始种植发展葡萄，主要以巨峰为主，采取露地栽培方式，栽培过程中，农户遇到的最大问题是病害防治，由于西昌地区降雨集中，并且往往伴随有大风，病菌传播速度非常快，给葡萄生产造成了严重损失，使产业发展陷入困境。2000 年以后，当地部分有经济实力的农户开始引进红地球葡萄苗木进行试验性栽培，在当地表现良好，栽培经济效益高，从 2005 年开始又摸索遮雨栽培模式，防病效果很好，红地球葡萄质量好、产量高，深受农户欢迎，目前已全面转向设施遮雨栽培模式。

经过 10 年时间的引种试验和栽培发展，西昌及安宁河流域红地球葡萄产业已形成规模。2010 年，大棚遮雨设施栽培的红地球葡萄种植面积约 6 000 亩，年产量约 1.5 万吨，总产值约 1.2 亿元，平均亩产葡萄 2 500 千克，亩产值 2 万元，现已成为四川省优质葡萄产区，同时也成为我国红地球葡萄的著名产区。由于当地光照充足，气候干燥，无霜期长，昼夜温差大等独特的气候条件，使红地球葡萄的生长发育非常良好（彩图 B10），生产性状极其突出，在花芽分化，果实上色，品质提升等方面都具有比较优势，当地出产的红地球葡萄产品在本省、乃至全国范围内都具有很强的市场竞争力，预计该产区发展面积和产业规模将在现有基础上进一步扩大。

2. 建园特点

（1）园地条件 西昌及安宁河流域葡萄园主要分布在两个片区，一个是邛海湖盆地，土壤种类为水稻土和紫色洪积土，土壤性质相对较为黏重，地下水位高，因此建园时，需要考虑在四周开挖排水沟渠；另一个片区靠近安宁河边，土壤种类为第四系洪积物覆盖而成，土壤疏松肥沃，地下水位相对较低。由于土地经过常年稻麦、稻菜轮作耕种，土壤肥力都很突出，因此葡萄园在建园改土时相对比较容易。

（2）栽培方式与棚架建设 西昌地区葡萄园基本上都是采取遮雨栽培的模式，但遮雨棚有单棚模式和连栋棚模式两种。

单棚模式是指每行葡萄建立 1 个简易遮雨棚，由粗度 6 毫米钢缆（3 股 2 毫米细钢丝绞股而成）作横线、2 毫米细钢丝作纵线组成，薄膜直接覆盖在钢丝上面，边沿用竹或木夹子将薄膜固定，1 行 1 个棚，行与行间都有间隔，雨水通过间隔落到地面，再通过地面行间浅沟排走，与这种方式相结合的是葡萄植株的起垄栽培。这种单棚模式在安宁河边片区使用较多，由于结构简易，造价低廉，受到部分葡萄种植户的推崇。

连栋大棚，下部是水泥桩立柱，上部是焊接在水泥桩上的钢管棚架。水泥桩 10 厘米×10 厘米见方，长 3 米，埋入地下 50 厘米，地上高度 250 厘米，顶部预留 5～8 厘米长的内部钢筋，焊接直径 2 厘米的厚壁热镀锌钢管，与另一行水泥桩顶部预留的钢筋相焊接，再在上面焊接半圆弧形大棚龙骨架（由直径 1.5 厘米薄壁镀锌钢管和钢筋组成），这样，由水泥桩和钢管架构成的"一体化钢架大棚"就基本建成，整个半圆弧形钢架棚上面覆盖农膜，成为遮雨棚。这种连栋棚模式在环邛海湖盆地使用较多，最早是从蔬菜连栋大棚内发展起来的。这种模式是在 1 个宽 6～8 米大棚内种植 3～4 行葡萄，纵向排列，多个大棚连片而成，并在每两个大棚间设置排水沟渠。连栋式遮雨棚模式造价高，但遮雨效果彻底，葡萄植株生长环境更加理想，因此经济条件较好的农户都采取了该模式建设葡萄园。

目前，西昌地区红地球葡萄栽培架式以双十字 V 形架为主，该架式主干高度 40～50厘米，横担长度分别为 50 和 80 厘米，距离地面高度分别为 80 和 120 厘米。总体看来，当地双十字 V 形架方式主干高度普遍较矮，带来了棚内通风排湿效果较差的问题。除

"双十字 V 形架"外，少部分农户还有采取露地模式"平棚架"和遮雨模式"高宽垂架"栽培红地球葡萄的，但所占比例较低，不会超过 5%。

（3）施工规范　红地球葡萄园都是以南北行向为主，普遍采取密植栽培方式，行株距一般为 2 米×1 米，亩植 333 株，但也有农户采取"先密后稀"的方式进行栽培，即前 1～2 年，行株距为 1.7 米×0.6～0.8 米，亩植 500～600 株，以提高前期产量和效益；以后随着植株长大，逐渐间隔移植或砍伐，加大行株距。

定植葡萄前，一般先挖定植沟，沟的宽、深分别为 60 厘米左右。再在沟内填入牛羊粪等，每亩使用量在 2～3 吨；除农家肥外，定植沟内还均匀撒入钙镁磷或过磷酸钙 75～100 千克。此外，在一些蔬菜地改建葡萄园时，往往直接起垄栽培葡萄，定植过后再加强管理和补充施液态农家肥。

发展初期，西昌地区红地球葡萄以嫁接苗为主，砧木品种为贝达。嫁接苗表现为生长势强，挂果早，丰产性突出，因此普遍受当地农户欢迎。近年来，在嫁接苗上也出现了一些问题，主要表现在部分苗木显现了卷叶病毒症状，使农户最为伤心烦恼的是果粒转色困难，果穗不能按时成熟和销售出去；此外，在一些多年生葡萄植株上面，砧穗生长不一致问题开始显现，贝达砧木明显比上面红地球接穗生长慢，"小脚"特征十分明显。越来越多葡萄种植户开始转向栽培自育的扦插苗，不仅生产成本低，而且质量比较可靠，还可通过加大前期栽培密度，弥补幼龄期产量低的不足。

西昌地区由于春季回暖早，因此农户多在冬闲期间完成建园，自育葡萄苗一般在年前定植下去，外购苗多在 3 月份定植。定植苗木时，一般用生根粉和杀菌剂溶液对苗木根部进行浸泡处理 2～3 小时，这样可以提高苗木成活率，加快小苗生长速度，当年即可使植株成型，并在次年投产。

3. 促成遮雨栽培的管理　将遮雨棚四周围上塑料薄膜，就可以进行促成栽培，使同一品种葡萄提前 2 周左右时间间成熟上市。西昌地区单棚模式的葡萄遮雨棚，因单行，棚膜窄而高，把它改装成封闭式保温棚，保温效果差，生产成本高，投入产出比低，故无改造利用价值。通常都利用连栋棚在其四周围上薄膜，改装成封闭式保温大棚进行葡萄促成栽培。即早春实施保温促成栽培，随后转换成遮雨栽培。

在西昌红地球葡萄产区，促成栽培主要抓两项工作：一是大棚内温湿度调控，二是人为打破葡萄休眠。

（1）大棚内温湿度的调控　根据西昌地区红地球葡萄 2 月下旬至 3 月初萌芽的规律，于 1 月底 2 月初将遮雨棚四周围上薄膜，改造成为全封闭保温大棚，保持棚内温度和土壤湿度。白天棚内温度高出 30℃时，要及时间打开大棚四边薄膜通风降温。白天棚内温度高出 30℃时，要及时打开大棚四边薄膜通风降温。雨天要封严大棚薄膜，阻挡雨滴入棚，并且在棚间排水沟内铺垫薄膜，以加速排水。

（2）打破葡萄休眠　于萌芽前半月左右即 2 月初，使用浓度为 15%～20% 的石灰氮溶液，用小刷浸液涂抹结果母枝上指定的冬芽，一般母枝顶端的 1～2 个芽利用自身顶端优势作用就足够了，不要处理；其下各芽可以选择性涂抹，希望哪个芽提早萌发，就涂抹此芽。经石灰氮处理的芽，一般能提前 10～15 天萌发。

4. 整形修剪　在西昌地区，红地球葡萄主要以单干双臂树形为主，架式则为双十字

V形架。在定植后的第一年，主要培养主干和两个水平主蔓，具体方法是：在小苗上培养一个健壮新梢形成主干，并在第一道铁丝下面20～30厘米处保留1个副梢，其余副梢全部抹除；当主干生长接近臂长长度时，将其弯曲引缚到第一道铁丝上面作为主蔓培养，同时，将保留的副梢引向另一边，作另一个主蔓培养。对两个主蔓进行引缚时，注意将基部抬高，端部降低，也即将主蔓绑成弓形，主要是为了促进基部冬芽发育，利于次年形成结果枝。两个主蔓长度超过臂长时，进行摘心促壮；最前端萌发的副梢留3～4芽摘心处理，其余副梢和二次副梢则全部抹除。第一年冬剪时，将两个主蔓在0.8厘米粗位置处短剪，主蔓上面副梢全部剪掉，同时，将主蔓水平绑缚到双股铁丝上面，相临两株葡萄主蔓错开绑缚（彩图B11）。

第二年春季，提前对中下部冬芽用石灰氮处理，促进芽体提早10～15天萌发。新梢萌发后，将新梢分两边引缚，单边新梢间隔距离约20厘米左右，这样将新梢布满两边架面，并开始投产。冬剪时，将前一年的剪口芽形成的枝蔓作为延长枝使用，采取长梢修剪的方法进行处理，并水平绑缚到第一层铁丝上面；其余枝蔓全部短剪，保留2个健壮冬芽；至此，第一层铁丝上面布满主蔓和结果母枝，单干双臂树形基本形成。

由于西昌地区红地球葡萄花芽分化良好，结果母枝一般都采取短梢修剪的方法进行处理，只保留2个健壮冬芽，萌芽率和结果枝率接近100%。次年冬剪时，一般都采取单枝更新方法，将上面的结果枝蔓去掉，下面的预备枝又进行双芽短剪，这样可以一直维持多年。当结果部位明显上移时，则可以在靠近主干附近选留两个当年生健壮枝长放，冬剪时采取长梢修剪方式，并水平绑缚到铁丝上面并替代保留多年的主蔓（双臂），完成主蔓的更新。

红地球葡萄种植密度为每亩333株，每株葡萄留芽量约10个，亩留芽量约3 330个，因此每平方米架面留芽数量约为5个。

5. 枝梢管理　新梢萌发后，都要进行抹芽定梢，并及时将枝蔓引缚到架面上；要求新梢间隔距离不少于20厘米，对结果枝尽量保留，副芽、隐芽等萌发的新梢一般都应除去，每亩结果枝控制在3 000个左右，并保留少量的营养枝。

开花前，在新梢长度10～12片叶位置处进行摘心处理，之后，将果穗以下萌发的副梢全部抹除，顶端副梢留3～4叶反复摘心，其余副梢留1叶"绝后处理"。

由于当地红地球葡萄花芽量大，产量高，上述处理方法基本可以控制树势，不会导致冬芽萌发。但是，也有少数管理不好、有大小年情况的葡萄园，这种副梢处理技术会导致新梢上部的冬芽提前萌发，而基部冬芽仍然不会萌发，因此，对第二年的生产和产量形成影响不大。

6. 花果管理　在西昌地区，由于光照条件好，1个结果枝上往往形成2～3个花序，一般都将上部1～2个发育较小的花序疏除，只保留1个大的花序。部分结果枝纤弱，花序发育退化的，则将花序去掉，作为营养枝培养。

花序发育后期，需要对其进行进一步的修整，主要是疏除花序基部大的分穗，并剪掉花序前端约1/4穗尖，以及中段发育不好的小穗。

盛花期后10～15天，一般都要对果穗进行膨大素处理，方法是用25～50毫克/千克赤霉素或（美国奇宝）溶液浸沾果穗，目的是为了膨大果粒，提高产量。但是，部分农户在处理时间和浓度上把握不当，也带来了一些副作用，比较明显的不利因素是小青果较多和果梗粗大问题。

无论是设施栽培还是露地栽培方式，都要对果穗进行套袋。套袋时间一般在果粒开始转色前，也即在每年的 6 月中旬前后。套袋前，一般都要对果穗进行修整处理，主要是疏除多余果粒，小青粒，带病果粒，特别是受气灼病和日烧病危害的果粒。套袋时，一般将果穗控制在每穗 80～120 个果粒，成熟时单穗重 0.8～1.0 千克，亩产量约 2 400～3 000 千克。也有部分红地球葡萄园盲目追求高产，产量也可以达到 3 500～4 000 千克，但这些果园当年就可能产生着色不良，气灼病暴发，或者在次年发生花芽退化而成为小年。

除袋时间一般在采果前 10～15 天，也即在 8 月上、中旬。除袋以后，对于光照条件不利的果穗，需要摘除掉其附近 2～4 张老叶片，以改善光照，促进上色，并注意不要轻易触碰果穗，以免使果粉搽落，影响销售价格。

7. 土肥水管理　在西昌地区，盛果期红地球葡萄园每年施肥 5～6 次，主要包括：

（1）萌芽肥　这次肥在萌芽前 10～15 天施入，时间大约在 2 月中、下旬，主要以氮肥为主（尿素或碳铵），每亩用量约 80 千克，在行间根系附近开浅沟，将肥料均匀撒入沟内回填，再淋 1 次清粪水。

（2）促梢肥　这次肥料在萌芽后 20 天左右施用，时间在 3 月下旬。三元复合肥 150 千克，硫酸钾 10 千克，混合后使用。施肥方法同前。

（3）坐果肥　这次肥料在葡萄花后立即施用，时间约在 4 月中下旬。三元复合肥 100 千克，硫酸钾 50 千克，两种化肥混合均匀后使用。施肥方法同前。

（4）膨果肥　这次肥料在果粒黄豆粒大小时施入，时间约在 5 月上旬。使用方法、肥料种类和用量与上次一样。

（5）着色肥　这次肥在果穗套袋前施用，一般在 6 月上旬进行。三元复合肥 50 千克，硫酸钾 100 千克。施肥方法同前。

（6）康复肥（采果肥）　采果以后，一般都要施一次康复肥，又称"月母子肥"，目的是尽快恢复树势仍以三元复合肥为主，每亩 80 千克，施入方法同前。

葡萄园施肥，要根据树势和挂果情况对施肥时间与次数作相应调整，如挂果量特别大的葡萄园，施肥次数就应该增加；如果挂果量不大，可以减 1～2 次。此外，要两边轮流开挖施肥沟，确保植株根系充分获得养分；若清粪水不够，则需要灌水帮助淋溶分解肥料，确保根系对养分的及时吸收。

叶面肥的使用在果穗套袋之后进行。果穗开始转色前，进行磷酸二氢钾、尿素等叶面喷肥，使用浓度控制在 0.1%～0.5%，每隔 7～10 天喷施 1 次，直到采果前停止。

每年 10～11 月，葡萄园还要进行 1 次基肥深施工作，这次肥料的集中施用主要是为了改良土壤理化性状，为来年丰产打下坚实基础。基肥种类以农家肥为主，包括腐熟的牛羊粪和鸡粪等，此外，还要添加钙镁磷肥等，施肥方法是：在行间根系附近挖宽深各 40 厘米的纵向条沟，将农家肥和磷肥与取出的土壤混匀后回填压实，每亩施农家肥 1～2 吨，油枯 100～200 千克，磷肥 100～150 千克。

由于当地葡萄产区靠近湖泊与河流，地下水位比较高，葡萄园水分管理重点是排水涝。在旱季主要是配合每次施肥之后，确保灌透 1 次水；而进入雨季之后，则重点是做好排水工作，包括在周边深挖排水沟，尽量降低地下水位，同时，在棚间水沟上铺膜，将避雨棚落下的雨水尽快排走，降低棚内空气湿度，防止和减少气灼病的发生。

8. 生物危害和自然灾害的防治　在西昌葡萄产区，主要的病害种类有黑痘病、灰霉病、霜霉病、褐斑病、白腐病、白粉病等，病毒病有卷叶病毒病、扇叶病毒病和斑点病毒病等；生理性病害主要是气灼病和日灼病，主要的虫害种类有粉蚧、红蜘蛛、二斑叶螨等；危害葡萄的鸟类主要是八哥与画眉。

（1）黑痘病　该病害每年都在早春开始侵染葡萄幼嫩的新梢。主要防治方法：在休眠期做好田间清园工作，将前 1 年的枯枝落叶清理出园，并刮除老翘皮，集中深埋或烧毁。萌芽前，用 3～5 波美度石硫合剂对全园消毒；萌芽后，在新梢 10～15 厘米长时喷药保护，40% 氟硅唑乳油 6 000～8 000 倍溶液，10% 苯醚甲环唑 1 500 倍溶液以及托布津、代森锰锌等。

（2）灰霉病　开花前，如遇上连续阴雨天气或在空气潮湿的葡萄园，灰霉病发生相对较为严重。对该病害的防治主要是根据气候变化情况及时喷药 2～3 次进行保护，40% 嘧霉胺悬浮剂 800 倍溶液以及速克灵等。

（3）霜霉病　自从推广避雨设施栽培红地球葡萄后，该病害防治难度大为减轻，但在少数露地葡萄园以及遮雨棚边沿地带，该病害仍时有发生。对该病害的防治除做好清园工作之外，进入雨季以后，每隔 10 天左右喷 1 次药预防，甲霜灵可湿性粉剂 500 倍液、烯酰吗啉 600 倍液以及代森锰锌、甲霜锰锌、疫霜灵、波尔多液、王铜等。

（4）褐斑病　西昌产区主要发生小褐斑病。该病害常在地势低洼，排水不畅的葡萄园发生，靠近地面的葡萄叶片以及水沟边容易形成危害。提高主干高度，避免叶片靠近地面是根本的预防措施。预防该病害的常用药剂有：40% 氟硅唑乳油 6 000～8 000 倍溶液，80% 戊唑醇可湿粉剂 6 000～8 000 倍溶液以及代森锰锌、大生等。

（5）白腐病　该病害是当地葡萄产区的主要真菌性病害，对遮雨棚内红地球葡萄每年都要造成较严重的损失。防止该病害发生的主要措施是彻底清园，并刮除老皮。在生长季节，一旦发现感病情况立即喷药防治，10% 苯醚甲环唑 1 500 倍溶液，或者 40% 氟硅唑乳油 6 000～8 000 倍溶液等。

（6）白粉病　该病害主要在雨季来临之后发生，一般从 6 月中旬开始在遮雨棚内侵染红地球葡萄叶片和绿色枝蔓，采果之后，病害进入高发期。对该病害的防治，主要是彻底做好清园工作，并在休眠期用 3～5 波美度石硫合剂进行全园消毒处理。在生长季节，一旦发生病害侵染应立即喷药防治，50% 醚菌酯水分散粒剂 3 000 倍溶液，60% 腈菌唑·代森锰锌 600～800 倍溶液，或者甲基硫菌灵、石硫合剂等。

（7）病毒类病害　病毒类病害的危害症状在一些葡萄园日益显现出来，葡萄卷叶病、扇叶病和斑点病已经给部分农户带来了明显的损失，最直接的危害是红地球葡萄感病植株果粒上色困难，产品无法销售。针对这个问题，农户采取的补救措施是让植株副梢挂果，二次果由于位置高，光照条件更加优越，养分竞争没有一次果激烈，着色反而超过一次果。但是，这只是一种权宜之计，不能根本解决问题，要彻底解决病毒病问题，必须对母株进行鉴定筛选，并建立无病毒母株隔离保存圃，繁育无病毒苗木选择新址重新建园。

（8）气灼病与日烧病　西昌红地球葡萄园是这类生理病害的重灾区，主要是因为当地栽培地理环境和生产方式容易引发病害的暴发。葡萄园地下水位高，栽培密度又大，加上产量一般都偏高，使葡萄植株面临着激烈的水肥竞争压力。每年6月初，也即当高温多雨季节来临时，植株叶片蒸腾量剧烈上升，白天棚内气温上升很快，必然导致根部供水不足和果粒失水，气灼病随即发生。在一些挂果偏多的葡萄园，气灼病实际起了疏果作用，迫使农户被动地将产量控制下来，使树体负担趋于合理。每年6月中旬，在许多葡萄园可见遍地是疏除的气灼病危害过的果粒，疏果量甚至达到1/4。

由于当地日照强烈，在葡萄园的边沿部位容易发生日烧病，农户预防该病害的主要措施是在这些地方拉上遮阴网，或者用纸板、布条等挡住阳光，减轻病害的发生。

（9）粉蚧　自从遮雨栽培技术推广以来，粉蚧类害虫的发生有上升趋势。目前，农户采取的主要措施是人工扑杀，并结合冬季清园时进行。此外，冬季刮除并销毁老皮，喷施3～5波美度石硫合剂或3%～5%柴油乳剂等也有杀灭虫卵和若虫的功能。生长季节抓住两个关键时期，一是3月下旬至4月上旬虫体开始膨大期，二是5～6月第一代若虫孵化盛期，喷药杀灭。常用的药剂：吡虫啉、杀扑磷、啶虫脒等。

（10）红蜘蛛与二斑叶螨　这两种害螨主要在高温季节来临时发生。在6月中下旬，如发现叶片上开始有少量灰白或黄色斑点出现，应查看是否为叶螨危害症状。一旦发现5%以上叶片上有上述两种螨害发生危害，须连续喷2次杀螨剂进行防治，常用药剂包括：哒螨灵、三唑锡、克螨特、阿维菌素等。

（11）鸟害　由于西昌四面环山，对葡萄园造成危害的鸟种类比较多，但主要是八哥和画眉鸟，这些鸟害如不进行防治，葡萄成熟时最多时可以造成近50%的损失。农户目前预防鸟类侵害的办法主要是在遮雨棚的连接处和四周，用细尼龙线编成的鱼网进行隔离保护，上面挂在钢管架上，用细铁丝扎紧，下面用泥土压实固定。这种细尼龙线鱼网价格低廉，防鸟效果却很好。

9. 果实采收与销售　西昌地区红地球葡萄的成熟期在8月下旬，判断果实成熟与否的主要依据和标准是果实的含糖量，一般在采收之前，都要用测糖仪进行检测，当果粒含糖量达到17%时，即可以采收上市。

当地红地球葡萄成熟季节介于云南产区和我国新疆产区之间，因此这些年来销售都比较顺畅，价格也比较理想，当地农户一般都要求商贩包园购买，双方协商达成一个"包园价"，农户则根据商贩要求采收、修穗、分级和包装，并协助商贩发往指定目的地。

红地球葡萄的采收、修穗和分级包装，一般都在农户葡萄园内进行。葡萄采下以后，用塑料筐临时盛好，放在葡萄架下阴凉处进行散热；之后，则进行修穗和分级，主要是将小果、畸形果、病虫果、药害果等小心去除，然后根据果穗着色和果粒大小分级存放；最后，经商贩检视、同意后分级进行包装并打上标签。在当地，包装箱主要有两种，一种是竹筐，每筐重量为10～20千克，四面用白纸作垫层和遮光，上面盖上1层新鲜葡萄叶片保湿。竹筐包装一般是作长途运输的，到了销售地点还需要重新更换小包装盒。另一种包装材料是纸箱，包装重量为3～5千克，这类包装箱一般是由专业合作社或销售公司定制，并打印上了商标、地址等内容。

近年来，春节市场红地球葡萄销售价格不断上涨，销售利润是葡萄正常成熟采收季节的 2～3 倍，这个趋势刺激了当地部分专业大户和合作社将少量优质葡萄进行贮藏，并等到春节到来时推向市场。贮藏方法是：精选充分成熟并且无损伤的红地球葡萄用塑料包装箱装好，进入 0～1℃冷库贮藏；每箱重量 5～10 千克，单层摆放优于分层摆放，并在每层葡萄放上新疆产的葡萄专用保鲜纸垫，通过缓慢释放 SO_2 达到灭菌保鲜目的。贮藏期间，每隔 15 天对贮藏果进行 1 次检查，发现病害侵染果或药害果立即剔除。

成都平原红地球葡萄避雨栽培技术

张咸成[1]　杨志明[2]　余斌文[2]

（[1] 四川省彭山县农业局；[2] 彭山县金果果业专业合作社）

彭山县位于成都平原南缘，地理坐标为东经 103°40′43″～103°59′21″，东西长 28.7 公里；北纬 30°07′36″～30°21′57″，南北宽 25.9 公里；总面积 465.32 平方公里。耕地面积约 29 万亩，人均约 1 亩。县城北距成都 56 公里，南距眉山市 18 公里，有"眉山市北大门、桥头堡"和"成都后花园"之称。

本县地势东西高而中部低，由北向南倾斜。东为龙泉山脉一部分，西为总岗山脉的余脉，中部为成都平原的一部分。全县海拔高度在 410～711.6 米。葡萄产区集中在中部平原。

本县气候为冬暖夏热型亚热带季风性湿润气候，年平均气温 16.7℃，最高 36.7℃，最低 -3.7℃，仅持续 1 小时。月平均最高气温出现在 7、8 两月，为 25.7℃；最低在 1 月，为 6.1℃。年无霜期平均为 308 天；年有效积温 5 341.5℃，月均温大于 10℃初日为 3 月 11 日，终日为 11 月 23 日；年平均降雨 998.2 毫米，最高 1 229 毫米、最低 802.2 毫米，年际变化不大；降雨主要集中在 5～10 月，其中 7、8 月占全年降雨的 46.2%，冬春偏旱，夏季偏涝。蒸发量全年为 500 毫米，年平均湿度为 82%。年日照时数为 1 293.7 小时，8 月日照时数最多，3～8 月日照逐月增多，9 月则明显减少。

彭山县从 1996 年引进红地球葡萄种植，历经 12 年探索，克服了高温、高湿、寡照等不利条件对红地球葡萄的影响，采用适合本县的红地球葡萄避雨栽培技术（彩图 B12），使红地球葡萄亩产能稳定在 1 250～1 500 千克，葡萄穗重约 1 200 克，粒重 12～15 克，可溶性固形物含量 14%～16%，亩产值 2 万元左右。主要技术要点如下：

1. 建园　选择交通便捷，排灌方便，无污染源的壤土或沙壤土地块建园。

（1）规划　应根据地形地势对道路沟渠等相关设施进行统一规划。主道宽 4 米，辅道宽 2～3 米。行向与风向一致，彭山县一般为南北向。行距 3 米×株距 1 米，亩植 220 株，以后逐年间伐至亩植 55 株。

（2）土壤整理　亩施腐熟纯鸡粪 1 000 千克，100 千克过磷酸钙，菜子饼 50 千克。全园翻耕 30～40 厘米耙碎备用（10 月底完成）。

（3）开厢　按畦沟心对心 3 米开厢起垄，厢沟宽 25～30 厘米，深 25～30 厘米。围沟略深，宽于厢沟即可。同时按规格各自浇铸水泥柱。

水泥柱规格：300 厘米×10 厘米×10 厘米。

钢筋：直径 4 毫米螺纹钢丝，中柱 4 根，边柱 8 根。

柱孔：垂直于行向面，从柱顶端往下 40 厘米、70 厘米处各 1 孔，90 厘米处两侧各预埋 1 钢丝环；柱顶端预埋 1 钢丝环。

（4）**立水泥柱** 每厢厢面中心线位置每隔 4 米 1 根水泥柱。全园分片横顺对齐，埋土深度 60 厘米。边柱外侧 1.2～1.5 米处打地锚，内侧 1.2～1.5 米处顶撑柱。

（5）**定植** 本地应选用贝达砧嫁接苗定植为好（在本地耐湿性和花芽分化均优于扦插苗）。

11 月底至 12 月底前按株行距挖好定植穴。嫁接苗解除嫁接膜，于嫁接口上剪留 3 芽，根系剪留 15 厘米后浸入水中 24 小时，苗木吸足水后做苗木消毒灭菌处理（80％敌敌畏 1 000 倍加 50％多菌灵 800 倍做全株浸泡处理）方可定植。定植时 1 人扶苗，1 人盖土，根系分层用细土压好、踩实，浇足定根水。定植后按要求安装滴灌管，土壤较干时用滴灌灌水。在定植畦面铺 1 米宽优质黑色地膜或银黑反光膜可防草保湿。

（6）**架面的搭建**

①避雨棚的搭建。离水泥柱顶 40 厘米处横拉（东西向）1 条 4 毫米直径的钢绞线，纵向离柱 1.3 米处两边各拉 1 条直径 2.8 毫米的热镀锌钢丝，柱顶 1 条 2.8 毫米的热镀锌钢丝共 3 道组成避雨棚三角形骨架。亩用楠竹片 330 片（长 300 厘米、宽 3 厘米），用 2 毫米粗的铝丝把楠竹片按间距 67 厘米绑缚于三道骨架钢丝上。避雨棚的两端采用直径 10 厘米左右的楠竹绑缚于水泥柱离柱顶 40 厘米处（详见总论第三章）。

②葡萄架面搭建。在离地 1.7 米东西向（垂直于行向）拉 1 根 4 毫米的镀锌钢绳作葡萄架面的横梁用，离地 1.5 米柱两边顺行向各拉 1 条 2 毫米的钢绞线，柱两边的横梁上 20 厘米、60 厘米、100 厘米处各拉 1 条 2 毫米钢绞线，两边共 8 道钢绞线组成葡萄架面。

2. 定植当年管理技术

（1）**肥水管理** 苗木长到 8 叶后（4 月上旬）查苗补缺，并开始施肥，每 10 天 1 次。前 2 次每亩用 3 千克复合肥（先浸泡溶解）＋1 千克尿素对水 3 立方米，搅匀后滴灌施入；以后每亩用 4 千克复合肥＋1.5 千克尿素兑水 5 立方米，滴灌施入；7 月底每亩用 5 千克复合肥＋2.5 千克 50％磷酸二氢钾对水 5 立方米滴灌施入；10 天后用 5 千克高纯度磷酸二氢钾加 0.5 千克尿素，加水 5 立方米滴灌施入，促进枝条老化和花芽分化。

（2）**新梢管理** 萌芽后，留 1 壮芽生长，并随时抹除嫁接口以下砧木芽。苗木 20 厘米以上时应立竹竿或水泥柱上拉 3 道塑料绳引缚苗木，防止倒伏。苗高 50 厘米时，第一次摘心。30 厘米以下夏芽抹除，留顶端 1 芽生长，其余夏芽留 1 叶绝后摘心。当顶端副梢长至距地面 100 厘米时第二次摘心，留顶端 2 个副梢生长，其余副梢留 1 叶绝后摘心。2 根新梢长至距地面 140～150 厘米时第三次摘心，各留 2 个副梢生长（共 4 根新梢为次年挂果母枝），其余副梢留 1 叶绝后摘心。4 根新梢到 50 厘米时再次摘心，各留顶端 1 个副梢继续生长，其余副梢 1 叶绝后摘心并水平引缚于钢丝架面上。当 4 根新梢超过钢丝架面时再次摘心。以后顶端副梢 3 叶摘心。8 月上旬实行强摘心或喷施 250 倍 PBO 控制新梢生长以促进花芽分化。

（3）**病虫防治**

①苗木定植后，地上部喷 20 倍 45％晶体石硫合剂溶液。

②葡萄避雨后，病虫害防治相对简单，着重防治螨类、蓟马、斜纹夜蛾、白粉病，拆

膜前应喷施 1 次防治霜霉病和白腐病的农药。螨类可使用：3 000 倍哒螨灵、3 000 倍托尔克、5 000 倍螨危。叶蝉、蓟马可使用：2 000 倍 10％吡虫啉、3 000 倍歼灭、7 500 倍阿克泰。斜纹夜蛾可使用：1 500 倍除虫脲、3 000 倍 3％甲维盐、800 倍多角体病毒。

（4）施基肥　9 月底亩施腐熟猪粪水 4 000 千克或鸡、鸭粪肥 1 500 千克或商品有机肥 1 000 千克＋菜子饼 50 千克＋过磷酸钙 100 千克，离主干 60 厘米外开深 20 厘米条沟施入。

（5）盖膜　4 月中旬盖膜，9 月中至 10 月中旬拆膜。使用幅宽 300 厘米、厚 3 丝的优质长寿无滴棚膜。

（6）冬剪　1 月初冬剪时根据枝条粗细 2～12 芽修剪，剪口粗度不小于 0.8 厘米水平引缚于底层两道钢丝上。

3. 结果树管理技术

（1）枝蔓管理

①由于南方地区低温冷量不足，导致萌芽迟而不整齐，许多花芽无法萌发，导致产量降低。于 2 月上旬用葡萄萌芽素（单氰胺）涂芽，可解除葡萄休眠，提高萌芽率和成枝率，使芽齐、芽壮，并相应的增加花量。

②3 月初，葡萄萌芽后，首先抹除第一道钢丝以下不用的枝芽，再分批抹除双生芽、细弱芽及过密芽。等新梢长到 40 厘米时按 18 厘米梢距进行定梢，并分批引缚。个别旺枝可在 8 叶时进行摘心处理，到初花时同其他枝梢再次摘心，可促进该枝花序发育，和整园枝梢生长整齐一致。全株新梢等距离（间隔 18 厘米左右）分布在主蔓或长条结果母枝集结于行向一字形左右两侧平棚架面上（彩图 B13）。

③初花时（5 月初），新梢超过 3 道钢丝时，超过部分摘心，并同时抹除花序以下副梢，其余副梢 7 天后分批摘心，以防冬芽萌发。顶芽 3～5 叶反复摘心，果穗附近副梢 3 叶摘心，可防果实日灼，其余副梢 1 叶绝后摘心。

④于 4 月 20～30 日前完成盖膜，以保证开花期不受雨淋。

（2）花果管理

①开花前 15 天，花序用 5 毫克/千克 GA_3 浸穗。可拉长花序，减少疏果用工量 70％，减轻果实挤压，改善着色等作用。尤其在花量不足时，能明显提高产量。定花时可按 10 枝留 8 个花穗，坐果后再选择定果。坐果后果实豌豆大时进行定果，按 10 枝留 5 穗（每穗成熟后约 1 千克），并及时进行疏果，疏果后果粒松散，每穗保留 60～80 粒为宜。谢花后，平整畦面，尽早铺设 1.2 米宽银黑色反光地膜，可防病、防草，增加光照，减少裂果。

②谢花后 20 天，果穗用 20 毫克/千克 GA_3 加 7 500 倍保美灵浸穗，可增大果粒 2～3克，着色鲜艳靓丽。浸穗时可配合杀虫、杀菌。

③避雨不套袋栽培，可在果实日灼期，用报纸打伞袋或经常滴灌灌水可防日灼。并于果实上色前围好防鸟网。果实上色时摘除基部 3～4 片老叶，并及时去除较长副梢，可促使果实着色。

（3）肥水管理

①于 2 月中旬和 3 月初各灌透水 1 次，可促使萌芽整齐。如花期前干旱，可适当灌

水，可使开花整齐。萌芽时，亩施真根 5 千克＋尿素 5 千克＋磷酸二氢钾 5 千克，滴灌施入。

②葡萄坐果后，5 月上旬每亩施真根 5 千克＋尿素 10 千克＋磷酸二氢钾 10 千克；5 月下旬每亩用尿素 10 千克＋磷酸二氢钾 10 千克；6 月中旬，每亩用尿素 8 千克＋磷酸二氢钾 13 千克；7 月上旬，每亩用硝酸钾 10 千克＋磷酸二氢钾 10 千克，每次对水 6～8 立方米滴灌施入。平时可用滴灌多次灌水。微量元素可在喷药时加入。

③果实采收后，撤除地膜，卷收滴灌管。选择较好天气时撤除棚膜（撤膜前先喷施防病农药保护叶片），枝叶在全光照下生长可增加营养积累和花芽分化。天气较差时，也可推迟撤膜，待天气晴朗时撤膜较好。采后肥，可每亩施复合肥 10 千克，以恢复树势。

④10 月初，亩施腐熟猪粪 4 000 千克或鸡、鸭粪 1 000 千克＋过磷酸钙 100 千克＋菜子饼 50 千克（另可加入硫酸镁 15 千克＋众爱硼 200g），开条沟施入。

4. 葡萄避雨栽培病虫害防治技术

（1）病虫害发生特点及规律

①葡萄采用避雨栽培后，病虫害的生存环境发生较大改变，对葡萄生产威胁较大的真菌病害显著减轻，其中霜霉病、黑痘病、炭疽病几乎不发生，生产上无需防治；白腐病、酸腐病会轻度发生；灰霉病、白粉病会加重发生；螨类、蚧类及蓟马、叶蝉等害虫，由于减少了雨水的直接冲刷会加重发生。

②萌芽至开花期。病害主要有黑痘病、灰霉病；虫害主要有绿盲蝽、透翅蛾。开花后至果实成熟期：病害主要灰霉病、白粉病、白腐病、酸腐病；虫害主要有螨类、蚧类、羽蛾、蓟马、斜纹夜蛾等。果实采收后至落叶期：病害主要有（撤膜后）白腐病、霜霉病；虫害主要有：叶蝉、蓟马、斜纹夜蛾。

（2）病虫害防治措施（采用预防为主，综合防治策略）

①霜霉病。露天栽培发生较重，多雨年份很难控制。在避雨后一般不发生或轻微发生。在盖膜前使用科博、必备防治其他病害时可兼防该病发生；在撤膜前喷施保护剂可预防该病发生。

②黑痘病。萌芽长 1 厘米左右喷施 20 倍 45% 晶体石硫合剂有良好效果；在盖膜后不会发生；撤膜后嫩梢会有发生但不必防治。

③炭疽病。盖膜后不会发病，盖膜前和撤膜后叶片会有发生，防治其他病害时有兼治作用，不必防治。

④白粉病。成都平原多雨高湿，一般很少发生，仅个别年份晴热少雨时发生，结合防治白腐病，使用三唑类杀菌剂有很好效果。

⑤白腐病。该病在避雨条件下发生会减轻，但仍会发生，个别多雨年份发生较重，尤其会诱发酸腐病，损失较大应引起重视。可采用地膜覆盖加药剂防治；药剂可使用：800 倍 5% 霉能灵（亚胺唑）、1 500 倍 60% 百泰（唑醚＋代森联）、1 500 倍 25% 阿米西达（嘧菌酯）、7 500 倍 40% 氟硅唑，防治效果较好。

⑥灰霉病。该病在低温阴雨条件下发生较重，主要危害花穗、叶片、新梢及成熟果实。在避雨条件下仍发生较重。应保持架面通风透光，降低湿度。药剂防治可用：1 500 倍 50% 异菌脲、1 000 倍 40% 施佳乐（嘧霉胺）、1 500 倍 50% 速克灵（腐霉利）、600 倍

50％农利灵（乙烯菌核利）、1 000倍30％翠泽。

⑦酸腐病。该病无论是露地和避雨栽培均有逐年加重趋势，应引起重视。酸腐病的发生是果实表皮损坏（裂果、鸟害、白腐病、炭疽病危害）、醋酸菌感染和醋蝇传播综合作用的结果。防治该病的关键在于控制裂果、鸟害、白腐病和炭疽病的发生，其次是使用铜制剂杀灭醋酸菌和杀虫剂灭醋蝇。

⑧蚧类。在避雨条件下会加重发生。防治措施有：主干剥除老翘皮后刷白涂剂，减少越冬虫体；萌芽时喷施20倍45％晶体石硫合剂＋3 000倍必加。葡萄生长季节蚧类孵化期喷施4 000倍24％亩旺特（螺虫乙酯）对蚧类有特效并兼治蓟马、叶蝉等刺吸式害虫。

⑨螨类。在避雨条件下发生较重。在萌芽时喷施20倍45％晶体石硫合剂＋3 000倍必加杀灭越冬虫体；生长季节可使用：4 000倍24％螨危（螺螨酯）或3 000倍15％哒螨灵有较好效果。

⑩叶蝉、蓟马。在避雨条件下有加重趋势。如发生可使用：4 000倍25％螺虫乙酯、5％啶虫脒2 000倍、10％吡虫啉2 000倍、7 500倍阿克泰。

⑪斜纹夜蛾。该虫主要危害叶片，严重时将叶片全部吃光，7～9月发生较重。该虫应采用多种方法防治：斜纹夜蛾性诱剂有较好防效；在发生盛期24小时1个捕虫罩可诱杀100多只成虫；安装频振式杀虫灯，除对斜纹夜蛾有效外，对其他多种害虫也有很好诱杀效果；药剂防治可使用：3 000倍5％甲维盐；800倍30亿/克甜菜夜蛾多角体病毒；1 500倍25％除虫脲。

（3）全年病虫害防治方案

①冬季修剪后主干剥除老翘皮后刷白涂剂。

②萌芽长约1厘米时喷施：20倍45％晶体石硫合剂＋3 000倍必加。

③4月初芽长10～15厘米时喷施：400倍必备＋600倍50％多菌灵。

④4月中旬喷施600倍78％科博＋1 500倍50％扑海因＋2 000倍速乐硼。

⑤4月底（开花前）600倍70％安泰生＋1 000倍施佳乐＋10％歼灭3 000倍＋2 000倍速乐硼。

⑥谢花后：1 500倍60％百泰＋750倍50％甲托悬浮剂＋4 000倍24％亩旺特。

⑦6月中旬：1 500倍阿米西达＋4 000倍24％螨危。

⑧7月上旬（上色期）400倍42％喷富露＋7 500倍40％氟硅唑＋3 000倍5％甲维盐。

⑨9月下旬撤膜前喷：600倍78％科博＋0.3％磷酸二氢钾。

⑩生长期使用黄板、频振灭蛾灯、性诱剂。

湖南省红地球葡萄避雨栽培技术

石雪晖[1]　王先荣[2]　杨国顺[1]　刘昆玉[1]　钟晓红[1]

([1] 湖南农业大学园艺园林学院；[2] 湖南农康葡萄专业合作社)

湖南省位于长江中游以南，南岭以北，北纬 24°40′～30°05′，东经 108°50′～114°15′，基本为"七山一水二分田"的多山省份，其土壤为红、黄壤；地势大致是东、南、西三面环山。全年日平均气温 16～18℃，极端最高气温 41.9℃，极端最低气温－11℃，10℃以上活动积温 5 300～5 800℃；无霜期 270～310 天；年降水量 1 200～1 700 毫米；梅雨期空气相对湿度 80%～90%；全年日照时数为 1 360～1 840 小时。由于高温高湿与寡照，有利于病原菌的传播，已成为发展欧亚种葡萄的瓶颈。然而，21 世纪初，欧亚种葡萄通过采用避雨栽培技术已在湖南省栽培成功，截至目前，栽培面积已经达到 9 673 公顷，平均亩产 1 500 千克左右，均价 10 元/千克，除去成本 3 000 元/亩，纯利润 12 000 元/亩左右，尤其是湖南省澧县，欧亚种葡萄的栽培面积已超过 1 600 公顷，近年来，已收到了显著的经济效益和社会效益。

1. 标准建园

（1）园地与区划　红地球葡萄的避雨栽培以选择阳光与水源充足、排灌便利、土质肥沃疏松、交通方便、地势较高并以南北行向种植的园地为宜。荒山、荒地、大漠、戈壁滩、沙地、盐碱滩等非农耕地，只需付出投入改造，也是可以作为葡萄建园的（彩图 B14）。

科学的园区规划可合理有效利用土地，采用新技术，减少投资，提早投产，可持续地创造较理想的经济效益和社会效益。

作业区面积大小应因地制宜，小区以长方形为宜，长边与葡萄行向一致，以便于田间作业；山地小区的长边应与坡面等高线平行，以有利于灌溉、排水和机械作业。几个小区组成作业大区，以园区道路为界。主道贯穿园区中央，道宽 3～6 米；支道与主道垂直，道宽 2～3 米道路两侧可根据需要设置灌排水系统和防风林带。此外，还要区划出库房、机房、冷库、配药池、贮粪池、电井房和办公、生活等用地，约占园区生产用地的6%～8%。

（2）整地与栽植

①非耕地改造详见本文土肥水管理。

②挖定植沟。避雨棚内红地球葡萄的行距一般为 2.5 米，株距一般为 1.8 米，每亩栽苗 150 株。受到地下水的影响，湖区及冲积土园地挖定植沟一般宽为 0.6～0.8 米，深为 0.5～0.6 米；丘岗地挖定植沟一般宽为 1.0～1.2 米，深为 0.8～1.0 米；湖区的板结土壤按丘岗地规格挖定植沟。

③埋施基肥。葡萄园埋施基肥时应根据园地的土壤肥沃状况而定，一般情况下每亩施人畜肥 1 000～2 000 千克、锯木屑或稻草 800～1 000 千克、饼肥 200～250 千克、磷肥 100～150 千克、40％硫酸钾复合肥 40～50 千克、锌肥 2 千克、硼肥 2 千克、镁肥 2 千克。针对不同的土壤状况调整施肥方案，例如湖区的葡萄园宜施用过磷酸钙；丘岗地的葡萄园宜选用钙镁磷。在施肥前 10～15 天，将磷肥与饼肥均匀搅拌后再加水堆沤发酵，并每 3～5 天加水翻拌 1 次，用塑料薄膜将其覆盖以保温保湿。在葡萄园开挖好定植沟后应先将一半的基肥混合均匀后撒施在沟底，然后深翻沟底使施入的肥料和土壤充分混匀后，回填入定植沟一半的土层，再将另一半基肥均匀地撒施在土层的上面，将肥料与土拌匀，将大块土团捣碎至鸡蛋大小，待开挖出来的土壤全部回填至定植沟之后，再在宽约 1 米的土层上均匀撒施复合肥，将肥料与土拌匀，并整垄开沟，垄沟宜深 20～30 厘米，宽 50～70 厘米，用挖沟的土壤将肥料覆盖。

④苗木定植。选择品种纯正、芽眼饱满、枝蔓粗壮、无检疫性病虫害的优质壮苗进行定植。苗木定植前需修剪，保留 3 个饱满、健壮的芽和 15 厘米长度的根系，并解除嫁接口上的绑扎膜后，对枝蔓用 3～5 波美度石硫合剂或 1‰硫酸铜消毒，对根系用 50％的辛硫磷 600～800 倍液浸渍 15～20 分钟之后，用清水清洗并浸泡 3～4 小时后再进行栽植，以提高苗木的成活率，减轻病虫害的发生。

苗木一般以春季栽植为宜，时间在 2～3 月，按株距挖浅穴，将苗木与地面呈 45°夹角斜放在穴内，然后培土，嫁接苗露砧 5～10 厘米，踩紧踏实，浇清水，使苗木左右对齐，横、竖、斜均成行。待下雨或漫灌后覆盖宽 1.2 米、厚 0.014 毫米的黑色地膜，并打洞将苗木引出。

（3）避雨棚施工规范　避雨栽培（彩图 B15）是湖南省发展红地球葡萄生产的关键技术，选择优质的棚架材料是葡萄建园的基础。现以澧县避雨棚为例，施工规范如下：

南北两头棚架设施建造（图 1）

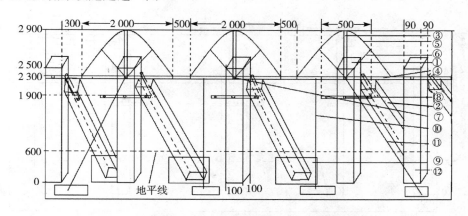

图 1　避雨棚架南北两头设施建造示意图（单位：毫米）

说明：①水泥立柱规格：2 500 毫米×100 毫米×100 毫米。

②水泥撑柱规格：3 000 毫米×100 毫米×100 毫米。

③φ20 热镀锌厚壁管，长 580 毫米，与横向 φ20 热镀锌厚壁管焊接，柱端与 φ20 热镀锌管横向焊接。

④φ20 热镀锌厚壁管与立柱上 φ14 圆钢预埋铁焊接，焊接时，尽量保持在水平线上，若地势有差异，要求尽量保持在同一条直线上。

⑤φ9 弧形圆钢长 2 450 毫米，弯成弧形后，高 600 毫米，弦长 2 000 毫米，两端与 φ20 热镀锌水平管焊接。

⑥φ9 圆钢长 700 毫米斜撑，与 φ9 弧形圆钢及 φ20 热镀锌水平管焊接。

⑦φ14 预埋铁，长 100 毫米，露 20 毫米，与 φ20 热镀锌管焊接。

⑧φ8 预埋铁，与长 500 毫米、两端距边 5 毫米各钻 1 个 3 毫米的孔与 φ15 热镀锌厚壁管焊接，在 φ15 横端两端孔内各拉 1 根 φ20 热镀锌通讯线。

⑨水泥撑柱脚下的混凝土长方体，长、宽、高规格为 400 毫米×300 毫米×500 毫米，要求预制时，长方体表面低于地面 100 毫米，保持南北立面水泥立柱均匀向外倾斜 100 毫米，柱脚埋于护脚混凝土内 100～150 毫米，并保证撑柱脚混凝土的密实。

⑩每根水泥立柱两侧 300 毫米左右，用 1 根 φ2.5 热镀锌通讯线与埋于地下深 800 毫米的规格为 100 毫米×100 毫米×500 毫米以上的断水泥柱或大石头作锚石，使其牢固，防止大风吹倒避雨棚。

⑪南北两头档柱东西方向，各用双根 φ3.0 热镀锌通讯线与地面呈 30°左右角斜拉于地下 800 毫米深、规格为 100 毫米×100 毫米×500 毫米的断水泥柱或大石块锚石上，中间用 φ16 长 500 毫米左右的花篮锣丝连接，以便今后松隙以后紧固，南北两头东西方向超过 150 米需要增拉一组。先将东西方向 φ30 斜拉线拉紧固定之后，再拉紧垅向通讯线，以保证 φ20 热镀锌管平直。

⑫南北档柱东西边上 1 根从柱中心往 φ20 热镀锌厚壁管尾端 1.5 米处，栽 1 根 2.5 米的边柱，同时将 φ20 热镀锌厚壁管焊接在边柱顶部往下 200 毫米处与 φ14 圆钢预埋铁焊接好，东西边各栽 1 根。

中间棚架设施建造（图 2）

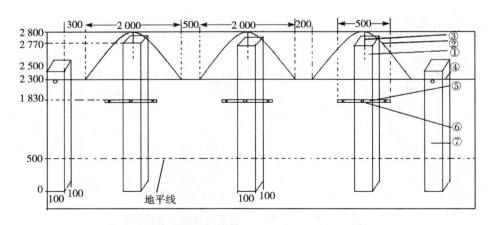

图 2　避雨棚架中间设施建造示意图（单位：毫米）

说明：①中间水泥柱立柱规格：2 800 毫米×100 毫米×100 毫米。

②弧形楠竹片，长 2 510 毫米，宽 30 毫米以上，竹片两端 30 毫米和 50 毫米处各钻 1 个孔径 3 毫米的孔，两孔不要成直线，以免竹片破裂。

③顶部 ϕ12 螺纹钢预埋铁，长 200 毫米，预埋时外露 30 毫米顶部往下 5 毫米处钻 1 个孔径 3 毫米的孔，栽水泥柱时，注意孔的方向，孔对正垅向，以便拉设铁丝。

④ϕ3.0 热镀锌通讯线从水泥柱顶部往下 570 毫米处，拉设 1 道通讯线，用 ϕ2.5 热镀锌通讯线与中间水泥柱连接绞紧，形成整体，绞拉时，注意保持水泥柱垂直。

⑤顶部往下 970 毫米处的 ϕ8 预埋铁焊接 ϕ15 热镀锌厚壁管，长 500 毫米，距两边 5 毫米处，各钻一个 3 毫米的孔，拉设铁丝用。

⑥顶部往下 970 毫米处预埋 ϕ8 预埋铁。

⑦中间边柱规格：2 500 毫米×100 毫米×100 毫米，顶部往下 200 毫米处，预埋 ϕ14 圆钢，长 100 毫米，外露 20 毫米。

东西两边撑柱建造（图 3）

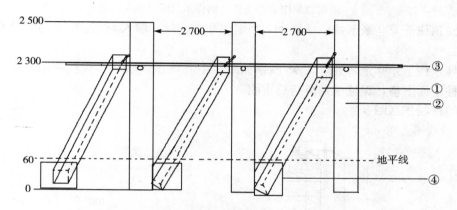

图 3　避雨棚架东西两边撑柱建造示意图（单位：毫米）

说明：①水泥撑柱规格：3 000 毫米×100 毫米×100 毫米，顶部预埋 ϕ12 圆钢长 200 毫米，预埋时，外露 30 毫米。

②水泥立柱规格：2 500 毫米×100 毫米×100 毫米，顶部柱顶往下 200 毫米处，预埋 ϕ14 圆钢，长 100 毫米，外露 20 毫米，垅中水泥柱间距 5 400 毫米，东西两边水泥立柱间距 2 700 毫米，以后建造避雨棚时，拉 1 根 ϕ20 热镀锌通讯线，连接各避雨棚，形成整体，增强抗风能力。

③根据用户的经济条件与要求，可采用下列两种方式：

A 用 ϕ20 热镀锌厚壁管焊接，再将 3 000 毫米撑柱焊接于 ϕ20 热镀锌管上。

B 用 ϕ3.0 以上热镀锌通讯线连接水泥立柱，在拉设通讯线时，每根水泥立柱旁串 1 根 ϕ10 长 30 毫米热镀锌厚壁管，再将 3 000 毫米撑柱焊接于 ϕ10 热镀锌管上，再将撑柱用 ϕ20 通讯线与水泥立柱绞紧。

④撑柱脚长、宽、深为 400 毫米×300 毫米×500 毫米的混凝土长方体固定，混凝土长方体低于地面 100 毫米左右，预制时注意保持水泥立柱垂直和撑柱脚密实。

南北两头档柱制作（图 4）

说明：①南北档柱规格：2 500 毫米×100 毫米×100 毫米，内放四根 ϕ4 冷拉丝，每根长 2 500 毫米，弯曲后长 2 460 毫米（图 4 中 a），预埋时参照图 4 中 a 形状，图 4 中 b 摆放，四周边均要有 10～15 毫米混凝土保护层。

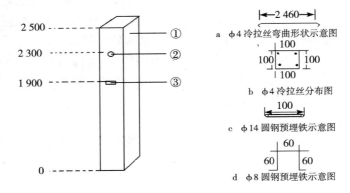

图 4 避雨棚架南北两头档柱制作示意图（单位：毫米）

②柱顶往下 200 毫米处，埋好 ф14 圆钢 100 毫米长，埋入 80 毫米，外露 20 毫米（图 4 中 c）。

③柱顶往下 600 毫米处埋入 ф8 圆钢如图 4 中 d 所示形状，焊接横端用，注意预埋铁与水泥柱正面平整，保证横端焊接后牢固。

中间柱制作（图 5）

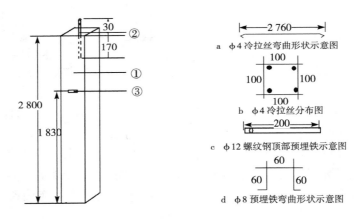

图 5 避雨棚架中间柱制作示意图（单位：毫米）

说明：①中间柱规格 2 800 毫米×100 毫米×100 毫米。内放 4 根 ф4 冷拉丝，弯曲后长 2 760 毫米（图 5 中 a），按照图 5 中 b 摆放，冷拉丝四周的混凝土保护层 10～15 毫米。

②顶部预埋 ф12 螺纹钢，长 200 毫米，外露 30 毫米，从预埋铁顶部往下 5 毫米处，钻一个 3 毫米的孔，预埋时，注意孔必须正对柱子的正面，以便拉线（图 5 中 c）。

③从顶部往下 970 毫米处，预埋 ф8 圆钢，如图 5 中 d 所示，焊接横档用，注意预埋铁与水泥柱正面平整，以保证焊接后的牢固。

撑柱制作（图 6）

说明：①撑柱规格 3 000 毫米×100 毫米×100 毫米。内放 4 根 ф4 冷拉丝，长 3 020 毫米，两端各弯曲 30 毫米，弯成型后长 2 960 毫米（图 6 中 a）。ф4 冷拉丝的分布如图 6 中 b，混凝土保护层 10～15 毫米。

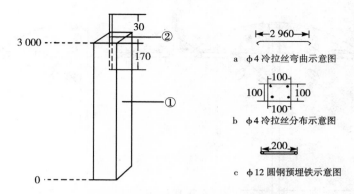

a　φ4冷拉丝弯曲示意图

b　φ4冷拉丝分布示意图

c　φ12圆钢预埋铁示意图

图6　避雨棚架撑柱制作示意图（单位：毫米）

②顶部预埋φ12圆钢，长200毫米，外露30毫米（图6中c），不需要钻孔，预埋时保证周边混凝土密实，确保预埋牢固。

东西两边柱制作（图7）

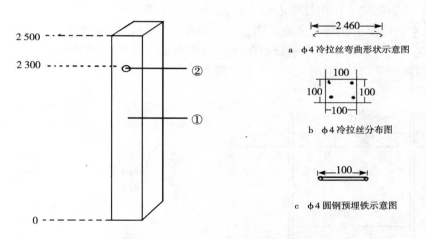

a　φ4冷拉丝弯曲形状示意图

b　φ4冷拉丝分布图

c　φ4圆钢预埋铁示意图

图7　避雨棚架东西向边柱制作示意图（单位：毫米）

说明：①东西边柱规格：2 500毫米×100毫米×100毫米。内放4根φ4冷拉丝，长2 500毫米，弯成型后长2 460毫米（图7中a），按图7中b分布，混凝土保护层10～15毫米。

②柱顶往下200毫米处，预埋φ14圆钢，长100毫米，外露20毫米（图7中c）。

（4）避雨棚内葡萄架式

①T形架。葡萄植株采用"高、宽、垂"的T形树形，独干双臂整形，主干1.4米，架高1.7米，两侧各距中心约30～40厘米处分别每隔25厘米左右拉1道铁丝，共拉4道铁丝；1.4米高处拉1道铁丝，冬季修剪时，所有结果母蔓均回到这道铁丝上，生长期使每根新梢呈弓形引绑，促进新梢中、下部花芽分化。该树形将新梢分成四个区，每个区的新梢数×4×株数得每亩的新梢数量，一般每亩留新梢3 000～3 600根。叶片大的品种少留枝，叶片小的品种多留枝，每亩产量控制在1 200～1 500千克（图8）。

②小平棚架。葡萄植株采用小平棚架，实际为T形架的一种，独干双臂整形，主干

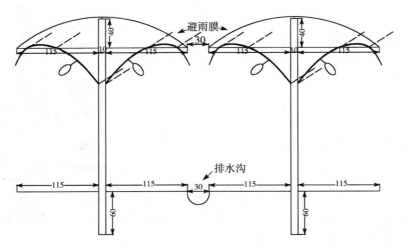

图 8　T形架示意图（单位：厘米）

高 1.7 米，也为架高。水泥柱中心拉 1 道铁丝，两侧各距中心约 30～40 厘米处，分别每隔 25 厘米左右拉 1 道铁丝，共拉 5 道铁丝。冬季修剪时，所有结果母蔓均回至中心铁丝上；生长期，使每根新梢呈水平分布在两侧的棚面上，以提高积累水平，促进花芽分化。一般每亩留新梢 3 000～3 200 根，产量控制在 1 200～1 500 千克（图 9）。

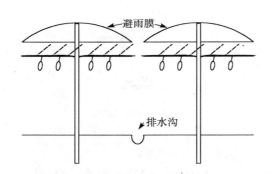

图 9　小平棚架示意图

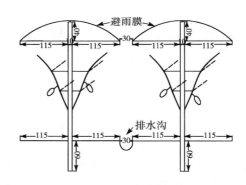

图 10　V形架示意图（单位：厘米）

　　③V 形架。葡萄植株采用 V 形架，也称之为 Y 形架，实际同样为 T 形架的一种，独干双臂整形，主干高 1.0 米，在距地面 1.0 米处拉 1 道铁丝；往上 35 厘米左右安装 1 根横梁，横梁长约 50 厘米，分别在横梁的两端各拉 1 道铁丝，再往上 35 厘米，架 1 根横梁，在距中心 60 厘米处的两侧分别拉 1 道铁丝，共拉 5 道铁丝。冬季修剪时，所有结果母蔓均回到第一层铁丝上；生长期使所有新梢呈 V 形分布。一般每亩留枝 3 000～3 200 根，产量控制在 1 200～1 500 千克（图 10）。

　　2. 整形修剪

　　（1）整形　以 V 形架为例，当新梢生长至 1.0 米左右时摘心，顶部 2 个一次副梢生长至 90 厘米左右时摘心，培养成侧蔓；以下的所有副梢留 2 叶绝后处理。侧蔓上的二次副梢，每株树均匀留 8 根，培养成来年的结果母枝，留 8～10 叶摘心，其顶部的二次副梢留 4～5 叶摘心外，侧蔓上其余所有二次副梢留 3～4 叶绝后处理。生长势弱的，7 月 15 日左右，达到摘心高度的树顶部留 2 个一次副梢，延长至 90 厘米摘心，培养成侧蔓，侧蔓上的二次副梢留 3～5 叶绝后处理。

高、宽、垂的树形与小平棚架的树形由于均为 T 形，所以，仅主干摘心高度不同（前者 1.4 米摘心，后者 1.7 米摘心），其余副梢处理与 V 形架的副梢处理完全相同。

（2）冬季修剪　冬季修剪一般在葡萄落叶后 2 周开始到伤流前 3 周。根据湖南省的气候特点结合栽培方式，一般冬季修剪从每年 1 月上旬至 2 月上旬为宜（彩图 B16）。

针对不同架式按不同的方法进行修剪。一般栽培 2 年以上的红地球葡萄每株树在分叉处的 2 根侧蔓基部各留 4 根芽眼饱满、枝条结实、粗度在 0.8 厘米以上的结果母枝，每根母枝留 8～12 芽修剪。并在侧蔓基部适当位置留 2～4 个更新枝并留 2 芽修剪。修剪时根据结果部位的情况，采用双枝或单枝更新方法修剪，防止结果部位外移。

红地球葡萄新栽植株的修剪要根据树势的生长状况采用不同的修剪方法。成形树每株树留 8 根结果母枝，冬芽饱满的留 4～5 个芽修剪；冬芽中等饱满的留 7～8 个芽修剪。未成形而 2 个侧蔓粗度达到 0.8 厘米以上的树，剪除侧蔓上的二次副梢，留 2 个侧蔓做结果母枝，剪口粗度 0.6 厘米以上；未成形而侧蔓粗度不足 0.6 厘米时，从侧蔓基部剪除，由主干上的冬芽重新抽生 2 个侧蔓。

红地球葡萄成年树的冬季修剪要根据树龄、树势、最佳穗重、粒重等确定来年预期产量。一般成龄优质葡萄园确定 1 250～2 250 千克/亩为宜；第一年结果的幼树确定 750～1 500 千克/亩为宜。要根据架式、树龄、树势、芽眼饱满度、枝条、邻树生长状况、花芽分化特点，确定结果母枝及芽眼数。高、宽、垂或 V 形架式，第二年以上的结果树，一般每亩留 1 200～1 500 个结果母枝，每个结果母枝留 8～10 个芽，每亩留 10 000～15 000 个有效芽。

红地球葡萄冬季修剪的步骤可概括为：一"看"、二"疏"、三"截"、四"查"。

看：就是看树龄、看树势、看树形、看架式、看芽眼、看枝条成熟度、看邻树生长状况，并确定结果母枝及芽眼数量、预期产量，确定修剪量。

疏：就是根据架式、整形方式疏除病虫枝、细弱枝、过密枝，位置不当的枝。

截：就是将已保留下的结果母枝或更新枝剪去一部分，保留各结果母枝或更新枝的芽眼数。

查：就是对已修剪的树，检查是否有漏剪、错剪的情况，并予纠正或补剪。

（3）各类枝蔓更新　为了防止结果部位外移和基部光秃，在整形修剪时应不断进行枝蔓更新，以保持整个架面上各部位枝蔓的生长势。下面是几个最常见的枝蔓更新法：

①结果母枝的更新。这种更新法仅限于在结果母枝上进行。其目的：一是保持结果部位稳定；二是保持结果母枝的生长优势。一般采用下面两种方法：

a. 双枝更新。结果母枝按所需要长度剪截，并选其下面邻近的 1 个成熟新梢留 2 个芽短截，作为预备枝。在翌年冬季修剪时预备枝上的上位枝留作新的结果母枝进行长剪，下位枝再行极短梢剪截形成新的预备枝，已结过果的原结果母枝从基部疏枝剪除，以后逐年采用这种方法反复依次进行，以免结果部位外移。

b. 单枝更新。冬季修剪时不留预备枝，只留中短梢结果母枝。翌年萌芽后，选择下部良好的新梢，培养为结果母枝，冬季修剪时仅剪留枝条的下部，继续培养为结果母枝，如此年复一年，不使结果部位外移。

②骨干枝的更新。各种不同整形方法经过一定时期，骨干枝易出现局部衰弱和光秃，必须进行不同程度的更新以充实光秃部位和复壮生长势。因更新部位和程度不同又分小更新、中更新和大更新三种：

a. 小更新。在主蔓和侧蔓前段更新的为小更新。这是在整形修剪中用得最多的一种更新方法，对主、侧蔓的先端枝用缩前留后的修剪方法，防止结果部位外移。

b. 中更新。在主蔓的中段和侧蔓近基部进行更新的为中更新。一般在两种情况下使用：一是主、侧蔓基部枝蔓生长衰弱，剪去先端部分以复壮中、下部枝蔓的生长势；二是防止基部光秃，缩剪去中部以上枝蔓把顶端优势转移在基部以复壮基部枝蔓。

c. 大更新。剪去主蔓的大部或全部的为大更新。一般是在主蔓基部以上枝蔓因受严重虫害或病害而损伤，或因枝蔓老朽衰弱，而基部有新枝和萌蘖可接替的情况下，可剪去主蔓以新枝代替。这种更新法要慎重而行，可以先培养好更新枝再把老蔓去掉，如果老蔓已枯死或无生产价值，也可先剪去老蔓，待萌蘖发生后取而代之。

3. 枝梢管理

（1）抹芽定枝 这项工作应在晴天进行，切忌雨天后立即进行，以防伤口处得病。新建园要做好除萌定枝工作，嫁接口以下的砧木萌芽要及时抹除，保证上部正常发芽，发芽后每株树最好保留2根新梢生长，待引绑上架后再定枝。

结果园在展叶3～4片可见花穗时，应及时抹除副芽、弱芽和位置不当的芽。一根结果母枝一般在基部保留1～2根带花穗的新梢，最多不能超过4根结果新梢。粗枝多留，细枝少留。每株树在主干与侧枝分叉处基部留4～8根营养枝，以利更新及保持叶果比的平衡。

新梢10～15厘米时定枝，并剪除多余的枝蔓。红地球葡萄坐果率较高，可一次性定枝，新梢间距15～20厘米。新梢的数量要根据不同树龄确定。

第一年结果的新园已成形树（即8根结果母枝粗度在0.6厘米以上的标准树形）每株树一般留20～24根新梢；第一年结果的新园未成形的树，应根据主、侧蔓的粗度确定保留枝量，主要有三种类型：①主蔓粗度1.5厘米以上，侧蔓长80厘米，粗度1厘米以上，每株树留16～18根左右。②主蔓粗度1～1.5厘米，侧蔓0.6～1厘米，每株树留11～13根左右。③主蔓粗度0.8～1厘米，侧蔓粗度0.6厘米以下，每株树留6～8根新梢。

结果二年以上的成龄树，每株树留新梢24～26根左右，每亩留新梢3 600～3 900根。成龄树抹芽定枝时，尽量留靠近侧蔓基部的新梢，保持结果部位不外移。

（2）引绑枝蔓 已结果多年的老园在4月11～20日完成新梢清剪工作，当新梢生长至50厘米左右时及时引绑枝蔓。保持架面通风透光，创造有利的开花坐果条件。引绑时尽量将枝蔓分布均匀。红地球葡萄为喜光忌荫蔽品种，在铁丝上宜按15～20厘米的间距引绑，在开花前引绑完毕，否则，将严重影响坐果率。

（3）摘心 红地球葡萄开花前结果枝不需要摘心处理，以免坐果过多增加疏果工作量。通常于开花5～7天，在花穗以上5～6天叶处摘心。营养枝保留12片叶左右摘心。副梢决定着当年的果实品质和次年的花芽分化，通常结果枝上最前端留1根长副梢，留3～4叶反复摘心；果穗以下的副梢贴根抹除。果穗邻近选留1～2根副梢2～3叶摘心，给果穗遮阴防止日烧，其余副梢留 1 叶绝后摘心。营养枝上的副梢可一律留 1 叶绝后摘心。

（4）去卷须除老叶　卷须不仅浪费营养和水分，而且还能卷坏叶片和果穗，扰乱树形，应及时摘除新梢上的所有卷须。

当果实开始着色时，需要充足的阳光，为改善光照、节省养料，应及时除去结果母蔓基部开始变黄、丧失光合能力的老叶、黄叶与病叶。

4. 花果管理

（1）定花穗与穗整形　在红地球葡萄新梢 30～50 厘米时，应根据定产来确定留花量，并摘除多余花穗。红地球葡萄为大穗品种，每株树留 13～15 个花穗，每亩约 2 000 左右个花穗。每 1 根新梢一般只留 1 个花穗，单株花穗不足时，可在生长旺盛的结果枝上留 2 个花穗。结果枝与营养枝的比例按 1∶1。

根据红地球葡萄的花穗大小进行花穗整形，先剪去穗轴前端 1/5～1/4 的穗尖，然后根据发育情况确定花穗上留多少小穗轴；一般大穗疏除基部 4～6 个小穗轴，中穗疏除基部 2～4 个小穗轴，小穗基部不疏，保持每穗保留 10～15 个小穗轴，使得果穗大小一致。

（2）疏果保产　红地球葡萄果粒黄豆粒大小至套袋前需进行疏果定产，（应根据树龄、树势确定最佳单穗重、单穗果粒数量、单株留果量及每亩产量。树势生长较好的园，每亩栽 150 株葡萄树情况下，可参照表 1 进行疏果定产。

表1　红地球葡萄每亩留果量

树龄	最佳单穗重（克）	单穗留果粒数（粒）	单株留果（穗）	每亩产量（千克）
第一年结果树	600～800	60～70	8～10	1 150
成年结果树	800～1 000	70～80	13～16	1 750

树势较弱的植株，按以上单穗重、单穗留果粒数量进行疏果，再按枝蔓长度在 1 米以上的每 2 根主梢留 1 穗果。为预防因疏果发生日灼、气灼等病害，疏果应选择阴天或晴天下午 4 时以后进行，疏果定产后要尽早对果穗喷 1 次杀菌剂后进行套袋。

（3）果实套袋　红地球葡萄在 6 月 30 日前，疏果定产后，彻底清除烂果、病果后用 10% 世高 1 500 倍加 40% 嘧霉胺 800 倍或 50% 凯泽 1 000 倍专喷果穗，待药液干后当天内套袋。红地球葡萄为大穗型品种，宜采用 37 厘米×39 厘米规格的果袋。

果实套袋后，由于天气、肥水、病虫害的影响，每 2～3 天，需要对套袋果实抽样检查。特别当在袋上可见浸湿过的斑块时是酸腐病发生的前兆，须剪除并带出园区销毁。

5. 土肥水管理

（1）土壤管理　可根据园地的实际情况，选用下列土壤管理模式。

①土壤熟化。在未耕种过的荒山荒地，特别是沙漠地建园，由于土壤过于瘠薄，有机质和速效养分含量低，因此，最好先种植豆科牧草（绿肥），如苜蓿、紫云英和满园花萝卜等，在盛花期翻入土中，以提高土壤肥力，改良土壤结构。

②客土。在土壤瘠薄的山坡地或砾石地，均需进行客土才能有足够的土层保证葡萄根系的正常生长发育。秋季挖定植沟，沟底填压厚约 60 厘米的粗糙有机肥或绿肥，上填肥沃细土，灌水沉实后方行栽植。在砾石地表土较薄的情况下，同样可以挖沟，清除砾石，进行客土栽培。

③春翻。早春葡萄萌发前，根系开始活动，结合施肥，视情况对全园可进行浅翻垦，深度一般在15～20厘米。也可通过开施肥沟，达到疏松土壤的目的。这次翻垦有利提高土温，促进发根和吸收养分。

④覆盖。在园地进行地面覆盖地膜、秸秆、稻草、山草等，减少地面蒸发，抑制杂草生长，防止水土流失，稳定土壤温度、湿度等均有明显作用，同时覆盖物经分解腐烂后成为有机肥料，可改良土壤。缺点是容易导致葡萄根系上浮，南方地区旱季应增加灌水，以防止土壤干裂造成表层断根。

⑤生草栽培。即在葡萄园的行间实行人工种草或自然生草，这是国外比较流行的土壤管理方法。所用的草种主要有：三叶草、野燕麦、紫云英、绿豆等。葡萄采用生草后，由于强大的生草根系，加剧葡萄树与草争水、争肥的矛盾。因此，葡萄园生草后，要及时进行施肥和浇水；并在适当的时候进行刈割处理，抑制草的旺长，以保证葡萄枝蔓的生长和果实的发育。在干旱地区，刈割绿肥覆盖地面并在其上培土，不仅达到增肥保水的作用，还能增加土壤有机质及有效磷、钾、镁的含量，改善土壤结构。

（2）施肥 施肥的原则是：多施有机肥、生物菌肥，少施化肥；少施N，多施P、K、Ca；实行按需施肥、配方施肥；土壤，叶面兼施。

①催条肥。红地球葡萄坐果率高，第一年结果园应施1次催条肥。在萌芽后至4月15日前，每亩用45%的硫酸钾复合肥50千克加尿素15千克。以主干为中心，两侧各撒50厘米宽，共100厘米宽，然后锄土5～10厘米深，也可离树60厘米开沟埋施。

结果二年以上树势较弱，结果母枝粗度为0.6～0.8厘米，枝条表面发白成熟度差的红地球植株，每亩可施尿素5千克，人畜粪500千克，使尿素浓度为0.5%，人畜粪浓度为15%左右，对水淋施。

②壮果肥。红地球葡萄的壮果肥的施入要求在5月20日前完成。一般结果多，树势弱，树龄小的葡萄园应多施。每亩施饼肥100千克，磷肥50千克，复合肥25千克，尿素10～15千克，50%硫酸钾50千克。施肥时在距树两侧各50～60厘米以外，打洞或开沟，深度30厘米以上。施肥后应土壤保湿7～10天。

施完壮果肥待生理落果结束后，树势较弱，叶片偏小，叶色发黄的果园，可在5月25日前，每亩淋施尿素10千克加500～1 000千克人畜粪，浓度为0.5%尿素和10%人畜粪。

如果葡萄结果园在坐果期受长期低温寡照，影响葡萄坐果，造成葡萄园落果严重，为把产量的损失降到最低，应在攻大穗、攻单粒重、攻品质上下工夫。在5月下旬到6月上旬，每亩用2千克劲大多（主含钾、氮和复合微量元素），对水成800倍淋施，隔7～10天再施1次。

③着色肥。红地球葡萄6月20日左右应开始施用着色肥以促进着色，每亩用靓果肥（主含钾、复合微量元素等，生产厂家：美国嘉沃国际作物科学有限公司）2千克对水800倍淋施，隔7～10天再淋施1次，连续2～3次。同时埋施50%硫酸钾肥50千克，每隔10天左右喷施1次优钙镁（主含钙镁等微量元素，生产厂家：美国百事达作物科学集团有限公司）。施肥后，注意土壤保湿7～10天。

④采后肥。红地球葡萄结果园在果实采收结束后，离树60厘米处，埋施碳铵50千克/亩加钾肥7.5千克/亩或用尿素15千克/亩加钾肥7.5千克/亩，并加入人畜粪500～

1 000千克/亩，也可淋施。

⑤基肥。葡萄基肥施用，一般在秋季进行，有利于发挥肥效、促进花芽分化。施用的技术原则是：早、多、全、深。

红地球葡萄为晚熟品种，采收期为8月下旬左右，此时南方的温度非常适宜，十分利于秋根的发生和生长，葡萄植株叶片中的养分也正回流到枝蔓与根系。因此，若在此时施入有机肥，可以起到增加树体营养积累的作用。

红地球葡萄的避雨栽培应增施有机肥来提高土壤有机质含量。目前，使用广泛的有机肥主要包括：羊粪、鸡粪（按1千克果1千克肥），猪、牛圈肥（按1千克果1.5千克肥），饼肥（每亩200千克），有机物堆肥（每亩5立方米）等。

秋施基肥的方法是离树干70厘米外，挖深40～50厘米、宽30～40厘米的沟，施后深翻沟底，将土与肥料充分拌匀。埋肥后土壤保湿7～10天，此项工作在10月15日前完成为宜。

⑥新栽园施肥。对新建的葡萄园前期严禁施肥，可用强力生根剂（主要成分为萘乙酸钠）或活菌生根诱导素（主含氨基酸）兑水灌根，隔7～10天1次，交替使用，促根系快发。新梢生长至25～35厘米时开始追肥，第一次用0.1%尿素加5%猪粪加0.3%过磷酸钙浸出液淋施。每隔5天，用劲大多1 200倍液淋施3～5千克/株。从5月25日起每隔10天喷1次1 500倍绿叶素，连续喷施2次。

新树生长至80～100厘米，离树干60厘米处的两侧深10～15厘米的沟，每亩埋施饼肥100千克，复合肥30千克，尿素15千克加钾肥15千克。注意在施肥时肥料与土壤充分混匀，并使土壤保湿7～10天。

（3）水分管理　湖南雨水多，且多集中在春夏季，约占60%～70%，尤其在4～6月份必须清理好排水沟，让多余的水及时排出园外。在全年的每次追肥之后，必须灌水使土壤保持湿润7～10天，以促进肥料的分解与吸收。

8～9月，为红地球葡萄果实成熟期，宜适当保持土壤干燥，有利着色与增加含糖量。一般于7月上、中旬，园进行1次充分灌溉后，全园覆盖银色反光膜，一方面让下的雨水从膜上排出园外；另一方面可改善园内光照，增进果实品质。

6. 生物危害和自然灾害的防治

规范化防治措施（表2）

表2　红地球葡萄避雨栽培模式下病虫害防治规范（雷志强提供）

时期		措施	备注
发芽前		5波美度石硫合剂	绒毛期使用，使用越晚防治病虫的效果越好，但要注意不要伤害幼芽和幼叶
发芽后至开花前	2～3叶	30%万保露600倍液（＋狂刺5 000倍液）	一般使用2次杀菌剂1次杀虫剂。多雨年份在花序展露期加用1次万保露。缺锌的葡萄园，可以在开花前加入锌钙氨基酸300倍液2～3次
	花序分离	50%保倍福美双1 500倍液＋40%嘧霉胺1000倍液＋21%保倍硼2 000倍液	
	开花前	50%保倍福美双1 500倍液＋50%腐霉利1 000倍液＋21%保倍硼3 000倍液（＋杀虫剂）	

（续）

时期		措施	备　注
谢花后至套袋前	谢花后2～3天	50%保倍福美双1 500倍液＋40%嘧霉胺1 000倍液（＋狂刺5 000倍液）	根据套袋时间，使用2～3次药剂。套袋前处理果穗（浸果穗或涮果穗或喷果穗）。为防止裂果可施用保倍钙1 000倍液2～3次
	12～15天后	50%保倍福美双1 500倍液＋20%苯醚甲环唑3 000倍液＋保倍钙1 000倍液	
	套袋前1～3天	50%保倍3 000倍液＋20%苯醚甲环唑3 000倍液＋50%抑霉唑3 000倍液（＋杀虫剂）	
套袋后至摘袋前	套袋后	有虫害的用1次甲维盐	对于上年生理落果较重的果园，可以另外施用磷钾氨基酸300倍液3～6次。叶面喷施，每3～5天1次
	转色	80%必备600倍液＋2.5%联苯菊酯1 500倍液	
采收		采收前脱袋的加1次铵盐溶液	不使用药剂
采收后至落叶		0～2次药剂，以铜制剂为主	根据揭膜时间和天气确定

7. 果实采收与分级

（1）果实的采收　葡萄采收应在浆果成熟的适期进行，这对浆果产量、品质、用途和贮运性有很大的影响。采收过早，浆果尚未充分发育，产量减少，糖分积累少，着色差，未能形成品种固有的风味和品质，鲜食乏味，贮藏也易失水、多发病。根据对红地球葡萄浆果生长发育和糖酸变化规律的研究发现，红地球葡萄如提早15天采收，一般减产18.5%，可溶性固形物下降5.4%（绝对值）。适当晚采收，可以增加糖度、增进风味、提高品质。采收过晚，果皮失去光亮，甚至皱缩，果肉变软，并由于大量消耗树体养分，削弱树体抗寒越冬能力，甚至影响明年生长和结果。

红地球葡萄成熟的标准：果皮由浅红变深红或暗红色；果肉由坚硬变为硬脆，而且富有弹性；糖度达16%以上，甚至达到19%～20%，酸度在0.5%以下；种子变黄褐色。

①采收时间。在晴天的早晨露水干后进行，此时温度较低，浆果不易灼伤。最好在阴天气温较低时采收，切忌在雨天或雨后，或炎热日照下采收，浆果易发病腐烂。

②采收方法。整个采收工作要突出"快、准、轻、稳"4个字。"快"就是采收、装箱、分选、包装等环节要迅速，尽量保持葡萄的新鲜度。"准"就是下剪位置、剔除病虫果和破损果，分级、称重要准确无误。"轻"就是要轻拿轻放，尽量不擦去果粉、不碰伤果皮、不碰掉果粒，保持果穗完整无损。"稳"就是采收时果穗要拿稳，装箱时果穗放稳，运输、贮藏时果箱堆码要稳。

（2）分级　对鲜食葡萄要力求商品性高，分级前必须对果穗进行整修，达到穗形规整美观。整修是将每1个果穗中的青粒、小粒、病果、虫果、破损果、畸形果以及影响果品质量和贮藏的果粒，用疏果剪细心剪除；对超长穗、超大穗、主轴中间脱粒过多或分轴脱粒过多的稀疏穗等，要进行适当分解修饰，美化穗形。整修一般与分级结合进行，即由工作人员边整修、边分级，一次到位。

广西资源县红地球葡萄简易避雨棚栽培技术

白先进[1]　陈爱军[2]　邓光臻[3]

([1] 广西壮族自治区农业厅；[2] 广西果蔬研究所；[3] 资源县农业局)

1. 基本情况　资源县从 2000 年开始引种红地球葡萄，现已成为资源县葡萄产业的主栽品种。2010 年全县红地球葡萄栽培面积 1 897 公顷，全部采用简易避雨棚栽培（彩图 B17）占全县葡萄种植总面积 2 440 公顷的 77.73%，红地球葡萄年产量 25 000 吨，占全县葡萄产量的 84%。2010 年红地球葡萄的产地批发价平均达每千克 9.2 元，每亩产值 13 800 元，每亩扣除当年生产投入 2 000 元（不含农户自己投工），纯利润达 11 800 元，为种植区农民带来了良好的经济效益。

资源县位于广西壮族自治区北部越城岭山脉腹地，属亚热带季风湿润气候区。红地球葡萄在资源县的种植区域为北纬 25°48′～26°16′、东经 110°13′～110°54′，包括中峰乡，资源镇，梅溪乡，瓜里乡等四个乡镇大约 1 300 平方公里范围内。这一区域海拔高度约为 420 米。年平均温度 16.4℃、极端最高 38.3℃、极端最低 −7.5℃。≥10℃年活动积温 5 503.6℃。年平均降水量 1 736.2 毫米，有暴雨、冰雹等灾害性气象天气偶尔发生。尽管年降雨超过 1 700 毫米，但主栽品种红地球成熟季节的 8～9 月降雨明显减少（图 1），有利着色。年日照时数 1 260 小时，红地球葡萄从萌芽到落叶期间的日照时数 1 053 小时。土壤主要为沙壤土，土壤通透性良好。

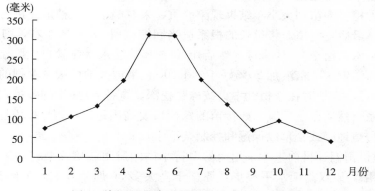

图 1　资源县月降雨量分布图（1971—2000）

红地球葡萄在资源县栽培表现树势较旺，枝条粗壮，萌芽力强，贝达砧嫁接苗丰产稳产性好，但扦插苗自根花芽分化较差，容易产生大小年。在简易避雨棚栽培条件下，各种病害防治能控制在安全有效范围之内，所以连年生产。

3月上旬萌芽，5月上旬开花，7月上旬果实开始着色，8月中旬果实开始成熟，果实成熟后留树期长，可延迟至9月底采收，12月上旬开始落叶进入休眠期。

果穗圆锥形或椭圆形，平均穗重870克，果粒圆球形或卵圆形，平均单粒重10.5克，果粒大小较均匀。果皮中厚，果肉与果皮不易分离。果皮红色或紫红色，果肉硬脆，味甜适口，无香味，平均可溶性固形物含量16%，品质佳。果刷长，果粒着生牢固，不易脱粒，耐贮运。

红地球抗病性差，易感染霜霉病、黑痘病、灰霉病以及白腐病和炭疽病等，资源县栽培红地球在简易避雨栽培条件下各种病害防治能控制在安全有效范围。幼果膨大期遇干旱高温，易发生日灼病。

2. 建园

（1）园地选择与建设 ①选择远离工矿企业、交通便利、生态和生产环境未受污染、土质疏松肥沃、光照和排灌条件良好的水稻田、旱地或坡度小于20°的缓坡地建园。②进行园区规划，内容包括道路、排灌系统、种植小区布局等。在定植前完成道路、排灌系统、立支柱等基础设施建设和葡萄栽植沟的准备。③按葡萄行距250厘米开挖栽植沟。水稻田、旱地或坡度小于10°的缓坡地建园按南北向挖沟筑畦，坡度大于10°的缓坡地建园则按等高线方向挖沟筑畦。沟宽100厘米，沟深40～80厘米（水田建园沟深20～30厘米，山地建园沟深60～80厘米）。回填土时每亩施入土杂肥5 000～7 500千克、钙镁磷肥100千克，土壤偏酸的每亩施入石灰50～100千克。肥料必须分层施入并与土拌匀。回填土要高出地面，并修筑栽植畦，畦面宽度100厘米（与沟宽一致），两侧筑畦埂（高度10厘米），然后在畦内灌透水，使填土沉实。最后清理畦面，将栽植畦修理成宽100厘米，高出地面10～20厘米。④在每行中间挖深，宽各25～30厘米的小排水沟，每行两头设深、宽各40厘米的中排水沟。

（2）定植 红地球葡萄种植时期一般在2月上旬至3月中旬进行，株行距2米×2.5～2.8米，每亩种植119～133株。选择品种纯正、苗木健壮、芽眼充实饱满、根系发达的优质健壮苗木进行定植。根据资源县多年的生产经验，种植贝达砧嫁接苗丰产稳产性好，品质佳，种植扦插苗则大小年结果现象严重、果粒偏小。定植前先进行苗木修剪，然后对苗木消毒，最后再定植。将过长的根系适当回缩截留12厘米左右，剪去苗茎顶端干枯部分，并将苗木剪留至2～3个芽。然后用43～45℃温水（任其自然降温）浸泡苗木2小时，后放入硫酸铜100倍液加20%好年冬1 000倍液或其他内吸杀虫剂的消毒液中全苗浸泡15分钟即可。定植时在栽植畦中央按株距挖深、宽各30厘米的栽植穴，将苗木放正穴内，疏散根系，然后覆土压紧。嫁接苗的嫁接口要高出地面10厘米以上。定植后及时淋足定根水并覆盖地膜或稻草以保湿和控制杂草生长。

（3）搭建避雨棚 目前主要采用简易单行小拱棚避雨栽培，架材多采用当地盛产的竹木结构。采用V型双篱架水平整形，原来干高大多50厘米左右，近年提高到70～80厘米，以后将逐步改为棚架栽培，干高要达到120厘米左右。

简易单行小拱棚避雨栽培投入少，效果好。避雨棚宜南北走向，以利光照和防风。棚高2.4～2.5米，宽1.8～1.9米，搭棚方法是：用水泥杆（或杉木）作支柱，支柱厚、宽、高为10厘米×10厘米×290厘米（埋入地下50～60米），每隔4米立1根支柱，每根支柱距顶部 40 厘米处固定 1 根长 1.8～1.9 米的横杆，每行的横杆两端及支柱顶部通过各紧拉 1 根 8 号铁丝（或用竹、木）相连，每根水泥杆支柱通过这三根铁丝固定 1 片长 2 米、宽 3～4 厘米的竹片，支柱间也通过这 3 根铁丝每隔 1 米固定 1 片竹片，顶上覆盖 0.4～0.6 毫米厚葡萄避雨专用膜。葡萄萌芽前覆膜，10 月上旬卸膜，一般可连用 2 年。每亩搭简易避雨棚需要水泥杆（或木杆）支柱 70～80 根、竹片 300～320 片、葡萄避雨专用膜 25～30 千克，造价约 2 000 元（不含农户自己用工）。

3. 定植当年管理

（1）整形修剪　苗木定植萌芽后，每株选留 1 个饱满健壮新梢培育成主干，其余萌芽（包括砧木上的芽）全部抹除。新蔓长到 20 厘米时及时立杆并不断引缚绑蔓，摘去卷须，促其向上生长。主干长势弱的新梢长 30 厘米左右时摘心 1 次，主干长势健壮的长到 70 厘米时摘心。摘心后在主干顶端留 2 个副梢，任其生长到 90～100 厘米时摘心培育成为主蔓延长枝，并将主蔓延长枝水平绑缚于第一层架面上，待其长至相邻株后再次摘心。主蔓延长枝上的其他副梢依次留 4 片叶及时摘心，摘心后再长出的副梢则依次留 3 片、2 片、1 片叶及时摘心，以利主蔓延长枝上的冬芽充实健壮，保证花芽正常分化。

（2）肥水管理　3 月下旬苗木长到 20 厘米高时开始追施水肥，每 10～15 天 1 次。施肥以有机肥为主，化肥为辅。前期以氮肥为主，兼施磷钾肥促其快速生长利于整形，如沼液加氮磷钾三元复合肥兑水淋施；8 月以后控制氮肥用量，以磷钾肥为主。此外，还要根据生长情况适当采用叶面追肥。

4～7 月是资源县的雨季，要注意果园排水，保证雨后园内不积水，有利根系生长，植株健壮。8 月后资源县进入旱季，这时要根据葡萄生长情况及时淋水抗旱。有条件时要在 7 月底覆盖稻草以保持土壤湿度。

（3）病虫害防治　在避雨栽培条件下，种植当年红地球葡萄病虫害发生较少，重点注意防治黑痘病、霜霉病、蓟马等。防治原则、措施、方法和施药种类、浓度、次数等详见本文结果树管理部分。

4. 结果树管理

（1）肥水管理　红地球葡萄水肥需求量较大，施肥原则以有机肥为主，化肥为辅。进入挂果期，每年重点施好基肥和萌芽肥、壮果肥、着色肥、采果肥 4 次追肥。基肥（采果后至 11 月上旬）每亩施有机肥如腐熟鸡粪、麸饼等 1 000～2 000 千克、钙镁磷肥 50 千克，开 30～50 厘米深的沟与土混匀施入。萌芽肥（萌芽前 10～15 天）每亩施三元复合肥 20～25 千克、硼肥 3 千克，开浅沟施，遇春旱时要淋足萌芽水。在着果后每亩施 10～15 千克三元复合肥，15 天后再施 1 次。在果粒转软时施着色肥，每亩施硫酸钾 15～20 千克加硫酸镁 5 千克开浅沟施，10～15 天可再施 1 次。如遇干旱施肥后及时淋水以利肥料吸收。采果肥（采收完毕）挂果量较大且树体较弱的园每亩施复合肥 20～25 千克，视树势可加施 5～7 千克尿素；挂果量适中的园每亩施复合肥 15～20 千克。此外，葡萄生长期还要根据树势情况，结合农药使用进行叶面追肥，叶面肥主要可选用 0.2% 磷酸二氢钾、0.2% 硼砂、绿芬威 1 号或绿芬威 2 号 1 000 倍液等。

10 月份结合施基肥播种冬季绿肥，如红花草、茹菜、苕子等绿肥。3～4 月进行绿肥压青，以提高土壤有机质。

4～7月是资源县的雨季，这一时期正是葡萄开花、坐果、果粒膨大的时期，要注意排水，保证园内不积水。8月后资源县进入旱季，这时要及时淋水抗旱，以利果实膨大。7月底覆盖稻草能有效保持土壤湿度，有利果实膨大。

（2）整形修剪 春季结果母枝萌芽后及时抹除多头芽，过弱芽，每个芽眼只保留1个健壮芽。新梢生长至35～40厘米时斜向绑缚在两边第二道铁丝上，并按18～20厘米的间距选留花序发育好的结果枝定梢。每个臂蔓基部第一个新梢留作次年结果预备枝不让其结果，其余没有空间的新梢均抹除。次年1月份进行冬季修剪。冬剪时每个臂蔓只保留结果预备枝及相近的1个健壮营养枝或当年结果枝作次年结果母枝，其他枝蔓剪除，并绑缚在第一道铁丝上成为次年新的臂蔓，作结果母枝，这样每株树共留结果母枝8条，每边4条，相邻两株臂蔓宜适当相交重叠以保证花量，每米留芽在32个左右，每亩留芽量7 000～9 000个（彩图B18）。第三年以后的整形修剪与第二年相同。

资源县7月以前光照不足，又多采用篱架栽培，基部花芽一般分化不好，为了确保足够的花量，当地果农多采用长梢修剪，留枝量偏多，达到8条以上，管理用工较多。

开花前7～10天对新梢进行摘心。结果枝于花穗以上留6片叶摘心，顶端副梢留3～4片叶反复摘心，（花穗以下副梢抹除）其余副梢留1～2片叶反复摘心；营养枝或预备枝留10片叶摘心，其上副梢处理与结果枝相同。前期摘心有利于保花保果，红地球葡萄花蕾多、坐果率高，无需保花保果，适合中、后期摘心有利于果实膨大和着色，同时还利于果园通风透光，减少病虫害发生。

（3）花果管理 红地球葡萄果穗大，产量高，在广西表现着色差，为了提高品质必须要通过疏花疏果将每亩产量控制1 500千克以下。4月下旬进行疏花，每个结果枝蔓只留1个健壮花穗。每米预留花穗8～10个，每亩预留花穗2 000～2 200个。当花序10厘米长时可用5毫克/千克赤霉素（GA₃）拉长花序，花后12～15天用赤霉素（GA₃）20毫克/千克浸果穗1次，促进果实膨大。5月中旬至6月中旬幼果长到黄豆大时疏果，疏除密果、畸形果、小果、病虫果，使果粒分布均匀、疏松，每穗保留50～70粒。并将果穗形状修整为圆形或椭圆形。

果穗套袋能减轻病虫对果穗为害，避免农药对果穗污染，提高产量和品质。因此，疏果结束后及时使用专用果袋进行果穗套袋。套袋前全园喷1次杀菌剂，如施保克、世高、阿米西达等预防白腐病、炭疽病等病害，药液干后立即套袋。套袋后每10～15天抽样取袋检查果实生长及病害情况，如有问题应对症处理。采前7～10天分批取袋以加快着色，分批采收上市。

（4）病虫防治 资源县红地球葡萄的主要病害有：黑痘病、黑斑病、炭疽病、霜霉病、灰霉病、穗轴褐枯病、白腐病、气灼病、日灼病、白粉病。主要虫害有：青虫、蚜虫、介壳虫、椿象、叶蝉、金龟子、斜纹夜蛾、螨虫、白粉虱、棉铃虫。由于资源县高温多雨，非常有利于葡萄病害发生传播，采用单一措施很难进行葡萄病害的有效防治。必须坚持"预防为主，综合防治"的植保方针，一是通过整形修剪、彻底进行冬季清园等栽培措施保证果园通风透光良好，营造不利于病害发生蔓延的环境条件；二是通过肥水管理、控制产量等措施培育树体健壮，增强树体抗病力；三是预防为主，根据各种病虫害发生关键时期及时喷药预防；四是勤观察病虫发生情况，根据病虫害的发生情况及时对症用药。

　　芽鳞松动前1周选择气温高于18℃的晴天喷1次3～5波美度的石硫合剂以铲除越冬病菌。新梢开始生长至开花前，重点防治黑痘病；开花前10天至坐果期重点防治灰霉病和黑痘病；坐果后至采收期，重点防治黑痘病、霜霉病、白腐病和炭疽病；果实采收前后重点防治霜霉病，近年，霜霉病有提前发病趋势，在开花期便要着手预防。防治黑痘病、兼防褐斑病农药可选用10％世高水分散剂2 000倍、40％福星乳油8 000倍（不能在果实迅速膨大期使用）等；防治灰霉病可选用40％施加乐（嘧霉胺）悬浮剂1 000～1 500倍、22.2％戴挫霉乳油1 000～1 500倍、50％速克灵可湿性粉剂1 000倍等；防治霜霉病可选用1∶0.7∶200的波尔多液、69％烯酰吗啉锰锌水分散剂600～800倍、80％代森锰锌可湿性粉剂600～800倍、72％克露可湿性粉剂750倍等；防治白腐病可选用10％世高水分散剂2 000倍、25％阿米西达水乳剂1 500～2 000倍、22.2％戴挫霉1 000～1 200倍等；防治炭疽病可选用10％世高水分散剂2 000倍、25％阿米西达水乳剂2 000倍等；防治房枯病可选用25％施保克乳油1 000倍、12.5％腈菌唑乳油2 500倍等。防治介壳虫可在若虫孵化盛期选用10％吡虫啉2 500倍、40％杀扑磷1 000倍等；防治蓟马可选用10％吡虫啉1 500倍、2.5％高效氯氟氰菊酯（功夫）2 500倍等。要注重药剂的轮换使用和合理混用，严格按照农药规定的浓度、每年使用次数和安全间隔期要求使用农药。禁用剧毒、高毒、高残留农药和无"三证"农药，尽可能使用矿物源农药、微生物和植物源农药。推广应用杀虫灯、黄板、性诱剂消灭害虫。

　　5. 适期采收和分级包装　为提高资源红地球葡萄品质，打造良好品牌，果实在达到品种正常的着色和固形物含量水平后才能采收上市。资源红地球葡萄采收标准是果粒着暗红色或红色，固形物含量16％以上；采收时轻摘轻放，避免机械损伤，去除有病虫害果粒，然后分级包装、上市。

云南红地球葡萄及其栽培技术

张 武

（云南省农业科学院热区生态研究所）

1989 年底元谋县首次引入红地球葡萄。起初由于未推广破眠剂催芽，也没有搞塑料棚避雨栽培，即使在年平均气温高达 21.9℃的元谋县，红地球葡萄也要到 2 月底至 3 月初才萌芽，7 月上旬才开始成熟，在昆明、曲靖、丽江等高海拔冷凉地区则更晚熟。7~9 月份正是云南各地雨水最多的季节，病害重，烂果多，效益偏低。因此该品种在云南多年未得到推广，只在干热区一些种植水平较高的农户中有零星栽培。20 世纪 90 年代末，山东人张人帅率先在年平均气温 18.6℃的红河州蒙自县规模化连片种植千余亩红地球葡萄，2003 年春，山东和昆明的商人也租用元谋县暂时废弃的军用飞机场直接扦插建成了当时云南最大的 1 500 亩红地球葡萄园，从此，云南才算真正开始了规模化种植红地球葡萄的历史。目前，随着促成栽培和避雨栽培技术的推广，人们发现在云南的一些干热区如元谋、宾川、东川新村、元江、潞江坝、化念等地，新技术完全能够使红地球葡萄比原来提早 1~2.5 个月上市，如元谋县利用大棚栽培的已经可以在 4 月上中旬开始上市（预计今后还可以提早），此时，华北平原的葡萄刚好开始萌芽。同时，在昆明、曲靖、丽江、通海等高海拔冷凉地区，在采用塑料棚避雨栽培的情况下，晚熟的红地球葡萄在临近中秋节和国庆节之前上市，正好可以满足国内东部沿海地区"两节"对葡萄的需要，因此也掀起了发展红地球葡萄的热潮。更由于其具有品质好、耐储运、果穗果粒大，颜色美观、商品性好等特点，红地球葡萄在云南的推广面积近几年已超过原来大面积栽培的无核白鸡心和巨峰葡萄，约占云南鲜食葡萄栽培总面积 30 万亩的 50%。

各地的实践表明，由于花芽容易分化，葡萄是一种可塑性很强的果树，西南各省的干热河谷区光热资源丰富，是我国南方红地球葡萄优质促早熟的重要产地。在这些地区，随着破眠剂加小拱棚、中棚、大棚等促成栽培技术以及夏黑、红旗特早玫瑰、美国青提等早熟品种及其二次结果技术的推广，这里栽培的鲜食葡萄有望在 1~6 月份的任何时候大面积上市，其中云南元谋县的红地球葡萄在 4~6 月份已经可以规模化上市，已基本上跟南半球的智利（4~6 月份成熟）、阿根廷（4~6 月份成熟）、澳大利亚（2~5 月份成熟）、南非（4~5 月份成熟）和北半球热带地区的泰国、菲律宾、越南等国（3~4 月份成熟）的葡萄同期成熟，具有明显的市场优势和很强的市场竞争力，发展前景非常广阔。而且鲜食葡萄产业极有可能逐步取代这些地区目前效益相对偏低的冬春蔬菜产业。2011 年元谋县鲜食葡萄栽培总面积已达到 7 000 亩以上，宾川县则超过 6 万亩。西南干热河谷区鲜食葡萄规模化发展后，一是可以丰富国内鲜食葡萄市场，改善市民生活，减少洋葡萄进入中国市场；二是可以明显提高单位面积土地的栽培效益，增加农民收入；三是发展葡萄后，蔬菜面积减少，蔬菜的销售价格和栽培效益反而会有所提高，也有利于蔬菜产业的发展。

1. 云南发展葡萄产业的优势

①云南的干热河谷区是全国鲜食葡萄上市最早的地区（表1），而且红地球葡萄在高温的元谋盆地内在采取特殊栽培措施的情况下可以在冬季成熟。云南的金沙江、怒江、澜沧江、伊洛瓦底江、红河等流域等的干热河谷区年平均年气温普遍在17.0～23.6℃，冬季基本无霜或霜期很短，春天来的特别早，最冷月平均气温在10.0～16.7℃，绝端最低气温≥－7℃；年降水量普遍≤900毫米，而且每年的11月至次年5月为旱季；光照条件好，年日照时数≥2 200小时，其中最高的永仁县达到2 836.4小时，元谋县达2 653.3小时；气温≥10℃有效积温5 900～8 700℃，≥10℃天数300～365天。特殊的气候条件，为云南发展特早熟优质鲜食葡萄创造了有利条件。元谋县2010年4月份成熟上市的红地球葡萄在果园每千克最高批发价达到30元，平均12元以上，5月份上市的也在8～10元。

表1　元谋盆地部分鲜食葡萄品种自然条件下与不同催芽方式下物候期比较

收获年份	品种	地点	栽培方式	涂石灰氮时间	零星萌芽期	大量萌芽期	盛花期	果实成熟期
2009	无核白鸡心	尹地村	小棚催芽	2/12	25/12	30/12～10/1	20/2～5/3	10/5～20
2009	无核白鸡心	尹地村	中棚催芽	2/12	20/12	25/12～5/1	10/2～25	20/4～10/5
2009	无核白鸡心	元谋盆地	自然状态	2/12	22/2	25/2～1/3	1/4～10	1/6～15
2009	红地球	尹地村	小棚催芽	2/12	30/12	3/1～10	20/2～5/3	25/5～15/6
2009	红地球	尹地村	中棚催芽	2/12	20/12	25/12～5/1	10/2～25	16/5～5/6
2009	红地球	元谋盆地	自然状态	2/12	28/2	1/3～10	10/4～15	5/7～15
2009	克瑞森无核	尹地村	中棚催芽	2/12	20/12	25/12～5/1	10/2～20	25/5～10/6
2009	克瑞森无核	元谋盆地	自然状态	2/12	25/2	27/2～5/3	1/4～10	15/7～25
2009	金手指	尹地村	中棚催芽	2/12	20/12	25/12～5/1	10/2～20	5/5～15
2009	金手指	元谋盆地	自然状态	2/12	22/2	25/2～1/3	1/4～10	10/6～20
2009	美人指	尹地村	中棚催芽	2/12	20/12	25/12～5/1	10/2～20/2	5/5～15
2009	美人指	元谋盆地	自然状态	2/12	25/2	1/3～6/3	1/4～10	10/6～20
2009	里扎马特	尹地村	中棚催芽	2/12	20/12	25/12～5/1	10/2～20/2	5/5～15
2009	里扎马特	元谋盆地	自然状态	2/12	25/2	1/3～6	1/4～10	10/6～20
2010	夏黑	洒拉木	小棚催芽	20/12	8/1	10/1～20	20/2～30	28/4～5/5
2010	无核白鸡心	白泥湾	小棚催芽	20/12	8/1	10/1～20	20/2～30	28/4～10/5
2010	红地球	白泥湾	小棚催芽	20/12	8/1	20/1～20	25/2～30	25/5～10/6
2010	红地球	大乌头河	大棚催芽	15/11	20/11	25/11～10/12	5/1～25	16/4～10/5
2010	无核白鸡心	江边乡	小棚催芽	25/12	10/1	13/1～25	20/2～10/3	25/4～15/5

备注：2008年12月2日采用20%浓度石灰氮抹芽；2009年11月15日采用50%单氰胺17倍液抹芽。元谋每年最冷的12月至1月气温位于14～15.5℃，都适合葡萄生长，葡萄早抹药催芽早发芽，早生长，早开花坐果，早成熟，有可能全年都能生产。

表2 云南省部分红地球葡萄生产县市主要气候要素指标比较表

地名	平均气温 (℃)	各月份月均气温 (℃)												≥10℃有效积温 (℃)	≥10℃天数 (天)	年降雨量 (毫米)	部份月份降雨量 (毫米)					年均空气相对湿度 (%)	年日照时数 (小时)	年日照率 (%)
		1月	2月	3月	4月	5月	6月	7月	8月	9月	10月	11月	12月				5月	6月	7月	8月	9月			
元江县	23.7	16.7	18.7	22.9	26.0	28.3	28.4	28.6	27.5	26.6	24.0	20.2	16.7	8 708.9	365.8	784.7	93.2	132.7	125.8	139.9	73.4	68.0	2 340.6	52
元谋县	21.8	15.0	18.1	21.8	25.2	27.0	26.2	26.3	25.2	24.1	21.3	17.3	14.5	7 996.1	363.1	613.8	43.6	107.6	138.5	128.2	88.5	53.0	2 653.3	61
潞江坝	21.5	14.1	17.0	20.6	23.3	25.9	26.3	26.4	25.9	25.1	21.8	17.3	13.9	7 800.0	365.0	751.4	73.1	121.2	119.7	124.8	81.4	70.0	2 333.7	58
东川新村	20.2	12.6	15.3	20.5	23.9	24.9	23.9	25.2	24.2	22.8	19.9	15.6	13.1	6 807.4	315.7	683.3	69.8	153.3	134.1	94.6	89.1	54.7	2 315.8	51
开远市	19.7	12.8	14.8	19.1	22.2	24.1	24.2	24.3	23.6	22.4	19.8	16.0	13.4	6 851.0	335.3	831.8	73.5	150.6	169.9	143.7	86.9	72.0	2 259.4	51
南涧县	19.0	11.9	14.4	17.8	20.7	23.4	23.8	23.8	23.0	22.2	19.4	15.2	12.2	6 842.9	356.1	709.3	42.7	112.7	131.8	142.5	93.3	64.0	2 428.4	56
蒙自县	18.6	12.0	13.8	18.0	20.0	22.7	22.8	22.8	22.0	21.0	18.7	15.2	12.6	6 255.1	318.5	815.8	90.8	126.9	157.0	159.7	82.2	72.0	2 222.0	51
宾川县	17.8	9.3	11.6	15.0	19.6	23.7	23.9	23.5	22.4	21.6	18.7	14.0	9.9	5 919.7	302.5	593.0	30.9	108.1	125.8	148.5	88.3	64.0	2 736.9	63
永仁县	17.8	10.2	13.1	17.0	20.7	23.3	22.2	23.0	22.0	20.5	17.6	13.5	9.9	5 985.9	311.0	838.1	42.3	138.2	192.1	198.3	138.6	64.0	2 836.4	64
弥勒县	17.4	9.8	11.7	16.5	20.0	22.1	22.2	22.3	21.6	20.3	17.5	13.0	10.7	5 694.6	296.3	966.1	85.9	209.3	189.3	149.0	113.0	72.5	2 170.9	48
丘北县	16.3	8.4	10.3	15.4	19.3	20.9	21.2	21.6	20.6	19.1	16.3	12.3	9.6	5 031.5	267.1	1 204.5	141.2	216.8	228.6	214.4	140.0	78.0	2 046.1	46
宜良县	16.3	8.1	10.2	14.4	19.3	21.5	21.6	21.7	20.9	19.4	16.7	12.4	9.1	5 265.9	282.2	890.9	57.2	154.2	186.1	182.4	109.5	75.2	2 240.4	50
禄丰县	16.2	8.3	10.6	14.2	18.1	21.2	21.7	21.7	20.9	19.7	16.9	12.5	8.9	5 304.5	292.3	937.1	67.5	149.4	214.9	201.1	107.0	74.1	2 221.1	50
玉溪市红塔区	15.7	8.3	10.0	13.4	17.2	20.4	20.7	20.8	20.1	19.0	16.6	12.5	9.1	5 105.2	286.0	913.9	88.4	141.7	173.5	193.7	103.0	76.0	2 263.2	52
曲靖市麒麟区	14.4	6.9	8.9	13.3	16.7	18.7	19.1	19.9	19.1	17.4	14.5	10.5	7.9	4 414.0	256.2	1 058	99.8	232.0	182.4	199.2	113.8	72.0	2 108.2	48
陆良县	14.7	7.0	9.0	13.4	17.0	19.3	19.6	20.2	19.4	17.8	14.9	10.8	7.8	4 493.9	257.8	1 010	116	209.2	179.5	192.5	98.9	75.0	2 216.5	51
昆明市	14.5	7.5	9.3	12.7	16.1	18.9	19.4	19.7	18.9	17.4	14.8	11.0	8.0	4 490.3	262.7	1 035.3	95.2	178.0	220.8	211.8	117.4	74.0	2 248.7	56
丽江市	12.6	5.9	7.5	10.3	13.4	16.6	17.7	18.0	17.2	16.0	13.2	9.2	6.3	3 519.4	220.9	962.3	58.7	176.9	237.6	219.8	143.2	64	2 546.0	59

②云南立体气候明显,鲜食葡萄上市期长。云南各地海拔差异大,海拔最低点 74.5 米,最高点 6 700 多米,立体气候明显,在绝大多数中海拔和高海拔地区(海拔 1 500～2 000 米),如昆明、曲靖、楚雄、大理、丽江等地,采用小塑料棚或大棚避雨栽培后,红地球葡萄也可以规模化栽培,并在霜期到来之前的 4～10 月份成熟,从而使云南葡萄的供应期长达半年以上。在年平均气温≥20℃的元谋县、元江县、潞江坝、东川新村、元阳县、西双版纳等盆地内,8 月至 9 月中下旬修剪,晚秋至早春采用大棚覆盖并适度加温(白天保持 16℃以上,夜间保持 10℃以上),12 月至次年 3 月份红地球及其他品种的葡萄也可以成熟上市。这样,云南葡萄就有希望实现周年供应(表 2)。

③云南葡萄品质好、效益高。云南海拔 2 000 米以下地区,光照条件普遍较好,年日照时数一般在 2 000 小时以上,紫外线充裕,有利于红地球葡萄着色,葡萄成熟期昼夜温差多数在 10℃以上,有利于糖分的积累,因此云南红地球葡萄的品质和色泽均很好。在元谋盆地,成熟的红地球葡萄可溶性固形物含量一般都超过 20%。元谋县 2010 年度出现了 3 户红地球葡萄的高产高效益典型。一户是该县老城乡挨小村的赵良,2008 年春在 1.7 亩土地上按照行距 2.0 米、株距 0.5 米定植了 1 160 株红地球葡萄苗,采用 Y 形整枝,2009 年共售葡萄 4.5 吨,总收入 4.5 万元;2010 年共出售 11.8 吨,总收入 16.8 万元,平均 14.2 元/千克,折合亩产量 6.94 吨,亩产值 9.88 万元。另一户是该县元马镇大乌头和村的杨和升,2008 年春也是按照栽培行距 2.0 米、株距 0.5 米定植了 500 多株红地球葡萄苗,采用 Y 形整枝,2009 年总收入 3 万多元,平均 9 元/千克;2010 年共出售 5.2 吨,总收入 8.7 万元,平均 17 元/千克,折合亩产量 6.5 吨,亩产值 10.87 万元。再一户是与杨和升同一村的王正刚,栽培 4 亩红地球葡萄,在 2009 年 11 月中旬就摘除叶片并涂单氰胺催芽,12 月上旬萌芽,2010 年 4 月 15 至 5 月 10 日上市,总产量 8.5 吨,总产值 15 万元,平均亩产量 2.22 吨,平均亩产值 3.7 万元,其中 1 亩大棚葡萄产值超过 5 万元。他们的主要经验都是重施农家肥和钾肥、有效控制病虫害、培养良好的树形、科学修剪、开花前拉长花序和果粒直径 10～12 毫米时用"红提大宝"膨果等。2010 年全县结果的鲜食葡萄亩产值平均不低于 1.3 万元。

④交通、水利、贮运等基础设施条件越来越好。国家西部大开发规划逐年深入开展,对云南支持力度很大,交通、电力、水利等基础建设规模翻番,仅宾川县现已建成大小冷库 30 余座,库容量达 3.5 万立方米,泡沫塑料箱加工厂 6 个,为红地球葡萄创造良好的生产条件,为产后葡萄贮运、包装做好准备。

⑤云南鲜食葡萄商贸条件好。由于云南生产的红地球葡萄品质好、无污染,在国内大中城市果品市场已有名望,销售渠道一直顺通。从 2006 年开始,葡萄重点产区宾川县已与沃尔玛(中国)投资有限公司合作建立了符合欧盟农业良好操作规范的红地球葡萄种植基地,严格按照规范要求生产,使其生产的红地球葡萄符合出口标准。该公司现已通过国际知名认证机构对基地土壤、空气、水质等检测,结果完全符合沃尔玛全球通用的食品安全标准,通过该认证的产品可以无障碍、排他性地进入全球沃尔玛门店销售,为外销创造了良好条件。

2. 云南红地球葡萄栽培关键技术要点 红地球葡萄属于欧亚种晚熟品种,抗病虫害的能力弱,但其果穗果粒大、颜色美观、品质好、耐储运,方便外销。因此,如何趋利避害、扬长避短，使红地球葡萄在有限的土地上获得最高效益就是广大葡农的期盼。

（1）葡萄园选择与规划 一般要求选择光照充足、水利有保证、土层深厚、地下水位低（最好在 2 米以下）、土壤中性（pH 6～7.5 比较理想）、壤土或轻黏土、地势较平缓、交通较方便的地方建园。葡萄园地要合理规划，其基本原则是：第一，根据地形和土地面积将全园划分为若干个作业小区，行向一般依风向而定，但也要与田地走向、滴灌系统的配套结合起来考虑。同时，冷凉地区一般选择东西行向，确保光照充足；低热河谷地区一般选择南北行向，可以减轻日灼。山坡丘陵地建园，要重视水土保持，按照等高线开垦梯田栽植，长边与等高线平行。第二，葡萄园不论大小必须预留通道，以方便人员进出和物资、产品的运送。第三，园地灌排系统通畅，最好建立滴灌系统。

（2）提高整地质量， 配套水利设施 利用荒山荒坡建园的，首先要把土地局部取平或随等高线筑梯田，而且面积要尽可能地大；其次是按照 2.0 米左右的行距开挖深、宽各60 厘米的种植壤沟（光照差的地方行距可放宽到 2.2～2.5 米），有条件的，先在底部放 1层剑麻叶片或杂草，再加入农家肥、磷肥和复合肥。一般每亩施杂草 1～2 吨、优质农家肥 2～3 吨、普通过磷酸钙 100～150 千克和含钾量较高的复合肥 100 千克作底肥。底肥与土混合后回填，原则上挖出多少土就回填多少土。之后每行葡萄铺设 2 根滴灌管。面积越大的葡萄园，搞滴灌既划算又方便管理。定植后，滴灌要与地膜覆盖（最好是黑色地膜下）相结合，可以保水和控草。

（3）推广栽植嫁接苗， 增强品种抗性， 提高苗木质量 在早春新定植的葡萄园，最好用一年生健壮的嫁接苗。云南葡萄虽然暂时没有根瘤蚜为害，但从长计议，也从云南经常发生旱灾的现实出发，试验和推广抗根瘤蚜砧木，或抗旱、长势旺盛的毛葡萄作砧木还是非常必要的。而且 2009 年 4 月笔者在云南元谋县也发现了野生毛葡萄种质资源。贵州大学教师罗克明用贵州野生毛葡萄、刺葡萄、蛇葡萄嫁接红地球葡萄苗与红地球葡萄自根苗作栽培比较试验，认为毛葡萄作红地球葡萄砧木的嫁接苗成苗率最高且苗木的质量最好，栽培后产量也最高，并且红地球葡萄、毛葡萄砧木组合时红地球葡萄品质最好。笔者多年的实践表明：培育嫁接苗时，一般要求砧穗组合的细胞染色体数目要一致，一方面可以提高嫁接成活率，另一方面很少出现"细脚"现象。砧穗组合的细胞染色体数目与成活率关系很大，二倍体与四倍体品种嫁接时成活率仅 40%～50%，而体细胞染色体数目相同者相互嫁接时成活率可达 90% 以上。

（4）合理稀植， 抓节令移栽， 选择经济适用的栽培架势和整形方式 栽培葡萄必需要做到"一年定植。二年结果，三年丰产"。实践表明，低热河谷区栽培早、管理得好的新植红地球葡萄园，第二年亩产可以达到 1 吨以上。低热河谷区最好在 1～3 月定植，最迟不超过 4 月底，5 月份定植的第二年一般不会结果。温度偏低的中、高海拔地区最好在 1～2 月份定植，最迟不超过 3 月份，4 月份定植的一般也不会结果。笔者提倡在云南推广在 1 根主干 T 形单臂或双臂水平整枝基础上加小 V 形培养结果枝组和结果母枝的整形方法，每亩栽培 266～416 株就可以了（按照 2.0～2.5 米×0.8～1.0 米栽植），栽培架式也随之相应配套。同时要经常摘心抹芽，使枝蔓更加壮实，争取一年就把树形培养好。这种整形方式和架势比较先进，结果整齐，修剪、施肥、套袋等管理比较方便，对长势比较旺盛的红地球、夏黑等品种最适宜，既缓和了树势、避免了旺长，在光照强烈的低热河谷区，与单壁篱架相比较，还可以明显减轻日灼为害。冷凉地区和光照差的地区，行距可以适当大一些。

关于栽培密度，云南宾川县有自己的看法。当地种植葡萄的区域年平均气温 17～18.3℃，降雨量在云南最少，空气干燥，有效积温高，昼夜温差大（葡萄成熟前后的 5～8 月份昼夜温差分别为 14.7℃、10.9℃、9.9℃ 和 10.2℃），日照充足，葡萄的病虫害容易控制。在这种情况下，当地的种植密度非常大，栽培的行距普遍在 1.5～1.9 米，株距 0.3～0.5 米，每亩栽培 800～1 300 株，有少数葡萄园甚至栽培 1 500 株左右。在重施水肥和严格控制枝蔓生长的情况下，第二年红地球葡萄产量就达到了 2 吨左右，高产的超过 4 吨。第三年起，单产普遍在 3 吨左右，最高的超过 5 吨，实现了"一年建园，二年丰产"的目标。目前其葡萄已畅销省内外，并出口越南、缅甸、泰国，而且自 2006 年起还通过沃尔玛（中国）投资有限公司逐步进入沃尔玛中国乃至全球门店销售。

（5）在冷凉地区推广避雨栽培技术，　在低热河谷区推广应用破眠剂的促成栽培技术
中高海拔地区气温低、降雨多、日照少，病害重，最有效的栽培措施是推广避雨栽培。这方面，省内的弥勒县、陆良县、麒麟区等地的群众在生产中已经获得成功，效益显著。陆良县的试验也认为：单壁篱架避雨栽培亩产值为 9 636 元，比露地同样架式栽培的对照亩产值 6 160 元提高 3 476 元；Y 形架式避雨栽培亩产值 11 573 元，比露地同样架式栽培的对照亩产值 6 844 元提高 4 729 元。而采用竹片和钢丝搭建的避雨棚每亩总成本仅 1 000 元左右，防病效果明显，每年可以少喷施农药 6～8 次，节省农药 40%～45%，一年内所减少的农药几乎与建避雨棚的资金相等，而且减少了农药污染，对提高葡萄品质、实现优质高产高效起到了关键作用。截至 2010 年 6 月，陆良县避雨栽培葡萄面积已达 500 亩，占全县葡萄总面积的 10%。

在无霜或霜期很短的低热河谷地区如元江、元谋、宾川、东川新村等地，根据当地气候情况，适时使用石灰氮、单氰胺等破眠剂（彩图 B19）、加盖小拱棚（彩图 B20）或中棚、大棚等设施增温保湿、打破休眠提早萌芽，可以使红地球葡萄比当地露地栽培条件下的提早 1～2.5 个月成熟上市（表 3），单价和总体经济效益明显提高。其中元谋盆地红地球葡萄已经在每年的 4 月中旬起批量上市，随着大棚栽培技术的改进，还有进一步提早成熟的空间。根据葡萄 10℃ 以下停止生长的特性，一般认为，在当地日平均气温稳定通过 10℃ 时，就可以使用破眠剂打破休眠，使葡萄更早萌芽，最终更早成熟。这几年，元谋在 11 月、12 月和 1 月份的任何时候使用破眠剂（浓度为 16%～20% 的石灰氮水溶液或 50% 单氰胺 16～20 倍水溶液）都获得了成功，但都必须在 2 月 5 日以前陆续撤掉棚膜，此时日平均气温约 16.8℃，以免高温烧芽。年平均气温 17.6℃ 的宾川县，红地球葡萄一般在 1 月下旬至 2 月上旬使用破眠剂 50% 单氰胺 16～20 倍水溶液，2 月中下旬萌芽，6 月下旬至 7 月上旬大量上市，比自然条件下提早 1 个月上市。在年平均气温只有 16.3℃ 的丘北县，红地球葡萄在每年的 2 月 5～10 日露地使用 50% 单氰胺（荣芽）破眠剂 10～15 倍液，使红地球葡萄萌芽整齐，成熟期比未施药的提早 15 天左右，而且成熟期集中，烂果少，品质提高明显，2010 年葡萄园每千克批发价 9.2 元，比对照 8 元高出 1.2 元。

表3 自然条件下云南不同海拔地区红地球葡萄物候期比较

县市	处理	萌芽期	开花期	着色期	成熟期	落叶期
元谋县	自然条件下	2月底至3月初	4月中旬	6月中旬	7月上中旬	12月中下旬
	小拱棚内12月涂破眠剂	12月下旬至1月中旬	2月下旬至3月上旬	4月底至5月上旬	5月中下旬	
	大棚或中棚内1月中下旬涂破眠剂	12月中旬至1月上旬	2月中下旬	4月上旬	4月中旬至5月上旬	
宾川县、永仁县	自然条件下	3月上旬	4月中下旬	7月上旬	7月下旬	12月中旬
	1月下旬至2月初露地涂破眠剂	2月中下旬	3月下旬至4月初	6月上中旬	6月底至7月下旬	
丘北县	自然条件下	2月30日至3月15日	4月下旬至5月初	7月中旬	8月15日至9月5日	11月底
	2月5～10日露地涂破眠剂	2月25日至3月5日	4月15日至25日，开花整齐，快速	6月下旬	7月20日至8月20日	
曲靖市麒麟区	自然条件下	3月上旬	4月下旬至5月上旬	8月中下旬	9月中下旬	11月上中旬

注：丘北县情况系葡萄大户王树恩的试验结果，其在每年的2月5～10日使用单氰胺破眠剂。

干热区红地球葡萄用石灰氮催芽时由于必须覆盖小拱棚，或中棚、大棚等，确保有一定的湿度才能萌芽。为了盖薄膜方便，冬季休眠期（11～12月）一般都行2～3个芽的短梢修剪来控制植株的高度，也有少量根据需要行中梢和长梢修剪的。生长期要合理控制负载量，否则成熟期偏晚。

（6）使用人工生长调节剂拉长葡萄花序和促进果粒膨大 人工生长调节剂（激素）的使用要注意四个问题：一是要正确选择调节剂；二是要掌握各种调节剂在不同时期的使用浓度；三是要掌握最佳使用时间；四是使用次数有讲究。在拉长花序和膨大果实的过程中，激素使用浓度偏大会导致花序卷曲，果实（尤其是有核品种的果实）容易出现大小粒（僵果），枝蔓徒长，秋季不充实，花芽分化差，第二年有的植株萌芽不整齐，产量偏低。

①拉长红地球葡萄花序。一般在开花前10天左右进行（一旦花序开花就不能再拉长）。云南经常使用而且效果也比较好的调节剂（激素）有：应用5～10毫克/升赤霉素水溶液喷布花序；应用奇宝5～10毫克/升水溶液喷布花序；应用"全树果"1 500～2 000倍水溶液喷布花序（全树果是0.398%赤霉酸与0.002%芸薹素内酯的复配剂）。

②促进红地球葡萄果粒膨大。a. 文山壮族苗族自治州丘北县葡萄种植大户试验，谢花后7～10天，当红地球葡萄果粒略比黄豆粒大时，用15～20毫克/升赤霉素水溶液喷布果穗1次，果粒可长大到14～15g，而如果在第一次膨果后10天左右果粒有花生米大小时再用20～30毫克/升赤霉素水溶液喷施第二次，最终红地球果粒可以长到18克以上。b. 元谋县葡萄种植大户试验，在红地球葡萄果粒直径12～14毫米时，使用"红提大宝"2 000倍液喷布果穗膨大果粒，1次就可以使红地球葡萄单粒重明显增大。

在元谋县的红地球葡萄栽培实践中笔者发现，多数膨果剂和乳油类杀虫剂会使葡萄的果粉减少。因此，膨果剂的浓度不能偏大。红地球葡萄等有核品种使用激素拉长花序后，在谢花后幼果前期再次使用激素膨大果实一定要慎重，喷施时间过早和激素浓度偏大，容易产生僵果，大小粒现象特别突出，失去商品价值。因此，红地球等有核葡萄开花后第一次使用激素膨果时，果粒直径达到 8 毫米以上才比较保险。任何激素的使用效果都是建立在良好树体管理、优秀的植保措施和充足的肥水供应基础之上的。使用膨果剂之后还要根据具体情况适当疏果和控制产量。

（7）果穗套袋　红地球葡萄果粒约有花生米大小时用 25％阿米西达悬浮液等广谱杀菌剂浸蘸或喷施果穗，主要预防白腐病、炭疽病等，待葡萄果穗上的药液晾干后即可用合适的纸袋进行套袋。套袋不仅可以防止病虫害的浸染、避雨减轻裂果，而且可以使果穗着色均匀一致，果面整洁。丘北县使用破眠剂催芽的红地球葡萄一般在 5 月 10～20 日套袋。

（8）加强水肥管理　多数人的实践认为，成年红地球葡萄园，一般每生产 1 千克优质葡萄，需要 2～3 千克优质农家肥和 100 克左右的无机肥，其中氮、磷、钾的比例为2：1：2～2.5，才能基本满足葡萄生长所需的营养要求。按每 100 千克果实从土壤中吸收纯氮（N）0.3～0.55 千克、纯磷（P_2O_5）0.13～0.28 千克、纯钾（K_2O）0.28～0.64 千克的养分量计算，亩产 1 800～2 000 千克葡萄每亩每年投入圈肥 5 000～6 000 千克，纯氮（N）10～15 千克，纯磷（P_2O_5）8～10 千克，纯钾（K_2O）15～20 千克。单位面积产量高的红地球葡萄园，一般每年每亩施圈肥 3～5 吨追施尿素 60～100 千克、硫酸钾 90 千克、复合肥 50 千克（15％N—15％P_2O_5—15％K_2O）、硫酸镁 10 千克和锌、硼、铁、钼、锰等微量元素肥料各 4～5 千克。施肥时，根据植株长势调整氮肥用量，以防植株徒长。生长期葡萄树势弱的，还要在果实着色之前结合病虫害防治多次叶面追施 0.2％尿素、0.2％磷酸二氢钾以及锌、硼、钙、镁等复合型微量元素肥料和营养液，如四海丰、包果优、包果良、多收液、高钾氨基酸等，而且这些微肥在临近开花前 15 天内和坐果后 30 天内喷施效果较好（花期暂停使用）。

葡萄栽培的施肥要求是：重施底肥，分期追肥，通常 1 次萌芽肥、1 次花前肥、2 次膨果肥和 1 次采果肥。底肥以杂草、农家肥、复合肥、部分硫酸钾、磷肥、硫黄、硫酸钙、硅钙钾等难溶性肥料为主；追肥以速效氮肥、硫酸钾和微量元素肥料为主。底肥在 10～11 月份挖坑深施，追肥浅沟埋施，易溶解的速效氮肥也可通过滴灌管道随水施入葡萄园。云南干热区气温高、土壤多数偏碱性和中性，酸性土很少，要注意选择使用硫酸钾、过磷酸钙、硫黄、硫酸钙（石膏粉）等酸性肥料，并注意各种肥料的施肥比例。相反，冷凉地区土壤多数偏酸，要多施中性肥和碱性肥，如尿素、钙镁磷等，特别偏酸的土壤有时候甚至要施少量的石灰粉。

遇到葡萄缺素症状，请参考本书总论第六章第二节。

（9）科学有效地防治病虫害　云南红地球葡萄的主要病害有白粉病、黑痘病、灰霉病、炭疽病、白腐病、霜霉病等侵染性病害和钾、铁、锌、锰、硼等营养元素缺乏症。主要虫害有康片蚧、葡萄丽叶甲、葡萄天蛾、白粉虱、蓟马、虎天蛾、葡萄透羽蛾（葡萄钻心虫）、二星叶蝉（又叫叶跳蝉、浮灰子）、吹绵蚧等。防治上要遵循"预防为主，综合防治"的方针，多种措施相结合，才能达到"高产、优质、安全、生态、高效"栽培的目标。

①生物措施。重点是选择抗病虫和抗逆性强的砧木品种，其次采取大红瓢虫防治吹绵

蚧的效果也很好。

②农业防治措施。云南主要采取的农业防治措施有：合理安排行向，光照差和地势低洼的葡萄园要适当加大行距，确保葡萄园通风透光；从葡萄萌芽前至落叶，一直对整个葡萄园覆盖黑色地膜，一是可以控制杂草生长，二是可以截断土壤水分上升，减少蒸发，保水省水，并降低田间湿度和减轻果穗病害发生；搭架时适当提高第一根铁丝的位置，开花前适当拉长果穗，生长期及时修剪和绑蔓，距地面太近的枝蔓均不保留，低温多雨地区搞避雨栽培等，都可以减轻葡萄病害的发生；栽培上，Y 形整形和在水平臂基础上的小 Y 形整形这两种整形方式与单壁立架栽培方式相比较，能有效减轻日灼，而且可以减少叶片摩擦果穗，果穗的外观和品质更好。

③物理防治措施。云南主要采取的物理防治措施有：频振式物理双控（光控、雨控）杀虫灯，能有效控制葡萄天蛾等害虫的危害；白粉虱和蓟马可以使用黄板诱杀；应用防鸟网（彩图 B21）可以减轻葡萄果穗因鸟害伤口感染而引起的一系列病害，大棚葡萄栽培在撤出棚膜后覆盖防鸟网非常方便。

④化学防治措施。化学农药的使用要注意四个问题：一是对症用药，科学配方；二是适时用药；三是选择合理的浓度；四是选择晴天上午露水干了以后和傍晚喷药，不在大白天和风大的天气喷药。

a. 要搞好各种病虫害的预测预报，为大面积防治提供准确的时间信息。葡萄病虫害的发生与当地当年的气候情况和葡萄品种的抗病性有密切关系。但就某地而言，年度间实际上是相对有规律的，掌握这些规律，就可以提前预防，有效地控制为害。云南由于立体气候明显，各地红地球葡萄的各种病虫害发生时期及其危害程度千差万别（表4）。

表 4 云南省中海拔地区地红地球葡萄主要病虫害始发和盛发期调查表

县市	乡镇或海拔	年均温（℃）	年降雨量（毫米）	黑痘病		霜霉病		褐斑病		白腐病		炭疽病		灰霉病
				初始期	盛始期	初始期	盛始期	初始期	盛始期	初始期	盛始期	初始期	盛始期	盛始期
禄丰县	罗川	18.0	800	3月10日	5月下旬	5月下旬	7月下旬	3月10日	5月下旬	6月下旬	7月中旬	3月下旬	5月下旬	7～8月份
	金山，1 560 米	16.2	937	3月10日	5月下旬	5月下旬	7月下旬	3月10日	5月下旬	7月初	7月下旬	3月下旬	5月下旬	7～8月份
	仁兴、勤丰	15.5	960	3月15日	5月下旬	5月下旬	7月下旬	3月15日	5月下旬	7月中旬	8月下旬	3月下旬	5月下旬	7～8月份
丘北县	1 450 米	16.3	1 204	3月初	5～10月	4月底	7～9月份	3月初	4月中旬	5月中旬	7月中旬	3月底	5月下旬	3月底至4月初
宾川县	1 438 米	17.8	593	4月初	4～6月份	4月中旬	7～9月份	4月中旬	6～8月份	5月中旬	7～8月份	5月中旬	7～8月份	7～8月份最重
元谋县	1 070 米	21.8	613	5月中旬	5月下旬	7月中旬	8～10月份	无	无	5月下旬	6月份	5月下旬	6月份	8～9月份

b. 提早预防喷施农药，既节省成本，防治效果也更好。

c. 对症用药，科学配方，有效地防治各种病虫害。这里仅介绍一些特殊的药剂与方法。葡萄黑痘病在休眠期清园后开始预防，对枝蔓喷施 3～5 波美度石硫合剂，能有效减少病原物；早春新梢长达 10 厘米时，开始喷布 1∶0.5∶200（硫酸铜∶石灰∶水）的波尔多液2～3 次予以保护，后期可喷 5％霉能灵可湿性粉剂 800～1 000 倍液，以后每隔 10～15 天喷药 1 次，共喷 4～5 次。葡萄的褐斑病、锈病、黑痘病、白腐病、霜霉病、白粉病等病害，用 10％世高（即苯醚甲环唑）水分散粒剂 2 000 倍液＋天达 2116（果树专用型）1 000 倍液进行全株喷雾，每 7～10 天喷 1 次，连续 2 次即可。另外，25％阿米西达悬浮液（嘧菌酯），对葡萄和果树上的霜霉病、早疫病、炭疽病、叶斑病等四大类真菌所引起的大部分病害均有很好的防效，并能与金雷多米尔、世高等交替使用，提供全方位的保护。此外，笔者在多年的生产实践中发现，每年用石硫合剂残渣或硫黄石灰混配液涂刷树干基部 2～3 次，能有效控制白蚁为害葡萄树。防治吹绵蚧最有效的农药是速灭威，连续喷雾 2 次基本上就可以控制该害虫的危害，甚至之后几年内不再发生。果实蝇可以在葡萄谢花 10 天后（果实有花生粒大小时）用银农 2 号 1 000～3 000 倍液等连续喷 2～3 次防治，也可以用性诱剂诱杀。近几年，元谋红地球葡萄在 2～3 月份有红蜘蛛和蓟马为害，要引起重视。红地球葡萄果实的果粉不仅在应用果实膨大激素（如美国奇宝、吡效隆等）后会受到影响，而且成熟之前使用乳油类杀虫剂也会产生负面影响，因此，在成熟期建议尽量避免使用乳油类杀虫剂。

最后要强调的是：在无公害红地球葡萄的生产中，一是不能施用高毒剧毒农药，并注意最后一次允许施用农药的安全间隔期达到规定之后才能采收；二是各种有效农药要交替使用，尽量避免各种病虫害对某种农药产生抗性，以延长农药使用寿命，提高防治效果；三是不得随意乱混配，以免造成药害减低药效或无意之间加大某种农药使用剂量；四是灌溉水源要保持清洁，以免污染土壤和产品；五是采收、包装、运输过程中要保持产品表面清洁、无污染、无损伤，清洁、安全地运达目的地。

上海地区红地球葡萄避雨栽培技术

蒋爱丽

（上海市农业科学院）

1. 概述　上海地处长江三角洲的东部沿海平原地区，平均海拔 4 米，年平均温度 15.4℃，年降水量 1 140 毫米。土壤肥沃，微碱性（pH 7～8），地下水位较高。生态特点是四季分明，温暖湿润，夏季高温，生长季长，而且雨热同季，日照时数少，属典型的亚热带季风气候，其自然条件不适宜欧亚种葡萄的露地栽培。

近几年由于城市建设的发展，上海地区可耕地面积在逐年减少，但葡萄栽培面积却呈增长趋势。据市林业总站统计（2010 年 12 月份统计资料），上海的葡萄栽培面积为 6.49 万亩，在果树中亩产值葡萄占第一位，面积占第三位，其栽培价值及果品生产中的地位十分重要。

上海是国际大都市，人口密集，经济高度发达，消费实力雄厚，为鲜食葡萄的发展提供了巨大的市场基础。上海的葡萄栽培历史虽然不长，但受到世界发达国家先进的葡萄栽培理念和技术的影响，在葡萄优质栽培、观光及精品生产等科技领域取得了突破和创新性发展，尤其是设施葡萄栽培技术的研发成功，推动了南方设施葡萄的发展，已成为我国葡萄产业的一大特色，该技术不仅对南方葡萄产区的形成发展有巨大影响，而且对北方沿海葡萄产区也有一定影响。

上海地区设施葡萄栽培模式主要是"先促成、后避雨"，单纯避雨栽培仅占设施栽培的 20％左右。促成栽培的增加品质、增大果粒、提早上市等的功能是单纯避雨不能比拟的，而且提早上市还可以避开台风和夏季高温的危害，收益明显增加。同时上海地区葡萄品种的结构特色一直以巨峰系葡萄为主体，巨峰系品种占 2/3 以上。欧亚种葡萄如"红地球"、"里查马特"等，由于饮食习惯而不受欢迎，市场不畅而栽培面积逐步减少，特别是晚熟的欧亚种品种面积减少趋势明显。

2. 建园特点

（1）园地选择　葡萄园应选择土壤深厚，交通方便，有干净的水源，远离化工厂、无污染源的地方建园。

（2）葡萄园规划　园地规划包括种植规模、道路、排灌系统，品种的选择和配置、辅助设施等内容，具体为：从销售渠道，栽培基础、经济实力、劳动力状况等方面规划设施葡萄园规模；道路由主路、支路和小路组成道路系统；采用滴灌设施，并且毛沟、腰沟、围沟相互连接构成排灌系统；在秋季对规划果园进行土地平整和土壤改良。

（3）定植沟　葡萄定植前要挖定植沟，沟宽为 60～100 厘米，深 60 厘米左右。填土时分 3 层，下层放秸秆（10～15 厘米），中间肥土层，上层熟土层（15～20 厘米），每亩用有机肥 3～5 吨，磷肥 100 千克左右。填土后浇水整畦，种植行和种植点用石灰或秸秆标定。

（4）种苗处理　红地球品种选用嫁接苗定植，选健壮的无病虫害的苗木，根系修剪保留 15～20 厘米长，剪留 2～3 饱满芽，定植前用清水浸泡根部 3 小时以上，用 5 波美度的石硫合剂消毒枝条再定植。

（5）定植　上海地区的葡萄苗定植适宜时期为 12 月至次年 2 月。株行距为 1.5～2 米×2.8～3.5 米，篱棚架的株行距为 1.5～2 米×3～4 米，随树体的逐年增大逐渐间伐。

在标定的种植点定植苗木，挖穴把苗木放入，根系自然舒展，埋土一半时用脚踩实，再用手略微把苗木向上提一下，使根、土充分接触，再把土覆平，浇水，等水渗透后用 1 层干土盖没，防止水分蒸发。定植深度以根颈部高出地面 5 厘米左右，种植后浇透水。

（6）架材　架材主要包括水泥柱和铁丝两部分。水泥柱规格为 10～12 厘米×10～12 厘米，长 2.5～2.7 米，埋入土 60～70 厘米深。水泥柱间距 4～6 米。边柱向外倾斜 15°～20°还要用攀桩线拉牢以增强拉力。高干 V 形架式的要设立 2 道横梁，第一道宽 60 厘米左右，第二道宽 120 厘米左右，材料采用木棍或毛竹，横梁两端各设 1 道铁丝。篱棚架式设 6 道铁丝，第一至三道在篱架上，三至六道在棚面上。

（7）架式　上海的设施葡萄生产中应用较普遍的架式是高干 V 形架式，还有一部分篱棚架架式。

高干 V 形架式：架面上设立 5～6 道铁丝，离地 1～1.3 米设立第一道铁丝，再往上 25～30 厘米和 60 厘米处分别设立 60 厘米与 100～120 厘米长的横梁，每道横梁两头拉 2 根铁丝，新梢呈 V 形绑扎。

篱棚架架式：架面上设 6 道铁丝，第一至三挡在篱架上，第四至六挡在棚面上，第一道铁丝离地 0.7 米，其余档距 0.45～0.5 米，棚脊高 2.5 米。

3. 设施类型与结构

（1）栽培类型与设施结构　上海设施葡萄的栽培类型主要有促成栽培和避雨栽培二种方式。设施促成栽培主要应用于早中熟葡萄品种；而避雨栽培主要应用于晚熟品种，如"红地球"品种。

设施类型主要是大棚。大棚的设施结构为用涂锌钢管或竹片构成的骨架，骨架上覆盖塑料薄膜。南北向搭建，棚长 45 米左右；钢管大棚跨度 6～8 米，顶高 3～4 米，单棚间距 0.8～1 米；简易竹棚的顶高为 2.5 米。薄膜选用聚乙烯膜（PE）或乙烯醋酸乙烯膜（EVA），无滴类型，钢管大棚的薄膜厚度为 650～800 微米，简易竹棚薄膜厚度为 400 微米。每 60～100 厘米压 1 根压膜线。

（2）葡萄物候期　避雨栽培条件下，红地球品种 3 月中下旬萌芽，5 月中旬开花，7 月下旬至 8 月上旬果实软化，8 月下旬 9 月上旬果实成熟，从萌芽到果实成熟需要 160 天左右。

4. 整形修剪　设施避雨栽培一般在当年 12 月下旬至次年 1 月上旬进行冬季修剪。

高干 V 形架式的整形修剪：定植当年每株选 1 条新梢直立引缚于架面，新梢长到第一档铁丝高度摘心，在第一档铁丝附近培养 2 根副梢，一次副梢长到 7 叶时摘心，靠近基部位置培养1个二次副梢，延长梢继续生长，3～5叶摘心，当年培养结果母枝4～6根。选留0.8厘米粗的枝条进行中长梢修剪（留6～8芽左右），平绑或斜绑在第一档铁丝的架面上。次年主蔓上（横臂）间隔50厘米培养结果枝组，最终培养成8长4短的固定结果枝组。

篱棚架的整形修剪：定植当年每株选2条新梢培养成主蔓并呈倒八字形引缚于篱架上，新梢长到第一档铁丝高度摘心，新梢在第一档铁丝附近留二根副梢，主梢延长到第二档铁丝再摘心培养2根副梢结果母枝。选0.8厘米粗的副梢结果母枝进行中长梢修剪（留6～8芽左右），平或斜绑在每档铁丝上。次年双主蔓继续延伸，在每档铁丝附近继续培养副梢做结果母枝。

冬剪时结果母枝适宜的粗度为0.8～1.0厘米，侧枝更新采用双枝更新。剪口离最近的1个留芽应有3厘米长或在上一节位破芽剪截。

5. 枝梢管理

（1）抹梢　萌芽后长到确认有无花序时抹梢，去除无花序、弱的新梢，留生长较一致的新梢。

（2）绑梢　新梢长到40厘米左右开始引绑新梢到架面上，新梢间距20厘米，并及时摘除卷须。

（3）摘心与副梢处理　红地球葡萄开花前不摘心，不然坐果过多反而增加疏果压力，但是必须认真进行副梢处理。果穗以下的副梢去除，果穗以上的副梢留1叶绝后摘心，顶端延长梢3～5叶反复摘心。营养枝生长至7叶摘心，在基部留1个副梢，其他措施同上。

6. 果实管理　花前1周进行花序整形，去除副穗和花序基部1～2个较大支穗，花穗的长度12～15厘米。

开花结束2周后定梢、疏粒，每个结果枝留1个果穗，弱枝不留果。每穗果粒保留80粒左右，叶果比为40∶1，每亩留果穗2 000穗左右，每穗650～750克，亩产量控制在1 250千克左右。

套袋：疏粒结束后喷杀菌剂或保护剂后套上葡萄专用果袋。在采收前1周左右撤袋。

7. 土肥水管理

（1）土壤管理　上海地区的土壤管理措施主要包括深翻、松土除草、土壤覆盖等措施，以促进土壤团粒结构的形成，提高土壤的含水量，增加土壤微生物含量与活力，提高土壤的保肥力。

在11月中下旬，葡萄落叶后对果园进行全面深翻，深度在20厘米左右；在生长季节进行松土除草3～4次；在梅雨季节过后进入伏旱（7月下旬），进行树盘覆盖（5～10厘米），以达到防止水分蒸发降低土温。

（2）施肥技术　施肥是设施葡萄栽培综合技术中的主要环节，以有机肥料为主，控制化肥，增施叶面肥。红地球葡萄的施肥全年需要施1次基肥，2次追肥，3～5次叶面根外追肥。秋季（9月中旬至10月中旬）沟施基肥，沟深40厘米左右，宽50厘米左右，每亩施入腐熟的有机肥2～3吨，加入50～100千克磷肥；追肥2次，第一次在开花结束坐果后追施果实膨大肥，亩施复合肥加少量比例的氮肥共20千克左右；果实软化期进行第二次追肥，亩施钾肥40～50千克；生长期间喷施叶面肥，肥料有尿素、磷酸二氢钾和宝力丰等一些微量元素肥等，叶面肥可结合喷药使用。

（3）**水分管理**　灌溉：设施内采取膜下滴灌。红地球葡萄水分管理一般为，覆膜前1周滴灌1次，萌芽前后每隔10～15天滴1次，花期禁止滴水，果实生长期10～15天滴1次，高温期间5～7天滴1次，采收前2周停止滴水。

排水：上海地区的雨水较多，也较集中（4月和梅雨季节），这些时期要强调排水，为葡萄正常生长提供良好的环境条件，要求下雨后葡萄园的毛沟不积水。

8. 生物危害和自然灾害的防治　设施避雨栽培条件下，红地球葡萄主要病虫害有白腐病、白粉病、霜霉病、透翅蛾、叶蝉、鸟害，缩果病，自然灾害主要是台风危害。主要防治措施如下：

（1）**霜霉病**　主要在（9～10月）揭薄膜后发生。防治措施：加强副梢管理，保持良好的通风透光条件，预防为主，发病初期及时喷药，防治药剂有波尔多液、必备、大生M-45、科博等。

（2）**白腐病**　7月中下期开始发病。防治措施：提高结果部位，植株基部40厘米以下不留果穗；加强通风透光，降低湿度；实行果实套袋栽培；药剂有波尔多液、霉能灵、敌力脱、大生M-45等。

（3）**白粉病**　6月中旬发生。防治措施：重视冬季清园，幼果期进行药剂预防。防治药剂有石硫合剂、粉锈宁、仙生、福星、世高等。

（4）**透翅蛾**　4月底至5月初发生。防治措施：冬季剪去被害枝蔓；4月底至5月初喷杀虫剂防治。防治药剂有功夫、歼灭、杀灭菊酯等。

（5）**浮尘子（二星叶蝉）**　7月中旬开始发生。防治措施：葡萄套袋后用药剂预防，药剂有敌敌畏、杀灭菊酯等。

（6）**鸟害**　在葡萄成熟季节8月中下旬发生，主要是麻雀危害。防治措施主要是葡萄套袋和利用防鸟网。

（7）**缩果病**　7月中下旬发生。预防措施：降低地下水位，提高根系的活动能力；树盘覆草；均衡土壤的水分管理；控制氮肥使用，叶面喷施钙肥。

（8）**台风**　7月下旬至8月份有台风侵袭，预防措施主要是加固大棚设施，大棚要求60～100厘米1根压膜线。

9. 果实采收和产后处理

（1）**采收**　8月下旬，当红地球浆果的可溶性固形物达到15Brix，果皮粉红色时即可采收。于早晨或下午日落以后采收，采收时轻拿轻放，保持果粉完整，果穗不挤压，供应上海市场，当天采当天销售。

（2）**包装**　包装材料应符合卫生、安全要求，可用纸板、塑料、竹子等制成各种具有地方特色且实用美观的小盒包装，盒的大小为2～5千克。包装盒上应标明品种名称、产地、果品等级、净重量、政府控制标志等。包装时适当修整果穗，箱内垫好衬纸，每盒放1层葡萄。

（3）**贮藏**　大批采收后将整理好的葡萄装入用0.04毫米厚的聚乙烯薄膜制成的袋中，贮藏的容器大小为5千克左右，果穗间隙加葡萄保鲜剂，预冷10～12小时，扎口密封。库温保持-1.5～0℃，相对湿度为90%～95%，氧气2%～5%，可贮藏3个月以上。

浙江平原简易连栋小环棚红地球葡萄栽培技术

吴江　程建徽　魏灵珠

（浙江省农业科学院）

1. 概述　浙江地处我国东南沿海，属于亚热带湿润季风气候，良好的光热资源不但能保证葡萄充分成熟，又满足了葡萄休眠期的低温需求，占有天时地利的优势，葡萄上市早，市场活跃，价格较高，经济效益好，产业发展十分迅速，葡萄已成为近几年浙江发展最快、效益最好的高效产业，面积与产量扩张很快。据省农业厅统计2010年葡萄种植面积达到31万亩，总产量达到了40万吨，产值约19.6亿元，全省形成了以浙北上虞、慈溪、余姚为重点的杭州湾南岸葡萄产业带；以金华金东、浦江等为主的浙中葡萄产业带；以嘉兴海盐、南湖、秀州和湖州长兴为重点的浙北杭州湾北岸葡萄产业带；以台州温岭、路桥等为重点的浙东南沿海地区葡萄产业带。

由于南方多湿生态条件，欧亚种葡萄易徒长，花芽分化不稳定，病害较重，长期以来迫使浙江不得种植以巨峰群为主的欧美杂交品种葡萄，欧亚种葡萄生产甚少。然而近15年来，随着避雨设施的应用，欧亚种葡萄在南方迅速发展，浙江省仅红地球葡萄栽培面积就达10多万亩，占全省葡萄总面积35%以上。

2. 建园

（1）园址选择　无公害优质葡萄产地环境的选择应符合 NY 5087—2002 的规定。葡萄园应建在地形开阔，阳光充足，通风良好的地段；土层应深厚疏松，肥力较好、排水良好，便于排灌的农田，土壤的 pH6.5～7.5，盐的含量小于0.14%。

（2）园地规划与设计　大面积建园应先进行规划设计，搞好道路、排灌渠系等建设。做到主干道与作业道配套，主干道应贯通整个果园，每隔100米配置1条与主干道相垂直的操作道；并做到三沟（排水沟、腰沟、围沟）配套，围沟上宽150厘米、下宽100厘米、深100～150厘米，腰沟宽1米、深0.6～0.8厘米，排水沟上宽60厘米、下宽40厘米、深40厘米，具体还应视地下水位和排水条件定。

（3）设施栽培　红地球在浙江地区由于雨水多，必须进行避雨等设施栽培，应用最普遍的是简易连栋小环棚设施（表1）。

简易连栋小环棚结构：1行1只小环棚。顶高2.3～2.5米，棚宽2.2～2.5米。在单行单棚基础上四周围成一个简易连栋小环棚，棚膜一年一换，选择0.03毫米（3丝）厚抗老化长寿无滴膜，25千克重膜宽2.2～2.5米长300～330米。围膜可用旧膜。

简易连栋棚先促成后避雨栽培，于1月中下旬（浙中南）～2月上中旬（浙北）盖膜，5月中旬揭除围膜、开天窗转为避雨栽培。葡萄采收后揭除顶膜，分批揭膜延长采果期。也可延迟至国庆节前后揭膜（表2）。

表1 不同物候期设施内温湿度的调控

时 间	棚内温度湿度要求	作业要求
封膜至萌芽前	不超过30℃，湿度85%左右	以增温为主
萌芽后至开花前	温度20~25℃，湿度60~70%	齐芽后立即全园铺地膜
开花期至坐果期	温度22~28℃，湿度60%	防37℃以上高温
坐果后至采果结束	气温稳定在25℃以上	避雨栽培，防37℃以上高温

表2 设施内红地球葡萄物候期

盖棚时间	伤流期	萌芽期	始花期	盛花期	成熟期
2月5日	3月8日	3月30日	4月23日	4月28日	8月20日

简易连栋棚避雨栽培与露地栽培相比萌芽时间提早了10天，成熟期提早7~10天。

（4）单十字飞鸟形架 浙江省农业科学院吴江研究员等团队成员共同研制成功的飞鸟形架由立柱、1根横梁和6条拉丝组成（图1）。

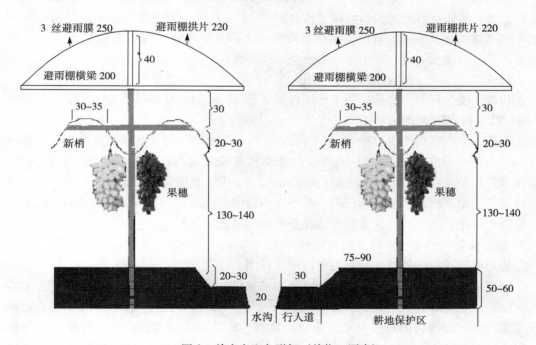

图1 单十字飞鸟形架（单位：厘米）

①立柱。柱距4米，柱长2.9~3.0米，埋入土中50~60厘米，水泥立柱粗8厘米×8~10厘米，柱内均匀摆布4根粗3.5~5毫米粗的钢筋。纵、横向距离一致，柱顶成一平面，两头边柱须向外倾斜30°左右，并用5~7股钢胶绳牵引锚石。

②横梁。长度为130~150厘米（行距2.5~3米），架于离第一道拉丝处高20~30厘米，横梁两头及高低必须一致。

③拉丝。拉丝采用 2 毫米粗 1～2 股热镀锌钢丝，第一道拉丝位于立柱 130～140 厘米处（根据疏花疏果人员的身高确定）。在横梁上离柱 30 厘米和 60～70 厘米处各拉 1 条拉丝，架面共 4 道拉丝。

④行叶幕间。保持 50 厘米左右的通风透光道。

试验表明，采用单十字飞鸟形架，红地球葡萄结果枝数量明显提高，与双十字 V 形架相比结果枝率增加 9 个百分点，亩增产 543 千克，差异极显著（表3）。

表3　红地球葡萄不同架势的产量比较

架 式	2003 年			2004 年		
	结果枝率（%）	产量/株（kg）	产量/亩（kg）	结果枝率（%）	产量/株（kg）	产量/亩（kg）
单十字飞鸟形	68	4.6	1 223	70	7.7	2 055
双十字 V 形	59	4.1	1 100	61	5.7	1 512
棚架星状形	62	4.3	1 150	68	6.4	1 708

（5）栽植

①苗木选择。选用接芽饱满、生长健壮、根系发达、无病虫害，第三节粗度达 0.45 厘米以上的贝达砧红地球葡萄绿枝嫁接苗，留 3～4 芽定干。因为贝达砧木嫁接苗，可明显增大红地球果粒、果穗、丰产、稳产、糖度提高，着色良好，而不宜采用 SO4 砧（成熟后着色差，糖度低）或红富士砧（着色差、糖度低）。

②栽植期。12 月上旬至翌年 3 月上旬。

③栽植密度与行向。简易连栋小环棚行距 2.5～3 米，株距 1～1.5 米，每亩栽 148～267 株。栽植行向以南北向为宜。

④栽植要求。定植沟深 30～50 厘米，沟宽 60～80 厘米，每亩施 2 000 千克畜肥或商品有机肥 1 000～1 500 千克，混 100～150 千克磷肥施入沟内，填土整成馒头形栽植垄。用磷肥点好定植点，选晴天或阴天栽植，避免雨天或雨后栽植。栽植前用 5 波美度石硫合剂浸蔓部（根系不浸）消毒。栽植时，苗根向四周伸展，填土，嫁接口高出畦面 5 厘米左右，浇透水，用 80～100 厘米宽黑色地膜全垄条形覆盖。

3. 整形修剪

①修剪时间。自然落叶 1 个月后至次年 1 月间。

②结果树冬季修剪。在浙江地区，红地球结果母枝采用中长梢修剪（6～10 芽为主），留 4～8 根（根据株距而定），更新枝 2 根（2～3 芽）修剪，亩留芽量 10 000 个左右，同时应考虑间伐和间伐后的延长补空，应灵活掌握。以株距 1 米为例，当年种植的幼树冬剪，以 1 米长的 2 根 8～12 芽长梢修剪为宜，以保证花芽的数量，剪口粗度在 0.8 厘米以上；2～4 年生成年树以 4～6 根 8～12 芽长梢和近主干部二短梢为宜；以后大树生长趋于缓和，花芽节位逐渐降低，可观察上一年的花芽部位，以中长梢修剪为宜。

4. 枝梢管理

（1）幼树　单十字飞鸟型架 120～130 厘米处，摘心，顶副梢留 2～4 根，其余副梢留 1～2 叶绝后摘心。5 月底至 6 月上旬已形成 2～4 条主蔓为较理想的生长量。冬剪时副梢作为结果母枝，留2～8芽。栽后第一年最好避雨栽培。

（2）结果树

①解除休眠。萌芽前20～30天用5～7倍石灰氮浸出液或朵美滋涂结果母枝，剪口2个芽不涂，解除休眠。

②抹芽、定梢。新梢长至3～4厘米时分批抹除多余的芽；见花序或5叶1心期后陆续抹除多余的梢。新梢长至40厘米左右时，单十字飞鸟形架选花穗适中、穗形好的梢按18～20厘米等距离定梢绑缚在钢丝上。

③摘心、副梢处理。新梢长至9～10叶，花序上留1叶摘心，顶副梢以后按4-3-2-1叶摘心，其余副梢留1叶绝后摘心。注意在离主干附近留4根营养枝培养成为第二年的结果母枝，按"5-4-3-2-1"摘心法培养即对营养枝长至7～8叶时留5叶摘心，顶副梢长至5～6叶时留4叶摘心，顶副梢再长至4～5叶果留3叶摘心，以此类推减少至留1叶摘心，其余副梢留1叶"绝后摘心"法。从而达到控制树势（新梢长度控制在100厘米左右、粗度0.9厘米左右）、促进花芽分化、提高来年结果枝率、促进通风透光、减少病虫害发生和增进着色、提高品质的目的。棚架栽培得见花期在花序上部留6～8叶摘心。花序上下2节副梢2～3叶反复摘心和扭梢防日灼。硬核期摘除基部叶龄100天以上的叶片，促进着色。及时摘除卷须。

我们对结果母枝培养同样采用"5-4-3-2-1"摘心方法，结果表明，红地球葡萄萌芽率提高11.2%，结果枝率提高28.6%，栽植的第二年就可达到丰产（表4）。

表4　不同摘心方法的比较

品　种	摘心处理	萌芽率（%）	结果枝率（%）	第二年亩产（千克）
红地球	"5-4-3-2-1"摘心法	90.0	57.5	1 200
	常规摘心法	80.9	44.7	1 000

注：不疏枝、穗。

5. 花果管理

①定穗。每1结果枝留1穗，弱枝不留果穗。

②整穗。花前5～7天掐穗尖和除支穗。大穗掐去1/3～1/2支穗和去穗尖，保留支穗11～15个；中花穗掐去1/3支穗。

③疏果。果粒长到赤豆大时疏果，每穗按80粒左右均匀分布即可。疏去瘦小、畸形、果柄细弱、朝上生长的果。疏果要小心翼翼，不能碰擦，切忌抖穗。红地球葡萄果穗应整成分枝形或短圆形，果粒平均达15克以上，穗重控制在1 000克左右。

④植物生长调节剂应用。红地球葡萄在常规管理下果粒要想超过15克是较困难的。在美国，一般通过使用奇宝促进果粒膨大。盛花后22天左右用45毫克/升赤霉素浸或喷果穗，可增大果粒2克左右，肉质硬脆，品质变佳。在我国红地球葡萄使用膨大剂有独特的要求，不宜套用。

⑤套袋。用白色葡萄专用纸袋，套袋时间为5月份，套袋前用10%世高1 500倍＋600倍甲基托布津液（或福星6 000倍＋抑快净2 000倍＋歼灭，或保倍＋抑霉唑＋苯醚甲环唑＋苯氧威）对幼果全面喷布，既防病又防虫、鸟等危害，并能减轻果穗受药物污染

和残留积蓄。如果遇到前期连续阴雨突转高温光照强烈时，在白袋上方再用报纸打伞防日灼。

⑥促进着色。叶面喷施美国细胞酶制剂"生多素"1 500倍3～4次，浆果着色期间地面覆盖双色反光膜，采收前1月拆袋等均有利于着色。结果发现细胞酶制剂可以提高红地球单穗重、单粒重和可溶性固形物（表5）。

表5　生多素对红地球葡萄果实产量和质量的影响

品种		穗重（克）	穗长（厘米）	穗宽（厘米）	粒重（克）	粒纵径（厘米）	粒横径（厘米）	可溶性固形物（%）	可滴定酸（%）
红地球	处理	1 067.1	21.8	17.5	13.5	3.06	2.77	17.2	0.298
	对照	937.1	21.3	16.5	12.3	3.02	2.65	16.2	0.283

6. 肥水管理

（1）**幼树施肥**　当苗新梢长至5叶后，每隔10天左右施稀薄人粪尿或尿素，薄肥勤施，先淡后渐浓，6月中旬铺施腐熟的畜肥，每亩施500千克，于种植垄上，沟泥压肥或肥面铺草。7月开始施钾肥或草木灰促进枝蔓成熟安全越冬。结合病虫害防治叶面喷施0.2%磷酸二氢钾和0.2%～0.3%尿素液，每月2～4次，直到8月。

（2）**成年树施肥**　采用叶面追肥与控氮增钾相结合的方法，施肥时期和施肥量参照表6。

表6　红地球葡萄不同时期施肥规范（中等肥力）

肥料	时间	施肥量（亩）	方法
基肥	10月底至11月	畜禽肥2吨、商品肥0.5～1吨，加硼肥0.5～2千克	深翻入土、灌水
催芽肥	萌芽前10～15天	三元复合肥10千克左右	撒施、灌水
花前肥	4月上中旬	复合肥10千克（看树施）	开沟条施、灌水
膨果肥	花谢75%时（5月中旬）	三元复合肥15千克左右	开沟条施、灌水
着色肥	硬核期（5月中下旬）	硫酸钾30千克＋钙肥10千克	分2次开沟条施、灌水
采果肥	采果后	复合肥5千克左右	浅翻入土、灌水
叶面肥	开花前后结合防病喷施0.2%复合硼锌肥，6月后每月喷施2次0.2%磷酸二氢钾，0.3%尿素，全年喷施10次左右		

（3）**微量元素校正**

①硼。要普遍施用。采果后每亩施硼砂500克。花前1～2周喷施0.2%复合硼锌肥或21%保倍硼2 000倍液或0.3%硼酸（硼砂）各1次。

②钙。发生在酸度较高的土壤，同时过多施钾、氮、镁也可使植株缺钙，根据叶柄营养分析，使钾钙比在1.2～1.5，如果高于此值，减少钾或增加钙。对严重缺钙的葡萄园，在葡萄生长前期、幼果膨大期、采前1个月叶面喷硝酸钙或氨基酸钙，小量多次喷布为宜。

③铁。发生在 pH 较高的盐碱地或过分黏重土壤，通过增施有机肥来改良，并通过叶片喷肥校正，可在生长前期每 7～10 天喷 1 次 0.2％硫酸亚铁，喷多次才能校正。

（4）灌溉　采用滴灌的办法，既省工又节水。具体是萌芽前高湿，有利于萌芽；新梢抽发后至谢花，保持中等湿度，有利新梢强健；幼果生长期保持较高的湿度，有利于果粒膨大和减轻日灼；着色期适当偏干，有利于着色和减轻白腐病危害，采前半月控水提高品质。

7. 生物危害和自然灾害的防治　在南方气候条件下，葡萄的病虫害防治新方法，必备条件是避雨＋套袋，措施是抓重点病害（灰霉病、白粉病、白腐病、霜霉病）和关键时期（萌膨大期、开花前后、套袋前、揭顶膜后）。改开花前盖膜为萌芽前盖膜，可有效防治黑痘病的发生；开花前后重点防治灰霉病、白粉病等病害和透翅蛾、蚜虫、远东盔蚧等虫害；疏果后果穗套袋或打"伞"，以减轻病害、防止日烧，减轻和防止蜂、蚧类、夜蛾等危害，降低农残，提高品质；采用地面覆膜或生草栽培缓和土壤含水量急剧变化，从而避免和减轻裂果，还可阻止土壤中病菌通过雨水侵染枝、叶、果实；采果结束后，去顶膜，主要防治霜霉病、天蛾、叶蝉等病虫害。将葡萄喷药次数减少了 5～8 次，使果品达到国家规定的安全标准。具体措施如下：

（1）缩果病（气灼病）

①壮根性措施。增施有机肥，严格控制氮肥，保护耕作层；

②保证水分供应。套袋前后，要保持充足的水分供应；

③地上部分枝叶和地下根系生长的协调。单十字飞鸟形架新梢间距为 20 厘米左右，保护植株周围耕作层（距主干 80～100 厘米），防止踩踏后根系缺氧和雨季积水。

④硬核期的前中期补钙。叶面施用 0.4％～0.5％硝酸钙或氨基酸钙或其他钙肥。

（2）葡萄灰霉病

①农业措施。选用透光性强、抗老化、弹性好的优质无滴膜。避免间作其他作物。因灰霉菌寄主范围广，除危害葡萄外，还危害草莓、番茄、茄子、黄瓜等，否则易交叉重复感染。齐芽后全园地面及沟铺地膜降湿防病。花期忌温度忽高忽低，中午注意通风降温。避免偏施氮肥，适当施腐熟有机肥、磷钾肥。

生长期内，棚中发现病花穗、病果等应及时摘除并带出大棚深埋。秋后清除病残体，集中起来烧毁。

②药剂防治：发病初期（开花前）选用 78％科博 600～800 倍液或 50％扑海因可湿性粉剂 1 000～1 500 倍液或 50％施佳乐 1 500 倍液或 40％嘧霉胺 800～1 000 倍液或 50％速克灵可湿性粉剂 1 500 倍液或 70％甲托 800 倍液或 50％农利灵 1 000～1 300 倍液等杀菌剂防治。上述药剂任选一种或交替使用，最好用手动喷雾器对准花穗喷雾 1 次，花后又喷 1 次，浆果转色期再喷 1 次（忌用弥雾机喷雾）。为防止棚内水汽太大，也可用药液浸果穗，效果也十分理想。还可进行大棚熏蒸，每亩用速克灵烟剂 250 克，傍晚闭棚熏蒸，不仅可防治灰霉病，还可显著降低棚内湿度。

（3）葡萄霜霉病

①采用大棚或小环棚设施栽培。

②秋冬季清园，减少初浸染来源。秋季葡萄落叶后把地面的落叶、病穗扫净烧毁。冬

季修剪时，尽可能把病梢剪掉，并再次清理果园，用3～5波美度石硫合剂匀喷枝干和地面。

③提高第一档结果母蔓绑缚高度和结果部位至1～1.2米；及时摘心、合理修剪，改善通风透光条件，增施磷钾肥料，提高植株抗病能力。

④发病初期即应喷药防治，以后每半月左右用药1次。一般在发病前用1：0.5：200倍式波尔多液、78％科博500～700倍、80％喷克600～800倍保护，发病后用化学药剂防治效果好，50％金科克1 500～2 000倍液，80％霜脲氰1 500～2 000倍液，52.5％抑快净2 000～3 000倍液，75％克露600倍液，64％杀毒矾400～500倍液，由于霜霉病菌从叶背面浸入，所以从叶背喷药。

（4）葡萄白腐病

①采用大棚或小环棚设施栽培。

②秋冬季清园，减少初侵染来源。秋季葡萄落叶后把地面的落叶、病穗扫净烧毁。冬季修剪时，尽可能把病梢剪掉，并再次清理果园，用3～5波美度石硫合剂匀喷枝干和地面。

③生长季节摘除病果、病蔓、病叶，减少病源基数。适当提高果穗与地面的距离。

④药剂防治：重点抓住花序分离期、谢花后1周、成熟前半个月的防治关键期，比较有效的药剂有20％苯醚甲环唑3 000～5 000倍液，22.2％戴挫霉1 200～1 500倍液、炭疽福美800～1 000倍、世高3 000倍、阿米西达5 000倍液等，要交替使用，避免抗药性。

（5）葡萄黑痘病

①采用大棚或小环棚设施栽培。

②秋冬季清园，减少初浸染来源。秋季葡萄落叶后把地面的落叶、病穗扫净烧毁。冬季修剪时，尽可能把病梢剪掉，并再次清理果园，用3～5波美度石硫合剂匀喷枝干和地面。

③展叶初期（2叶1心，新梢约5厘米长度时，）开始防治，以后每2周喷药1次。2叶1心期、花前1～2天，80％谢花及花后10天左右是防治的四个关键时期。效果较好的药剂有：世高2 000～3 000倍、80％喷克600倍、波尔多液（1：1：160～200）、40％福星8 000～10 000倍、甲基托布津800～1 000倍、多菌灵800～1 000倍等。

（6）绿盲蝽

①剥除老皮，清园消毒。

②诱杀成虫。每4公顷果园挂1台频振式杀虫灯。

③根据害虫危害习性，适宜在傍晚或清晨喷药防治；根据其具有很强的迁移性，成片葡萄园统一时间、统一用药。萌芽后越冬卵孵化后的低龄若虫期用药防治，药剂有吡虫啉、啶虫脒、高效氯氰菊酯等，连喷2～3次，间隔7～10天，喷药做到全树上下及杂草全喷到。

（7）葡萄透翅蛾

①农业防治。检查种苗、接穗等繁殖材料，查到有幼虫株集中烧毁。6～7月间经常检查嫩枝，发现被害枝及时剪掉。冬季修剪时，将被害枝条剪掉烧毁，消灭越冬虫源。

②药剂防治。在粗枝上发现为害时，可从蛀孔灌入80％敌敌畏100倍液或2.5％敌杀死200倍液，然后用黏土封住蛀孔或用蘸敌敌畏的棉球将蛀孔堵死。成虫羽化期，重点抓花前、谢花后进行药剂防治，10％歼灭3 000倍液或高效氯氰菊酯喷杀。

（8）葡萄斑叶蝉

①农业防治。加强田间管理，改善通风透光条件。秋后、春初彻底清扫园内落叶和杂草，减少越冬虫源。

②物理防治。采用黄板诱杀，每亩挂20～30块（20～40厘米佳多黄板）于葡萄架上，每隔10～30天涂黏虫胶1次）药剂防治。

③化学防治。抓两个关键时期：一是发芽后，是越冬成虫防治关键时期；二是开花前后第一代若虫防治关键时期。喷洒20％氰戊菊酯乳油3 000倍液或10％歼灭3 000倍液，还有噻虫嗪、高效氯氰菊酯等药剂。注意喷雾均匀、周到、全面。

（9）豆蓝金龟子

①物理防治在成虫每天上、下午的活动盛期，振落枝蔓捕杀成虫。

②药剂防治。成虫为害期喷布2.5％联苯菊酯1 500倍液或10％高效氯氰乳油2 000～3 000倍液。药剂处理土壤防治幼虫。于地面撒施5％辛硫磷颗粒剂每公顷约30千克，施后将药浅耙入土。

（10）台风灾后栽培　台风登陆我国次数有增加趋势，强台风几乎每年都袭击浙江，多集中在8～9月，已是浙江省农业的最主要气象灾害之一。台风登陆时，不仅风力大，对葡萄及其设施造成了严重破坏，而且常伴随大暴雨，一天降雨可达100～300毫米，甚至有日降雨500～800毫米的特大暴雨，常引起洪水与严重涝灾，引起的风暴潮还可能引起海水倒灌造成土地盐渍化等，侵入的葡萄园叶片刮落、果穗刮烂、植株刮倒、受淹，严重影响花芽分化，对翌年葡萄产量和品质影响很大。对台风灾后葡萄树体复壮与果园管理有以下几点措施：

①树体扶正，修固设施。台风过后，必须及时扶正树重新体绑缚，清除果园病株、枯枝与烂果，修缮加固大棚设施。

②排涝松土。台风后要及时开通沟渠，利用水泵尽快排出园内积水，及时翻耕松土，增加土壤的通气性，以利葡萄根系呼吸。

③叶面追肥。台风后很多葡萄枝条叶片光秃，枝条刮断，及时清理回剪，加强叶面追肥，喷布0.3％～0.5％尿素促进新梢萌发，顶梢生长到6叶时留4叶摘心，以后依次3-2-1摘心。秋季喷0.2％～0.3％磷酸二氢钾促进枝条成熟。避免地面急施肥料与回剪到成熟枝条，防止结果枝中下部位冬芽全部萌发，造成翌年直接减产。

④病虫害防治。台风过后，葡萄园病害流行，要立即清园、剪除病梢烂果后，喷布50％福美双600～800倍液、80％必备400倍液、10％苯醚甲环唑1 500～2 000倍液等杀菌剂防控病虫害，每周1次，连续用药2～3次。特别是秋季，要避免重发秋梢因霜霉病危害再次导致落叶，可用80％必备400倍、霉多克600～800倍、50％烯酰吗啉锰锌800倍等，保护好秋叶，促进叶面光合作用积累营养，使秋梢营养得到补充，恢复树势。

⑤冬季修剪。台风灾后树体花芽分化受到严重影响，花序减少和变短，因此冬季采用长梢修剪适当增加留枝量和留芽量，每亩多预留200～300个枝条，每条结果母枝增加2

个芽，以利翌年保证花序量，稳定产量。

⑥翌年春增肥保果。台风灾后的葡萄园春季增施氮肥，促进葡萄第二阶段花芽分段顺利完成并于萌芽前 20 天用石灰氮、朵美滋涂芽打破休眠，以提高萌芽率和整齐度，保证花芽质量。

⑦保花保果。于花序分离期喷施 20％的禾丰硼 2 000 倍液补施硼肥，花前 10～15 天应用 3～5 毫克/千克赤霉素拉长花序，开始开花后 8～12 天应用保果剂等措施提高坐果率，防治落花落果，以保证产量。

葡萄根域限制栽培模式、肥水管理和整形修剪技术

王世平

（上海交通大学）

根域限制是近年来果树栽培技术领域一项突破传统栽培理论、应用前景广阔的前瞻性新技术，具有肥水高效利用、果实品质显著提高和树体生长调控便利的显著优点，在提高果实品质、节水栽培、有机型栽培、观光果园建设、山地及滩涂利用和数字、高效农业等诸多方面都有重要的应用价值。特别在控制过旺营养生长、降低成花节位有特殊效果，可以在红地球葡萄早果、优质和稳产栽培中应用。

1. 根域限制形式

（1）可露地越冬多雨栽培区　在降水 1 000 毫米以上的长江以南地区，土壤过高的含水量是影响葡萄品质、诱发裂果的重要原因。采用根域限制的栽培方式，根系的吸水范围被严格限制在一个很小的范围中，通过叶片的蒸腾，可以及时将根域土壤的水分含量降低，是提高品质和克服裂果的有效措施。此类地区根域限制模式可采用沟槽式和垄式。

①沟槽式模式。采用沟槽式进行根域限制，要做好根域的排水工作。挖深 50 厘米、宽 100 厘米的定植沟，在沟底再挖宽 15 厘米、深 15 厘米的排水暗渠，用厚塑料膜（温室大棚用）铺垫定植沟、排水暗渠的底部与沟壁，排水暗渠内填充毛竹、修剪硬枝、河沙与砾石（有条件时可用渗水管代替河沙与砾石），并和两侧的主排水沟连通，保证积水能及时流畅地排出。当定植沟的底侧壁用无纺布代替塑料膜铺垫时，由于无纺布具有透水性，不会积水，可以不设排水沟（图 1）。但无纺布寿命短，2～3 年后便会失去作用，会有根系突破无纺布而伸长到根域以外的土壤。有机肥使用量大约每亩 6～8 吨，与 6～8 倍的熟土混匀回填沟内即可。作者研究表明，沟槽式根域限制栽培，根域土壤水分变化相对较小，很少出现过度胁迫的情况，葡萄新梢和叶片生长中庸健壮，果实品质好。

②垄式模式。多雨、无冻土层形成的南方地区，也可采用垄式栽培的方式。在地面铺垫塑料膜，在其上堆积营养土成垄，将葡萄树种植其上。生长季节在垄的表面覆盖黑色或银灰塑料膜，保持垄内土壤水分和温度的稳定。垄的规格因栽培密度而异，行距 8 米时，其垄的规格应为上宽 100 厘米，下宽 140 厘米，高 50 厘米（图 2）。这种方式的优点是操作简单，但根域土壤水分变化不稳定，生长容易衰弱。因此，必须配备良好的滴灌系统。土壤培肥同沟槽式。

③垄槽结合模式。将根域的一部分置于沟槽内，一部分以垄的方式置于地上。一般以沟槽深度 30 厘米，垄高 30 厘米为宜。沟垄规格因行距而异，行距 8 米时，沟宽 100 厘米，垄的下宽 100 厘米，上宽 60～80 厘米（图 3）。垄槽结合模式既有沟槽式的根域水分

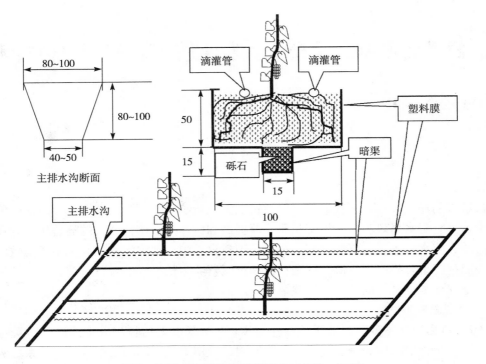

图 1　沟槽式根域限制栽培模式（单位：厘米）

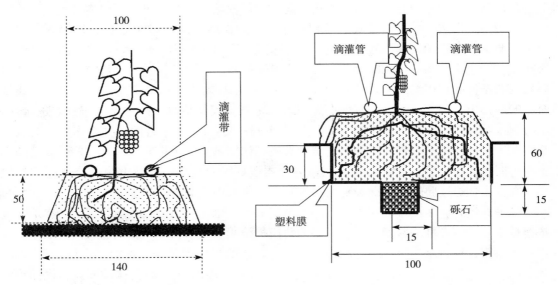

图 2　垄式（单位：厘米）　　　　　图 3　垄槽结合式（单位：厘米）

稳定、生长中庸、果实品质好的优点，又有垄式操作简单、排水良好的长处。

　　（2）可露地越冬的少雨地区　降水低于 800 毫米的可露地越冬地区，土壤不结冻，根系不会受冻，但地下水位较低，不能采用垄式根域限制栽培，宜采用沟槽式模式。

　　（3）北方露地越冬干旱区　土壤的极端低温高于−3℃，气温极端低温高于−15℃的可露地越冬区域，采用沟槽式根域限制栽培，可以大大减少养分、水分的渗漏损失。栽培沟的规格如图3。

（4）北方干旱寒冷、沙漠戈壁地区　北方特别是西北干旱沙漠、戈壁地区，土壤漏水漏肥严重，采用根域限制不仅可以优质高产，而且可以减少肥水渗漏，节肥节水效果极其显著，同时可以减少换土的用土量，改造1亩戈壁砾石地，用土量在40立方米以内，是全面改土的6%～12%，可以大大降低"造地"成本。但冬季不能露地越冬，需埋土防寒，同时冻土层厚，根系容易遭受冻害，故根域限制栽培时，要采用沟槽式的根域限制模式，必须将根域置于地表下极端低温在-3℃以上的土层。宁夏银川地区在正常年份，地表下30厘米以下的土壤层，极端低温高于-3℃以上。因此，银川及类似地区的具体做法是：在地面开宽120～140厘米，深30厘米的沟，在沟底再开宽100厘米、深50厘米的沟，并在沟底设置暗渠排水沟，防止过多积水影响葡萄生长（图4）。秋末将地上部枝蔓拢入沟内，覆土50厘米后，根系处于地表下80厘米以下的土层，可以避免冻害发生。如采用抗寒砧木如贝达，可以提高抗寒性，但根系分布的适宜深度需要进一步研究。

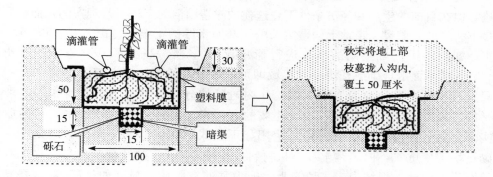

图4　北方干旱寒冷、沙漠戈壁地区的根域限制模（单位：厘米）

（5）西北半干旱山地的根域限制模式　甘肃天水等北方半干旱山区，年降水远远低于地面蒸发，而且有限的降水又会顺坡流失，不只浪费了珍贵的降水，还带来了了水土和肥料营养的流失。通过根域限制，集中有限的降水到葡萄根域，是半干旱山地葡萄高产优质的重要途径。半干旱山地的根域限制栽培主要是集中雨水到根域范围内，并在根域内填入储水、保水能力强的材料，使一次降水可以长时间供给植株。适宜的模式是：在坡地沿等高线开宽100厘米、深80厘米的栽植沟，在沟的两侧壁和底部覆以地膜，防止雨水渗入根域以外的土壤。但底部要留出宽度20厘米的部分不覆膜，使部分根系能伸入地下，遇到大旱灾年时吸收深层土壤水分，保证不致干枯死亡。填入土肥混合物50厘米深度后栽植葡萄树，留出30厘米深的沟用于蓄积雨水和冬季埋土防寒。为了蓄积更多雨水，在定植沟的内侧坡面覆盖一定宽度的地膜，可以蓄积更多雨水，等于增加了自然降水量。模式如图5。

（6）盐碱滩涂地应用根域限制的模式　盐碱滩涂地利用是一个非常困难的课题，传统的方式是漫灌洗盐等工程措施，或栽培耐盐植物。工程措施投入极大，而耐盐植物的耐盐能力也是有限的。采用根域限制方式既可避免耗资巨大的洗盐工程，又不受作物耐盐性

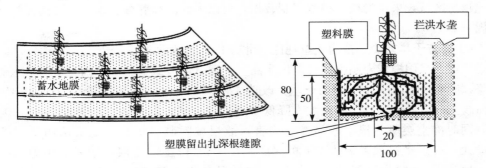

图 5　西北半干旱山地的根域限制模式（单位：厘米）

的限制，是一项非常有效的技术。适宜应用模式如下：采用沟槽式（图 1）、垄式（图 2）根域限制模式，用客土土壤填充根域，将葡萄栽培在客土土壤的根域中，应用滴灌技术供给营养肥水，则可以完全保证葡萄树的生长和结果不受盐碱地的影响，实现高产优质栽培。

（7）少土石质山坡地　在 20 世纪 70 年代，沙石峪曾经创造了"千里万担一亩田"的奇迹，但在目前的生产和经济条件下，这样的改造山河的工程不是现实的，而且利用方式也是不科学的。假设 1 亩地上面覆盖 50～100 厘米厚的土壤，每亩需要 330～660 立方米客土。如果运用根域限制的理论进行葡萄栽培，每亩只需要 40 立方米的客土、在 20%～25% 的地面上堆砌或开沟设置根域即可，客土量约为地面全面覆土的 6%～12%，而且只要有少许平坦的地面堆砌根域，让树冠延伸分布到地形不适宜耕作的陡坡或凹凸不平的区域，可以大大提高荒山、陡坡的利用率，而且可以生产出比平地品质更好的果实来。对土壤很少的石质山地可应用如下模式：在坡地的小面积平坦处，在下侧沿堆砌石块围成坑穴，内填客土和有机材料成根域（图 6）栽植葡萄即可。在没有灌溉条件的石质山坡地，根域内应多填充吸水能力强的有机质材料（如秸秆等），提高根域保水能力。

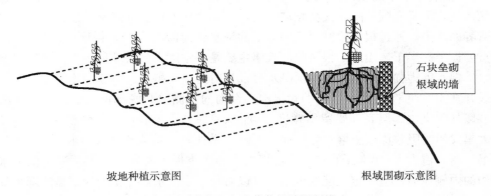

坡地种植示意图　　　　　　　　　　　根域围砌示意图

图 6　石质少土山地葡萄根域限制模式

（8）观光葡萄园中的根域限制模式　观光葡萄园的特点是游客要进入果园进行休闲游览，游客的踩踏会严重破坏土壤结构，采用根域限制的方式既可保证葡萄的根系处在一个良好土壤生长环境中，又可以留出足够的地面供游客活动（如休闲、漫步、餐饮、娱乐等）。适宜的栽培方式是沟槽式（图1，彩图B22），或箱式根域限制（彩图B23）、穴式栽培（图7）。同时可以配合景观需求做一些美化构造。也可用炭泥、沼渣或食用菌基质废料、秸秆、熏炭、稻糠等发酵物作介质进行无土栽培（彩图B24），或适量拌土进行拌无土栽培（拌以 1/10～1/5 的黏土），基质有机质要达到 20% 以上，全氮含量达到 2% 以上。也可以用有机肥料作基质进行有机基质栽培，只进行灌水，不施用化学肥料也能满足生长发育。

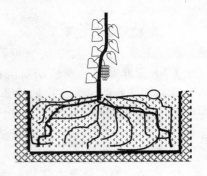

图7 穴式根域限制

2. 栽植技术

（1）**大苗培育** 提前培育大苗，可以更好地体现根域限制的效果，最简易的方法是用容积 20 千克的塑料袋，在底部开 2 个小孔透水，内填土壤和有机质的混合物（4∶1），将苗栽植于其中，4～8 月期间每月施用含氮 15%～20% 的复合肥 30 克，及时充分灌水。萌芽后留 1 新梢生长，各节副梢一律留 1 叶摘心，8 月下旬主梢摘心，当年的目标株高是 150～200 厘米。

（2）**栽培密度** 栽植密度因树形不同而异，可露地越冬地区，多采用具主干棚架形，株距 2～2.5 米（T 字形）或 4～5 米的倍数（H 字形），株距 8 米。埋土越冬地区，不能培养主干，采用多主蔓棚架形时，行距 6～10 米，株距 1.5 米（独龙干）～6 米（4 龙干）。

（3）**根域容积** 每平方米树冠投影面积 0.05～0.06 立方米，根域厚度 40～50 厘米，假设以株距 2 米，行距 8 米的间距栽植巨峰葡萄时，树冠投影面积约 16 平方米，根域容积应为 0.8～0.96 立方米，根域厚度设置为 50 厘米时，根域分布面积为 1.6～1.9 平方米，即作深 50 厘米、宽 100 厘米、长 200 厘米的槽或垄就可以满足树体生长和结实的要求了。同样道理，如果以株距 4 米，行距 8 米的间距栽植巨峰葡萄时，树冠投影面积约 32 平方米，根域容积应为 1.6～1.86 立方米，做成 50 厘米的床面时，根域分布面积为 3.2～3.62 平方米，即作深 50 厘米、宽 100 厘米、长 400 厘米的槽或垄即可。

3. 葡萄根域限制栽培的土壤肥水管理

（1）**土壤** 根域限制栽培下，根系分布范围被严格控制在树冠投影面积的 1/5 左右，深度也被限制在 50 厘米左右的范围。因此，必须提供良好的土壤环境，要施足够的有机肥，提高根域土壤有机质含量到 20% 以上，含氮量提高到 2.0% 以上，保证良好的土壤结构。一般用优质有机肥与 6～8 倍量的熟土混合即可（有条件时掺入少量粗沙）。对于观光果园的根域限制栽培，可以用泥炭、珍珠岩、发酵过的蘑菇废料等配制无土基质或适量添加壤土成半无土基质进行基质栽培。也可以用有机肥料作基质进行有机基质栽培。

（2）**水分管理** 根域限制栽培下，根系分布范围被严格控制一个狭小的范围内，根系不能从根域以外的土壤吸取水分，叶片蒸腾散失的水分要通过灌水来补充，葡萄树需水时必须能立即灌水补给。因此，根域限制栽培的必备条件是要有灌溉条件。根域土壤干燥到怎样的程度开始补充水分对树体的营养生长和果实发育、成熟都很重要。土壤的干燥程度用土壤水势来表述，必须补充水分的水势临界值被称为灌水开始点。土壤水势用水分张力计来测量。水分张力计和电源联动可以进行自动灌溉（可实行自动灌溉的水分张力计，上海交大和江苏农科院原子能所等单位有生产）。据作者的研究，不同发育阶段采用如下的灌水开始点，营养生长和生殖生长均衡良好。萌芽前：15 千帕，萌芽后至果粒软化期：5 千帕，果粒开始软化期至采收：15 千帕，果实采收后至落叶休眠前：5 千帕。灌水量以湿润根域土壤为宜，大约 60～80 升/立方米，每亩地约 2.4～3.2 立方米。

（3）**营养管理**　硬核期前浇灌含氮 N：60～80 毫克/千克的全价液肥，每周 2 次，每次浇灌的营养液量为每亩地约 2.4～3.2 立方米。硬核期后营养液浓度降低至 20～30 毫克/千克，施用量和施用次数不变。营养液施用不方便时，可以采用腐熟豆饼等长效的高含氮有机肥，每亩约 100～150 千克即可，于萌芽前（被雨栽培在 3 月 20 日前后）和采收后（被雨栽培在 8 月中下旬）分 2 次施入。

4. 树形　葡萄是藤本植物，树冠造形容易，但采用什么样的树形，要考虑品种的花芽形成特性（成化难易、节位高低）和能否露地安全越冬。选择树形的基本原则是最大限度地利用太阳能，并且技术简单。在各种葡萄树形中，棚架式是较好的树形，露到地面的光较少。长江以南等可以露地越冬的地区可采用具主干的 H 形（彩图 B25）和 X 形（图 8）。需要埋土越冬的地区仍然要选择地面覆盖率高的无主干棚架形树形，如独龙干或多龙干棚架架形（图 9）。具有一定坡度的山地或丘陵地形的葡萄园，棚架形的主蔓应该从坡地的上部向下延伸，可以降低顶端优势，保证主蔓后部也能够有足够的

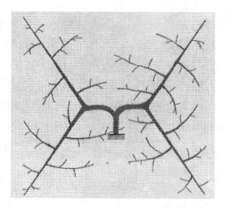

图 8　X 形大棚架树形示意图

新梢发生，避免光秃带的形成（图 10）。几种树形的具体整形方式可参阅本书总论第四章，此处不再赘述。

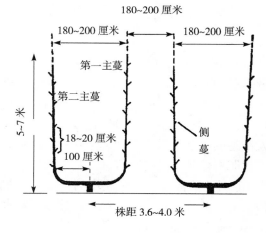

图 9　龙干形棚架树形示意图

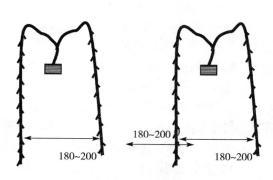

图 10　坡地龙干形棚架树形示意图（单位：厘米）
注：主蔓从坡上部向下部延伸，可以降低顶端优势，保证主蔓后部也能够有足够的新梢发生，避免光秃带的形成。

辽西红地球葡萄免摘心夏剪法

修德仁[1]　张立成[2]

([1] 天津市农业科学院林业果树研究所；[2] 葫芦岛暖池葡萄专业合作社)

1. 引言　葡萄花期前后不进行主梢摘心，也不对各级次夏芽副梢摘心的夏剪方法，称之为免摘心夏剪法。这样，葡萄的夏季修剪的主体工作就是抹芽与疏枝、疏花疏果与果穗整形以及绑梢。与此同时还需加强树体的土、肥、水调控和树体枝展度调控，以实现树相中庸、营养生长与生殖生长的协调，实现优质、稳产。

随着我国经济的快速发展，城市化进程的加快，农村劳力转移和劳动酬金不断上涨是一个正常而普遍的现象。属于劳动密集型的鲜食葡萄产业正面临生产成本，特别是劳力成本不断增加的巨大压力。在北方葡萄生产中夏季摘心修剪和越冬埋土防寒是最为费工和劳动力成本较高的两项作业，在辽宁省，葡萄下架后盖上"塑料彩条布"，然后用小型埋土机覆土，使北方葡萄埋土、出土用工大幅下降，这样就更突显了葡萄夏季修剪用工量过大的问题。

红地球葡萄与我国 20 世纪 50～60 年代推广的玫瑰香葡萄品种，70～80 年代推广的巨峰葡萄的最大区别点就是后两个品种的生长与结果稍有不协调（如花期新梢生长偏强，若不进行反复摘心控制）就会出现较严重的落花落果和大小果现象；红地球葡萄与上述两个品种恰好相反，极易出现"坐果多、果穗过紧"问题，甚至需要实施"花期灌水、花前整形、花后摘心"等催落花技术。这些都表明，红地球葡萄属对夏季修剪"不敏感"的品种。加之红地球葡萄品种正在快速向我国西部扩延，不久的将来，它将成为我国第一主栽葡萄品种。以红地球品种为试材，开展免摘心夏剪，提高劳动生产率，对促进红地球葡萄规模化商品基地建设，提高红地球等鲜食葡萄的国内外市场竞争力，使我国迈入主要鲜食葡萄出口大国行列具有重要意义。

本试验示范在辽宁省葫芦岛市暖池塘镇张立成 40 亩红地球葡萄园进行了 3 年免摘心夏剪，果价与亩效益位居当地红地球葡萄园先列，在当地反响很大，一些红地球老园纷纷效仿，新建的数百亩园都以有利省工夏剪、机械化打药与埋土防寒为目标，改变栽植方式、设架方式、摆蔓方式，为实现省工免摘心修剪做好基础工作。

2. 均衡冬季修剪与抹芽、疏枝

（1）双枝更新，　留一部分中梢结果母枝　在北方地区，普遍受巨峰葡萄冬剪方法影响，实施单枝更新、短梢修剪（1～3 节），常常造成来年花序量不足，特别是当年花期及花前出现几天持续低温阴雨天气，导致红地球葡萄新梢低节位花芽分化不良，冬剪时要全采用短梢修剪。在辽宁西部甚至出现来年几乎全园近于绝收的被动局面。张立成的红地球葡萄园，坚持短梢留做更新枝，中梢（4～7 节）留做结果母枝的双枝更新的一长一短冬剪方法，确保了连年花序量充足。在我国东部半湿润区，红地球品种在常规的夏季修剪方法下，常常出现枝条下部花芽分化不良的问题。这也是它与巨峰等易成花品种的重要区别点，这就需通过冬剪留一部分中梢的方法来保证第二年的产量。同时，也要因此而改变春季抹芽和疏枝的方法。

（2）**减少留梢量**　抹芽疏枝是葡萄夏季修剪在春天的第一项作业，本试验的做法是：头年冬剪时，就对龙干蔓的中长结果母枝用绳捆绑在龙干上，即对中长结果母枝实施"弓形绑条"，一是便于埋土防寒、出土上架，二是缓弱结果母枝顶端优势，促进下部芽萌发。因此，春天抹芽疏枝时间略为推迟，待能看到嫩梢花序时（嫩梢10厘米左右），一次性抹芽、疏枝、定梢。在保证留好更新枝和留足花序的情况下，对中长梢结果母枝的抹芽疏枝原则是：尽量"去上留下"，即去掉中长结果母枝先端的嫩梢，留中下部有花序的嫩梢；留中壮枝梢，去过弱、过旺的枝梢。确定每平方米架面留梢量，或说每亩留梢量时，要考虑两个因素：一是在免主梢花期摘心、免抹副梢和副梢摘心情况下，每个结果新梢的主副梢叶量加大；二是要考虑每平方米的留叶量或架面叶面系数（通俗地说，就是能摆几层叶的叶幕厚度）。红地球葡萄试验园位于葫芦岛市西北，靠近半干旱区的朝阳县，年降水量400～500毫米，年日照时数2 800～3 000小时，其架面叶面系数以2.5～2.7为宜。本着"稀梢不稀叶"、"密梢不能密叶"的原则，根据红地球葡萄果穗大，以中壮结果新梢挂果好的结果特性，每平方米梢量要少些，以5个新梢/米^{2}架面为宜。按每亩平棚架有600平方米有效架面计，即每亩留梢量约为3 000个。

（3）**降低梢果比**　鉴于红地球葡萄果穗重以800克左右为宜，其叶（片）果（穗）比为80∶1，在常规夏季修剪条件下，梢果比通常定为2∶1，即两个新梢养1果穗；在免摘心夏剪情况下，每平方米留梢量5～6个、不得超过6个为宜，每梢叶量明显加大，梢果比为3∶2，即3个新梢中有1个为发育枝，2个为结果枝，每结果枝原则上挂1穗果，按此计算，亩留梢3 000个左右，亩留结果新梢2 000个左右，按每穗800克左右计，即亩产量为1 500千克。按张立诚多年的经验，将亩产控制在1 300～1 400千克，可获得优质的红地球葡萄（可溶性固形物18%以上）。

3. 绑梢与免摘心夏剪　该园是于2009年开始实施免摘心夏剪法的，可分为三个阶段：

（1）**第一阶段：花序以下副梢全部抹除**　2009年春，在保证留梢量（3 000个）、留穗量（2 000个）的前提下，疏除了20%～30%植株，使葡萄（独龙蔓）的蔓距从60～70厘米提升到80～90厘米。定梢后，结合花期绑梢，花序以下副梢全部抹除，即抹除了中强结果新梢花序以下含花序节位的主梢上的夏芽副梢，花序以上副梢及主梢顶尖均不摘心。

（2）**第二阶段：免主梢摘心修剪**　2010年春，仍是在能看清嫩梢花序时，在保证留梢、留穗量的前提下疏除20%～30%植株，使平均蔓距从80～90厘米提升到100～120厘米。定梢时去掉部分过旺新梢，结合花期绑梢，去掉卷须，对所有中壮结果新梢和中弱发育枝一律不摘心，主梢两侧副梢不抹除、不摘心。2010年秋季果实成熟期出现秋雨连绵天气，为改善架面通风透光，依架面叶幕疏密程度，疏除了少量新梢。同时还疏除了一部分上色不良的果穗。在2010年，辽宁部分产量偏高的红地球葡萄园，尽管应用反复摘心的夏季修剪，仍因产量高、叶果比失调，秋雨连绵，果实质量差，每千克2～3元无人问津，而张立诚的红地球园仍以8.4元/千克走向北京和南方市场。

（3）第三阶段：改变摆蔓方法，逐步实施平行绑梢　由于2010年秋雨连绵，冬季修剪时调查，当年每平方米架面留梢量降至4～4.5个，冬剪时增加剪留长度，成熟度较好的枝条，比往年多留20%～30%芽，从而保证2010年的留穗量达到2 000个以上。而与此同时，辽宁南部个别产区红地球葡萄幼树越冬死亡率竟高达50%以上，有的园几乎绝产。2011年春葡萄出土上架时，尽量将葡萄独龙蔓，实施2蔓为1组相互靠近，使每组（靠近的2龙蔓为1组）龙蔓之间的间距拉大到2.0～2.5米，使两组的新梢都能较均匀的平行绑

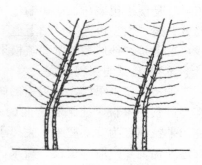

图1　两龙蔓平行在平棚架面上

在平棚面上（图1），新梢在开花前处于直立生长状态，坐果后先端自由悬垂，抑制新梢先端优势，继续实施主梢花前不摘心，主梢两侧副梢不抹除、不摘心。

4. 上色至果实成熟期的夏季修剪　所谓免摘心夏剪，并不是绝对的。参照日本巨峰葡萄"树相管理"，免摘心夏剪法：上色期中庸树相的巨峰应达到80%以上新梢停止营养生长，使副梢叶片的全部光合营养都集中到果实成熟、增糖、增色，集中到枝条成熟。但总有少数旺壮新梢没有停长，其总长度通常是超过1.5米，所以到上色期，以架面叶幕分布疏密程度，对个别旺梢实施主梢摘心。总的原则是摘心、疏枝与否"看叶幕"，即以架面枝叶疏密程度来定。由于2010年秋季阴雨多，导致红地球葡萄上色期尚有相当部分枝条基部尚未进入半木质化，因此除对叶幕密的架面上的旺壮梢摘心外，也要疏去少量成熟不良的枝条，以促进果实上色、增糖，促进枝条成熟。

5. 果穗管理省工法

（1）隔二疏一法　在按常规夏季修剪方法管理时，当时留果量在2 000千克/亩左右，果穗也偏大，大多在1千克左右。花序整形采取"隔二疏一"法（图2），不改变穗形，至少将红地球果穗从过紧改为松紧适度。具体做法是：去副穗、掐穗尖，然后隔2个花序分枝，去掉1个花序分枝，但要注意使花序分枝均匀的分布在穗轴上。

（2）花序下端疏花法　为了减少疏花疏果用工量，在花序6～10厘米时，用5毫克/千克米赤霉素（GA₃）喷或蘸花序，使花序在花前拉长到35～45厘米，然后去掉花序下端所有花序分枝，只留花序上端6～8个分枝，保留的果粒数为60～80粒（图3）。一是省

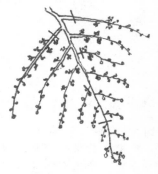

图2　花序整形——"隔二疏一"法

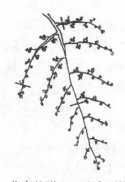

图3　花序整形——疏去下端花序

工,二是便于包装与长途运输,三是保证红地球果粒上色均匀。众所周知,红地球葡萄在北方普遍"怕上色深","怕上色不均匀"。当果穗过紧时,果蒂周围一圈不上色或上色很浅,这也是红地球葡萄常要疏松果粒的原因。

(3)疏果与果穗套袋

①疏果。坐果后、套袋前的疏果是必不可少的作业:去掉过密、过紧的果粒,使果粒之间的距离能达到2.5~3.0厘米(12克的果粒横径为2.6厘米)去掉小果粒和畸形果。需要指出的是红地球葡萄要采取"留梗"疏果法,因为红地球葡萄的穗梗、果穗分枝、果梗及新梢、成熟枝蔓都有"怕伤"的毛病,故宜用疏果剪疏花穗分枝和果粒,可保留一段果穗分枝梗和果梗(图4),否则将会严重影响周边果粒的生长,失去疏果、促进果粒生长的作用。

图4 "留梗"疏果

②套袋。我国红地球葡萄栽培,几乎都套袋,一是防病,二是防止上色过深。该园选择的是透光度相对低的果袋。选择果袋还要注意,红地球葡萄还有一个毛病:"怕日烧(日灼)"、"怕热伤害",故要选择红地球葡萄专用底口大一些的果袋。如果袋内果实上部果粒出现日烧,一定要坚持不揭袋、不去掉"日烧伤果",否则,会使下面的果粒继续发生日烧,同时也会因操作触摸到果粒,碰掉果皮上的果粉,加重日烧。红地球品种上色前的幼嫩果有"怕摸"的毛病。据观察,红地球品种在浆果第一次生长高峰期间和硬核初期,果粒不仅"怕日烧"还"怕热伤害",其表现症状是果面不平整、果粒不圆滑,从而造成果实第一次生长受到抑制,出现果实"前不长"而"后长"(上色后果实生长速度加快)的现象。依据不同地区的生态条件,研究与应用不同类型的红地球葡萄果实袋,仍需做些工作。

6. 省工夏剪的配套技术措施

(1)倡导 "断裂式" 平棚架

①倾斜式小棚架与平棚架的评价。我国传统的架式是倾斜式小棚架,主要缺点是:a.费架材,立柱的水泥杆用量大,横档多用木杆、竹竿,使用寿命短,需耗费大量森林资源,客观上不利于生态环境改善。b.后架杆低,人工、机械操作不便,加之普遍蔓距近(<80厘米),夏剪用工量大。c.倾斜式小棚架多数行距为4米左右,较宽行距的平棚架费水,土壤管理(中耕、除草、施肥)用工多,埋土防寒后,挖松的土壤面积相对较大,易在冬春季风较大的地区发生土壤风蚀,引发沙尘暴,降低土壤肥力。

而平棚架是工业化的产物,它使

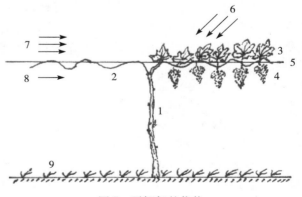

图5 平棚架的优势

1. 树干 2. 主蔓 3. 叶幕层 4. 果穗(防日烧,远离病原)
5. 钢线 6. 强光 7. 强风区 8. 弱风区
9. 地面生草(防止风蚀、保持水土、提高肥力)

用的是工业产品：水泥、钢筋或钢线，使用寿命长，整体上降低建园年折算成本，同时各类平棚架整体牢固度好，抗风能力强，叶幕、果穗远离地面，也远离藏于土壤中的病原，同时，也有利于防日烧病（图5）。

②断裂式平棚架。断裂式平棚架与普通平棚架的区别是：平棚架上按一定间距（40～50厘米）纵横牵拉的均匀网线被断裂开，目前主要用于非埋土区高主干 H 树形或一字树形。从横向看仍是平棚架结构，从纵向看，就如同 T 形架的拉线方法。这种架型最早在台湾被称为断裂式平棚架。倡导断裂式平棚架的主要原因是使新梢互不交叉，适度自由下垂，缓弱先端优势，实行平行等距离绑梢，便于实现树上的留梢量、留果量的数字化管理（图6）。

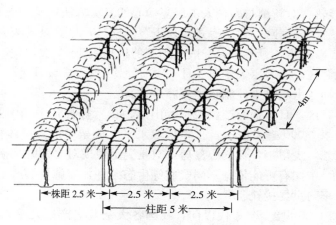

图6　断裂式平棚架

③栽植方式及摆蔓方式的变化。在辽西葫芦岛推广的这种架型，采用 8 米行距，按栽植沟宽 1.2 米沟深 1.0～1.2 米，畦面较地面低 15～20 厘米，每沟种植两行，实行穴植（图6）：每 2～2.5 米 1 穴，每穴栽 4 株，穴内株距 20 厘米（图7），之所以采取 1 穴种植 4 株，是为了早期丰产，早期栽植株数为 276～340 株/亩，盛果期后再逐步疏株。

树形：独龙干树形，沟内两行各向相反方向爬蔓，大行间则是"爬对头架"。由于每穴为 4 株，即 4 个独龙蔓。它们的摆布方式则采取两蔓并"一蔓"、"后蔓"接"前蔓"的摆蔓方式（图8），一是考虑到要有利于快速进入丰产期，二是考虑到辽西山区土壤中砾石多，肥力差及晚霜冻、干旱等自然灾害时常发生，可以用相对较多的株数，实现早丰产和抵御各种不良生态环境。

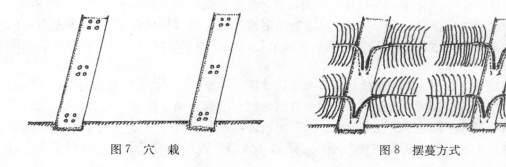

图7　穴　栽　　　　　　　　　图8　摆蔓方式

（2）土肥水调控

①土。辽西山地多，砾石多，建园挖沟的亩土壤容积，基本就是根系容积。该园行距为 8 米，以沟宽、深各 1.2 米计，（畦面较地面低 15～20 厘米）土壤容积为 80～100 立方米，从抗寒、抗旱角度计算，根系实际容积为 60 立方米左右。园内实行生草、割草或定期机械耕翻。

②肥水管理。本园在实行免摘心夏剪的前 3 年就停止了秋施基肥和氮素化肥施用。每年在坐果后、上色前追施 1 次酵素菌肥，亩追施 100 千克，另外追 4 次叶面肥，主要是氨基酸叶面肥等。

7. 免摘心夏剪法可行性与应用前景

（1）与国际接轨　对新梢与副梢人工反复摘心的夏剪方法，唯中国独用。

①欧洲"夏干"区。西欧等地中海式"夏干"气候区，尽管以篱架为主，新梢直立生长，但因"夏干"，新梢生长量不大，一般只用夏剪机切割 1～2 次。

②美国"夏湿"区。康乃尔大学创造了"杰尼瓦"双帘式或 T 形、Y 形架树形，以果穗以上的前端新梢自由悬垂来控制新梢营养生长。

③日本"夏湿"区。日本葡萄产区山梨、山形、长野等县几乎和中国东部沿海一样，"雨热同季"，年降水 1 000 毫米以上。日本采取水平大棚架，扩大树体枝展、调控肥水、调控树相为中庸状态，少留梢，免摘心夏剪，只是到上色期对个别旺梢摘心。

上述情况表明，中国有可能依据不同气候等生态条件，实施免摘心夏剪，降低用工成本，提高劳动生产率与世界接轨。

（2）继承传统　20 世纪 60 年代以前，我国各大葡萄老产区几乎都不进行新梢摘心夏季修剪。

①新疆和田"单杆架的新梢自由悬垂"栽培。特别值得一提的是新疆南疆和田的单杆架葡萄枝蔓搭挂其上，新梢自由下垂，与美国"杰尼瓦双帘式"另无二致。实际上，就是传统的"单帘式"叶幕结构。这种单杆架栽培的夏季修剪十分简单，除春天抹芽疏梢并无其他夏剪作业。

②河北昌黎凤凰山老葡萄产区的庭院大棚架栽培。河北昌黎凤凰山老葡萄产区的庭院大棚架栽培，无论种植的是龙眼、牛奶还是后来引进的玫瑰香，也只是进行抹芽、疏梢和稀绑梢。所谓"稀绑梢"，就是所留新梢平行绑缚于平棚面上，但因不摘心、不去卷须、不去副梢，留枝量、留叶量必然较大，故每平方米架面多数只留 6～7 个梢。若发现棚架面某处叶幕偏密，新梢偏旺，则用"高枝剪"将整个新梢"拧卷"下来。当然，由于是高棚架（4 米左右）、大棚架，单株枝展度大，新梢生长比较缓慢也是有利于免摘心夏剪的；另外多数民居都建在多石山区，个别庭院葡萄定植穴的土壤容积只有 10 立方米左右，但棚架上叶幕面积则达 200～300 立方米，客观上是以传统的"根域限制"栽培和大的枝展度实现了树势中庸。

③传统葡萄栽培技术的免摘心夏剪方面的精髓。从省工"免摘心"夏剪角度，传统葡萄栽培技术仍有很多精髓值得继承：如：自由垂梢，削弱新梢"先端"优势，把"顶端"优势留给果穗和基部枝条的花芽分化；抹芽定梢时，去强（梢）、去弱（梢），少留梢及看叶幕疏梢；扩大枝展，调控树势与梢势；通过"穴植"客观上的"限根"和肥水调控树

势；通过绑梢时对旺壮枝的"拧"、"拿"、"弓"、"绑"，控制旺枝长势，均衡梢势等。

（3）**日本葡萄的"树相栽培"**　日本与中国东部受东南季候风影响，同属"夏湿"、"雨热同季"气候特征。这种气候特征容易引起葡萄生长季节新梢的旺长，特别是巨峰等品种极易在花期前后新梢旺长的情况下，引起严重的落花落果和大小果。日本经过十余年的研究、探索，提出巨峰葡萄始花期的主要树相指标是新梢长 50～60 厘米，上色期 80% 以上新梢停止生长等树相指标。红地球品种属"怕坐果多"的品种，同时它的果穗也大，故参照巨峰的新梢长度指标，提出红地球葡萄始花期新梢长度 60～80 厘米的梢相指标，基本还是可行的。

（4）**转变传统习惯是实施红地球葡萄免摘心修剪的关键**　19 世纪末，当近代葡萄酒产业从山东烟台兴起，世界酿酒品种：赤霞株、雷思林、贵人香等引进的同时，也引进适合"夏干""冬暖"气候的篱架栽培模式。篱架栽培模式很快在玫瑰香等鲜食品种上得到应用，同时也碰到了因梢旺引起严重落果、大小果问题。20 世纪 50 年代至 60 年代初，不少学者研究认为，始花前对结果新梢摘心能抑制顶端优势，有利坐果，又研究出对主梢摘心后的各种副梢管理方法，如"一条龙夏剪法"等。随后，又一个易落花落果的品种——巨峰引进我国，并得到更大面积的推广，对主梢副梢反复摘心更得到效果上的明显验证，从而使对主副梢摘心修剪成了所有葡萄品种夏季修剪的必须作业。葡萄栽培者也一直认为花前主梢摘心，花后副梢反复摘心是"天经地义"的事，特别是在过度密植、大肥大水、生长势普遍偏旺的葡萄园，更觉得离不开繁复的摘心修剪。所以，我们在辽西对红地球葡萄免摘心夏剪试验，是反其道而行之，是对"传统"的反叛。

（5）**建设资源节省型葡萄产业是葡萄产业发展方向**　城市化进程加快，缩小城乡差别，提高低层工资等都在助推农业劳动力的价格。2008 年世界性经济危机进一步冲击了劳力密集型产业的比较效益。走省工、简约化、机械化道路是葡萄产业发展的必由之路，其中简化夏剪首当其冲。配合新梢夏季修剪的省工化，也要改变过度密植为适度密植，实行"先密后稀"，"先篱后棚"；倡导易于规范、简约管理的平棚架结构 T 形架，即前述的断裂式平棚架及 Y 形架等；倡导相应的树形调整及等距离的绑梢、定果；倡导土、肥、水调控，建立省工、省肥、省水、省药的资源节省型葡萄产业；倡导宽行距、高棚架，利于果园机械应用；倡导果园生草、覆草、覆膜、膜下滴灌、材料防寒等，建立节水、少用农药化肥，防风蚀、防沙化、防水土流失的环境友好型葡萄产业。

综上所述，红地球葡萄有很多不同于巨峰品种的种性特征。从坐果角度，红地球对主梢摘心、副梢摘心并不敏感。在花期前后放任主梢、副梢生长，还有利于防红地球葡萄"日烧"。只要调控好肥水、枝展度，保持红地球葡萄树势中庸偏强，冬剪时实施双枝更新，适度保留一部分中梢作结果母枝，在免摘心夏剪条件下，仍可实现连年稳产与丰产优质。

红地球葡萄贮运保鲜技术

张平　　任朝晖

［国家农产品保鲜工程技术研究中心（天津）］

红地球葡萄在我国的种植面积约 160 万亩，已成为我国鲜食葡萄中仅次于巨峰的第二大鲜食葡萄主栽品种。红地球葡萄因穗大、粒大、肉脆、味甜、色艳、品优、耐贮运而闻名天下，成为世界鲜食葡萄中的王牌品种之一。国内每年生产的红地球葡萄除一小部分出口外，大部分在国内市场进行销售，但是红地球葡萄是一种难于长期或长距离贮运的水果，果实成熟时常遇高温，采收后的果实极易腐烂，在市场销售的时间短，很难满足人们周年鲜食需要。随着红地球葡萄生产发展，尽快解决红地球葡萄的贮运保鲜技术，已是亟待解决的问题。

1. 红地球葡萄的贮运特性

（1）红地球葡萄与其他鲜食葡萄具有的共同特性　研究表明，红地球葡萄具有与其他鲜食葡萄相同的呼吸类型，为非呼吸跃变型，但其呼吸强度远低于巨峰葡萄，石志平等报道，采后 20℃下测定，巨峰的呼吸强度为 16.38 毫克/（千克·时）的 CO_2，红地球只有 2.40 毫克/（千克·时）的 CO_2。

红地球葡萄生长期相对较慢，必须成熟后再收获，而且只能在树上成熟。但是，不可过熟后采摘，因为那样会使果实在收获后产生两个严重的问题：①使得果实变软或出现一定失水状态，降低新鲜感；②更易被有害微生物侵染腐烂，尤其雨淋后更易加重果实腐烂。

红地球葡萄成熟的依据是整穗葡萄的总的可溶性固形物含量、可滴定酸和糖酸比作为成熟度的指标。成熟的最低质量和最低着色要求因红地球葡萄栽培生长区域和等级要求不同而异。分级标准是按每穗葡萄的好果率的多少进行分级，包括最低的着色、果实排列的紧密程度和分布（表 1、表 2）。

不管北方栽培的红地球葡萄，还是南方栽培的红地球葡萄，不管是露地栽培的，还是设施栽培的，都存在未达到成熟度而采摘的问题；或存在过熟采摘问题，这些都会造成品质下降或提高物流保鲜的困难性。

（2）红地球葡萄与其他鲜食葡萄相比耐贮运的植物学特征　红地球葡萄与其他品种鲜食葡萄相比，在贮运中不易出现裂果和较重的挤压伤、不易落粒，与其特殊的植物学特征有密切关系：

①果皮较厚，果肉脆硬，果粉不易脱落，贮运中不易出现裂果和较重的挤压伤。

②果梗粗壮，果刷粗而长，果刷维管束与果肉中周缘维管束连成一体，并埋藏于果肉

中，果实耐拉力（果粒从果柄上脱开的拉力）强，不易落粒。

③葡萄浆果由外壁密披蜡质表皮、亚表皮及大型薄壁果肉细胞组成，在果肉组织中有束状排列的维管束。果实解剖和显微观察表明，与巨峰葡萄相比，红地球葡萄的角质层和表皮厚度大，亚表皮细胞和果肉细胞平均直径大，维管束数量多。

（3）红地球葡萄与其他鲜食葡萄相比不耐贮运的植物学特征　红地球葡萄贮运过程中与其他鲜食葡萄相比，对二氧化硫保鲜剂的忍耐力显著较弱，更易出现干梗、腐烂和二氧化硫漂白现象。

①红地球葡萄在贮运中更易干梗，其原因之一是红地球葡萄果梗更易失水。张华云对红地球、巨峰等几个葡萄品种进行了果梗失水率测试，结果表明，在 25～30℃，相对湿度 50%左右的条件下，红地球葡萄 2 天失水率达 12.3%，而巨峰仅为 3.21%；二氧化硫有利于红地球葡萄果梗的护绿，防干梗，这主要是由于二氧化硫能抑制由微生物败坏引起的果梗干枯和多酚酶的活性引起的酶褐变，但红地球葡萄不耐二氧化硫，在贮运过程用量多，可能造成果实漂白伤害，用量少，不利于果梗防干枯。

②红地球葡萄在贮运中更易腐烂，由灰葡萄孢侵染引起灰霉病是主要原因。灰霉病是鲜食葡萄保鲜过程中的毁灭性病害，因为灰葡萄孢与葡萄的其他采后致病菌相比，不仅表现出明显的潜伏侵染优势，而且具有较强的低温（4℃）侵染优势。葡萄果实在贮藏过程中使用化学防腐剂处理可以阻止真菌繁殖，起到防腐作用，而使用最多的是二氧化硫和含硫化合物。而红地球葡萄不耐二氧化硫，在贮运时必须减量使用，但这不利于防止果实腐烂。

③红地球葡萄在贮运过程中易发生二氧化硫漂白伤害，这是因为红地球葡萄抗二氧化硫能力较弱。高海燕等对红地球、巨峰葡萄在常温下（20～25℃）的二氧化硫急性伤害阈值（CT 值）的测量分别是 500 微升/（升·时）、5 000 微升/（升·时），由此可见，红地球葡萄对二氧化硫的忍耐力显著低于巨峰葡萄。

在贮运过程中二氧化硫剂量过高时，葡萄发生漂白损伤。损伤首先发生在果梗、浆果与果梗连接处以及浆果机械伤口和自然微裂口处。症状表现为果梗失水萎蔫，果实形成凹陷漂白斑点，进而果肉和果皮组织结构受损，果粒出现刺鼻的不愉快气味，损伤处凹陷变褐。研究发现，二氧化硫对葡萄组织结构的伤害是渐进性的，二氧化硫对果梗、穗轴及果实各部分的伤害起始于细胞膜系统，伤害历程首先是细胞壁变性，然后细胞质变性，形成颗粒状或絮状物质，从而发生质壁分离现象，进而细胞壁成波齿状，细胞内含物质外渗，细胞变形破碎，崩溃死亡。

2. 红地球葡萄干梗、腐烂和二氧化硫伤害防止措施　红地球葡萄在贮运过程中更易发生干梗、腐烂和二氧化硫的漂白伤害，应采取与其他鲜食葡萄贮运不同的差别化措施来进行有效防止。

（1）红地球葡萄的干梗防止措施　红地球葡萄果梗分为粒梗、果梗和穗梗，在贮运过程中各部位都有可能发生干梗褐变，有的发生整体和部分整体干梗褐变，有的发生间隔分段干梗褐变。干梗褐变或由微生物侵染引起、或由失水引起、或由霜冻引起。

由微生物侵染引起的干梗褐变是红地球葡萄贮运过程果梗干梗褐变的主要原因之一，主要由灰霉孢侵染引起，田间侵染潜伏，贮运过程发病。由于害怕二氧化硫漂白伤害，在贮运过程常减量用药，这是红地球葡萄在贮运过程比巨峰更易干梗褐变的主要原因之一。所以，田间病害的有效防治并结合采前保鲜剂的使用是弥补这一缺陷的重要措施。

由失水引起的干梗褐变是红地球葡萄贮运过程果梗干梗褐变的另一个主要原因之一。实验证明，红地球葡萄的果梗比巨峰葡萄的更易失水，在 25～30℃，相对湿度 50％左右的条件下，红地球葡萄 2 天失水率达 12.3％，而巨峰仅为 3.21％，前者失水率是后者的 3.8 倍。采后的预冷是红地球葡萄贮运过程中重要的技术环节，预冷时间偏长将加重失水，使果梗更易干枯褐变，所以红地球葡萄预冷时间必须更加严格控制，一般控制在 12～18 小时；保鲜膜的厚度与果梗失水密切相关，为了防止红地球葡萄果梗失水，更应保证使用足够厚的保鲜膜，一般要达到 0.02～0.03 毫米厚；红地球葡萄采收成熟度不够，果梗木质化程度低，会加重红地球葡萄贮运过程失水而引起干梗褐变，所以红地球葡萄必须充分成熟才能采收极为重要；红地球葡萄生长过程中大量施用化肥特别是氮肥，也会引起采收的葡萄果梗木质化程度偏低；拉长剂也是红地球葡萄生产过程中的重要技术措施，主要目的是为了将果穗拉长，由原来的紧缩状态变成长而较松散的穗型，但果梗拉的纤细，果梗粗度低于 2.5 毫米，在贮藏过程中易失水，造成果梗干梗褐变，因此果梗不宜拉的太纤细，粗度最好达到 2.5 毫米以上。

（2）红地球葡萄的腐烂防止措施　红地球葡萄是一种对二氧化硫比较敏感的品种，为了防止贮运过程中二氧化硫保鲜剂的伤害而引起漂白，生产上使用的保鲜剂剂量常减量，低于巨峰葡萄用量，这是红地球葡萄贮运中后期腐烂较巨峰早而严重的一个重要原因。为了防止这一现象的严重出现，更应把握红地球葡萄采收时可溶性固形物的含量，使其至少达到 15％及以上；在栽培过程中注意田间的病害防治；采收之前在田间树上的果穗喷或浸采前保鲜剂；强调采前 10～15 天应该停止灌水；采前遇大雨或暴雨、中雨和小雨，采收期应分别推迟 7～10 天、5～7 天和 2～3 天。

（3）红地球葡萄二氧化硫伤害防止措施　红地球葡萄对二氧化硫敏感，易造成漂白，在贮运过程中越来越引起人们的重视。为了避免这种现象发生，在用药上除减量使用二氧化硫保鲜剂外，还有许多技术措施值得注意，减量二氧化硫保鲜剂使用，配合乙醇、仲丁胺、二氧化氯等化学物质处理方法和高二氧化碳处理、臭氧处理等物理方法；改善二氧化硫保鲜剂释放与应用方法可以有效地减少红地球葡萄贮藏中二氧化硫伤害的发生，并降低红地球葡萄体内二氧化硫残留，如应用研制出的保鲜纸具有释放均匀，减轻伤害和长期保鲜的作用。

3. 红地球葡萄的采收与商品化处理

（1）红地球葡萄的采收期与采收

①采收成熟度。露地栽培的红地球葡萄，在不受冻害的前提下，应尽可能晚采。红地球葡萄是无呼吸跃变期的果实，采收愈晚，含糖量愈高，着色愈好，风味愈佳，品质愈好，冰点愈低，耐低温的能力愈强。且晚采有利于果皮加厚，韧性增强，使果面上充分生成蜡质白粉层，使果梗木质化程度提高，这些均有利于贮运保鲜；为了预防晚秋冬初的霜冻，应在树上加强红地球葡萄果穗的防寒工作，果穗套纸袋就是一种较好的方法。

红地球葡萄也存在树上成熟后挂果时间过长，出现果实软化，增加霉菌侵染机会，而不耐贮运。所以，要正确判断果实成熟度，及时采收。

红地球葡萄颜色的变化虽与成熟度有重要关系，但红色由受光的情况影响很大，再一个是目前使用催红激素时有发生，靠颜色判断成熟度的高低变得困难。最科学的方法还是用可溶性固形物含量的高低来确定，一般可溶性固形物要达到 15％以上，红地球葡萄才有较好的耐贮运性，在一些非适宜栽培区域，可溶性固形物至少要达到 14％及以上；可溶性固形物低于 13％，耐贮运性会显著降低。

②采收时间。应选晴天或阴凉天上午采收或傍晚采收，雨天、雾天或烈日暴晒天不宜采收。一天中，以上午 10 点钟前采收为宜，因此时的温度低，田间热在果实中存量少。这样有利于贮运过程中的温度管理。

③采收与采收容器。采收要卫生、精细，避免碰掉果粉或擦伤果皮。轻采，提倡用圆头剪刀剪，带一小段果梗，选果穗、果粒大小均匀，充分着色（半红半绿的耐贮性差），附着果粉的无病虫果粒果穗。用手持折光仪检测含糖量应在 15％以上，达到该品种固有的色泽和风味。采收、装运中一定注意避免伤损，防止擦损果粉，遇有个别病伤粒、绿粒、小粒应用剪刀剪下。采下后最好轻轻放入贮藏专用周转的木箱、塑料箱、纸箱，箱内衬纸或塑料袋，穗与穗、层与层斜着摆，挤紧，一般顶多摆 2～3 层。

（2）红地球葡萄的商品化处理

①红地球葡萄分级的质量要求。红地球葡萄粒重要达到 12 克以上，可溶性固形物最好达 16.5％以上，但至少要达到 14％以上，穗重 500 克～1 000 克，果穗适度松散，具有该品种固有的外观特征和色泽风味。分级的要求是：口感要好，果粒要达到一定的硬度，每穗的果粒大小和颜色要均匀一致；每箱的果实穗形、穗的大小与紧实度和穗的颜色要均匀一致；每批产品外观和质量标准要达到均匀一致。果梗不能干缩，颜色至少达到黄绿色，无缺陷（无萎蔫、落果、日灼、水浸果、小果与干果）且无腐烂。具体按照表 1 与表 2 等级标准执行。

表 1　标准化葡萄感官要求

项　目	指　标
果　穗	典型且完整
果　粒	大小均匀、发育良好
成熟度	充分成熟果粒≥98％
色　泽	具有本品种特有的色泽
风　味	具有本品种固有的风味
缺陷度	≤5％

表 2　红地球葡萄理化指标

项目名称	等　级	
	一级果	二级果
果穗基本要求	果穗完整、光洁、无异味；无病果、干缩果；果梗、果蒂发育良好并健壮、新鲜、无伤害	
果粒基本要求	发育成熟，果形端正，具有本品种固有特征	

（续）

项目名称		等　级	
		一级果	二级果
果穗要求	大小（克）	800～1 000	500～800
	松紧度	中度松散	紧或松散
果粒要求	大小（克）	≥12.0	10.0～11.9
	色泽	全面鲜红	红至紫红
	果粉	完整	
	粒径（毫米）	≥26.0	23.0～25.9
	整齐度%（≥）	85	
	可溶性固形物含量（≥克/100毫升）	17	16
	果面缺陷	无	果粒缺陷≤2%
	二氧化硫伤害	无	受伤果粒≤2%
	风味	品种固有风味	

②分级与包装技术。分级有利于区别产品，使每批或每单元产品达到均匀一致或常年周而复始供给相同的红地球葡萄；包装有利于防止产品的机械伤害，有利于温度管理，有利于防止产品失水，便于二氧化硫熏蒸红地球葡萄控制病害特殊处理，方便贮运和促进销售，提供所需商品信息。

a. 分级与包装场所。分级与包装场所，可分为树上与树下、田间和包装间三种：树上与树下分级与包装包括葡萄选择、修整、分级，然后把果实直接放入运输包装或贮藏包装内，全部在红地球葡萄树上与树下进行；田间分级与包装是将采收的红地球葡萄放在采收容器里，然后，运到红地球葡萄园的行间过道、空地，那里设有包装台，可在包装台上由包装人员进行选择、修整、分级并装入运输包装或贮藏包装内；包装间分级与包装是将采收的红地球葡萄直接放入盛果容器内，用车辆运输到包装间内由专业包装人员进行选择、修整、分级并装入运输包装或贮藏包装内。

b. 分级包装线与分级包装：包装间包装是在包装间内设有的分选包装线上进行。目前新疆农五师北疆红提公司建有三条辊轴式包装线。新疆农六师金果葡萄产业发展有限公司建有5条滚轮传送分选线，起着不同的功能。第一条分选线上层传送带传送多层空包装箱，中层传送带传送多层从田间运回的装有红地球葡萄的田间盛果箱；第一条分选线和第二条分选线之间间隔设有小型分选台，分两层，放有不同等级的装果箱，分选人员从装有红地球葡萄的田间盛果箱取出红地球葡萄，手持剪刀修整，并通过着色、穗的松散整齐度和大小（重量）进行分级，装入不同等级的箱；修整分级好的不同等级的红地球葡萄包装箱放入第二线分选线，由质检人员进行质检；在第二线与第三线分选线之间，设有称重台，由称重人员用电子秤称重；称重后的红地球葡萄放在第三条和第四条分选线上，在第三条和第四条分选线之间和第四条与第五条分选线之间放有包装台，由包装人员将红地球葡萄单穗装入单穗塑料袋和小塑料盒，然后装入衬有塑料袋的纸箱或塑料箱，挽口包装后，放入托盘；托盘码垛完成后，四周放加固角并用打包带扎绑，形成托盘（彩图B26）。

c. 包装形式。包装分为预包装、短期冷藏及运输包装和长期冷藏包装。

预包装包括用软绵纸单穗包裹，用纸袋或用果实套袋单穗包装，用开孔塑料或塑料与纸或无纺布做成的 T 形袋、圆底袋或方形袋单穗包装（彩图 B27）。也有以 300～500 克装入塑料盒、塑料盘、纸盘和泡沫塑料盘，再用自黏膜或收缩膜进行裹包。

短期冷藏及运输包装一般装入 2.5～10 千克。包括不衬塑料膜（袋）箱装和塑料膜（袋）衬里箱装。不衬塑料膜（袋）箱装是把无预包装或经预包装的红地球葡萄单层放入瓦楞纸箱、塑料箱（筐）、泡沫塑料箱或木箱；塑料膜（袋）衬里箱装是用 0.02～0.03 毫米厚有孔或无孔塑料膜（袋）展开，衬放瓦楞纸箱、塑料箱（筐）、泡沫塑料箱或木箱后，再把无预包装或经预包装的红地球葡萄单层放入。两者最后要进行托盘包装，也就是将装入红地球葡萄包装箱摆放在托盘上，用拉伸（收缩）塑料膜或塑料网缠绕裹包或添加加固角用打包带打绑。

长期冷藏包装包括不衬塑料膜（袋）箱装和塑料膜（袋）衬里箱装。不衬塑料膜（袋）箱装是把无预包装的红地球葡萄，单层直接放入瓦楞纸箱、塑料箱（筐）、泡沫塑料箱或木箱；塑料膜（袋）衬里箱装是用 0.02～0.03 毫米厚塑料膜（袋）展开，衬放瓦楞纸箱、塑料箱（筐）、泡沫塑料箱或木箱，再把无预包装的红地球葡萄单层放入。

4. 红地球葡萄的贮藏保鲜技术

（1）根据红地球葡萄生产规模选择适宜规模的冷藏库　按照建筑规模，可将冷库分为五类：大型冷藏库（冷藏容量 10 000 吨以上）、大中型冷藏库（冷藏容量 5 000～10 000 吨）、中小型冷藏库（冷藏容量 1 000～5 000 吨）（彩图 B28）、小型冷藏库（冷藏容量 ＜1 000 吨）、微型冷藏库（冷藏容量＜100 吨）。在环渤海湾地区和南方地区以及全国其他红地球葡萄以家庭联产承包责任形式的小规模生产区域或生产形式，应主要推广应用微型、小型和中小型冷藏库及冷藏保鲜技术；在以新疆为代表的西北地区红地球葡萄大规模生产形式，应主要推广大中型和大型保鲜冷藏库及冷藏保鲜技术，建成的红地球葡萄保鲜库温度的数据可多点采集、无线传输、存储、分析、自控、语音提示、声与光报警、远程视频监控，实现保鲜库检测、控制与管理数字化与智能化。

（2）要搞好贮藏设施的消毒　在每次贮藏红地球葡萄前必须对贮藏设施进行彻底清扫，地面、货架、塑料箱等应进行清洗，以达到洁净卫生。同时要对贮藏设施、贮藏用具等进行消毒杀菌处理，常用的杀菌剂及使用方法如下：

①高效库房消毒剂。CT 高效库房消毒剂，为粉末状，具有杀菌谱广，杀菌效力强，对金属器械腐蚀性小等特点。使用时将袋内两小袋粉剂混合均匀，按每立方米 5 克的使用量点燃，密闭熏蒸 4 小时以上。

②二氧化氯。该剂为无色无臭的透明液体，对细菌、真菌都有很强的杀灭和抑制作用。市售消毒用二氧化氯的浓度为 2%。

③漂白粉溶液。贮藏设施消毒常用 4% 的漂白粉溶液喷洒，在红地球葡萄贮藏期间结合加湿，也可喷洒漂白粉溶液。

（3）要搞好红地球葡萄预冷　红地球葡萄预冷几乎全部用的是空气预冷，是采用风机循环冷空气，借助热传导与蒸发潜热来快速冷却红地球葡萄。要有一个隔热的库体容纳产品，要有冷源（冰或机械制冷机）冷却空气，进而冷却产品。根据空气的流速和冷空气与产品的接触情况分为：冷藏间预冷、差压预冷和隧道预冷三种方式。

①冷藏间预冷。冷藏间预冷是目前红地球葡萄应用最普遍的预冷方式。在冷却室里，空气是通过与箱子的长轴平行的通道排出的。热量的传递是通过包装材料和通风设备的涡旋作用将冷空气渗透到红地球葡萄里而完成的。如果以下条件得到满足将会获得令人满意的效果：第一，包装箱要对齐，以使空气通道畅通无阻；第二，通过这些通道的空气流速至少达到每秒钟0.508米；第三，可以为室内每立方米以至少每小时50立方米的速率提供低于1℃的空气。预冷有用普通冷库预冷和专用预冷库预冷2种形式。普通冷库建设的主要目的是进行冷藏，一般制冷量为313.5～418.4千焦/立方米，降温速度慢，一次预冷的红地球葡萄不能太多；专用预冷库制冷量大，一般制冷量为418.4～1254千焦/立方米，降温速度快，一次遇冷的红地球葡萄量可大幅度增加。

②差压预冷。在强制通风预冷中，冷空气必须从箱子一面进入，穿过红地球葡萄从另一面排出。通常包装箱都是排好的，以保证空气在返回冷冻设备表面之前从包装箱内部穿过。如果差压预冷的空气流速达到4米/秒，其预冷所需的时间可能只有冷藏间预冷的1/8。空气流速如果高于5米/秒，就会损伤红地球葡萄及其包装用纸。

目前新疆农六师金果葡萄产业发展有限公司在一〇一团采用了差压预冷技术（彩图29），每库可同时装2个差压预冷单元，每个单元4个托盘长（约4～5米），每侧1个托盘宽（约1米），高度约2.8米。每个托盘码114（2×3×19）箱，每个单元一次预冷约5吨左右，整库一次性可预冷10吨左右红地球葡萄。

③隧道预冷。隧道是用砖或金属板建成的狭长的长方体隔热房间，空气流速每分钟60～360米。这种方式冷却速度大于冷藏间预冷，配合适当的码垛，使得冷空气更易进入垛内，可得到更有效的冷却和更均匀的温度。目前，新疆农五师北疆红提公司在八十九团和九十五团建有红地球葡萄隧道预冷器（彩图B30）共2座。八十九团的隧道预冷设施长为35～50米，宽为5.6米，其中进货口3.6米宽，高度3.8米，分上下两层辊轴传送带，每层辊轴横向3个间隔，每个间隔可一次并排摆放3个0.37米的泡沫箱，传送带可调速，第一层距地面0.4米，第二层距地面2米，第一层距第二层1.6米，每层上部设有冷风机，冷风机下部距传送带1米；在九十五团帝泓果业公司隧道预冷线稍有所不同，分上下2层辊轴传送带，每层辊轴传送带分3个间隔，每个间隔可并排摆放4个0.28米宽的塑料箱，三个间隔可一次并排摆放12个0.28米宽的塑料箱；此外，装入隧道预冷器红地球葡萄箱在装入过程实现了半自动化，由人工将装入红地球葡萄的箱子放在辊轴传送带，经过平移一段时间，由胶带式传送带向上输送，再进入平移辊轴传送带进行平移，经过平移胶带传送带秤自动检重后，又进入平移辊轴传送带，如称重重量不够被推向下滑辊轴传送带排出，如重量达到继续由辊轴传送带平移一段时间进入上升与下降交叉部位，过来的红地球葡萄箱经过定时导流器，或导入上升胶带式传送带，或导入下降辊轴式传送带，经过改变方向后，使红地球葡萄箱竖直排列，每4个1组被推入隧道预冷器，进行预冷。

（4）要搞好贮藏库温度管理

①选择适宜的贮藏温度。−0.5±0.5℃（−1～0℃）是适宜的选择，但多数冷藏库在除霜时温度要升到1～3℃，再加上某些库在贮藏过程偶遇停电，造成不良的贮藏结果。目前贮藏库已能达到冰温控制水平，−0.5±0.2℃，而不同部位也不超过±0.2℃，在避

免停电的情况下，易腐难贮的红地球葡萄可延长贮期 20～40 天，是理想的贮藏方式。总体说，南方葡萄含糖、含酸量低于北方，南方冷库库温控制要略高于北方，并保持恒定，避免温度波动引起保鲜袋内结露。对同一冷藏库贮藏不同质量、不同园块的红地球葡萄均要留出数箱红地球葡萄以便观察贮藏质量，随时检查、随时销售。

②要搞好贮藏库温度管理。要有一个隔热和控温良好的贮藏库，不能在隔热层方面减少投资，防止库体漏热，减少库体的热交换，特别在我国南方地区更应加强隔热层的建设。贮前提前降低库温，在入贮的 2～3 天前使库温达到要求的温度。红地球葡萄采收后要及时入贮，防止在外停留时间过长，要求红地球葡萄在采收后 6 小时之内，进入预冷阶段。分批入贮，每次入贮库容的 15％。选择适宜的贮藏温度，－1～0℃ 是适宜的选择。要选择适宜的检测温度方法，电脑多点检测、精密水银温度计，精度要控制在 0.1℃。要合理码垛，垛内外都要有利于空气通过。要尽可能维持各个部分的温度均匀一致。要防止库内温度骤然波动。经常停电地区要配置发电机。最好设置专用预冷库。设置温度安全报警装置。及时搞好冷藏库除霜。

（5）要搞好防腐处理结合科学的贮藏保鲜工艺

①适用范围。要选择适用于红地球葡萄的贮藏、保鲜的防腐保鲜剂。经过用户试验后，认为保鲜效果可靠，并掌握保鲜技术后，也可用于牛奶、木纳格、里扎马特、红宝石、瑞必尔等葡萄品种贮藏保鲜。

②使用方法与用量。采前 1～2 天应对红地球葡萄果穗喷布由国家农产品保鲜工程技术研究中心（天津）研制的 CT—液体保鲜剂（使用方法参见 CT—液体保鲜剂使用说明）。采摘无伤、无病、完全成熟的果穗，将其单层轻放在内衬无毒 PVC 葡萄专用保鲜袋〔国家农产品保鲜工程技术研究中心（天津）研制〕的有孔塑料箱内（板条箱、带孔纸箱也可），每箱装量 5 千克，并立即放入 1℃ 专门预冷库进行贮前快速预冷。当果温降至 0～1℃ 时：首先，在果穗上部垫一张 30 厘米×20 厘米不容易吸水的纸，将保鲜剂按每 5 千克葡萄用 6～7 包（2 片/包），用 2 号大头针在每包上扎 2 个透眼，均匀地放在不容易吸水纸上，同时，再将保鲜垫（每张 2 小包，每包用 2 号大头针均匀地扎 4 个透眼），也放置在不容易吸水的纸上面，以实现保鲜剂均匀释放，避免果穗出现局部漂白现象。最后，扎紧袋口，控制果实品温 0～－1℃，要求库温波动幅度≤0.5℃。

③注意事项。要严格控制贮藏环境的温度、湿度和气体条件，贮藏期间果温应稳定在 －1～0℃。库温控制在 －0.5±0.5℃。否则，保鲜袋内易结露，并造成红地球葡萄果穗漂白。根据采收时果穗水分状况和预冷库降温情况，掌握好敞口预冷时间，原则上控制在 24 小时左右，果品温度达到 －1～0℃ 为宜。保鲜袋内适宜相对湿度 95％～98％。在秋季雨水偏多的地区，或因田间的病害防治不利，果穗田间带菌量较大的情况下，每 5 千克红地球葡萄果穗用 7 包片剂的用量，并在每包片剂扎两个透眼的基础上，再对其中的 1～3 包片剂，每包增加 1 个透眼，其他操作程序同前所述。

④下列七类红地球葡萄果穗忌贮藏。产量过高（产量＞1 400 千克/亩）的红地球葡萄园采收的红地球葡萄或施用氮肥过多的（尿素使用量＞14 千克/亩）果园生产的红地球葡萄，表现为果穗翠绿、含糖低（浆果可溶性固形物＜15％）、果肉硬度低、弹性下降（果柄从果粒上脱离的耐拉力＜1 000 克），入贮后很快发生保鲜剂伤害或腐烂、干梗。果

实成熟期遇涝害、长时间阴雨天气；采前遇雨或灌水后采收的红地球葡萄，贮后会发生严重裂果和保鲜剂伤害。浆果成熟期使用乙烯利等催熟剂及坐果后使用果实增大剂的红地球葡萄，开花前过早（花序长度＜6厘米）或过量（＞5毫克/千克）使用花序拉长剂，贮后易发生保鲜剂伤害和干梗、脱粒，明显缩短贮期。采前遭受冻害（采收前出现低于－1℃低温的）红地球葡萄贮藏期间易发生保鲜剂伤害和烂梗。采前侵染或果实生长期已潜伏灰霉病、霜霉病、白霉病、炭疽病、房枯病，入贮后易出现果实腐烂、干梗、皱皮等现象。入贮采收期过早、浆果可溶性固形物低于14％的红地球葡萄，贮藏后易发生裂果、保鲜剂伤害及腐烂；入贮采收期过晚的红地球葡萄，贮藏后易干梗、脱粒、果肉变质或变味，并会明显加速衰老进程而缩短贮期。

5. 红地球葡萄运输保鲜的基本环境条件

（1）震动 红地球葡萄在运输过程中由于震动会造成大量的机械伤，从而影响红地球葡萄的品质及运输性能。因此，震动是红地球葡萄运输中应考虑的重要环境条件。

（2）温度 温度对红地球葡萄运输的影响与贮藏期温度的影响相同，是运输过程中的重要环境条件之一。我国地域辽阔，南北温差很大，如何保持红地球葡萄运输中的适宜温度，是红地球葡萄运输成功的关键。近些年，各红地球葡萄产区都开始重视运输中的红地球葡萄降温问题。中长途运输普遍利用当地冷库预冷后再运输，一部分直接用冷藏汽车、火车或冷藏集装箱船运；大部分是预冷后用棉被等包裹，上覆塑料或防雨帆布，尽管在运输过程中，果温会逐渐回升，但较之常温运输的效果好得多。

6. 红地球葡萄运输保鲜工具

（1）冷藏运输工具

①公路运输车辆。不少国家，由于高速公路的建成，采用汽车运输红地球葡萄，比较机动灵活，因而在各采后处理工作站配备了各种类型的公路冷藏车，运输和分配红地球葡萄。随着交通事业的发展，我国公路运输的冷藏车将大量用于红地球葡萄等鲜活商品的运输。

a. 冷藏汽车。在每一辆卡车底盘上装上隔热良好的车厢，容量4~8吨不等。车厢外装有机械制冷设备，以维持车厢内的低温条件，也可在车厢内加冰冷却。

b. 冷藏拖车。一般为12~14米长单独的隔热车厢，并装有机械制冷设备，装载货物后，由机动车牵引运输。

c. 平板冷藏拖车。这是近代发展的一种灵活运输工具，是世界各国广泛使用的运输工具。美国国内红地球葡萄的运输，绝大多数靠冷藏拖车和平板冷藏拖车来完成的。平板冷藏拖车是一节单独的隔热车厢，车轮在车厢底部的一端，另一端挂在机动车上牵引运输。好处是经济灵活，移动方便，既可在公路上运输，亦可置火车上运输。可从产地包装场所装货，经公路、铁路运输至销地，在批发点进行批发或直送经营销售场所。减少红地球葡萄的搬运，避免机械损伤，红地球葡萄经受温度变化小，对保持红地球葡萄的品质十分有利。

d. 保温车。在每一辆卡车底盘上装上隔热良好的车厢，无机械制冷设备，产品经过预冷后，装入车厢，进行短途运输。

②集装箱。集装箱适用于多种运输工具，可以说它是一个大的包装箱，故称货箱。用

集装箱运货，安全，迅速，简便，节省人力，便于操作及装卸的机械化。目前发展很快，已形成一个比较完整的体系。

a. 冷藏集装箱。有两种形式，一种是自身没有冷冻装置，只有隔热结构。该箱前壁设有冷气吸收口和排气口，由另外的制冷装置供给冷气。此多为海上运输之用，由船上冷气装置供给冷气。这种集装箱保温效能较好，自重轻，容积大，装货多。另一种是自身设有冷冻装置。无论何种运载工具，只要供给电源，箱内冷冻机就可开动，应用较为广泛。

b. 气调集装箱。是在冷藏集装箱的基础上加设气密层，改变箱内气体成分，即降低氧的浓度，增加二氧化碳浓度，保持红地球葡萄的新鲜品质。控制气体成分是在车站、码头用气调机调节箱内气体，或在箱内装置液氮罐，释放氮以代替箱内空气，达到降氧的目的。

（2）简易保冷运输工具　红地球葡萄是既怕热又怕冻的易腐货物，因此除要装车前预冷降温之外，还必须同时采取保温措施来保持车内的适宜温度，并防止货物升温或受冻。如车厢内壁上挂草帘、棉被、棉毯、塑料薄膜等，加强车辆的隔热性能。防寒防热保温材料的厚度应视车型、外界气温、运输距离、货物性质等因素而定。某些产地多盛产稻草，用稻草编成的草帘很实用。每张草帘长 5.4～5.7 米、宽 1.0～1.1 米。一般情况下，铁皮车要比木质车或铁皮木里车多 2 层草帘，外界气温低些，挂的草帘就多些。根据实践测知，每一层草帘可抵御 4℃ 温降。一般情况下，用敞车装运要挂 4 层草帘，中间夹 1 层塑料薄膜，外加 1 层棉毯。一层棉毯相当于 3 层草帘的保温效果，而且最好用棉线将小块棉毯缝成大块。用棚车装可比用敞车装少挂两层草帘或不挂棉毯。一张棉毯可反复使用 2～6 次，破了还能补，比棉被更实用些。如果北方温度低于 -20℃，还应增加 1 层塑料薄膜和 2 层草帘。

车底板的铺垫也要依据气温而定，北方温度在 -20～-5℃ 时，一般先铺 1 层 10 厘米厚的谷壳，然后铺 2 层草帘，草帘之上再铺 1 层竹排。如气温太低（-20℃ 以下），车底板的铺垫由底向上的顺序是：10 厘米谷壳、1 层油毛毯、10 厘米谷壳、2 层草帘、1 层竹排，阻止车外寒冷的空气进来，保护车内货物不致产生冻害。

7. 运输保鲜方法　我国目前主要采用的方法有常温运输、亚常温运输和低温运输。

（1）常温运输　红地球葡萄在常温运输时，货箱的温度和产品温度都受着外界气温的影响，特别是在盛夏或严冬时，影响更为明显。红地球葡萄常温运输一般适合于短距离的运输。

（2）亚常温运输　亚常温是指低于常温而高于红地球葡萄贮藏的最适低温的温度。我国目前的红地球葡萄运输大部分采用的是这种运输方式。红地球葡萄采收后首先进行低温处理即"打冷"，也就是我们所说的预冷，预冷后的红地球葡萄用冷藏车或卡车加保温被运输。根据王善广的调查，预冷至 0℃ 的红地球葡萄，用卡车加保温被运输，当外界夜温为 10℃，白天温度为 20℃ 情况下，运输 7 天，葡萄内部的温度仅能升高 3～4℃，效果颇佳。

（3）低温运输　在低温运输中，温度的控制不仅受冷藏车或冷藏集装箱的构造及冷却能力的影响，也与空气排出口的位置和冷气循环状况密切相关。一般空气排出口设在上部时，货物就会从上部开始冷却。如果码垛不当，冷气循环不好，会影响下部货物冷却的速度。为此，应改善冷气循环状况，使下部货物的冷却效果与上部货物趋于一致。

8. 我国红地球葡萄运输保鲜工艺流程

①在田间，边采收、边修整果穗、边分级、边装箱。有的甚至在采收前就在树上将每穗果的病残粒去掉，做好等级标志，采收时直接装箱，这样可以减少装箱前的果穗损伤。这种做法用工量大，但有利于果实的运输和长期贮藏（图1）。

②冷链运输系统尚未全面采用，预冷后用保温被包覆，用普通汽车运输是当前主要运输方式，因此，保鲜剂等防腐技术尤显重要。

③优质包装箱及各种衬垫材料未能广泛应用。包装箱多数比较简易，保鲜包装效果较差。

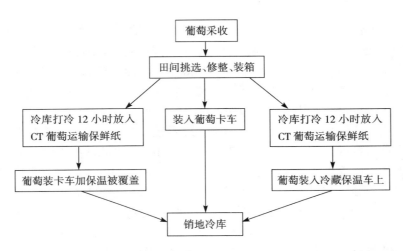

图1　运输系统工艺流程

9. 运输保鲜纸的使用　以"绿达"牌红地球葡萄运输保鲜纸为例：

①每张含12格的保鲜纸可运输保鲜红地球葡萄5千克左右，每张含24格的保鲜纸可运输保鲜红地球葡萄10千克。

②箱装红地球葡萄冷藏运输或保冷运输前，敞口预冷，预冷间温度保持在−1℃，预冷至品温达0±0.5℃，预冷结束，放置保鲜纸。

③放置保鲜纸时，保鲜纸的无字面纸应朝向红地球葡萄果，保鲜纸放在红地球葡萄上方。

④冷藏运输或保冷运输中，温度波动不能超过±1℃。

⑤红地球葡萄的冷藏运输温度应保持在0~2℃。

⑥红地球葡萄保冷运输宜采用聚苯乙烯泡沫箱。

⑦注意事项。a. 充分成熟，精细采摘，单层装箱，无病、无虫害及无机械伤的红地球葡萄方可使用本品。b. 灌水或雨后1周内采摘的红地球葡萄禁用本品，避免产生不良后果。c. 严格按要求预冷，并使运输保鲜期间的温度波动在所允许的范围。d. 红地球葡萄保鲜运输是一项综合配套技术，各个环节都应重视，方可保证运输保鲜质量。e. 红地球葡萄采收时含糖量达不到15%运输时，慎用保鲜纸。

以美国红地球葡萄运输前和运输中的防腐处理为例，红地球葡萄在运输前用二氧化硫气体进行处理可防止运输中的发霉。最近，美国又开发了包装内二氧化硫两级发生系统直接在运输过程使用而取代运输前用二氧化硫熏蒸的处理。第一级（亚硫酸盐类处理的纸板）当包装内相对湿度达到饱和时，在几分钟内就开始释放二氧化硫。第二级（用薄的聚乙烯膜保护的纸板以防吸湿太快）在3～5天后开始以非常低的浓度释放二氧化硫，在贮藏温度下有效期2个月，可满足长距离运输的要求。

编　后

　　《红地球葡萄》一书终于要与读者见面了。自从 2010 年 7 月在上海召开"第十六届全国葡萄学术研讨会"上，有关各方推荐我主编这部书以来，我就感到一种无形的压力。这种压力是历史赋予我的使命，是我对葡农责无旁贷的责任。所以，我的脑神经始终绷得紧紧的，直到今天还有一些不得不说的话，想借"编后"作一交待。

　　一是我要向编委们致歉的话。2010 年 10 月，确定编委名单后随即向参编者发出邀请函和编写大纲。由于是"私营"行为，缺乏经费支持，编委没有相聚在一起讨论和明确编写原则和内容精确分工的机会，致使书稿风范多样，作为主编又不得不调整某些文章结构、表达方式，甚至忍痛割爱（可能删去的是单篇文章中较为精彩的部分），以求全书的统筹兼顾。

　　二是我要向葡农们致敬的话。红地球葡萄从引种到发展，在我国经历 24 年的栽培实践，大部分葡农是摸着石头过河"探"过来的，今天这本书是你们"催生"出世的。书中有你们酸、甜、苦、辣的"经验"和"教训"，这是本书最为宝贵的内容；是你们一步一个脚窝，把红地球葡萄产业由小做大的，使它成为我国继巨峰葡萄以后的第二大主栽葡萄品种，成为我国鲜食葡萄第一大出口产品，而且外贸还有相当大的空间。可是，葡萄质量还不尽如人意，希望广大葡农要认真阅读本书有关提高葡萄品质的内容和各论中的"红地球葡萄贮运保鲜技术"，尽快改进栽培管理技术，使我国红地球葡萄产业不仅要做大还要做强，不久的将来，在国际贸易中大显神威。

　　三是我还必须说明，十几年前我在编写《葡萄生产技术大全》（中国农业出版社，1997）和《晚红（红地球）葡萄栽培》（辽宁科学技术出版社，1999）等专著时，曾引用过一些有关图书、资料中的图表数据，其中有一些在本书编写中又从我的出版专著中再次被引用，由于事隔多年，有些资料的出处已不好查找，实在无法在本书引用处一一注释。在这里，特向这些资料的作者致歉，感谢他们的无私支持。

　　四是我要向鼎力支持出版本书的朋友们致谢的话。前言中已经提到的我就不再重复了，这里还要感谢，昌黎果树研究所赵胜建研究员为本书总论"世界红地球主产国发展概况"一节，提供美国、智利、南非、澳大利、意大利、西班牙等国有关资料；感谢辽宁农业科学院副院长赵奎华研究员、辽宁省农业科学院植物保护研究所所长刘长远研究员和中国农业科学院植物保护研究所王忠跃研究员等，在百忙中抽时间从他们编著的《葡萄病虫害原色图鉴》和《中国葡萄病虫害与综合防控技术》著作中，为本书整理出部分病、虫、灾害的彩色照片；感谢中国农业出版社舒薇、廖宁等编辑人员，为了争取让读者早日读到这本新书，她们在三伏天里不分昼夜加班编审。

严大义

2011 年 7 月于沈阳

主要参考文献

晁无疾.2004.红地球葡萄优质无公害栽培［M］.北京：中国农业出版社.

陈尚漠.1988.果树气象学［M］.北京：气象出版社.

贺普超，罗国光.1994.葡萄学［M］.北京：中国农业出版社.

孔庆山.2004.中国葡萄志［M］.北京：中国农业科技出版社.

吕忠恕.1982.果树生理［M］.上海：上海科学技术出版社.

罗国光.2004.葡萄整形修剪和设架［M］.2版.北京：中国农业出版社.

穆维松，冯建英.2010.中国葡萄产业经济研究［M］.北京：中国农业大学出版社.

田勇.2001.红地球葡萄优质栽培与贮运保鲜［M］.郑州：中原农民出版社.

王忠跃.2009.中国葡萄病虫害与综合防控技术［M］.北京：中国农业出版社.

修德仁，等.2010.图解葡萄架式与整形修剪［M］.北京：中国农业出版社.

严大义，才淑英.1997.葡萄优质丰产栽培新技术［M］.北京：中国农业出版社.

严大义，才淑英.1997.葡萄生产技术大全［M］.北京：中国农业出版社.

严大义，等.1999.大棚葡萄［M］.北京：中国农业出版社.

严大义，等.1999.晚红（红地球）葡萄栽培［M］.沈阳：辽宁科学技术出版社.

严大义，等.2005.葡萄生产关键技术百问百答［M］.北京：中国农业出版社.

于毅，王少敏.2003.果园新农药300种［M］.北京：中国农业出版社.

曾骧.1992.果树生理学［M］.北京：北京农业大学出版社.

赵奎华.2006.葡萄病虫害原色图鉴［M］.北京：中国农业出版社.

祖容主编.1996.浆果学［M］.北京：中国农业出版社.